AF561399

PRÉCIS ÉLÉMENTAIRE

DE

PHYSIOLOGIE.

OUVRAGES DU MÊME AUTEUR,

QUI SE TROUVENT CHEZ LES MÊMES LIBRAIRES.

Mémoire sur le Vomissement, lu à la première classe de l'Institut de France; suivi du rapport fait à la classe, par MM. Cuvier, Humboldt, Pinel et Percy. Paris, in-8, br. 1 fr. 80 c.

Mémoire sur l'Usage de l'Épiglotte dans la déglutition, présenté à la première classe de l'Institut, le 22 mars 1813. Paris, in-8, br. 1 fr. 25 c.

De l'Influence de l'Émétique sur l'Homme et les Animaux; mémoire lu à la première classe de l'Institut de France, le 23 août 1813; et suivi du rapport fait à la classe par MM. Cuvier, Humboldt, Pinel et Percy. Deuxième édition. 1 fr. 50 c.

Recherches physiologiques et médicales sur les causes, les symptômes et le traitement de la Gravelle. Paris, deuxième édition, revue et considérablement augmentée; enrichie d'une planche coloriée avec soin. Paris, 1828. In-8. 3 fr. 60 c.

Mémoire sur quelques Découvertes récentes, relatives aux fonctions du système nerveux, lu à la séance de l'Académie des Sciences, le 2 juin 1823. Paris, 1823, in-8, br. 1 fr. 50 c.

Leçons sur le Choléra, faites au Collége de France, revues par le professeur, recueillies et publiées, avec son autorisation, par M. Eugène Cadrès, étudiant en médecine, sténographe-rédacteur au Moniteur, et M. Hippolyte Prevost, sténographe-rédacteur au Moniteur. Paris, 1832, 1 volume in-8, formant onze leçons. 5 fr.

CORBEIL, IMPR. DE CRÉTÉ.

PRÉCIS ÉLÉMENTAIRE

DE

PHYSIOLOGIE,

PAR F. MAGENDIE,

MEMBRE DE L'INSTITUT DE FRANCE,

Titulaire de l'Académie royale de médecine, médecin de l'Hôtel-Dieu, professeur de Physiologie et de Médecine au Collége de France ; des Sociétés philomatique et médicale d'Émulation ; des Sociétés de Médecine de Stockolm, Copenhague, Wilna, Philadelphie, Dublin, Édimbourg, Toulouse; de l'Académie des Sciences de Turin, de Stockolm; de la Société Zoologique de Londres, etc.

QUATRIÈME ÉDITION.

TOME SECOND.

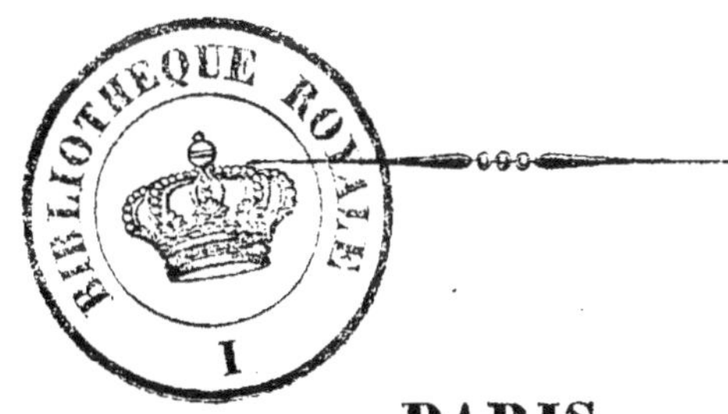

PARIS.

MÉQUIGNON-MARVIS, PÈRE ET FILS,

libraires-éditeurs,

RUE DU JARDINET, N° 13.

BRUXELLES, TIRCHER ;—GAND, DUJARDIN ;—LIÉGE, DESOER ;—MONS, LEROUX.

MAI 1836.

PRÉCIS ÉLÉMENTAIRE

DE

PHYSIOLOGIE.

DES FONCTIONS NUTRITIVES.

Considérations générales sur les fonctions nutritives.

Notre corps éprouve des changements de dimensions, de forme, de structure, etc., depuis le moment de sa formation jusqu'à celui où nous cessons d'exister; nous perdons incessamment, et par diverses voies, telles que la transpiration cutanée, l'urine, la respiration, etc., une partie des éléments qui nous composent; ces pertes qui s'élèvent habituellement à plusieurs livres en vingt-quatre heures, nous affaiblissent, et nous péririons bientôt si nous ne les réparions, ainsi que nos forces, au moyen des aliments et des boissons. D'autre part, notre température ne varie pas avec celle des corps qui nous environnent; nous résistons également au froid et à une forte chaleur : nous possédons ainsi une source propre de chaleur et des moyens particuliers de refroidissement; et si nous ajoutons que notre corps n'éprouve point, durant la vie, la décomposition rapide qu'il éprouvera dès que la mort l'aura frappé, nous serons fortement portés à supposer qu'il se passe en nous un mouvement intime et continuel par lequel nos organes semblent, d'un côté, s'user et se détruire, et de l'autre se réparer et acquérir une puissance nouvelle, et que ce renouvellement de nos éléments constitutifs est un des actes fondamentaux de la vie.

Considérations générales sur les fonctions nutritives.

Ce mouvement intime existe en effet, non pas tel que l'imagination des physiologistes s'est plu à le créer, non pas que le corps se renouvelle en sept années, comme quelques anciens le croyaient; mais sa réalité est établie sur un grand nombre de faits et d'expériences. On est encore loin toutefois de connaître entièrement ce phénomène, bien compliqué sans doute, puisqu'il préside à tous les changements physiques de nos organes, dont la texture est si variée et si fine, et dont les éléments sont si nombreux et si divers.

Un tel phénomène fait supposer 1° des communications faciles toujours ouvertes entre les points les plus cachés de nos organes et les voies naturelles d'excrétions ou de réparations; 2° une force mécanique puissante tenant continuellement en mouvement nos divers éléments; 3° il nécessite que notre corps soit le siége d'une foule de transformations chimiques, qui doivent suivre avec plus ou moins de rigueur les lois de l'affinité et des proportions.

Il est facile de pressentir les difficultés de tous genres que nous rencontrerons en étudiant les fonctions nutritives; à chaque instant il nous faudra faire des applications des principes de la chimie, de la physique, et de la mécanique; ou, ce qui est peut-être plus difficile, savoir quand il ne faut pas se livrer à de telles applications, c'est-à-dire distinguer les phénomènes purement vitaux de ceux qui sont simplement physiques; mais la difficulté, pour ainsi dire insurmontable, se trouvera dans la manière dont tous les actes nutritifs sont liés et pour ainsi dire confondus. La classification arbitraire que l'on est obligé d'établir pour en faciliter l'étude, est d'autant moins avantageuse qu'elle ne repose point sur une connaissance complète des diverses fonctions, et que nous sommes encore fort loin même d'être arrivés à quelque chose d'entièrement satisfaisant par rapport aux principales.

Cependant, en suivant sans dévier la route de l'observation et de l'expérience, en repoussant toute idée systématique, pour nous en tenir à la simple expression des faits, nous arriverons à des résultats qui ne seront pas sans importance.

Classification des fonctions nutritives.

Les fonctions nutritives sont au nombre de six, savoir :

1° La digestion ou formation du chyle,

2° L'absorption du chyle,

3° Le cours du sang veineux,

Classification des fonctions nutritives.

4° La respiration,

5° Le cours du sang artériel,

6° Le cours de la lymphe.

Après la description de ces fonctions et celle des rapports qu'elles ont entre elles ainsi qu'avec les fonctions et relations, nous aurons encore à étudier les diverses sécrétions, et enfin à faire connaître ce qu'on sait du mouvement moléculaire qui a lieu dans la profondeur de nos organes, et qui dans un sens restreint est ce qu'on pourrait appeler la *nutrition.*

De la digestion.

La digestion a pour objet principal la formation du chyle, fluide réparateur des pertes habituelles que fait l'économie animale. Indépendamment de ce but spécial, cette fonction concourt encore à la nutrition, et même à la vie en général, de plusieurs autres manières.

Digestion.

Pour former le chyle, les organes digestifs agissent sur les aliments, les écrasent, les altèrent, les décomposent, en séparent une partie inutile et grossière qui est rejetée en dehors, tandis que le suc nutritif, la partie utile, le chyle en un mot, est conservé et pénètre bientôt dans les replis les plus secrets des tissus.

L'objet de la digestion est donc chimique, puisqu'il s'agit d'extraire des aliments les éléments du chyle qui y sont contenus, et de former ce fluide par le mélange ou la combinaison de ces divers éléments.

Organes digestifs.

Les organes de la digestion représentent un appareil chimique qui serait monté avec beaucoup de soin et qui marcherait seul dès l'instant qu'il y recevrait les matières sur lesquelles il doit agir ; on y voit, en effet, une machine à broyer qui, par sa disposition, est supérieure, sous plus d'un rapport, à celles qui sont employées dans les arts industriels pour obtenir un résultat analogue. De grands vases extensibles et contractiles destinés à contenir les substances alimentaires durant un certain temps ; un long tube droit où les matières ne font que passer rapidement ; un autre tube beaucoup plus long et contourné sur lui-même, où les aliments cheminent plus lentement ; et, dans les diverses cavités de séjour ou de passage, les orifices de plusieurs canaux qui y versent les réactifs nécessaires à l'opération qui s'y effectue.

Rapports des organes digestifs avec les aliments.

Il existe une relation évidente entre l'espèce d'aliment dont un animal doit se nourrir, et la disposition de son appareil digestif. Si ces aliments sont très-éloignés par leur nature des éléments qui composent l'animal, si, par exemple, celui-ci est *herbivore*, l'appareil aura des dimensions très-considérables, et sera plus compliqué; si, au contraire, l'animal se nourrit de chair, ses organes digestifs seront moins nombreux et plus simples, comme on le voit chez les carnassiers. L'homme appelé à faire usage également d'aliments végétaux et d'aliments animaux, tient le milieu, pour la disposition et la complication de son appareil digestif, entre les herbivores et les carnivores, sans que, pour cela, on puisse l'appeler *omnivore*. Chacun sait qu'un grand nombre de substances dont se nourrissent les animaux ne peuvent être d'aucune utilité à l'homme pour son alimentation.

Canal digestif.

Sous le rapport anatomique, on peut se représenter l'appareil digestif comme un long canal diversement contourné sur lui-même, large dans certains points, rétréci dans d'autres, susceptible de s'élargir et de se resserrer, et dans lequel sont versés une grande quantité de fluides au moyen de conduits particuliers.

Structure du canal digestif.

Les anatomistes partagent le canal digestif en plusieurs portions : 1° la bouche, 2° le pharynx, 3° l'œsophage, 4° l'estomac, 5° l'intestin grêle, 6° le gros intestin, 7° l'anus.

Deux couches membraneuses forment les parois du canal digestif dans toute son étendue. La plus intérieure, qui est destinée à être en contact avec les aliments, consiste en une *membrane muqueuse*, dont l'aspect et même la structure varient dans chacune des portions du canal; en sorte qu'elle n'est plus au pharynx ce qu'elle était à la bouche, à l'estomac ce qu'elle était à l'œsophage, etc. Aux lèvres et à l'anus, cette membrane se confond avec la peau.

La seconde couche des parois du canal digestif est *musculaire;* elle se compose de deux plans de fibres, l'un longitudinal, l'autre circulaire. L'arrangement, l'épaisseur, la nature des fibres qui entrent dans la composition de ces plans, sont différents, suivant qu'on les observe à la bouche, à l'œsophage, au gros intestin, etc.

Vaisseaux du canal digestif.

Un grand nombre de vaisseaux sanguins se rendent au canal digestif ou en naissent; mais la portion abdominale de ce canal en reçoit une quantité beaucoup plus grande que la partie qui est plus supérieure. Celle-ci n'en offre point au-delà de ce que comportent sa nutrition et la sécrétion peu considérable dont elle est le siége, tandis que le nombre et le volume des vaisseaux qui appartiennent à la portion abdominale indiquent qu'elle doit être l'agent d'une sécrétion considérable. Les vaisseaux chylifères prennent exclusivement naissance dans l'intestin grêle.

Nerf du canal digestif.

Quant aux nerfs, ils se distribuent au canal digestif dans un ordre inverse des vaisseaux; c'est-à-dire que les parties céphalique, cervicale et pectorale, en reçoivent beaucoup plus que la portion abdominale, à l'exception de l'estomac, où se terminent les deux nerfs de la huitième paire. Le reste du canal ne reçoit presque aucune branche des nerfs cérébraux. Les seuls nerfs qu'on y observe proviennent des ganglions sous-diaphragmatiques du grand sympathique. On verra plus bas le rapport qui existe entre le mode de distribution des nerfs et les fonctions de la portion supérieure et de l'inférieure du canal digestif.

Organes qui versent des fluides dans le canal digestif.

Les corps qui versent des fluides dans le canal digestif sont 1° la *membrane muqueuse digestive* elle-même; 2° des *follicules isolés* qui sont répandus en grand nombre dans toute l'étendue de cette membrane; 3° les *follicules agglomérés*, qui se rencontrent à l'isthme du gosier, entre les piliers du voile du palais, à la jonction de l'œsophage et de l'estomac, et d'un nombre de points de la surface intestinale sous la forme de plaques; 4° les *glandes muqueuses* qui existent en plus ou moins grand nombre dans les parois des joues, dans la voûte du palais, autour de l'œsophage; 5° les *glandes parotides*, *sous-maxillaires* et *sublinguales*, qui sécrètent la salive répandue dans la bouche; 6° le *foie* et le *pancréas*, qui versent, le premier la bile, le second le suc pancréatique, par des canaux distincts, dans la partie supérieure de l'intestin grêle, nommée *duodénum*.

Tous les organes digestifs contenus dans la cavité abdominale sont immédiatement recouverts, et d'une manière plus ou moins complète, par la membrane séreuse, dite *péritoine*. Cette membrane, par sa disposition anatomique et par ses propriétés physiques et vitales, sert très-utilement dans l'acte de la digestion, soit en conservant aux organes leurs rapports respectifs, soit en favorisant leurs variations de volume, soit en rendant faciles les frottements qu'ils exercent les uns sur les autres ou sur les parties voisines.

Nous donnerons les détails nécessaires sur l'appareil digestif, à mesure que nous en exposerons les fonctions; nous nous bornons ici à faire quelques remarques sur les organes de la digestion, considérés dans l'état de vie, mais dans le temps où ils ne servent pas à la digestion des aliments.

Remarques sur les organes digestifs de l'homme et des animaux vivants.

Mucus du canal digestif.

La surface de la membrane muqueuse digestive est toujours lubrifiée par une matière visqueuse, filante, plus ou moins abondante, qu'on observe en plus grande quantité là où il n'existe pas de follicules; circonstance qui semble indiquer que ces organes n'en sont pas les organes sécréteurs. Une partie de cette matière, à laquelle on donne généralement le nom de *mucus*, se vaporise, en sorte qu'il existe habituellement une certaine quantité de vapeurs dans chacun des points du canal digestif. La nature chimique de cette matière, prise à la surface intestinale, est encore peu connue. Elle est transparente, avec une teinte légèrement grisâtre; elle adhère à la membrane qui la forme; sa saveur est salée, et les réactifs apprennent qu'elle est acide; sa formation continue encore quelque temps après la mort. Celle qui se forme dans la bouche, dans le pharynx et dans l'œsophage, arrive, mêlée avec le fluide des glandes muqueuses et avec la salive, jusque dans l'estomac, par les mouvements de déglutition qui se succèdent à des intervalles assez rapprochés. Il semblerait, d'après cet exposé, que l'estomac doit contenir, lorsque depuis quelque temps il est vide d'aliments, une quantité considérable d'un mélange de mucus, de fluide folliculaire et de salive. C'est ce que l'observation ne constate pas, au moins chez la plupart des individus. Cependant, chez quelques personnes qui sont évidemment dans une disposition maladive, il existe le matin dans l'estomac plusieurs onces de ce mélange. Dans certains cas, il est écumeux, très-peu visqueux, légèrement trouble, tenant en suspension quelques flocons de mucus; sa saveur est franchement acide, point désagréable, sensible surtout à la gorge, agissant sur les dents de manière à diminuer le poli de leur surface, et à rendre moins faciles les glissements qu'elles exécu-

Liquide qui se rencontre quelquefois dans l'estomac.

Liquide acide de l'estomac.

tent les uns sur les autres. Ce liquide rougit la teinture et le papier de tournesol (1).

Liquide non acide de l'estomac.

Dans d'autres circonstances, chez le même individu, avec les mêmes apparences pour la couleur, la transparence, la consistance, le liquide retiré de l'estomac n'a point de saveur ni aucune propriété acide; il est tant soit peu salé : la dissolution de potasse, ainsi que les acides nitrique et sulfurique, n'y ont produit aucun effet apparent (2).

Un de mes anciens élèves, M. le docteur Pinel, qui jouit de la faculté de vomir à volonté, m'a remis, il y a quelques années, environ trois onces d'un liquide qu'il avait, le matin, retiré de son estomac. Ce liquide, qui présentait les mêmes propriétés physiques que le précédent, a été examiné par M. Thénard qui l'a trouvé composé d'une très-grande quantité d'eau, d'un peu de mucus, de quelques sels à base de soude et de chaux; il n'avait d'ailleurs aucune acidité sensible ni à la langue ni par les réactifs.

Composition du liquide acide de l'estomac.

Le même médecin m'a remis ensuite environ deux onces d'un liquide obtenu de la même manières. M. Chevreul l'a analysé, et y a reconnu

---

(1) *Expériences sur la digestion dans l'homme*, par S. de Montègre, 1804.

(2) *Idem.*

beaucoup d'eau, une assez grande quantité de mucus, de l'acide lactique de M. Berzélius, uni à une matière animale soluble dans l'eau et insoluble dans l'alcool, un peu d'hydrochlorate d'ammoniaque, d'hydrochlorate de potasse, et d'une certaine quantité d'hydrochlorate de soude (1).

Relativement à la quantité de ce liquide, M. Pinel a observé que si, avant de le rejeter en vomissant, il avale une gorgée d'eau ou une bouchée d'un aliment quelconque, il peut en obtenir en très-peu de temps jusqu'à une demi-livre. M. Pinel croit avoir observé que la saveur de ce même liquide varie suivant l'espèce d'aliment dont il a fait usage la veille.

Digestion de la salive et du mucus.

Lorsqu'on examine les cadavres de personnes mortes d'accident, l'estomac n'ayant pas reçu d'aliments ni de boissons depuis quelque temps, cet organe ne contient que très-peu de mucosités acides, adhérentes aux parois de l'estomac, et dont une partie, qui se trouve dans la portion pylorique du viscère, paraît réduite en chyme. Il est donc extrêmement probable que le liquide qui

(1) Un habile chimiste anglais, M. W. Prout, a cru reconnaître dans l'acide du sac gastrique des animaux l'acide hydrochlorique libre, mais ses expériences sont contestées par M. Lassaigne. Il serait d'ailleurs extraordinaire qu'un corps aussi facile à reconnaître eût échappé à l'investigation de chimistes tels que Berzélius, Thénard, Chevreul.

devrait se trouver dans l'estomac est digéré par ce viscère comme une substance alimentaire, et que c'est la raison pour laquelle il ne s'y accumule point.

Dans les animaux dont l'organisation se rapproche de celle de l'homme, tels que les chiens et les chats, on ne trouve pas non plus de liquide dans l'estomac après un ou plusieurs jours d'abstinence absolue; on n'y voit qu'un peu de mucosité visqueuse, adhérente aux parois de l'organe vers son extrémité splénique. Cette matière a la plus grande analogie, sous le rapport physique et chimique, avec celle qu'on trouve dans l'estomac de l'homme. Mais, si l'on fait avaler à ces animaux un corps qui ne soit pas susceptible d'être digéré, un caillou par exemple, il se forme, au bout de quelque temps, dans la cavité de l'estomac une certaine quantité d'un liquide acide, muqueux, de couleur grisâtre, sensiblement salé, qui se rapproche par sa composition de celui qui se rencontre quelquefois chez l'homme, et dont nous venons de donner l'analyse approximative d'après M. Chevreul.

Suc gastrique.

C'est au liquide résultat du mélange des mucosités de la bouche, du pharynx, de l'œsophage et de l'estomac, avec le liquide sécrété par les follicules des mêmes parties et avec la salive, que les physiologistes ont donné le nom de *suc gastrique*, et auquel ils ont attribué des propriétés particulières.

Mucus de l'intestin grêle.

Dans l'intestin grêle, il se forme de même une grande quantité de matière muqueuse, qui reste habituellement attachée aux parois de l'intestin; elle diffère peu de celle dont nous avons parlé plus haut; elle est visqueuse, filante, a une saveur salée et est acide ; elle se renouvelle avec une grande promptitude. Si l'on met à nu la membrane muqueuse de cet intestin sur un chien, et qu'on enlève la couche de mucosité qui s'y trouve en l'absorbant avec une éponge, il faut à peine une minute pour qu'elle reparaisse. On peut répéter autant qu'on veut cette observation, jusqu'à ce que l'intestin s'enflamme par suite du contact de l'air et des corps étrangers. La mucosité de l'estomac ne pénètre dans la cavité de l'intestin grêle que sous la forme d'une matière pulpeuse, grisâtre, opaque, qui a toute l'apparence d'un chyme particulier.

Manière dont la bile coule dans l'intestin grêle.

C'est à la surface de cette même portion du canal digestif, que la bile est versée, ainsi que le liquide sécrété par le pancréas. Je ne crois pas qu'on ait jamais observé sur un homme vivant la manière dont se fait l'écoulement de la bile et du liquide pancréatique. Sur les animaux, tels que les chiens, l'écoulement de ces fluides se fait par intervalles, c'est-à-dire qu'environ deux fois dans une minute on voit sourdre de l'orifice du canal cholédoque ou biliaire une goutte de bile, qui se répand aussitôt uniformément et en nappe sur les parties environnantes, qui en sont déjà imprégnées ; aussi trouve-t-on toujours dans l'intestin grêle une certaine quantité de bile.

Manière dont le fluide pancréatique coule dans l'intestin grêle.

L'écoulement du liquide formé par le pancréas se fait d'une manière analogue, mais il est beaucoup plus lent ; il se passe quelquefois un quart-d'heure avant que l'on voie sortir une goutte de ce fluide par l'orifice du canal qui le verse dans l'intestin. J'ai vu cependant, dans quelques cas, l'écoulement du fluide pancréatique se faire avec plus de rapidité.

Les différents fluides qui sont déposés dans l'intestin grêle, savoir, la matière chymeuse, qui vient de l'estomac, le mucus, le fluide folliculaire, la bile, et le liquide pancréatique, se mêlent; mais, à raison de ses propriétés et peut-être de sa proportion, la bile prédomine et donne au mélange sa couleur et sa saveur. Une grande partie de ce mélange descend vers le gros intestin et y pénètre ; dans ce trajet, il prend de la consistance, et la couleur jaune clair qu'il avait d'abord devient jaune foncé et ensuite verdâtre. Il y a cependant, sous ce rapport, des différences individuelles très-tranchées.

Mucus du gros intestin.

Dans le gros intestin, la sécrétion muqueuse et folliculaire paraît moins active que dans l'intestin grêle. Le mélange des fluides provenant de ce dernier y acquiert plus de consistance ; il y contracte une odeur fétide, analogue à celle des matières fécales ordinaires : il en a d'ailleurs l'apparence, en raison de sa couleur, de son odeur, etc.

La connaissance de ces faits permet de concevoir comment une personne qui ne fait point usage d'aliments peut continuer à rendre des excréments, et comment, dans certaines maladies, la quantité de ceux-ci est très-considérable, quoique le malade soit depuis long-temps privé de toute substance alimenmentaire, même liquide.

Follicules odorants de l'anus.

Autour de l'anus il existe des follicules qui sécrètent une matière grasse et d'une odeur particulière assez forte.

Des gaz contenus dans le canal intestinal.

On rencontre presque constamment des gaz dans le canal intestinal; l'estomac n'en contient que très-peu. Leur nature chimique n'a point encore été examinée avec soin; mais comme la salive que nous avalons est toujours imprégnée d'air atmosphérique, il est probable que c'est l'air de l'atmosphère, plus ou moins altéré, qui se trouve dans l'estomac; du moins je me suis assuré, par l'expérience, qu'on y rencontre de l'acide carbonique. L'intestin grêle ne contient aussi qu'une très-petite quantité de gaz; c'est un mélange d'acide carbonique, d'azote et d'hydrogène. Le gros intestin contient de l'acide carbonique, de l'azote et de l'hydrogène, tantôt carboné, tantôt sulfuré. J'ai vu vingt-trois centièmes de ce gaz dans le rectum d'un individu récemment supplicié, dont le gros intestin ne contenait point de matière fécale.

Quelle est l'origine de ces gaz? Viennent-ils du dehors? sont-ils sécrétés par la membrane muqueuse digestive, ou bien sont-ils le résultat de la réaction des éléments qui composent les matières contenues dans le canal intestinal? Cette question sera examinée plus tard; remarquons cependant qu'il y a des circonstances où nous avalons, sans le savoir, beaucoup d'air atmosphérique.

Couche musculaire du canal digestif.

La couche musculeuse du canal digestif doit être remarquée sous le rapport des différents modes de contraction qu'elle présente. Les lèvres, les mâchoires, dans la plupart des cas la langue, les joues, se meuvent par une contraction entièrement semblable à celle des muscles de la locomotion.

Différents modes de contraction des fibres du canal digestif.

Le voile du palais, le pharynx, l'œsophage, et, dans quelques circonstances particulières, la langue, offrent bien des mouvements qui ont une analogie manifeste avec la contraction musculaire, mais qui en diffèrent beaucoup, puisqu'ils s'exécutent sans la participation de la volonté. J'ai pourtant eu occasion de voir quelques personnes qui pouvaient mouvoir volontairement le voile du palais et la partie supérieure du pharynx.

Ceci ne veut pas dire que les mouvements des parties que je viens de nommer soient hors de l'influence nerveuse; l'expérience prouve directement le contraire. Si, par exemple, on coupe les nerfs qui se rendent à l'œsophage, ce conduit est aussitôt privé de sa faculté contractile.

Les muscles du voile du palais, ceux du pharynx, les deux tiers supérieurs de l'œsophage, ne se contractent guère comme organes digestifs, que lorsqu'il s'agit de faire pénétrer quelques substances de la bouche dans l'estomac. Le tiers inférieur de l'œsophage présente un phénomène particulier qu'il est important de connaître : c'est un mouvement alternatif de contraction et de relâchement qui existe d'une manière continue. La contraction commence à la réunion des deux tiers supérieurs du conduit avec le tiers inférieur; elle se prolonge avec une certaine rapidité jusqu'à l'insertion de l'œsophage dans l'estomac; une fois produite, elle persiste un temps variable; sa durée moyenne est au moins de trente secondes. Contracté ainsi dans son tiers inférieur, l'œsophage est dur et élastique comme une corde fortement tendue. Le relâchement qui succède à la contraction arrive tout à coup et simultanément dans chacune des fibres contractées; dans certains cas cependant, il semble se faire des fibres supérieures vers les inférieures. Dans l'état de relâchement, l'œsophage présente une flaccidité remarquable, qui contraste singulièrement avec l'état de contraction.

Mouvement de l'œsophage.

Ce mouvement de l'œsophage est sous la dépendance des nerfs de la huitième paire. Quand on a coupé ces nerfs sur un animal, l'œsophage ne se contracte plus, mais il n'est pas non plus

Mouvement de l'œsophage.

dans le relâchement que nous venons de décrire; ses fibres, soustraites à l'influence nerveuse, se raccourcissent avec une certaine force; et le canal se trouve dans un état intermédiaire de la contraction et du relâchement. La vacuité ou la distension de l'estomac influent sur la durée et l'intensité de la contraction de l'œsophage (1).

Depuis l'extrémité inférieure de l'estomac jusqu'à la fin de l'intestin rectum, le canal intestinal présente un mode de contraction qui diffère, sous

Mouvement péristaltique de l'estomac et des intestins.

(1) Le mouvement alternatif du tiers inférieur de l'œsophage n'existe pas chez le cheval; mais chez cet animal les piliers du diaphragme ont sur l'extrémité cardiaque de ce conduit une action particulière qui n'existe point chez les animaux qui vomissent aisément. *Voyez* le détail des expériences que j'ai faites sur ce sujet, et le rapport des commissaires de l'Institut, dans le *Bulletin de la Société philomatique*, année 1815. Depuis cette époque j'ai observé avec plus de soin l'œsophage du cheval, et j'ai remarqué que son extrémité diaphragmatique, dans une étendue de huit ou dix pouces, n'est point contractile à la manière des muscles. L'irritation des nerfs de la huitième paire, le galvanisme, la laissent immobile; mais elle est très-élastique, et maintient tellement fermé le bout inférieur de l'œsophage, que même long-temps après la mort il est difficile d'y introduire le doigt, et qu'il faut exercer une très-forte pression pour y faire pénétrer l'air. Cette disposition est, je crois, la véritable raison pour laquelle les chevaux vomissent si difficilement, et se rompent quelquefois l'estomac en s'efforçant à vomir.

Mouvement péristaltique de l'estomac et des intestins.

presque tous les rapports, de la contraction de la partie sus-diaphragmatique du canal. Cette contraction se fait toujours lentement et d'une manière irrégulière; il se passe quelquefois une heure sans qu'on en aperçoive aucune trace; d'autres fois plusieurs portions intestinales se contractent à la fois. Elle paraît très-peu influencée par le système nerveux; elle continue, par exemple, dans l'estomac après la section des nerfs de la huitième paire : elle devient plus active par l'affaiblissement des animaux, et même par leur mort; chez quelques-uns, elle prend, par cette cause, une accélération considérable; elle persiste, quoique le canal intestinal ait été entièrement séparé du corps. La portion pylorique de l'estomac, l'intestin grêle, sont les points du canal intestinal où elle se présente le plus souvent et d'une manière plus constante. Ce mouvement, qui résulte de la contraction successive ou simultanée des fibres longitudinales et circulaires du canal intestinal, a été diversement désigné par les auteurs : les uns l'ont nommé *vermiculaire*, ceux-ci *péristaltique*, ceux-là *contractilité organique sensible*, etc. Quoi qu'il en soit, la volonté ne paraît exercer sur lui aucune influence sensible (1).

(1) Dans le cheval, la moitié splénique de l'estomac est plus contractile que la portion pylorique; aussi les aliments séjournent peu dans l'estomac de cet animal, et la digestion

Les muscles de l'anus se contractent volontairement.

La portion sus-diaphragmatique du conduit digestif n'est point susceptible d'éprouver une dilatation considérable ; il est facile de voir, par sa structure et le mode de contraction de sa couche musculeuse, qu'elle ne doit point laisser séjourner les aliments dans sa cavité, mais qu'elle est plutôt destinée à transporter ces substances de la bouche dans l'estomac. Ce dernier organe et le gros intestin sont au contraire évidemment disposés pour se prêter à une distension très-grande; aussi les substances qui sont introduites dans le canal alimentaire s'accumulent-elles et font-elles un séjour plus ou moins long à leur intérieur.

Le diaphragme et les muscles abdominaux déterminent continuellement une sorte de ballotte-

---

se fait en grande partie dans les intestins. La panse des ruminants, le feuillet, la caillette, sont fort peu contractiles, mais le bonnet se contracte d'une manière très-active, bien que sa contraction ne prenne point le caractère de la portion sus-diaphragmatique du canal intestinal. Les oiseaux, les reptiles et les poissons n'ont de contraction brusque que dans les organes de la déglutition; tout le reste du canal digestif se contracte à la manière péristaltique. Ce phénomène est très-frappant pour le gésier des oiseaux, qu'on représente comme un muscle très-énergique; l'irritation des huitièmes paires ne le fait point entrer en contraction.

ment des organes digestifs contenus dans la cavité abdominale, ils exercent sur ces mêmes organes une pression continuelle, qui devient quelquefois très-considérable. Nous verrons plus bas comment ces deux causes, réunies ou séparées, concourrent à différents actes de digestion.

De la faim et de la soif.

De la faim et de la soif.

La digestion nécessite de la part de l'homme et des animaux un certain nombre d'actions pour se procurer et saisir les aliments, et les introduire dans l'estomac : cette introduction doit cesser à l'époque où l'estomac est rempli, ou ne doit se faire qu'en raison des besoins de l'économie ; en général il est avantageux qu'elle ne se fasse qu'après que la digestion précédente est terminée ; il est aussi d'autres circonstances où elle serait nuisible. Il était donc nécessaire que l'homme et les animaux fussent avertis du moment où il est nécessaire de porter des aliments solides ou liquides dans l'estomac, et des cas où il serait désavantageux de le faire. La nature est arrivée à ce but important en faisant développer plusieurs sentiments instinctifs qui nous avertissent des besoins de l'économie et de l'état particulier des organes digestifs. Ces sentiments indicateurs de nos besoins varient suivant l'espèce de ceux-ci : ils peuvent être divisés en ceux qui nous excitent à faire usage de telle ou telle substance, et en ceux qui nous en éloignent. Les premiers se rapportent à la *faim* et à la *soif*, les seconds à la *satiété* et au *dégoût*.

De la faim.

De la faim.

Le besoin des aliments solides est caractérisé par un sentiment particulier dans la région de l'estomac, et par une faiblesse générale plus ou moins marquée. En général ce sentiment se renouvelle quand l'estomac est vide depuis quelque temps; il est très-variable pour l'intensité et pour la nature, suivant les individus, et même chez le même individu. Chez les uns, sa violence est extrême; chez d'autres il se fait à peine sentir; quelques-uns même ne l'éprouvent jamais, et mangent seulement parce que l'heure des repas est arrivée. Plusieurs personnes éprouvent un tiraillement, un resserrement plus ou moins pénible dans la région épigastrique; chez d'autres, c'est une chaleur douce dans la même région, accompagnée de bâillements, et d'un bruit particulier, produit par le déplacement des gaz contenus dans l'estomac, qui se contracte. Lorsqu'on ne satisfait pas à ce besoin, il s'accroît et peut se transformer en une vive douleur; il en est de même de la sensation de faiblesse et de fatigue générale qu'on éprouve, et qui peut aller jusqu'au point de rendre les mouvements difficiles ou même impossibles.

Phénomènes de la faim.

Les auteurs distinguent dans la faim des phénomènes locaux et des phénomènes généraux.

Cette distinction en elle-même est bonne et peut être avantageuse à l'étude; mais n'a-t-on pas souvent décrit, comme phénomènes locaux ou généraux de la faim, des suppositions gratuites dont la théorie rendait l'existence probable? Ce point de physiologie est un de ceux où le défaut d'expériences directes se fait le plus vivement sentir.

Phénomènes locaux de la faim.

On compte parmi les phénomènes locaux de la faim le resserrement et la contraction de l'estomac. « Les parois du viscère deviennent, dit-on, plus épaisses; il a changé de forme, de situation, et tiré un peu à lui le duodénum; sa cavité contient de la salive mêlée d'air, des mucosités, de la bile hépatique, qui a reflué par suite du tiraillement du duodénum : il y a d'autant plus de ces diverses humeurs dans l'estomac, que la faim est plus prolongée. La bile cystique ne coule pas dans le duodénum; elle s'amasse dans la vésicule biliaire, et y est d'autant plus abondante et d'autant plus noire, que l'abstinence dure depuis plus long-temps. Il y a un changement dans l'ordre de la circulation des organes digestifs; l'estomac reçoit moins de sang, soit à cause de la flexuosité de ses vaisseaux, plus grande alors, parce qu'il est resserré, soit à cause de la compression de ses nerfs, par suite de ce même resserrement, et dont l'influence sur la circulation serait alors diminuée. D'un autre côté, le foie, la rate, l'épiploon, en reçoivent davantage et font l'office de diverticulum; le foie et la rate, parce qu'ils sont moins soutenus quand l'estomac est vide, et qu'ils offrent dès lors un abord plus facile au sang; et l'épiploon, parce qu'alors les vaisseaux sont moins flexueux, etc. (1). » La plupart de ces données sont conjecturales et à peu près dénuées de preuves; mais elles ont déjà, en partie, été réfutées par Bichat: quelques-unes des objections de cet ingénieux physiologistes ne sont pas elles-mêmes à l'abri de toute critique. Ne pouvant entrer ici dans les détails de cette discussion, je dirai seulement les observations que j'ai faites à cette occasion.

Observations sur l'état de l'estomac pendant la faim.

Après vingt-quatre, quarante-huit et même soixante heures d'abstinence complète, je n'ai jamais vu la contraction et le resserrement de l'estomac dont parlent les auteurs: cet organe m'a toujours présenté des dimensions assez considérables, surtout dans son extrémité splénique: ce n'est que passé le quatrième ou cinquième jour qu'il m'a paru revenir sur lui-même, diminuer beaucoup de capacité, et changer légèrement de position; encore ces effets ne sont-ils très-marqués que lorsque le jeûne a été rigoureusement observé.

(1) *Dictionnaire des Sciences médicales*, art. DIGESTION.

Observation sur la pression soutenue par les viscères abdominaux pendant la faim.

Bichat pense que la pression soutenue par l'estomac quand il est vide est égale à celle qu'il supporte quand il est distendu par des aliments, attendu, dit-il, que les parois abdominales se resserrent à mesure que le volume de l'estomac diminue. On peut aisément s'assurer du contraire en mettant un ou deux doigts dans la cavité abdominale, après avoir incisé ses parois : il sera facile alors de reconnaître que la pression soutenue par les viscères est, en quelque sorte, en raison directe de la distension de l'estomac : si l'estomac est plein, le doigt sera fortement pressé, et les viscères feront effort pour s'échapper à travers l'ouverture ; s'il est vide, la pression sera très-peu marquée, et les viscères auront peu de tendance à sortir de la cavité abdominale. On sent que dans cette expérience il ne faut pas confondre la pression exercée par les muscles abdominaux lorsqu'ils sont relâchés, avec celle qu'ils exercent en se contractant avec force. Aussi, lorsque l'estomac est vide, tous les réservoirs contenus dans l'abdomen se laissent-ils plus facilement distendre par les matières qu'ils doivent retenir quelque temps. C'est, je crois, la principale raison pour laquelle la bile s'accumule dans la vésicule du fiel. Quant à la présence de la bile dans l'estomac, que quelques personnes regardent comme l'une des causes de la faim, je crois qu'à moins de circonstances maladives la bile ne s'y introduit point, quoique son écoulement continue dans l'intestin grêle, comme je m'en suis directement assuré.

La quantité de mucosité que présente la cavité de l'estomac est d'autant moins considérable, que l'abstinence se prolonge davantage. Mes expériences sur ce point sont entièrement d'accord avec celle de Dumas.

Relativement à la quantité de sang qui se porte à l'estomac dans l'état de vacuité, à raison du volume de ses vaisseaux et du mode de circulation qui existe alors, je suis tenté de croire qu'il reçoit moins de ce fluide que lorsqu'il est rempli d'aliments; mais, loin d'être sous ce rapport en opposition avec les autres organes abdominaux, cette disposition me paraît être commune à tous les organes contenus dans l'abdomen.

Phénomènes généraux de la faim.

Aux phénomènes généraux de la faim se rapporte un affaissement et une diminution de l'action de tous les organes; la circulation et la respiration se ralentissent, la chaleur du corps baisse, les sécrétions diminuent, toutes les fonctions s'exercent avec plus de difficulté. On dit que l'absorption seule devient plus active, mais rien n'est rigoureusement démontré à cet égard.

Sentiments qu'il ne faut pas confondre avec la faim.

La faim, l'appétit même, qui n'est que son premier degré, doivent être distingués du sentiment qui nous porte à nous nourrir de préférence de tel ou tel genre d'aliment, de celui qui nous fait, dans un repas, porter notre choix sur un mets plutôt que sur un autre, etc. Ces sentiments sont très-éloignés de la faim réelle, qui exprime les besoins véritables de l'économie; ils tiennent en grande partie à la civilisation, aux habitudes, à certaines idées relatives aux propriétés des aliments. Quelques-uns sont en rapport avec la saison, le climat; et alors ils deviennent tout aussi légitimes que la faim elle-même : tel est celui qui nous porte vers le régime végétal dans les pays chauds, ou durant les chaleurs de l'été.

Causes qui rendent la faim plus intense.

Certaines circonstances rendent la faim plus intenses et la font revenir à des intervalles plus rapprochés : tels sont un air froid et sec, l'hiver, le printemps, les bains froids, les frictions sèches sur la peau, l'exercice du cheval, la marche, les fatigues du corps, et en général toutes les causes qui mettent en jeu l'action des organes et accélèrent le mouvement nutritif, avec lequel la faim est essentiellement liée. Quelques substances introduites dans l'estomac excitent un sentiment qui a de l'analogie avec la faim, mais qu'il ne faut cependant pas confondre avec elle.

Causes qui diminuent la faim.

Il est des causes qui diminuent l'intensité de la faim et qui éloignent les époques auxquelles elles se manifeste habituellement : de ce nombre sont l'habitation des pays chauds et des lieux humides, le repos du corps et de l'esprit, les passions tristes, et enfin toutes les circonstances qui s'opposent à l'action des organes et diminuent l'activité de la nutrition. On connaît aussi des substances qui, portées dans les voies digestives, font cesser la faim, ou empêchent son développement, comme l'opium, les boissons chaudes, etc.

Causes prochaines de la faim.

Que n'a-t-on pas dit sur les causes de la faim? Elle a été tour-à-tour attribuée à la prévoyance du principe vital, aux frottements des parois de l'estomac l'une contre l'autre, au tiraillement du foie sur le diaphragme, à l'action de la bile sur l'estomac, à l'âcreté et à l'acidité du suc gastrique, à la fatigue des fibres de l'estomac contractées, à la compression des nerfs de ce viscère, etc., etc. La faim résulte, comme toutes les autres sensations internes, de l'action du système nerveux; elle n'a d'autre siége que ce système lui-même, et d'autres causes que les lois générales de l'organisation. Ce qui prouve bien la vérité de cette assertion, c'est qu'elle continue quelquefois, quoique l'estomac soit rempli d'aliments; c'est qu'elle peut ne pas se développer, quoique l'estomac soit vide depuis longtemps; enfin, c'est qu'elle est soumise à l'habitude, au point de cesser spontanément quand l'heure habituelle du repas est passée. Ceci est vrai, non-seulement du sentiment qu'on éprouve dans la région de l'estomac, mais encore de la faiblesse générale qui l'accompagne, et qui par conséquent ne peut être considérée comme réelle, au moins dans les premiers instants où elle se manifeste.

Plusieurs auteurs confondent la faim avec les effets d'une abstinence complète et prolongée jusqu'à ce que la mort arrive : nous ne suivrons pas leur exemple. La faim, considérée comme phénomène instinctif, appartient à la physiologie; considérée comme cause de maladie, elle n'est plus du ressort de cette science et appartient à la séméiotique.

De la soif.

De la soif. On nomme *soif* le désir de faire usage de boisson. Il varie suivant les individus, et il est rarement semblable chez une même personne. En général il consiste en un sentiment de sécheresse, de constriction et de chaleur qui règne dans l'arrière-bouche, le pharynx, l'œsophage, et quelquefois dans l'estomac. Pour peu que la soif se prolonge, il survient de la rougeur et du gonflement à ces parties, la sécrétion muqueuse cesse presque entièrement; celle des follicules s'altère, devient épaisse et tenace; l'écoulement de la salive diminue, et la viscosité de ce fluide augmente sensiblement. Ces phénomènes s'accompagnent d'une inquiétude vague, d'une ardeur générale; les yeux deviennent rouges, l'esprit éprouve un certain trouble, le mouvement du sang s'accélère, la respiration devient haletante, la bouche est souvent et largement ouverte afin de mettre l'air extérieur en contact avec les parties irritées, et d'éprouver un soulagement instantané.

Causes de la soif.

Le plus souvent l'envie de boire se développe quand, par une cause quelconque, la chaleur et la sécheresse de l'amosphère par exemple, le corps a fait une perte abondante en liquide; mais elle se manifeste dans un grand nombre de circonstances différentes, telles que d'avoir parlé long-temps, mangé certains aliments, avalé une substance qui s'arrête dans l'œsophage, etc. L'habitude vicieuse de boire fréquemment, et le désir d'éprouver la saveur de quelques liquides, comme le vin, l'eau-de-vie, etc., déterminent le développement d'un sentiment qui a la plus grande analogie avec la soif.

Il y a des personnes qui n'ont jamais ressenti la soif, qui prennent, en quelque sorte, des boissons par convenance, mais qui vivraient très-long-temps sans y songer et sans éprouver aucun inconvénient de leur privation; il en est d'autres chez qui la soif se renouvelle souvent et devient très-impérieuse, jusqu'à leur faire boire vingt ou trente litres de liquide dans vingt-quatre heures : on remarque sous ce rapport de nombreuses différences individuelles.

Remonterons-nous, avec certains auteurs, à la cause prochaine de la soif? dirons-nous qu'elle est l'effet de la prévoyance de l'âme? placerons-nous son siége dans les nerfs du pharynx, dans les vaisseaux sanguins ou dans les vaisseaux lymphatiques? Ces considérations ne doivent plus désormais trouver place que dans l'histoire de la physiologie. La soif est un sentiment instinctif; elle tient essentiellement à l'organisation, elle ne comporte aucune explication de ce genre : le sentiment de sécheresse et de chaleur qui l'accompagne paraît l'expression naturelle de l'état qui suit l'évaporation de la partie aqueuse du sang ou simplement de son excrétion; car toutes les fois que nous perdons par une cause quelconque une grande partie de la sérosité du sang, nous sommes tourmentés par la soif.

Nous ne parlerons pas non plus des phénomènes morbides qui accompagnent et qui précèdent la mort par la privation complète des boissons; cette étude appartient tout entière à la physiologie pathologique.

Des aliments.

Des aliments.

On donne en général le nom *d'aliments* à toute substance qui, soumise à l'action des organes de la digestion, peut seule nourrir. Dans ce sens, un aliment est nécessairement extrait des végétaux ou des animaux; car il n'y a que les corps qui ont joui de la vie, qui puissent servir utilement à la nutrition des animaux pendant un certain temps. Cette manière d'envisager les aliments est trop restreinte. Pourquoi refuser le nom *d'aliment* à des substances qui, à la vérité, ne pourraient nourrir seules, mais qui concourent efficacement à la nutrition, puisqu'elles entrent dans la composition des organes et des fluides animaux? Tels sont le muriate de soude, l'oxide de fer, la silice, et surtout l'eau, qui se trouve en si grande quantité dans le corps des animaux et y est si nécessaire. Il me paraît préférable de considérer comme aliment toute substance qui peut servir à la nutrition, en établissant toutefois la distinction importante des substances qui peuvent nourrir seules, et de celles qui ne servent à la nutrition que de concert avec les premières (1). Encore est-ce une question qui n'est pas résolue, que de savoir s'il est possible de vivre long-temps en ne mangeant qu'une seule

(1) Hippocrate dit : *Il y a plusieurs espèces d'aliments, mais il n'y a cependant qu'un seul aliment :* cette proposition souvent reproduite ne m'a jamais présenté un sens clair. En effet, veut-on dire que dans une substance alimentaire il n'y a qu'une partie qui soit nutritive? mais alors quelle est cette partie, et ne varie-t-elle pas pour chaque aliment? Veut-on dire que les aliments servent, en dernière analyse, à former une substance toujours la même, qui est le chyle? on ne dira point encore vrai, car le chyle a des qualités variables suivant les aliments. Pense-t-on que les aliments servent à renouveler dans le sang une substance particulière qui seule peut nourrir, et qui serait le *quod nutrit* des anciens? mais cette substance existe-t-elle? Veut-on enfin supposer qu'il y a dans tous les aliments un principe particulier, partout identique, essentiellement nutritif? rien n'est moins prouvé.

et même substance alimentaire, quelles que soient d'ailleurs ses qualités nutritives. (*Voyez* NUTRITION.)

Quant à une idée nette de ce qu'on doit entendre par *aliment*, pour la donner il faudrait connaître à fond le phénomène de la nutrition; or, la science n'en est point encore là.

Sous le rapport de leur nature, les aliments diffèrent entre eux par l'espèce de principe immédiat qui prédomine dans leur composition. On peut les distinguer en neuf classes:

Aliments. 1° *Aliments féculeux*: froment, orge, avoine, riz, seigle, épeautre, sarrazin, maïs, pommes de terre, sagou, salep, pois, haricots, lentilles, etc.

2° *Aliments mucilagineux*: carotte, salsifis, betterave, navet, asperge, chou, laitue, artichaut, cardon, potiron, melon, etc.

3° *Aliments sucrés*: les diverses espèces de sucre, les figues, les dattes, les raisins secs, les abricots, etc.

4° *Aliments acidulés*: oranges, groseilles, cerises, pêches, fraises, framboises, mûres, raisins, prunes, poires, pommes, oseille, etc.

5° *Aliments huileux et graisseux*: cacao, olives, amandes douces, noisettes, noix, les graisses animales, les huiles, le beurre, etc.

6° *Aliments caséeux*: les différentes espèces de lait, toutes les variétés de fromage.

7° *Aliments gélatineux*: les tendons, les aponévroses, le chorion, le tissu cellulaire, les animaux très-jeunes, etc.

8° *Aliments albumineux :* le cerveau, les nerfs, les œufs, etc.

9° *Aliments fabrineux :* la chair et le sang des divers animaux.

J'ai proposé, il y a quelques années, une autre manière de distinguer les aliments entre eux; elle consiste à les partager en deux classes, l'une qui comprend les aliments qui contiennent peu ou point d'azote, et ceux qui en contiennent une grande proportion.

Aliments peu ou point azotés.

Aliments peu ou point azotés.

Les diverses espèces de sucre; les fruits sucrés, rouges, acides; les huiles, les graisses, le beurre, les aliments mucilagineux, les céréales, le riz, les pommes de terre, etc.

Aliments azotés.

Aliments azotés.

Les graines légumineuses, telles que les poids, les haricots, les fèves, les lentilles, les épinards, les amandes douces et amères, les noix, les noisettes, les aliments gélatineux, les albumineux, les fibrineux, et surtout les divers fromages; car le caséum est de tous les principes immédiats azotés alimentaires, celui où l'azote se trouve en plus grande proportion.

Cette distinction des aliments en *azotés* et *non azotés* est très-utile dans ses applications au régime, surtout dans les maladies telles que la goutte, le rhumatisme et la gravelle (1).

Médicaments nutritifs.

On pourrait ajouter à cette liste un grand nombre de substances qui sont employées comme médicaments, mais qui, sans doute, sont nutritives, au moins dans quelques-uns de leurs principes immédiats : tels sont la manne, les tamarins, la pulpe de casse, les extraits et les sucs végétaux, les décoctions animales ou végétales vulgairement nommées *tisanes*, etc.

Préparation des aliments.

Parmi les aliments, il en est peu qui soient employés tels que la nature les offre; le plus souvent ils doivent être préparés, disposés d'une manière convenable avant d'être soumis à l'action des organes digestifs. Les préparations qu'ils subissent varient à l'infini, suivant l'espèce d'aliment, suivant les peuples, les climats, les coutumes, le degré de la civilisation; la mode même n'est pas sans influence sur l'art de préparer les aliments.

Entre les mains du cuisinier habile, les substances

---

(1) Voyez *Mémoire sur les propriétés nutritives des substances qui ne contiennent pas d'azote*, *Annales de Chimie*, 1816, et *Recherches physiologiques et médicales sur la gravelle*, deuxième édition, Paris, 1829.

alimentaires changent presque entièrement de nature : forme, consistance, odeur, saveur, couleur, composition chimique, etc., tout est tellement modifié, qu'il est souvent impossible au goût le plus exercé de reconnaître la substance qui fait la base de certains mets. Le but principal de la cuisine est de rendre les alimens agréables aux sens et de facile digestion ; mais il est rare qu'elle s'arrête là : fréquemment, chez les peuples avancés dans la civilisation, l'objet qu'elle ambitionne est d'exciter des palais blasés et dédaigneux, de contenter des goûts bizarres, ou de satisfaire la vanité. Alors elle devient une véritable science, qui a ses règles et son empirisme, et qui exerce une grande influence sociale, contribue puissamment au bien-être, favorise le développement de l'intelligence, mais qui amène aussi quelquefois des maladies douloureuses, abrutit l'esprit, affaiblit le corps, et a causé plus d'une fois une mort prématurée.

But de la cuisine.

Des boissons.

On entend par boisson un liquide qui, lorsqu'il est introduit dans les organes digestifs, étanche la soif, et répare les pertes que nous faisons habituellement de la partie fluide de nos humeurs. A ce titre, les boissons sont de véritables aliments.

Des boissons.

Les boissons se distinguent entre elles par leur composition chimique.

1° L'*eau* et ses différentes espèces : l'eau de source, de rivière, de puits, etc.

2° Les *sucs et infusions des végétaux et des animaux;* sucs de citron, de groseille, de petit-lait, le thé, le café, etc.

3° Les *liqueurs fermentées :* le vin et ses nombreuses espèces, la bière, le cidre, le poiré, etc.

4° Les *liqueurs alcooliques :* l'eau-de-vie, l'alcool, l'éther, le kirsch-wasser, le rhum, le rack, les ratafias (1).

Des actions digestives en particulier.

Des actions digestives en particulier.

Les actions digestives qui, par leur réunion, forment la digestion, sont, 1° la *préhension des aliments*, 2° la *mastication*, 3° l'*insalivation*, 4° la *déglutition*, 5° l'*action de l'estomac*, 6° l'*action de l'intestin grêle*, 7° l'*action du gros intestin*, 8° l'*expulsion des matières fécales*.

Toutes les actions digestives ne concourent pas également à la production du chyle; l'action de l'estomac et celle de l'intestin grêle sont les seules qui y soient absolument indispensables.

---

(1) Voyez l'*Encyclopédie méthodique* et le *Dictionnaire des Sciences médicales*, article ALIMENT.

La digestion des aliments solides réclame le plus souvent les huit actions digestives; celle des boissons est beaucoup plus simple : elle ne comprend que la préhension, la déglutition, l'action de l'estomac, et l'action de l'intestin grêle. Il est très-rare que les boissons arrivent jusqu'au gros intestin.

Nous nous occuperons d'abord de la digestion des aliments; nous traiterons ensuite de celle des boissons.

De la préhension des aliments solides.

De la préhension des aliments solides.

Les organes de la préhension des aliments sont les membres supérieurs de la bouche. Nous avons parlé ailleurs des membres supérieurs, disons quelques mots des différentes parties qui constituent la bouche.

Organes de la préhension des aliments solides.

Pour les anatomistes, la bouche est la cavité ovalaire formée, en haut, par le palais et la mâchoire supérieure; en bas, par la langue et la mâchoire inférieure; latéralement, par les joues; postérieurement, par le voile du palais et le pharynx, et antérieurement par les lèvres. Les dimensions de la bouche sont variables suivant les individus, et sont susceptibles de s'agrandir dans tous les sens; de haut en bas, par l'abaissement de la langue et l'écartement des mâchoires, transversalement, par la distension des joues, et d'avant en arrière, par les mouvements des lèvres et du voile du palais.

Ce sont les mâchoires qui déterminent plus particulièrement la forme et les dimensions de la bouche; la supérieure fait partie essentielle de la face, et ne se meut qu'avec la tête; l'inférieure, au contraire, est douée d'une très-grande mobilité.

Des dents.

De petits corps très-durs nommés *dents* garnissent les mâchoires; ils sont envisagés généralement comme des os; mais ils en diffèrent sous les rapports les plus importants, et particulièrement sous ceux de la structure, du mode de formation, des usages, de l'inaltérabilité au contact de l'air; ils s'en rapprochent sous ceux de la dureté et de la composition chimique.

Tout le monde sait qu'il y a trois espèces de dents : les *incisives*, qui occupent la partie antérieure des mâchoires; les *molaires*, qui en occupent la partie postérieure, et les *canines*, qui sont situées entre les incisives et les molaires.

Racines des dents.

On distingue deux parties dans les dents : l'une extérieure, ou *couronne;* l'autre, contenue dans les mâchoires, ou *racine*. Ces deux parties ont une disposition très-différente. La couronne, appelée à remplir des usages particuliers dans chaque espèce de dents, a une forme qui varie. Elle est cubique dans les molaires, conique dans les canines, et sphénique (1) dans les incisives. Quelle que soit sa forme, la couronne est d'une dureté excessive; elle s'use avec le temps, à la manière des corps inertes qui subissent des frottements répétés.

Les racines remplissant, dans les trois espèces de dents, un usage commun, celui d'assurer la solidité de la jonction des dents avec les mâchoires, et de transmettre à celles-ci les efforts quelquefois très-grands que les dents supportent, devaient avoir, et ont en effet une forme commune. Elles sont reçues dans des cavités nommées *alvéoles;* elles les remplissent exactement. Il paraît que les parois de ces cavités exercent sur les racines des dents une pression assez considérable; on peut du moins le conjecturer, car ces cavités se resserrent, s'effacent même quand elles ne contiennent pas la racine des dents ou quelque chose qui en ait la forme et la résistance. Alvéoles.

Les dents incisives et les dents canines n'ont qu'une racine; les molaires en ont ordinairement plusieurs. Mais, quel que soit leur nombre, les racines ont toujours la forme d'un cône, dont la base correspond à la couronne et le sommet au fond de l'alvéole; dans certains cas, elles présentent des courbures plus ou moins prononcées (2).

---

(1) En forme de coin.

(2) *Voyez* quelques autres détails relatifs aux dents, à l'article *Mastication*.

Gencives.

Le bord alvéolaire est revêtu d'une couche épaisse, fibreuse, résistante qu'on appelle *gencive*. Cette couche environne exactement la partie inférieure de la couronne des dents, y adhère avec force, et ajoute ainsi à la solidité de la jonction des dents avec les mâchoires. Elle peut supporter sans inconvénient des pressions très-fortes : on verra les avantages qui résultent de cette disposition.

On doit compter au nombre des parties qui concourent à la préhension des aliments, les muscles qui meuvent les mâchoires, et particulièrement l'inférieure. Il en est de même pour la langue, dont les nombreux mouvements influent beaucoup sur les dimensions de la bouche.

Mécanisme de la préhension des aliments.

Rien n'est plus simple que la préhension des aliments; elle consiste dans l'introduction des substances alimentaires dans la bouche. A cet effet, les mains saisissent les aliments, les partagent en petites portions susceptibles d'être contenues dans la bouche, et les y introduisent soit directement, soit par l'intermédiaire d'instruments commodes pour cet usage.

Mouvements d'écartement des mâchoires.

Mais, pour qu'ils puissent pénétrer dans cette cavité, il faut que les mâchoires s'écartent, autrement dit, que la bouche s'ouvre. Or, on a discuté long-temps pour savoir si dans l'ouverture de la bouche la mâchoire inférieure seule se meut, ou bien si les deux mâchoires s'éloignent en même temps l'une de l'autre. Sans entrer dans cette discussion, qui ne mérite peut-être pas toute l'importance qu'on y a attachée, nous dirons que l'observation la plus simple a bientôt fait voir que la mâchoire inférieure se meut seule quand la bouche s'ouvre médiocrement. Quand elle s'ouvre largement, la supérieure s'élève, c'est-à-dire que la tête se renverse légèrement sur la colonne vertébrale : mais, dans tous les cas, la mâchoire inférieure est toujours celle dont les mouvements sont le plus étendus, à moins qu'un obstacle physique ne s'oppose à son abaissement. Alors l'ouverture de la bouche dépend uniquement du renversement de la tête sur la colonne vertébrale, ou, ce qui est la même chose, de l'élévation de la mâchoire supérieure.

Dans beaucoup de cas, lorsque l'aliment est introduit dans la bouche, les mâchoires se rapprochent pour le retenir et prendre part à la mastication ou à la déglutition; mais fréquemment l'élévation de la mâchoire inférieure concourt à la préhension des aliments. On en a un exemple quand on veut mordre dans un fruit : alors les dents incisives s'enfoncent, chacune en sens opposé, dans la substance alimentaire, et, agissant comme des branches de ciseaux, elles détachent une portion de la masse.

Ce mouvement est principalement produit par la contraction des muscles élévateurs de la mâchoire inférieure, qui représente un levier du troisième genre, dont la puissance est, à l'insertion des muscles élévateurs, le point d'appui dans l'articulation temporo-maxillaire, et la résistance dans la substance sur laquelle agissent les dents.

Action des dents incisives.

Le volume du corps placé entre les dents incisives influe sur la force avec laquelle il peut être pressé. S'il est peu volumineux, la force sera beaucoup plus grande, car tous les muscles élévateurs s'insèrent perpendiculairement à la mâchoire, et la totalité de leur force est employée à mouvoir le levier qu'elle représente ; si le volume du corps est tel qu'il puisse à peine être introduit dans la bouche, pour peu qu'il présente de résistance, les dents incisives ne pourront l'entamer, car les muscles masséters, crotaphites et ptérygoïdiens internes s'insèrent très-obliquement à la mâchoire, d'où résulte la perte de la plus grande partie de la force qu'ils développent en se contractant.

Manière dont on peut aider l'action des dents incisives avec la main.

Quand l'effort que les muscles des mâchoires exercent n'est pas suffisant pour détacher une portion de la masse alimentaire, la main agit sur celle-ci de manière à la séparer de la portion retenue par les dents. D'un autre côté, les muscles postérieurs du cou tirent fortement la tête en arrière, et de la combinaison de ces efforts résulte l'isolement d'une portion d'aliment qui reste dans la bouche. Dans ce mode de préhension, les dents incisives et canines sont le plus ordinairement employées ; il est rare que les molaires y prennent part (1).

Accumulation des aliments dans la bouche.

Par la succession des mouvements de préhension, la bouche se remplit, et, à raison de la souplesse des joues et de la facile dépression de la langue, une assez grande quantité d'aliments peut s'y accumuler.

Quand la bouche est *pleine*, le voile du palais est abaissé, son bord inférieur est appliqué sur la partie la plus reculée de la base de la langue, en sorte que toute communication est interceptée entre la bouche et le pharynx.

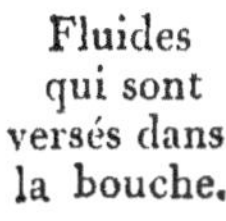

Mastication et insalivation des aliments.

Fluides qui sont versés dans la bouche.

Indépendamment de ce que nous venons de dire sur la bouche, à l'occasion de la préhensions.des aliments, pour concevoir les usages qu'elle remplit dans la mastication et l'insalivation, il est utile de remarquer que des fluides provenant de diverses sources abondent dans la bouche. D'abord la membrane muqueuse qui en tapisse les parois sécrète une mucosité abondante ; de nombreux follicules isolés

(1) Dans les animaux carnassiers, où ce mode de préhension est fréquemment mis en usage, les trois espèces de dents y participent, mais surtout les canines.

ou agglomérés, qu'on observe à l'intérieur des joues, à la jonction des lèvres avec les gencives, sur le dos de la langue, à la face antérieure du voile du palais et de la luette, versent continuellement le liquide qu'ils forment à la surface interne de la bouche. Il en est de même des glandes muqueuses qui existent en grand nombre dans l'épaisseur du palais et des joues.

De la salive. Enfin c'est dans la bouche qu'est versée la salive sécrétée par six glandes, trois de chaque côté, et qui portent les noms de *parotides*, de *sous-maxillaires* et de *sublinguales*. Les premières, placées entre l'oreille externe et la mâchoire, ont chacune un canal excréteur qui s'ouvre au niveau de la seconde petite molaire supérieure; chaque glande maxillaire en a un qui se termine sur les côtés du filet de la langue; près de là s'ouvrent ceux des glandes sublinguales.

Il est probable que ces fluides varient de propriétés physiques et chimiques selon l'organe qui les forme; mais la chimie n'a pas encore pu en établir la distinction d'après des expériences directes: le mélange de ces trois fluides, sous le nom de *salive*, a été analysé d'une manière exacte, ainsi que le produit particulier de la glande parotide (1).

---

(1) Voyez *Sécrétion de la salive.*

Parmi les substances alimentaires déposées dans la bouche, les unes ne font que traverser cette cavité, et n'y éprouvent aucun changement; les autres, au contraire, y font un séjour assez prolongé et y éprouvent plusieurs modifications importantes. Les premières sont les aliments mous ou presque liquides, dont la température s'éloigne peu de celle du corps; les secondes sont les aliments durs, secs, fibreux, et ceux dont la température est plus ou moins éloignée de celle qui est propre à l'économie animale. Les uns et les autres ont cependant ceci de commun, qu'en traversant la bouche ils sont appréciés par les organes du goût.

Changements que les aliments éprouvent dans la bouche.

On peut rapporter à trois modifications principales les changements que les aliments éprouvent dans la bouche : 1° changement de température; 2° mélange avec les fluides qui sont versés dans la bouche, et quelquefois dissolution dans ces fluides; 3° pression plus ou moins forte, et très-souvent division, broiement qui détruit la cohésion de leurs parties. En outre, elles sont facilement et fréquemment transportées d'un point de cette cavité dans un autre. Ces trois modes d'altération ne s'effectuent pas successivement, mais simultanément et en se favorisant réciproquement.

Changement de température.

Le changement de température des aliments retenus dans la bouche est évident; la sensation qu'ils y excitent pourrait seule en fournir la preuve. S'ils ont une température basse, ils produisent une impression vive de froid, qui se prolonge jusqu'à ce qu'ils aient absorbé le calorique nécessaire pour approcher de la température des parois de la bouche; le contraire a lieu si leur température est plus élevée que celle de ces parois.

Il en est des jugements que nous portons dans cette occasion, comme de ceux qui ont rapport à la température des corps qui touchent la peau : nous y mêlons, à notre insu, une comparaison avec la température de l'atmosphère et avec celle des corps qui ont été antérieurement en contact avec la bouche; de manière qu'un corps, conservant le même degré de chaleur, pourra nous paraître alternativement froid ou chaud, suivant la température des corps avec lesquels la bouche aura été précédemment en rapport.

Le changement de température que les aliments éprouvent dans la bouche n'est qu'un phénomène accessoire; leur trituration et leur mélange plus ou moins intime avec les fluides versés dans cette cavité sont ceux qui méritent une attention particulière.

Pression que la langue exerce sur les aliments.

Aussitôt qu'un aliment est introduit dans la bouche, la langue le presse en l'appliquant contre le palais ou contre telle autre partie des parois buccales. Si l'aliment a peu de consistance, si ses parties ont peu de cohésion, cette simple pression suffit pour l'écraser; la substance alimentaire est-elle composée d'une partie liquide et d'une partie solide, par l'effet de cette pression, le liquide se sépare, ce qui est solide reste dans la bouche. La langue détermine d'autant mieux l'effet dont nous parlons, que son tissu propre est contractile, et qu'un grand nombre de muscles sont destinés à la faire mouvoir.

On s'étonnera peut-être qu'un organe aussi mou que la langue puisse exercer une action assez forte pour écraser un corps même un peu résistant; mais, d'une part, elle durcit en se contractant comme tous les muscles, et, en outre, elle présente au-dessous de la membrane muqueuse qui revêt sa face supérieure, une couche fibreuse, épaisse et très-résistante.

Tels sont les phénomènes qui se passent si les aliments ont peu de consistance; mais s'ils en présentent davantage, ils sont alors soumis à l'action des organes *masticateurs*.

Les agents essentiels de la mastication sont les muscles qui meuvent les mâchoires, la langue, les joues et les lèvres : les os maxillaires et les dents y servent comme de simples instruments. Organes de la mastication.

Quoique les mouvements des deux mâchoires puissent concourir à la mastication, presque toujours ce sont ceux de l'inférieure qui l'exercent. Cet os peut être abaissé, élevé et pressé très-fortement contre la mâchoire supérieure, porté en avant, en arrière, et même être dirigé un peu sur les côtés. Ces divers mouvements sont produits par les muscles nombreux qui s'attachent à l'os maxillaire inférieur.

Mais les mâchoires n'auraient jamais pu remplir l'usage qui leur est confié dans la mastication, si elles n'avaient été garnies de dents, dont les propriétés physiques sont appropriées particulièrement à cette action digestive.

Remarques sur les dents.

Quelques remarques sur ces corps sont nécessaires pour l'intelligence de ce qui suit :

Les dents molaires sont celles qui servent le plus à broyer les aliments ; elles sont au nombre de vingt, dix à chaque mâchoire, cinq à droite et cinq à gauche. La forme de leur couronne est celle d'un cube irrégulier ; la face par laquelle elles se correspondent est hérissée d'aspérités pyramidales, en nombre variable, selon qu'on les examine dans les molaires antérieures ou *petites*, ou bien dans les postérieures ou *grosses*. Ces aspérités sont disposées de façon que celles des dents supérieures s'engrènent aisément entre celles des inférieures, et réciproquement.

A la partie inférieure et au centre de la couronne, il existe une cavité remplie par l'organe qui, dans le jeune âge, a sécrété la dent. La racine est creusée d'un canal que traversent une artère, un filet de nerf, une veine, destinés au bulbe de la dent.

La substance qui forme les dents est d'une durete excessive, particulièrement la couche extérieure, ou *émail* (1); et cette disposition était bien nécessaire. D'abord, destinées à écraser des corps dont la résistance est quelquefois très-grande, il fallait qu'elles présentassent une dureté proportionnée; de plus, comme elles exercent cet office pendant toute la durée de la vie, ou à peu près, il fallait qu'elles ne s'usassent qu'avec beaucoup de lenteur. Sous ce dernier rapport, leur extrême dureté était indispensable; car aucun corps, quelque dur qu'il soit, n'échappe à l'usure causée par des frottements répétés; à plus forte raison, les corps dont la dureté est moindre, à frottement égal, doivent-ils s'user promptement.

Propriétés physiques des dents.

La matière qui forme le corps et la racine des dents, paraît homogène dans toutes ses parties; l'émail qui revêt la couronne, au contraire, présente des fibres disposées en général perpendiculairement à la surface de la dent et très-adhérentes entre elles. Le phosphate et le carbonate de chaux forment presque entièrement la dent de l'homme : sur 100 parties on en trouve 95 de ces sels; le surplus est de la matière animale (2). L'é-

Composition chimique des dents.

(1) Cette couche est tellement dure, qu'elle fait feu au briquet.

(2) Des expériences m'ont appris que la proportion de la matière animale est beaucoup plus grande dans les animaux herbivores, et plus grande encore dans les carnassiers. La

mail en est presque entièrement dépourvu : c'est à cette cause qu'on doit attribuer sa blancheur et sa dureté plus grande.

Nous avons déjà fait voir combien est solide l'articulation des dents avec les mâchoires ; les dents molaires, en raison de leur usage, devaient en présenter une plus solide encore : aussi ont-elles plusieurs racines, ou, si elles n'en ont qu'une, elle est plus grosse. Du reste, soit qu'elles soient simples ou multiples, leur forme est conique, et elles sont reçues dans les alvéoles de forme semblable. Chaque racine représente un coin qui serait enfoncé dans les mâchoires.

Arcades dentaires.

L'ensemble des dents propres à chaque mâchoire forme ce qu'on appelle, en anatomie, les *arcades dentaires*.

La forme de ces arcades est demi-parabolique ; l'inférieure est un peu plus grande que la supérieure ; la face inférieure de celle-ci est un peu inclinée en dehors, tandis que la face supérieure de l'inférieure l'est en dedans. Ces faces présentent, dans la partie formée par les dents molaires, un sillon central, bordé par deux rangées d'éminences. Lorsque les mâchoires sont rapprochées, les

---

quantité proportionnelle de carbonate de chaux est plus grande dans les herbivores que dans les carnassiers et dans l'homme.

dents incisives et canines inférieures sont placées en partie derrière les supérieures; le bord saillant externe de l'arcade dentaire inférieure s'enfonce dans le sillon de l'arcade supérieure. Dans les circonstances où les incisives se rencontrent par leur bord, il reste un intervalle entre les molaires.

Pour ajouter à la solidité de la jonction des dents avec les mâchoires, la nature les a disposées de façon qu'elles se touchent presque toutes par leurs côtés qui présentent à cet effet une facette particulière.

Il résulte de cette disposition que, quand une dent supporte un effort quelconque, une partie de cet effort est transmise à toute l'arcade dont elle fait partie.

Ces faits étant connus, l'explication du mécanisme de la mastication ne présente plus de difficulté.

Mécanisme de la mastication.

Mécanisme de la mastication.

Pour que la mastication commence, il faut que la mâchoire inférieure s'abaisse, effet qui est produit par le relâchement de ses muscles élévateurs et par la contraction des abaisseurs. Les aliments doivent être ensuite poussés entre les arcades dentaires, soit par la langue, soit par toute autre cause : alors la mâchoire inférieure est élevée par les muscles masséters, ptérygoïdiens internes et temporaux, dont l'intensité de contraction est mesurée sur la résistance que présentent les aliments. Ceux-ci, pressés entre deux surfaces inégales, dont les aspérités s'engrènent, sont divisés en petites portions, dont le nombre est en raison de la facilité avec laquelle ils ont cédé.

Mais un seul mouvement de ce genre n'atteint qu'une partie des aliments contenus dans la bouche, et il faut qu'ils y soient tous également divisés. C'est ce qui arrive par la succession des mouvements de la mâchoire inférieure, et par la contraction des muscles des joues, de ceux de la langue et des lèvres, qui portent successivement et avec promptitude les aliments entre les dents, pendant l'écartement des mâchoires, afin qu'ils soient écrasés lorsqu'elles se rapprocheront.

Mastication des aliments.

Quand les substances alimentaires sont molles et faciles à écraser, deux ou trois mouvements de mastication suffisent pour diviser tout ce qui est contenu dans la bouche; les trois espèces de dents y prennent part. Il faut une mastication plus prolongée quand les substances sont résistantes, fibreuses, coriaces : dans ce cas, on ne *mâche* qu'avec les dents molaires, et souvent que d'un seul côté à la fois, comme pour permettre à l'autre de se reposer. En employant les dents molaires, on a l'avantage de raccourcir le bras de levier que représente la mâchoire, et de le rendre ainsi moins désavantageux pour la puissance qui le fait mouvoir.

Dans la mastication, les dents ont à supporter des pressions quelquefois très-considérables, qui les auraient inévitablement ébranlées ou même déplacées sans l'extrême solidité de leur articulation avec les mâchoires. Chaque racine agit comme un coin, et transmet aux parois des alvéoles la force avec laquelle elle est pressée.

Transmission aux mâchoires des pressions que supportent les dents.

L'avantage de la forme conique des racines n'est point douteux. En raison de cette forme, la force qui presse la dent, et qui tend à l'enfoncer dans la mâchoire, est décomposée; une partie fait effort pour écarter les parois alvéolaires, l'autre pour les abaisser; et la transmission, au lieu de se faire à l'extrémité de la racine, ce qui n'aurait pas manqué d'arriver si elle eût été cylindrique, se fait sur toute la surface de l'alvéole. Les dents molaires, qui avaient des efforts plus considérables à soutenir, ont plusieurs racines, ou au moins une racine très-grosse. Les dents incisives et canines, qui n'ont qu'une seule racine assez grêle, n'ont jamais de pression très-forte à supporter.

Si les gencives n'avaient point offert une surface lisse et un tissu ferme, placées comme elles le sont autour du collet des dents, et remplissant leurs intervalles, à chaque instant elles auraient été déchirées; car, dans la mastication des substances dures et de forme irrégulière, elles sont à tout moment exposées à être pressées fortement par les bords et les angles de ces substances. Cet inconvénient survient en effet chaque fois que leur tissu se ramollit, comme on le voit dans les affections scorbutiques.

Usage du voile du palais dans la mastication.

Pendant tout le temps que dure la mastication, la bouche est close en arrière par le voile du palais, dont la face antérieure est appliquée contre la base de la langue ; en avant, les aliments sont retenus par les dents et les lèvres.

Insalivation des aliments.

Insalivation des aliments.

Lorsqu'on éprouve l'appétit, la vue des aliments détermine un afflux plus considérables de salive dans la bouche; chez quelques personnes il est assez fort pour que la salive soit lancée à plusieurs pieds de distance. J'ai eu, sous les yeux, il y a quelques années, un exemple de ce genre. La présence des aliments dans la bouche entretient, excite encore cette abondante sécrétion.

Tandis que les aliments sont broyés et triturés par les organes masticateurs, ils sont imbibés, pénétrés de toutes parts par les fluides qui sont continuellement versés dans la bouche, et particulièrement par la salive; leur division et les nombreux déplacements qu'ils éprouvent durant la mastication, favorisent singulièrement leur mélange avec les sucs salivaires et muqueux. A leur tour, ces sucs facilitent la mastication en ramollissant les aliments.

La plupart des substances alimentaires soumises à l'action de la bouche se dissolvent ou se suspendent, en tout ou en partie, dans la salive; et dès ce moment elles deviennent propres à être introduites dans l'estomac, et ne tardent pas à être *avalées*.

A raison de sa viscosité, la salive absorbe de l'air, avec lequel elle est en quelque manière battue dans les divers mouvements qu'exige la mastication; mais la quantité d'air absorbée dans cette circonstance est peu considérable et a été en général exagérée.

Utilité de la mastication et de l'insalivation des aliments.

De quelle utilité est la trituration des aliments et leur mélange avec la salive? Est-ce une simple division ou un mélange qui les rendra plus propres aux altérations qu'ils doivent subir dans l'estomac, ou bien éprouvent-ils dans la bouche un premier degré de dissolution? On ne sait rien de positif à cet égard, mais ces deux suppositions n'ont rien d'invraisemblable.

Remarquons que la mastication et l'insalivation changent la saveur et l'odeur des aliments; qu'une mastication suffisamment prolongée rend, en général, la digestion plus prompte et plus facile; qu'au contraire, les personnes qui ne mâchent point leurs aliments ont souvent, par cette seule cause, des digestions lentes et pénibles.

De quelle manière on reconnaît que la mastication et l'insalivation sont poussées assez loin.

Nous sommes avertis que la mastication et l'insalivation sont poussées assez loin, par le degré de résistance que présentent les aliments et la saveur qu'ils excitent; d'ailleurs les parois de la bouche étant douées du tact, et la langue d'un véritable toucher, peuvent très-bien apprécier les changements physiques qui surviennent aux aliments.

Quelques auteurs attribuent cet usage à la luette (1); je doute que leur opinion soit fondée, car la luette, par sa situation, n'a aucun rapport avec les aliments pendant la mastication. J'ai observé plusieurs fois des personnes qui avaient perdu entièrement la luette, soit par un ulcère vénérien, soit par une excision, et je n'ai jamais remarqué que leur mastication éprouvât le moindre dérangement, ni qu'elles avalassent hors de propos.

---

(1) C'est, disent-ils, une *sentinelle vigilante*, qui juge de l'instant où le bol alimentaire peut être avalé sans inconvénient; elle tient *en éveil* les organes de la déglutition et l'estomac, qui, selon l'impression qu'il en a reçue, *se dispose* à les bien recevoir ou à les rejeter.

De la déglutition des aliments.

Déglutition.

On entend par *déglutition* le passage d'une substance solide, liquide ou gazeuse, de la bouche dans l'estomac. La déglutition des aliments solides est la seule qui doive nous occuper en ce moment.

Appareil de la déglutition.

Fort simple en apparence, la déglutition est cependant la plus compliquée de toutes les actions musculaires qui servent à la digestion. Elle est produite par la contraction d'un grand nombre de muscles, et exige le concours de plusieurs organes importants.

Tous les muscles de la langue, ceux du voile du palais, du pharynx, du larynx, et la couche musculaire de l'œsophage, prennent part à la déglutition. Il faut en avoir une connaissance exacte et détaillée, si l'on veut se faire une juste idée de cet acte. La nature de cet ouvrage ne nous permet pas d'exposer des détails anatomiques de ce genre; nous nous contenterons de présenter quelques observations sur le voile du palais, le pharynx, et l'œsophage.

Du voile du palais.

Le *voile du palais* est une sorte de soupape attachée au bord postérieur de la voûte palatine; sa forme est à peu près quadrilatère; son bord, libre ou inférieur, se prolonge en pointe, et forme la *luette*. Semblable aux autres valvules du canal intestinal, le voile du palais est essentiellement formé par une duplicature de la membrane muqueuse digestive ; il entre dans sa composition beaucoup de follicules muqueux, surtout à la luette.

Muscles du voile du palais.

Huit muscles le meuvent : les deux *ptérygoïdiens internes* l'élèvent ; les deux *ptérygoïdiens externes* le tendent transversalement ; les deux *pharyngo-staphylins* et les deux *glosso-staphylins* le portent en bas. Ces quatre derniers s'aperçoivent au fond de la gorge, où ils soulèvent la membrane muqueuse, et forment les *piliers* du voile du palais, entre lesquels sont situées les *tonsilles* ou *amygdales*, amas de follicules muqueux. L'ouverture comprise entre la base de la langue en bas, le voile du palais en haut et les piliers latéralement, s'appelle *isthme du gosier*.

Au moyen de cet appareil musculaire, le voile du palais peut éprouver plusieurs changements de position. Dans l'état le plus ordinaire, il est placé verticalement, l'une de ses faces est antérieure et l'autre postérieure ; dans certains cas, il devient horizontal : il a alors une face supérieure et une inférieure, et son bord libre correspond à la concavité du pharynx. Cette dernière position est déterminée par la contraction des muscles élévateurs.

Bichat dit que l'élévation du voile peut aller au point qu'il s'applique contre l'ouverture des narines postérieures : ce mouvement me paraît impossible ;

aucun muscle n'est disposé de manière à pouvoir le produire, et la situation des piliers s'y oppose évidemment. L'abaissement du voile se fait par la contraction des muscles qui forment les piliers. Nous avons déjà énoncé que ces mouvements n'étaient pas, chez le plus grand nombre des individus, soumis à la volonté.

Du pharynx.

Le *pharynx* est une cavité dans laquelle viennent s'ouvrir les fosses nasales, les trompes d'Eustache, la bouche, le larynx et l'œsophage, et qui remplit des fonctions importantes dans la production de la voix, dans la respiration, l'audition et la digestion.

Le pharynx s'étend, de haut en bas, depuis l'apophyse basilaire de l'occipital, à laquelle il s'attache, jusqu'au niveau de la partie moyenne du cou. Ses dimensions transversales sont déterminées par l'os hyoïde, le larynx et l'aponévrose *ptérigo-maxillaire*, où il est fixé. La membrane muqueuse qui le revêt intérieurement est remarquable par le développement de ses veines, qui forment un réseau très-apparent. Autour de cette membrane est la couche musculeuse, dont les fibres circulaires forment les trois muscles *constricteurs du pharynx*, et dont les fibres longitudinales sont représentées par les muscles *stylo-pharyngiens* et *pharyngo-staphylins*. Les contractions que présentent ces différents muscles ne sont pas, en général, soumises à la volonté.

De l'œsophage.

L'œsophage fait suite immédiate au pharynx, et se prolonge jusqu'à l'estomac, où il se termine. Sa forme est cylindrique; il est uni aux parties environnantes par du tissu cellulaire lâche et extensible, qui se prête à sa dilatation et à ses mouvements. Pour pénétrer dans l'abdomen, l'œsophage passe entre les piliers du diaphragme, avec lesquels il est intimement uni.

La membrane muqueuse de l'œsophage est blanche, mince et lisse; elle forme des plis longitudinaux, propres à favoriser la dilatation du canal. En haut, elle se confond avec celle du pharynx. M. le docteur Rullier a, il y a quelques années, rappelé à l'attention des anatomistes, qu'en bas elle forme plusieurs dentelures, terminées par un bord frangé, libre dans la cavité de l'estomac (1).

On rencontre dans son épaisseur un assez grand nombre de follicules muqueux, et l'on aperçoit à sa surface l'orifice de plusieurs canaux excréteurs de glandes muqueuses.

La couche musculeuse de l'œsophage est assez épaisse, son tissu est plus dense que celui du pharynx; les fibres longitudinales sont les plus

(1) Il y a entre la muqueuse de l'œsophage et celle de l'estomac, chez l'homme, une différence aussi frappante que celle qui existe pour cette même membrane, entre la moitié splénique et la moitié pylorique de l'estomac du cheval.

externes et les moins nombreuses; les circulaires sont placées à l'intérieur, et sont très-multipliées.

Autour de la portion pectorale et inférieure de l'œsophage, les deux nerfs de la huitième paire forment un plexus qui embrasse le canal et y envoie beaucoup de filets.

La contraction de l'œsophage se fait sans la participation de la volonté; elle est susceptible d'acquérir une grande énergie.

Mécanisme de la déglutition.

Division de la déglutition en trois temps.

Pour en faciliter l'étude, divisons la déglutition en trois temps. Dans le *premier*, les aliments passent de la bouche dans le pharynx; dans le *second*, ils franchissent l'ouverture de la glotte, celle des fosses nasales, et arrivent jusqu'à l'œsophage; dans le *troisième*, ils parcourent ce conduit et pénètrent dans l'estomac (1).

Supposons le cas le plus ordinaire, celui où nous avalons en plusieurs fois les aliments qui sont dans la bouche, et à mesure que la mastication s'effectue.

Premier temps de la déglutition.

Aussitôt qu'il y a une certaine quantité d'aliments suffisamment mâchés, ils sont, par l'effet

(1) *Voyez*, pour la division de la déglutition par temps, ma *Thèse* soutenue à l'École de Médecine de Paris, 1808.

même des mouvements de mastication, placés en partie sur la face supérieure de la langue, sans qu'il soit nécessaire, comme quelques-uns le croient, que la pointe de cet organe parcoure les différents recoins de la bouche pour les rassembler. Alors la mastication s'arrête; la langue est élevée et appliquée à la voûte du palais, successivement de la pointe vers la base. La portion d'aliments placée sur sa face supérieure, ou le *bol alimentaire*, n'ayant pas d'autre voie pour échapper à la force qui le presse, est dirigé vers le pharynx; il rencontre bientôt le voile du palais appliqué sur la base de la langue, et en détermine l'ascension; le voile devient horizontal, de manière à faire suite au palais. La langue, continuant de presser les aliments, les porterait vers les fosses nasales, si le voile ne s'y opposait par la tension qu'il reçoit des muscles péristaphylins externes, et surtout par la contraction de ses piliers: il devient ainsi capable de résister à l'action de la langue, et de contribuer à diriger les aliments vers le pharynx.

Les muscles qui déterminent plus particulièrement l'application de la langue à la voûte palatine et au voile du palais, sont les muscles propres de l'organe, aidés par les milo-hyoïdiens.

Ici se termine le premier temps de la déglutition. Les mouvements y sont volontaires, à l'exception de ceux du voile du palais. Les phénomènes y arrivent successivement et avec peu de promptitude; ils sont en petit nombre et faciles à saisir.

Second temps de la déglutition.

Il n'en est pas de même du second temps : là, les phénomènes sont simultanés, multipliés, et se produisent avec une promptitude telle que Boërrhaave les considérait comme une sorte de convulsion.

L'espace que le bol alimentaire franchit dans ce second temps est très-court, car il doit seulement passer de la partie moyenne du pharinx à sa partie inférieure; mais il devait éviter l'ouverture de la glotte et celle des fosses nasales, où sa présence serait nuisible. En outre, son passage devait être assez prompt pour que la libre communication entre le larynx et l'air extérieur ne fût que momentanément interrompue.

Voyons comment la nature est parvenue à ce résultat important.

Le bol alimentaire n'a pas plus tôt touché le pharynx, que tout entre en mouvement. D'abord le pharynx se contracte, embrasse et serre le bol; le voile du palais, tiré en bas par ses piliers, agit de même. D'un autre côté, et toujours dans le même instant, la base de la langue, l'os hyoïde, le larynx, sont élevés et portés en avant, et vont à la rencontre du bol, afin de rendre plus rapide son passage sur l'ouverture de la glotte. En même temps que l'os hyoïde et le larynx s'élèvent, ils se rapprochent l'un de l'autre, c'est-à-dire que le bord supérieur du cartilage thyroïde s'engage derrière le corps de l'os hyoïde ; la glande épiglottique est poussée en arrière ; l'épiglotte s'abaisse, s'incline en arrière et en bas, de manière à couvrir l'entrée du larynx. Le cartilage cricoïde fait un mouvement de rotation sur les cornes inférieures du thyroïde, d'où il résulte que l'entrée du larynx devient oblique du haut en bas, et d'avant en arrière. Le bol glisse à sa surface, et, toujours pressé par la contraction du pharynx et du voile du palais, il parvient à l'œsophage.

Il n'y a pas encore long-temps que l'on considérait la position que prend dans ce cas l'épiglotte comme le seul obstacle qui s'opposât à l'entrée des aliments dans le larynx au moment de la déglutition ; mais j'ai fait voir, par une série d'expériences, que cette cause ne devait être considérée que comme accessoire. On peut en effet enlever en totalité l'épiglotte à un animal, et la déglutition n'en souffre aucun dommage.

Second temps de la déglutition.

Quelle est donc la raison pour laquelle aucune parcelle d'aliment ne s'introduit dans le larynx au moment où l'on avale ? La voici : dans l'instant où le larynx s'élève et s'engage derrière l'os hyoïde, la glotte se ferme avec la plus grande exactitude (1).

---

(1) *Voyez* mon *Mémoire sur l'Épiglotte*, lu à l'Institut ; Paris, 1814.

Ce mouvement est produit par les mêmes muscles qui resserrent la glotte dans la production de la voix ; en sorte que si l'on coupe à un animal les nerfs laryngés et récurrents, en lui laissant l'épiglotte intacte, on rend sa déglutition très-difficile, parce qu'on a éloigné la cause principale qui s'oppose à l'introduction des aliments dans la glotte.

Immédiatement après que le bol alimentaire a franchi la glotte, le larynx descend, l'épiglotte se relève, et la glotte s'ouvre pour donner passage à l'air (1).

D'après ce qui vient d'être dit, il est facile de concevoir pourquoi les aliments avalés arrivent à l'œsophage sans pénétrer dans aucune des ouvertures qui aboutissent au pharynx. Le voile du palais, qu'embrasse en se contractant le pharynx, protége les narines postérieures et les orifices des trompes d'Eustache ; l'épiglotte, et surtout le mouvement par lequel la glotte se ferme, garantit le larynx.

---

(1) J'ai deux observations d'individus qui manquaient entièrement d'épiglotte, et chez qui la déglutition se faisait sans aucune difficulté. Si dans les phthisies laryngées ou autres maladies, avec destruction de l'épiglotte, la déglutition est laborieuse et imparfaite, c'est que les cartilages aryténoïdes sont cariés, et les bords de la glotte ulcérés, au point de ne plus pouvoir fermer exactement la glotte au moment où les substances avalées franchissent cette ouverture.

Ainsi s'accomplit le deuxième temps de la déglutition, par l'effet duquel le bol alimentaire parcourt le pharynx et s'engage dans la partie supérieure de l'œsophage. Tous les phénomènes qui y coopèrent se passent simultanément et avec une grande promptitude : ils ne sont pas soumis à la volonté ; ils diffèrent donc, sous plusieurs rapports, des phénomènes qui appartiennent au premier temps.

Troisième temps de la déglutition.

Le troisième temps de la déglutition est celui qui a été étudié avec le moins de soin, probablement à cause de la situation de l'œsophage, qui n'est facile à observer que dans sa portion cervicale.

Les phénomènes qui s'y rapportent n'ont rien de compliqué. En se contractant, le pharynx pousse le bol alimentaire dans l'œsophage avec assez de force pour dilater convenablement la partie supérieure de cet organe ; bientôt ses fibres circulaires supérieures, excitées par la présence du bol, se contractent, et poussent l'aliment vers l'estomac, en déterminant la distension de celles qui sont plus inférieures. Celles-ci se contractent à leur tour, et la même chose se répète jusqu'à ce que le bol parvienne à l'estomac.

Dans les deux tiers supérieurs de l'œsophage, le relâchement des fibres circulaires suit immédiatement la contraction par laquelle elles ont déplacé le bol alimentaire. Il n'en est pas de même

Troisième temps de la déglutition.

pour le tiers inférieur ; celui-ci reste quelques instants contracté après l'introduction de l'aliment dans l'estomac.

On s'abuserait si l'on croyait rapide la marche du bol alimentaire dans l'œsophage ; j'ai été frappé, dans mes expériences, de la lenteur de sa progression. Quelquefois il met deux ou trois minutes avant d'arriver dans l'estomac ; d'autres fois il s'arrête à diverses reprises, et fait un séjour assez long à chaque station. Je l'ai vu, dans d'autres circonstances, remonter à l'extrémité inférieure de l'œsophage vers le col, pour redescendre ensuite. Lorsqu'un obstacle s'oppose à son entrée dans l'estomac, ce mouvement se répète un grand nombre de fois avant que l'aliment soit rejeté par la bouche. N'est-il pas arrivé à tout le monde de sentir distinctement les aliments s'arrêter dans l'œsophage, et d'être obligé de boire pour les faire descendre dans l'estomac ?

Quand le bol alimentaire est très-volumineux, sa progression est encore plus lente et plus difficile. Elle est accompagnée d'une douleur vive, produite par la distension des filets nerveux qui entourent la portion pectorale du canal. Quelquefois le bol s'arrête et peut donner lieu à des accidents graves.

Feu le professeur Hallé a observé sur une femme atteinte d'une maladie qui permettait de voir l'intérieur de l'estomac, que l'arrivée d'une portion d'aliment dans ce viscère était immédiatement suivie de la formation d'une sorte de bourrelet à l'orifice cardiaque. Ce bourrelet était produit par le déplacement de la membrane muqueuse de l'œsophage, que poussait devant elle la contraction des fibres circulaires de ce conduit.

La mucosité favorise la déglutition.

Toute l'étendue de la surface muqueuse que le bol alimentaire doit parcourir dans les trois temps de la déglutition est lubrifiée par une mucosité abondante. Chemin faisant, le bol presse plus ou moins les follicules qu'il rencontre sur sa route; il en exprime le fluide qu'ils contiennent, et glisse d'autant plus facilement sur la membrane muqueuse. Remarquons qu'aux endroits où le bol doit passer rapidement et être pressé avec plus de force, les organes sécréteurs de la mucosité sont beaucoup plus abondants. Par exemple, dans l'étroit espace où le second temps de la déglutition a lieu, on trouve les tonsilles, les papilles fongueuses de la langue, les follicules du voile du palais et de la luette, ceux de l'épiglotte, et les glandes aryténoïdes. Dans ce cas, la salive et la mucosité remplissent des usages analogues à ceux de la synovie.

Le mécanisme par lequel nous avalons les autres bouchées d'aliments ne diffère point de celui que nous venons d'exposer.

Influence de la volonté sur la déglutition.

Rien de plus aisé que d'exécuter la déglutition, et cependant presque tous les actes qui la composent sont hors de l'influence de la volonté et du domaine de l'instinct. Il nous est impossible de faire à vide un mouvement de déglutition. Si la substance contenue dans la bouche n'est pas suffisamment mâchée, si elle n'a point la forme, la consistance et les dimensions du bol alimentaire, et si l'on n'a point fait les mouvements de mastication qui précèdent immédiatement la déglutition, quelque effort que nous fassions, il nous sera souvent impossible de l'avaler. Combien ne rencontre-t-on pas de personnes qui ne peuvent avaler une pilule ou un bol médicamenteux, et qui sont obligés de recourir à divers moyens pour parvenir à les introduire jusque dans l'œsophage, et suppléer ainsi artificiellement aux deux premiers temps de la déglutition, devenus impossibles?

Influence de la volonté sur la déglutition.

Pour prendre une idée de la part que peut avoir la volonté dans la déglutition, on peut faire sur soi-même l'expérience suivante : Cherchez à exécuter de suite cinq ou six mouvements de déglutition, dans lesquels vous avalerez la salive contenue dans la bouche : le premier et même le second se feront facilement; le troisième sera plus difficile, car il ne restera que très-peu de salive à avaler; le quatrième ne pourra être exécuté qu'au bout d'un certain temps, quand il sera arrivé de nouvelle salive dans la bouche; enfin le cinquième et le sixième seront impossibles parce qu'il n'y aura point de salive à avaler. On peut se rappeler d'ailleurs combien la déglutition est difficile toutes les fois que la bouche et le pharynx sont peu ou point humectés.

De l'abdomen.

De l'abdomen.

Les actions digestives qui nous restent à examiner se passent dans la cavité de l'abdomen, dont la disposition mérite d'être étudiée avec attention.

L'abdomen est la plus spacieuse des cavités du corps, et elle peut, plus qu'aucune autre, augmenter ses dimensions. Elle loge un grand nombre d'organes destinés à des fonctions importantes, telles que la génération, la digestion, la sécrétion de l'urine, etc. Ses parois sont en grande partie musculaires, et ont une action très-marquée sur les organes qu'elle contient.

Division de l'abdomen.

La forme de la cavité abdominale est irrégulièrement ovoïde. A cause de ses dimensions considérables, et afin de donner de la précision au langage, on la partage en plusieurs régions, qui ont reçu chacune un nom particulier.

Pour comprendre cette division purement artificielle, il faut supposer deux plans horizontaux, dont l'un couperait l'abdomen au niveau de la crête des os des îles, et l'autre à la hauteur du rebord des fausses côtes. La partie de l'abdomen placée au-dessous du premier plan se nomme *région hypogastrique*, celle qui se trouve au-dessus du second est appelée *région épigastrique*, et celle qui est com-

Région hypogastrique.

Région épigastrique.

prise entre les deux plans se nomme la *région ombilicale*. Région ombilicale.

Supposons maintenant deux autres plans qui, au lieu d'être horizontaux, comme les premiers, seraient verticaux, et qui, partant des deux côtés de la tête, viendraient tomber vers les épines antérieures et inférieures des os des îles en partageant l'abdomen d'avant en arrière : il est clair que chacune des trois régions abdominales dont nous venons de parler se trouverait partagée en trois compartiments de dimensions à peu près égales, dont un serait moyen, et les deux autres latéraux. On est convenu de désigner ces subdivisions par les noms suivants. On nomme *épigastre* la partie moyenne de la région épigastrique, et *hypochondres* ses parties latérales; on appelle *ombilic* la partie moyenne de la région ombilicale, et *flancs* les divisions latérales; enfin, on donne le nom d'*hypogastre* à la division moyenne de la région hypogastrique, tandis qu'on appelle ses côtés *régions iliaques*. Épigastre. Hypochondres. Ombilic. Flancs. Hypogastre. Régions iliaques.

Au moyen de ces divisions artificielles, on peut fixer avec exactitude la position et les rapports respectifs des organes contenus dans l'abdomen ; et ce résultat, utile en physiologie, l'est bien davantage en médecine.

En haut, l'abdomen est séparé de la poitrine par le *diaphragme*, muscle disposé en forme de voûte, et dont la contraction a une influence très- Parois abdominales.

grande sur la position et même sur l'action des organes contenus dans l'abdomen. La circonférence du diaphragme est attachée au rebord des fausses côtes et à la colonne vertébrale. Dans l'état de relâchement, son centre s'élève jusqu'au niveau de la sixième et septième vraie côte : il en résulte que, dans l'instant où ce muscle se contracte avec énergie, il peut opérer une diminution très-considérable de la cavité abdominale, comprimer tous les organes qu'elle contient, et distendre les parties molles qui en forment ailleurs les parois.

Parois abdominales.

La partie inférieure de l'abdomen est formée par le bassin, dont les os immobiles supportent le poids d'une partie des viscères, servent d'insertion aux muscles, et ne se prêtent que dans des circonstances extrêmement rares à des variations de capacité de l'abdomen. Il faut remarquer que l'espace compris entre le coccyx, les tubérosités de l'ischion et l'arcade du pubis, n'est rempli que par des parties molles, et particulièrement par les muscles *ischio-coccygiens*, *releveur de l'anus*, et *sphincter externe*.

En avant et latéralement, les parois abdominales sont formées par les muscles *abdominaux*. Ces muscles, que nous avons déjà vus concourir puissamment aux diverses attitudes et aux mouvements du tronc, ont aussi une action efficace dans la digestion.

Parmi ces muscles, ceux qui sont larges et situés sur les côtés sont destinés à resserrer l'abdomen et à comprimer les viscères qui y sont remfermés.

Les muscles longs, situés antérieurement, sont le plus souvent les antagonistes des premiers. Ils résistent à leur action, et peuvent, dans certains cas, augmenter les dimensions de l'abdomen et diminuer la pression que supportent les viscères.

Parois abdominales.

Depuis l'appendice sternal jusqu'au pubis, il existe un cordon fibreux, formé par l'entre-croisement des aponévroses des muscles abdominaux: c'est la *ligne blanche* des anatomistes; ses usages seront exposés ailleurs.

Le plus souvent, les muscles qui entrent dans la composition des parois abdominales sont dirigés par la volonté; mais il y a aussi des circonstances où ils entrent instinctivement en contraction, et alors ils ont une énergie supérieure à celle qu'ils développent dans les cas ordinaires.

Action de l'estomac sur les aliments.

Jusqu'ici nous n'avons vu que des actions physiques de la part des organes digestifs sur les aliments; maintenant ce sont des altérations chimiques qui s'offriront presque toujours à notre examen.

Dans l'estomac, les aliments sont transformés en une matière propre aux animaux, qui est le *chyme*, mais, avant de traiter des phénomènes que présente sa formation, disons quelques mots de l'estomac lui-même.

De l'estomac.

De l'estomac.

L'estomac est intermédiaire à l'œsophage et au duodénum; il occupe, dans l'abdomen, l'épigastre et une partie de l'hypochondre gauche; sa forme, quoique variable, est en général celle d'un conoïde recourbé sur lui-même. La moitié gauche de l'estomac a toujours des dimensions beaucoup plus grandes que la moitié droite; et comme la part que prennent ces deux moitiés dans la formation du chyme est différente, je crois utile de nommer l'une la *partie splénique*, parce qu'elle est appuyée sur la rate, et l'autre *partie pylorique*, parce qu'elle correspond au pylore. Ces deux parties sont le plus souvent séparées l'une de l'autre par un rétrécissement particulier.

L'estomac étant destiné à laisser accumuler les aliments dans sa cavité, il est évident que ces dimensions, sa situation dans l'abdomen, et ses rapports avec les organes voisins, doivent éprouver de grandes variations.

Orifices de l'estomac.

Cet organe a deux orifices : l'un correspond à l'œsophage; c'est *l'orifice cardiaque* ou *œsopha-*

gien; l'autre communique avec l'intestin grêle; il se nomme *orifice intestinal*, ou *pylore*.

Structure de l'estomac.

Les trois membranes ou tuniques qui composent l'estomac présentent les dispositions les plus favorables aux variations de volume de l'organe. La plus extérieure, ou la *péritonéale*, est formée de deux lames peu adhérentes au viscère, qui se prolongent sans s'unir le long de ses bords, où elles forment les *épiploons*, dont l'étendue est par conséquent en raison inverse du volume de l'estomac.

La membrane muqueuse de l'estomac est d'un rouge blanchâtre et marbré ; elle présente un grand nombre de plis irréguliers, situés particulièrement le long des bords inférieurs et supérieurs de l'organe; on en voit aussi à son extrémité splénique : ils sont d'autant plus nombreux et marqués, que l'estomac est plus resserré sur lui-même.

Aucune partie de la membrane muqueuse digestive ne présente des villosités aussi abondantes et aussi fines que celles de l'estomac. Elle est habituellement recouverte, surtout dans la partie splénique, d'une mucosité adhérente à sa surface. On rencontre beaucoup de follicules dans son épaisseur; mais il est important de remarquer qu'ils sont très-abondants dans la portion pylorique; on en voit un certain nombre au voisinage de l'orifice cardiaque, ils sont très-rares dans le reste de la membrane.

Valvule pylorique.

Au pylore, la membrane muqueuse forme un repli circulaire, nommé *valvule pylorique*. Entre ses deux lames, ou trouve un tissu assez dense, fibreux, désigné par quelques auteurs par le nom de *muscle pylorique*.

Muscle pylorique.

Quant à la couche musculaire de l'estomac, elle est très-mince. Ses fibres circulaires et longitudinales sont écartées les unes des autres, surtout dans la partie splénique. Cet écartement augmente ou diminue avec le volume de l'estomac.

Vaisseaux et nerfs de l'estomac.

Il est peu d'organes qui reçoivent autant de sang que l'estomac; quatre artères, dont trois considérables, y sont presque exclusivement destinées. Ses nerfs ne sont pas moins nombreux; ils se composent des deux huitièmes paires, et d'un grand nombre de filets provenant du plexus *soléaire* du grand sympathique.

Accumulation des aliments dans l'estomac.

Phénomènes de l'accumulation des aliments dans l'estomac.

Avant d'exposer les changements que les aliments éprouvent dans l'estomac, il est nécessaire de connaître les phénomènes de leur accumulation dans ce viscère, ainsi que les effets locaux et généraux qui en résultent.

Les premières bouchées d'aliments avalées se logent facilement dans l'estomac. Cet organe est peu comprimé par les viscères environnans; ses parois s'écartent aisément, et cèdent à la force qui pousse le bol alimentaire; mais, à mesure que de nouvelles portions d'aliments arrivent, sa distension devient plus difficile, car elle doit être accompagnée du refoulement des viscères abdominaux et de l'extension des parois abdominales. C'est surtout vers l'extrémité droite et la partie moyenne que se fait l'accumulation : la moitié pylorique s'y prête plus difficilement.

En même temps que l'estomac se laisse distendre, sa forme, ses rapports, sa position même, subissent des modifications. Au lieu d'être aplati sur ses faces, de n'occuper que l'épigastre et une partie de l'hypochondre gauche, il prend une forme arrondie; son grand cul-de-sac s'enfonce dans cet hypochondre, et le remplit presque en totalité; la grande courbure descend vers l'ombilic, surtout du côté gauche; le pylore seul, fixé par un repli du péritoine, conserve sa position et ses rapports avec les parties environnantes.

Accumulation des aliments dans l'estomac.

A cause de la résistance qu'offre en arrière la colonne vertébrale, la face postérieure de l'estomac ne peut se dilater de ce côté : il en résulte que ce viscère, en totalité, est porté en avant; et comme le pylore et l'œsophage ne peuvent être déplacés dans ce sens, il fait un mouvement de rotation par lequel sa grande courbure est dirigée un peu en avant; sa face postérieure s'incline en bas, et la supérieure en haut.

Tout en éprouvant ces changements de rapports

et de position, il conserve cependant la forme conoïde recourbée qui lui est propre. Cet effet dépend de la manière dont les trois tuniques contribuent à sa dilatation. Les deux lames de la séreuse s'écartent et font place à l'estomac. La musculeuse éprouve une véritable distension; ses fibres s'alongent, mais de manière à conserver la forme particulière à l'organe. Enfin, la membrane muqueuse cède, surtout dans les points où les rides sont multipliées. On se rappelle que celles-ci se rencontrent particulièrement le long de la grande courbure, ainsi qu'à l'extrémité splénique.

Changements qui se passent dans l'abdomen par la distension de l'estomac.

La seule dilatation de l'estomac produit dans l'abdomen des changements importants. Le volume total de cette cavité augmente; le ventre devient saillant; les viscères abdominaux sont comprimés avec plus de force; souvent le besoin de rendre l'urine ou les matières fécales se fait sentir. Le diaphragme est refoulé vers la poitrine, il s'abaisse avec quelque difficulté; de là plus de gêne dans les mouvements de la respiration et dans les phénomènes qui en dépendent, comme la parole, le chant, etc.

Dans certains cas, la dilatation de l'estomac peut être portée au point que les parois abdominales soient douloureusement distendues et que la respiration devienne réellement difficile.

Pour produire de pareils effets, il faut que la contraction de l'œsophage, qui pousse les aliments dans l'estomac, soit très-énergique. Nous avons fait remarquer plus haut l'épaisseur considérable de la couche musculeuse de ce canal, et la grande quantité de nerfs qui s'y rendent; il ne faut rien moins que cette disposition pour rendre raison de la force avec laquelle les aliments distendent l'estomac. Pour plus de certitude, introduisez un doigt dans l'œsophage d'un animal vivant par son orifice cardiaque, vous serez frappé de la vigueur de sa contraction.

Influence de la contraction de l'œsophage sur la distension de l'estomac.

Mais si les aliments poussés par l'œsophage exercent une influence aussi marquée sur les parois de l'estomac et de l'abdomen, ils doivent éprouver eux-mêmes une réaction proportionnée, et tendre à s'échapper par les deux ouvertures de l'estomac. Pourquoi cet effet n'a-t-il pas lieu? On dit généralement que le cardia et le pylore se ferment, mais je ne vois nulle part que ce phénomène ait été soumis à des recherches spéciales.

Voici ce que mes expériences m'ont appris à cet égard.

C'est le mouvement alternatif de l'œsophage qui s'oppose au retour des aliments dans sa cavité. Plus l'estomac est distendu, plus la contraction de l'œsophage devient intense et prolongée, et le relâchement de courte durée. La contraction coïncide ordinairement avec le moment de l'inspiration, où l'estomac est plus fortement comprimé. Le relâchement arrive le plus souvent dans l'instant de l'expiration.

Cause qui empêche les aliments d'être repoussés dans l'œsophage.

On aura une idée de ce mécanisme en mettant à nu l'estomac d'un chien, et en cherchant à faire pénétrer les aliments dans l'œsophage, en comprimant l'estomac avec les deux mains. Il sera à peu près impossible d'y réussir, quelque force qu'on emploie, si l'on agit dans l'instant de la contraction de l'œsophage; mais le passage s'effectuera en quelque sorte de lui-même, si l'on comprime le viscère dans l'instant du relâchement. On peut encore faire l'expérience en distendant l'estomac avec de l'air : le fluide comprimé par les parois du viscère fait effort continu pour passer dans l'œsophage, il s'y engage et dilate ce conduit par intervalle; mais il est aussitôt repoussé dans l'estomac par la contraction du canal. Si l'animal est vigoureux, à peine l'air a-t-il commencé à pénétrer l'œsophage, qu'il est refoulé; mais si l'animal est faible, quelquefois l'air remonte jusque vers le cou avant que l'œsophage se contracte et le repousse dans l'estomac.

Cause pour laquelle les aliments ne traversent pas le pylore.

La résistance qu'oppose le pylore à la sortie des aliments est d'une autre espèce. Dans les animaux vivants, que l'estomac soit vide ou plein, cette ouverture est habituellement fermée par le resserrement de son anneau fibreux et la contraction de ses fibres circulaires, et si exactement fermée que, si l'air est poussé par l'œsophage, il faut que l'estomac soit distendu et que l'effort soit considérable pour parvenir à surmonter la résistance du pylore. Il n'en est pas de même si l'air est introduit par l'intestin grêle en le dirigeant vers l'estomac. Dans ce cas, le pylore n'offre aucune résistance, et laisse passer l'air sous la plus légère pression.

Resserrement médian de l'estomac.

Indépendamment de ses deux orifices, on voit fréquemment à l'estomac un resserrement médian (1), qui paraît destiné à empêcher les aliments d'arriver jusqu'au pylore; on y aperçoit des contractions irrégulières et péristaltiques, qui commencent au duodénum et se prolongent dans la portion pylorique de l'estomac, dont l'effet est de repousser les aliments non chymifiés vers la partie splénique.

D'ailleurs, quand le pylore ne serait pas naturellement fermé, les aliments auraient peu de tendance à s'y introduire; car ils ne cherchent à s'échapper que pour passer dans un lieu où la pression serait moindre; et elle serait tout aussi grande dans l'intestin grêle que dans l'estomac, puisqu'elle est à peu près également répartie dans toute la cavité abdominale.

Autres phénomènes regardés comme produits par la distension de l'estomac.

Au nombre des phénomènes produits par la présence des aliments dans l'estomac, il en est plusieurs dont l'existence, quoique généralement admise, ne paraît pas suffisamment démontrée : telle

(1) Cette disposition est très-évidente dans les animaux carnassiers et dans les herbivores à un seul estomac.

est la diminution de volume de la rate et celle des vaisseaux sanguins du foie, des épiploons, etc.; tel est encore un mouvement de l'estomac nommé par les auteurs *péristole*, qui *présiderait à la réception des aliments, les répartirait également, en exerçant sur eux une pression douce, de manière que sa dilatation, loin d'être passive, serait un phénomène essentiellement actif*. J'ai souvent ouvert des animaux dont l'estomac venait d'être rempli d'aliments; j'ai examiné des cadavres de suppliciés, peu de temps après la mort: je n'ai jamais rien vu qui fût en faveur de ces assertions.

Sensations internes qui accompagnent l'accumulation des aliments dans l'estomac.

L'accumulation des aliments dans l'estomac s'accompagne de plusieurs sensations dont il faut tenir compte: c'est, d'abord, le sentiment agréable ou le plaisir d'un besoin satisfait. La faim s'apaise par degrés, la faiblesse générale qui l'accompagnait est remplacée par un état dispos et un sentiment de force nouvelle. Si l'introduction des aliments continue, on éprouve un sentiment de plénitude et de satiété qui indique que l'estomac est suffisamment rempli; et si, malgré cet avertissement instinctif, on persiste à faire usage d'aliments, le dégoût et les nausées ne tardent pas à survenir, et bientôt elles sont suivies elles-mêmes de vomissement.

Ce n'est pas seulement au volume des aliments qu'il faut rapporter ces diverses impressions: toutes choses égales d'ailleurs, un aliment nutritif amène plus promptement le sentiment de satiété. Une substance peu nourrissante calme difficilement la faim, même lorsqu'elle a été prise en quantité considérable.

Sensations internes qui résultent de l'accumulation des aliments dans l'estomac.

La membrane muqueuse de l'estomac est donc douée d'une sensibilité assez développée, puisque nous pouvons acquérir quelques notions sur la nature des substances mises en contact avec elle. Cette propriété se manifeste d'une manière bien évidente, si l'on a avalé une substance vénéneuse irritante : on ressent alors des douleurs intolérables. On sait aussi que l'estomac est sensible à la température des aliments.

A la rougeur de la membrane muqueuse, à la quantité du fluide qu'elle sécrète, au volume des vaisseaux qui s'y portent, on ne peut guère douter que la présence des aliments dans l'estomac n'y détermine une excitation très-grande, mais utile pour le travail de la chymification. Cette excitation de l'estomac influe sur l'état général des fonctions, comme nous le dirons plus bas.

Le séjour des aliments dans l'estomac est assez long; ordinairement il est de plusieurs heures; c'est pendant ce séjour qu'ils sont transformés en *chyle*.

Étudions les phénomènes de cette transformation, sur laquelle on n'a que des données fort incomplètes.

Altération des aliments dans l'estomac.

Il se passe ordinairement plus d'une heure avant que les aliments subissent aucune autre altération apparente dans l'estomac, que celle qui résulte de leur mélange avec les fluides perspiratoires et muqueux qui s'y trouvent et s'y renouvellent continuellement.

Formation du chyme.

Pendant ce temps, l'estomac reste uniformément distendu; mais ensuite la portion pylorique se resserre dans toute son étendue, surtout dans le point le plus voisin de la portion splénique, où se trouvent repoussés les aliments. Dès lors on ne rencontre plus dans la portion pylorique que du chyme, mêlé à une très-petite quantité d'aliments non altérés.

Du chyme.

Mais qu'entend-on par *chyme?* Les auteurs les plus recommandables s'accordent pour le regarder comme une substance homogène, pultacée, grisâtre, d'une saveur douceâtre, fade, légèrement acide, et qui conserve quelques propriétés des aliments. Cette description laisse beaucoup à désirer.

En effet, dans quel cas a-t-on vu le chyme avec ces caractères? quels étaient les aliments dont on avait fait usage? On n'en fait aucune mention, et cependant il était très-important de le déterminer.

J'ai cru que de nouvelles expériences sur ce point pourraient être utiles : je ne puis consigner ici tous les détails de celles que j'ai faites; j'en rapporterai les résultats les plus importants.

Expériences sur la formation du chyme.

A. Il y a autant d'espèces de chyme qu'il y a d'espèces d'aliments, si l'on en juge par la couleur, la consistance, l'aspect, etc., comme on peut aisément s'en assurer en faisant manger à des chiens différentes substances alimentaires simples, et en les tuant pendant le travail de la digestion. J'ai plusieurs fois constaté le même résultat chez l'homme, sur des cadavres de suppliciés ou d'individus morts d'accidents.

B. En général, les substances animales sont plus aisément et plus complètement altérées que les substances végétales. Il arrive fréquemment que ces dernières traversent tout le canal intestinal en conservant leurs propriétés apparentes. J'ai plusieurs fois vu, dans le rectum et dans l'intestin grêle, les légumes qu'on ajoute au potage, les épinards, l'oseille, etc., ayant conservé la plupart de leurs propriétés : leur couleur seule paraissait sensiblement altérée par le contact de la bile.

C'est particulièrement dans la portion pylorique que se forme le chyme. Il paraît que les aliments s'y introduisent peu à peu, et que, pendant le séjour qu'ils y font, ils subissent la transformation. Il m'a semblé cependant voir plusieurs fois de la matière chymeuse à la surface de la masse d'aliments qui remplit la moitié splénique; mais le plus souvent les

Expériences sur la formation du chyme.

aliments conservent leurs propriétés dans cette partie de l'estomac.

Il serait difficile de dire pourquoi la portion pylorique est plus apte à la formation du chyme que le reste de l'estomac; peut-être le grand nombre de follicules qu'on y observe apporte-t-il quelques modifications dans la quantité ou dans la nature du fluide qui y est sécrété.

La transformation des substances alimentaires en chyme se fait, en général, de la superficie vers le centre. Il se forme, à la surface des portions d'aliments avalées, une couche molle, facile à détacher. Il semble que les substances soient attaquées, corrodées par un réactif capable de les dissoudre. Un morceau de blanc d'œuf durci, par exemple, se comporte à peu près comme s'il était plongé dans du vinaigre faible ou dans une dissolution de potasse. Si la substance alimentaire est enveloppée d'une couche peu ou point digestible, on voit la dissolution s'opérer dans la cavité tandis que l'enveloppe reste intacte.

C. Quelle que soit la substance alimentaire dont on ait fait usage, le chyme a toujours une odeur et une saveur aigres, et rougit fortement le papier de tournesol.

Gaz contenus dans l'estomac pendant la formation du chyme.

D. On n'observe qu'une très-petite quantité de gaz dans l'estomac pendant la formation du chyme; quelquefois même il n'en existe pas. Ils y forment ordinairement une bulle peu volumineuse, à la partie supérieure de la portion splénique. Une seule fois, sur un cadavre de supplicié, et peu de temps après la mort, j'en ai recueilli, avec les précautions convenables, une quantité assez grande pour être analysée. M. Chevreul l'a trouvé composée de :

Oxigène.	11,00
Acide carbonique.	14,00
Hydrogène pur.	3,55
Azote.	71,45
Total.	100,00

Il est rare que l'on rencontre des gaz dans l'estomac du chien.

On ne peut donc croire, avec feu le professeur Chaussier, qu'à chaque mouvement de déglutition nous avalons une bulle d'air, poussée dans l'estomac par le bol alimentaire. S'il en était ainsi, on devrait trouver dans cet organe une quantité considérable de gaz après le repas : or on vient de voir le contraire.

Mouvements de l'estomac pendant la formation du chyme.

E. Jamais une grande quantité de chyme ne s'accumule dans la portion, pylorique ; le plus que j'en ai vu équivalait à peine, en volume, à deux ou trois onces d'eau. La contraction de l'estomac semble influer sur les productions du chyme : voici ce que j'ai observé à cet égard. Après avoir été quelque temps immobile, l'extrémité du duodénum se contracte, le pylore et la portion pylorique en font autant ; ce mouvement repousse le chyme vers la portion splénique ; mais ensuite il se fait en sens inverse , c'est-à-dire qu'après s'être distendue et avoir permis au chyme de rentrer de nouveau dans sa cavité, la portion pylorique se contracte de gauche à droite, et dirige vers le duodénum le chyme qui franchit aussitôt le pylore et pénètre dans l'intestin. Le même phénomène se répète un certain nombre de fois , puis il s'arrête pour se montrer de nouveau au bout d'un certain temps. Quand l'estomac contient beaucoup d'aliments, ce mouvement est borné à la partie de l'organe la plus voisine du pylore; mais, à mesure qu'il se vide, le mouvement s'étend davantage , et se manifeste même dans la portion splénique quand l'estomac est presque entièrement vide. En général, il devient plus prononcé sur la fin de la chymification. Quelques personnes en ont distinctement la conscience à cet instant.

Usages du pylore.

On a fait jouer au pylore un rôle très-important dans le passage du chyme de l'estomac à l'intestin. Il *juge*, dit-on , du degré de chymification des aliments ; il *s'ouvre* pour ceux qui ont les qualités requises, se *ferme* devant ceux qui ne les présentent pas. Cependant, comme on observe journellement que des substances non digérées et même non digestibles, telles que des noyaux de cerises , du verre pilé ou seulement concassé, le traversent facilement, on ajoute que, *s'accoutumant* à une substance non chymifiée, qui se présente à plusieurs reprises, il *finit* par lui livrer passage. Ces considérations, en quelque sorte consacrées par la signification du mot *pylore* (*portier*), peuvent plaire à l'esprit, mais sont purement hypothétiques (1).

Expériences sur la formation du chyme.

F. Toutes les substances alimentaires ne sont pas transformées en chyme avec la même promptitude.

En général, les substances grasses, les tendons, les cartilages, l'albumine concrète, les végétaux

(1) Le pylore jouit si peu des fonctions imaginaires dont les physiologistes l'ont revêtu, que certains animaux n'ont jamais l'ouverture intestinale de l'estomac fermée. Le cheval est dans ce cas ; son *pylore* est toujours largement ouvert; aussi les aliments séjournent peu dans ce viscère, et n'y sont que faiblement altérés. Le véritable pylore du cheval est à l'ouverture cardiaque de l'estomac; son usage paraît être de s'opposer à ce que les aliments et les boissons remontent dans l'œsophage. Si l'on ne fait point attention à la libre communication de l'estomac avec les intestins, on ne pourrait pas comprendre comment l'estomac du cheval, qui, dans sa plus grande extension, contient à peine douze litres d'eau, peut cependant recevoir, dans un temps très-court, des masses volumineuses de fourrage et de liquide, une botte de foin et vingt-quatre litres d'eau, par exemple. Le phénomène de la digestion, dans le cheval, paraît se faire en même temps dans tout le canal intestinal, et même dans le gros intestin. Ce phénomène mériterait une attention particulière et des recherches spéciales.

mucilagineux et sucrés, résistent davantage à l'action de l'estomac, que les aliments caséeux, fibrineux, glutineux. Quelques substances paraissent même réfractaires : telles sont les os, l'épiderme des fruits, leurs noyaux, les graines entières, etc. Cependant il y a des faits bien constatés qui prouvent que l'estomac de l'homme, à l'instar de celui des chiens, peut dissoudre des os.

Remarques sur la formation du chyme.

G. Dans la détermination de la digestibilité des aliments, il faut avoir égard au volume des portions qui ont été avalées. J'ai souvent observé que les morceaux les plus gros, quelle qu'en fût d'ailleurs la nature, restaient les derniers dans l'estomac : au contraire, une substance même non digestible, pourvu qu'elle soit très-divisée, comme des pepins de raisins, des grains de plomb, ne s'arrête pas dans l'estomac, et passe promptement, avec le chyme, dans l'intestin.

Sous le rapport de la facilité et de la promptitude de la formation du chyme, on observe presque autant de différences qu'il y a d'individus.

M. Astley Cooper a fait diverses expériences sur la digestibilité de plusieurs substances; il donna à des chiens une quantité déterminée de porc, de mouton, de veau, de bœuf, en tenant compte de la figure des morceaux avalés, et de l'ordre d'introduction dans l'estomac; en ouvrant les animaux au bout d'un certain temps, et réunissant avec soin ce qui restait dans leur estomac, il s'assura que le porc était la substance la plus vite digérée, ensuite vint le mouton, puis le veau, enfin le bœuf, qui lui sembla être la substance la moins digestible. Dans quelques cas, le porc et le mouton étaient entièrement disparus, que le bœuf était encore intact. Il trouva, par d'autres expériences, que le poisson et le fromage sont aussi des substances très-digestibles. — La pomme de terre l'est à un degré moindre; la peau qui recouvre ce légume passait dans le duodénum sans éprouver d'altération; il tenta aussi quelques essais avec la même substance, préparée de différentes manières, et il vit que le veau bouilli est des deux tiers plus digestible que la même substance rôtie. Diverses autres substances furent aussi soumises aux mêmes expériences, et il trouva que la chair musculaire était plus tôt digérée que la peau; que la peau l'était un peu plus que les cartilages; ceux-ci plus que les tendons, ceux-ci enfin plus que les os. Quant à ces derniers, il trouva que l'omoplate était un des plus digestibles; cent parties de cet os furent digérées en six heures, tandis que trente parties du fémur le furent dans le même espace de temps. (*Voyez* Scudamor, *on Gout, Rheumatism and Gravel*, etc. London, 1817, pag. 509, deuxième édition.)

Expériences d'Astley Cooper sur la digestion.

D'après ce qui vient d'être dit, il est évident que, pour fixer le temps nécessaire à la chymification de tous les aliments contenus dans l'estomac, on doit tenir compte de leur quantité, de leur nature chimique, de la manière dont l mastication s'est exercée sur eux, et de la dispo sition individuelle. Cependant, quatre ou cin heures après un repas ordinaire, il est rare que l transformation de la totalité des aliments en chym ne soit pas effectuée.

Systèmes sur la digestion.

La science ne possède point encore de théori satisfaisante des changements chimiques que le aliments éprouvent dans l'estomac. Ce n'est pa qu'à différentes époque on n'ait tenté d'en donne des explications plus ou moins plausibles. D'an ciens philosophes disaient que les aliments se *pu tréfiaient* dans l'estomac; Hippocrate attribuait l digestion à la *coction;* Galien donnait à l'estoma les facultés *attractrice*, *rétentrice*, *concoctrice* et *ex pultrice;* et par leur secours il pensait expliquer l digestion. La doctrine de Galien a régné dans le écoles jusqu'au milieu du dix-septième siècle, o elle a été attaquée et renversée par les chimiste fermentateurs, qui établirent dans l'estomac un *effervescence*, une *fermentation* particulière, a moyen de laquelle les aliments étaient *macérés dissous*, *précipités*, etc. Ce système n'eut pas un longue vogue; il fut remplacé par des idées beau coup moins raisonnables. On établit que la diges tion n'était qu'une *trituration*, un écrasement, opéré par la contraction de l'estomac; on suppos une multitude innombrable de petits vers qui atta quaient et divisaient les aliments. Boërrhaave cru rencontrer la vérité en alliant les diverses opinions qui avaient régné avant lui. Haller s'écarta des idées de son maître; il regarda la digestion comme une simple *macération*. Il savait que les matières végétales et animales qui sont plongées dans l'eau ne tardent pas à se couvrir d'une couche molle et homogène; il crut que les aliments éprouvaient des phénomènes analogues en macérant dans la salive et le fluide sécrété de l'estomac.

Si l'on applique à ces divers systèmes la logique sévère, qui seule désormais doit régner en physiologie, on ne peut y voir qu'un effet du besoin qu'a l'homme de satisfaire son imagination, et de se faire illusion sur les choses qu'il ignore. Était-on en effet beaucoup plus avancé pour avoir dit que la digestion était une coction, une fermentation, une macération, etc. ? Non, puisqu'on n'attachait aucun sens précis à ces mots.

Expériences de Réaumur et de Spallanzani sur la formation du chyme.

Ce n'est point en suivant cette méthode que procédèrent Réaumur et Spallanzani. Ils firent des expériences sur les animaux, et démontrèrent la fausseté des anciens systèmes, ils firent voir que des aliments, renfermés dans des boules creuses, métalliques, et percées de petits trous, étaient digérés comme s'ils étaient libres dans la cavité de l'estomac. Ils constatèrent que l'estomac contient un fluide particulier, qu'ils nommèrent *suc gastrique*, et que ce fluide était l'agent principal de la digestion; mais ils en exagérèrent beaucoup les propriétés, et ils s'abusèrent quand ils crurent avoir expliqué la digestion en la considérant comme une *dissolution;* car, n'expliquant point cette dissolution, ils n'expliquaient pas davantage l'altération des aliments dans l'estomac.

Au lieu de nous arrêter à l'exposition et à la réfutation faciles de ces différentes hypothèses, ce qui d'ailleurs se trouve dans tous les ouvrages, nous ferons sur le phénomène de la formation du chyme les réflexions suivantes :

Réflexions sur la formation du chyme.

Il faut avoir égard, dans la formation du chyme, 1° aux circonstances dans lesquelles se trouvent les aliments contenus dans l'estomac, 2° à la nature chimique des substances alimentaire.

Les circonstances au milieu desquelles se trouvent les aliments pendant toute la durée de leur séjour dans l'estomac, et qui doivent être remarquées, sont peu nombreuses. 1° Ils éprouvent une pression plus ou moins forte, soit de la part des parois abdominales, soit de celle des parois de l'estomac; 2° ils sont mus en totalité par les mouvements de la respiration; 3° ils sont exposés à une température de trente à trente-deux degrés de Réaumur; 4° ils sont exposés à l'action de la salive, des mucosités provenant de la bouche et de l'œsophage, ainsi qu'à celle du fluide sécrété par la membrane muqueuse de l'estomac.

On se rappelle que ce dernier fluide est légèrement visqueux; qu'il contient beaucoup d'eau, du mucus, des sels à base de soude et d'ammoniaque, et de l'acide lactique, qui, d'après M. Berzélius, a la plus grande analogie de propriétés avec l'acide acétique. D'après M. Prout de Londres et M. Gmelin, ce suc contiendrait aussi, mais en petite quantité, l'acide hydrochlorique.

Quant à la nature des aliments, nous avons déjà vu combien elle est variable, puisque tous les principes immédiats, animaux ou végétaux, peuvent, sous des formes et des proportions différentes, être portées dans l'estomac, et servir utilement à la formation du chyme.

Maintenant pouvons-nous, en tenant compte de la nature des aliments et des circonstances où ils sont placés dans l'estomac, arriver à nous rendre raison des phénomènes connus de la formation du chyme?

Théorie de la chymification.

La température de trente à trente-deux degrés, la pression et le ballottement, et les déplacements que supportent les aliments, ne peuvent point être considérés comme causes principales de leur transformation en chyme, mais nul doute qu'elles n'y coopèrent : restent l'action de la salive et celle du fluide sécrété dans l'estomac; d'après la composition connue de la salive, il n'est guère probable qu'elle change beaucoup la nature des aliments; elle les mouille, les imbibe, de manière à écarter leurs molécules, en dissout peut-être une très-petite partie (1), mais c'est à l'action du fluide formé par la membrane interne de l'estomac qu'il faut s'arrêter. Ce fluide, agissant chimiquement sur les substances alimentaires, les altère et les chymifie de la surface vers le centre.

Digestions artificielles.

Pour en donner une preuve palpable, on a tenté, avec le fluide dont nous parlons, ce qu'on appelle en physiologie, depuis Réaumur et Spallanzani, des *digestions artificielles;* c'est-à-dire qu'après avoir mâché des aliments on les mêle à du suc gastrique, puis on les expose dans un tube ou tout autre vase, à une température égale à celle de l'estomac. Spallanzani a avancé que ces digestions réussissaient, et que les aliments s'y transformaient en chyme; mais, d'après les dernières recherches de Montègre, il paraît positif qu'il n'en est rien, et qu'au contraire les substances employées n'éprouvent aucune altération analogue à la chymification (2); ce qui est conforme à quelques expériences faites par Réaumur.

---

(1) M. Krimer a tenu dans sa bouche un morceau de jambon, pesant un gros, pendant trois heures. Après ce temps ce morceau était blanc à sa surface, et avait augmenté de douze grains. Le même physiologiste croit que les larmes contribuent à la digestion, et coulent dans l'arrière-bouche jusque dans l'estomac. (*Versuch einer Physiologie des Blutes,* Leipsick, 1823.)

(2) Ce défaut d'altération se fait surtout remarquer quand

Digestions artificielles.

Mais de ce que le suc gastrique ne dissout pas les aliments avec lesquels il est renfermé dans un tube, il n'en faut pas conclure, avec quelques personnes, que le même fluide ne peut point dissoudre les aliments quand ils sont introduits dans l'estomac : les circonstances sont loin en effet d'être les mêmes; dans l'estomac, la température est égale, les aliments sont pressés et secoués, la salive et le suc gastrique se renouvellent continuellement; à mesure que le chyme est formé, il est emporté et poussé dans le duodénum. Rien de tout cela n'a lieu dans le tube ou dans le vase qui contient les aliments mêlés au suc gastrique; par conséquent le non-succès des digestions artificielles ne prouve ni pour ni contre l'explication de la formation du chyme par l'action dissolvante du suc gastrique.

Mais comment se fait-il qu'un même fluide puisse agir d'une manière analogue sur le grand nombre des substances alimentaires, végétales ou animales? L'état de la chimie organique ne permet pas de répondre à cette question; cependant, de tous les agents dissolvant des matières animales, l'acide acétique est celui qui paraîtrait remplir le plus complètement cette condition; pour vous en convaincre, faites l'expérience suivante : prenez

les aliments n'ont pas été suffisamment soumis à la mastication, et ne sont pas imprégnés de salive.

Action dissolvante de l'acide acétique sur les aliments.

une portion de chacun des tissus du corps, et soumettez-les ensemble ou séparément à l'action de l'acide acétique, ils se dissolveront tous. Or ce qui se passe dans une fiole avec l'acide acétique doit encore plus facilement s'effectuer dans l'estomac au moyen de l'acide lactique, dont la ressemblance avec l'acétique est telle que les chimistes hésitent encore à affirmer qu'ils forment deux corps distincts. En outre, la dissolution des aliments dans l'estomac est encore favorisée par l'action de l'eau et par les propriétés dissolvantes des hydrochlorates de soude et d'ammoniaque.

Faisons ici une remarque importante; nous comprenons facilement qu'au moyen d'un réactif acide ou alcalin, des substances animales ou végétales se dissolvent dans un vase de verre sans que les parois de ce vase soient attaquées par l'agent dissolvant; mais comment les membranes de l'estomac résistent-elles à l'action du suc gastrique? Les physiologistes à explications vagues ne sont guère embarrassés de répondre; ils n'hésiteront pas à dire: Si les parois du ventricule ne sont point atteintes par l'actif dissolvant des aliments, c'est qu'elles *sont vivantes* et que *la vie repousse* toute action chimique. Il y a dix ans une pareille explication pouvait satisfaire, mais aujourd'hui personne n'y verra autre chose qu'un jeu de mots. Chacun sait qu'un agent chimique appliqué sur nos organes y produit son effet, qu'ils soient morts ou vivants, et le plus souvent même l'existence de la vie en favorise l'action.

Ce ne peut donc être là une explication de la non-activité du suc gastrique envers la muqueuse de l'estomac; je la trouverais plutôt, mais je ne prétends pas l'affirmer, dans la sécrétion du mucus sans cesse renouvelée durant la chymification, et qui s'interpose continuellement entre le dissolvant gastrique et les parois de l'estomac ; ce qui semble le prouver, c'est qu'aussitôt la sécrétion arrêtée par la mort, ou tout au moins de beaucoup diminuée, le suc gastrique tourne son activité dissolvante contre l'estomac, ramollit d'abord la membrane muqueuse, et finit bientôt par dissoudre la musculeuse et la péritonéale de manière à produire des perforations que l'ignorance des médecins a longtemps prises pour des maladies auxquelles ils attribuaient la mort. J'ai vu plusieurs fois des dissolutions de ce genre dans des estomacs de suppliciés. Ayant une fois perforé et dissous l'estomac, le suc gastrique porte souvent son action sur les organes circonvoisins, ramollit et dissout la rate, le diaphragme, une partie du foie, etc. (1).

Dissolution des parois de l'estomac par le suc gastrique.

L'un des effets de cette action chimique est de colorer le sang des artères et des veines, ou même

(1) *Voyez* sur ces phénomènes curieux un très-beau travail de mon ami le docteur Carswell, dans le tome VII du *Journal hebdomadaire de Médecine*, année 1829.

celui qui serait épanché dans l'estomac, en noir plus ou moins foncé.

Réflexions sur la formation du chyme.

En général, l'action par laquelle le chyme se forme empêche la réaction des éléments constitutifs des aliments les uns sur les autres : mais cet effet n'a lieu que dans les *bonnes* digestions; il paraît que dans les *mauvaises*, la fermentation, ou même la putréfaction, peut avoir lieu : on peut le soupçonner à la grande quantité de gaz inodores qui se développent dans certains cas, et à l'hydrogène sulfuré qui se dégage dans d'autres. Quelquefois ces gaz produisent un effet singulier durant le sommeil; ils remontent dans l'œsophage, le distendent, compriment le cœur par sa face postérieure, et nuisent assez à la circulation pour produire une anxiété très-fatigante. Je connais une personne qui se débarrasse de ces gaz en mettant un doigt dans le pharynx, ouvre ce canal, et permet ainsi aux gaz contenus dans l'œsophage de sortir avec une sorte d'explosion qui le soulage immédiatement.

Influence des nerfs de la huitième paire sur la formation du chyme.

Depuis long-temps on regarde les nerfs de la huitième paire comme destinés à présider à l'acte de la chymification : en effet, si on lie ou si l'on coupe ces nerfs au cou, les matières introduites dans l'estomac n'y subissent en général qu'une altération bien inférieure à celle qu'ils éprouveraient si les nerfs étaient intacts. Cet effet se remarque plus volontiers chez les animaux herbivores

Influence des nerfs de la huitième paire sur la formation du chyme.

et a été observé avec beaucoup de soin par M. Dupuy, professeur à l'école vétérinaire d'Alfort. La difficulté ou la diminution de la digestion stomacale dans ce cas paraît tenir à la diminution ou à la cessation de la sécrétion du suc gastrique. Mais on a conclu d'une manière générale que la section de la huitième paire abolissait le pouvoir chymifiant de l'estomac.

Cette conséquence me paraît trop étendue, car la section de la huitième paire apporte un tel trouble dans la respiration, une telle gêne dans la circulation pulmonaire, qu'il pourrait bien se faire que le dérangement de la digestion ne fût que l'effet du trouble de ces deux fonctions vitales. (Voyez *De l'influence de la huitième paire sur la respiration.*)

Pour lever cette difficulté, j'ai fait la section de ces nerfs, non pas au cou comme dans les expériences précédentes, mais dans le thorax, immédiatement au-dessus du diaphragme. Pour y réussir, je coupe une des côtes sternales, je lie l'artère intercostale, et, introduisant mon doigt dans la poitrine, je soulève l'œsophage et les nerfs qui marchent à sa surface; il m'est facile alors de les couper sans crainte d'en laisser échapper.

Quelque temps après la section, je force l'animal à manger des aliments dont la chymification m'est connue, des corps gras par exemple, et je m'assure, après avoir laissé écouler le temps convenable,

Influence des nerfs de la huitième paire sur la formation du chyme.

que les substances sont chymifiées, et qu'elles fournissent ultérieurement un chyle abondant.

D'ailleurs, dans les oiseaux, la section des nerfs de la huitième paire n'influe pas d'une manière très-apparente sur la chymification. Comme il ne paraît pas que ces animaux aient un véritable chyle, on ne peut rien dire de l'influence nerveuse sur la production de ce fluide.

Quelques personnes ont prétendu que l'électricité pourrait bien avoir part à la production du chyme, et que les nerfs de l'estomac pourraient en être les conducteurs.

M. Wilson Philipp est celui qui a soutenu cette opinion avec le plus de persévérance, en s'appuyant d'expériences nombreuses. Il coupe les nerfs pneumo-gastriques à deux animaux après les avoir fait manger. Il abandonne l'un à lui-même, et soumet l'autre à un courant galvanique qui parcourt l'œsophage et l'estomac. Chez le premier la digestion est abolie, chez le deuxième elle se fait comme si les nerfs n'étaient pas coupés. Tels sont du moins les résultats qui se sont offerts à M. Wilson Philipp; mais on doit observer que ces résultats ne sont pas constants, et qu'ils ont souvent manqué à M. Wilson lui-même, ce qui certes n'arriverait pas si la digestion était un simple phénomène physique. Ensuite la section simple des nerfs, même au cou, n'interrompt pas toujours la chymification. Des expériences qui viennent d'être faites récemment à Paris par MM. Breschet, H. Edwards et Vavasseur, ont porté les auteurs à croire qu'elles ne faisaient que l'affaiblir.

L'influence de la huitième paire sur la chymification n'est donc pas encore bien connue, et la propriété galvanique de ce nerf plus que douteuse.

Un usage plus probable des nerfs de la huitième paire est d'établir des relations intimes entre l'estomac et le cerveau, d'avertir s'il s'est glissé quelques substances nuisibles dans les aliments, et s'ils sont de nature à être digérés.

Sensations internes qui accompagnent la formation du chyme.

Chez une personne robuste, le travail de la formation du chyme se fait à son insu, seulement elle s'aperçoit que le sentiment de plénitude et la gêne de la respiration, produits par la distension de l'estomac, disparaissent par degrés : mais il est très-fréquent, surtout parmi les gens du monde d'une complexion délicate, que la digestion s'accompagne d'affaiblissement dans l'action des sens, d'un froid général avec de légers frissons ; l'intelligence elle-même diminue d'activité et semble s'engourdir ; il y a disposition au sommeil : on dit alors que les forces vitales se concentrent sur l'organe qui agit, et qu'elles abandonnent momentanément les autres. A ces effets généraux s'ajoutent la production de gaz qui s'échappent par la bouche, un sentiment de poids, de chaleur, de tournoiement, et d'autres fois de brûlure, suivi d'une sensation analogue le long de l'œsophage, etc. Ces effets se font particulièrement sentir vers la fin de la chymification. Ils paraissent l'effet d'une véritable fermentation qui s'établit alors dans l'estomac. Des phénomènes analogues se développent quand on laisse dans une étuve à trente-deux degrés des matières alimentaires. Il ne paraît pas cependant que ces *digestions laborieuses* soient beaucoup moins profitables que d'autres.

Action de l'intestin grêle.

De l'intestin grêle.

L'intestin grêle est la portion la plus longue du canal digestif; il établit une communication entre l'estomac et le gros intestin. Peu susceptible de distension, il est contourné un grand nombre de fois sur lui-même, ayant une longueur beaucoup plus considérable que le trajet qu'il doit parcourir. Il est fixé à la colonne vertébrale par un repli du péritoine, qui se prête à ses mouvements, tout en y donnant des limites : ses fibres longitudinales et circulaires ne sont point écartées comme à l'estomac; sa membrane muqueuse, qui présente beaucoup de villosités et une assez grande quantité de follicules muqueux, forme des replis irrégulièrement circulaires, dont le nombre est d'autant plus grand, qu'on examine l'intestin plus près de l'orifice pylorique. On nomme ces replis *valvules conniventes*.

L'intestin grêle reçoit beaucoup de vaisseaux

sanguins; ses nerfs naissent des ganglions du grand sympathique. A sa surface interne, s'ouvrent les orifices très-nombreux des vaisseaux *chylifères*.

On a divisé cet intestin en trois parties, distinguées par les noms de *duodénum*, de *jéjunum*, et d'*iléum;* mais cette division est peu utile en physiologie.

Sécrétion de l'intestin grêle.

De même que la membrane muqueuse de l'estomac, celle de l'intestin grêle sécrète une mucosité abondante : je ne crois pas qu'elle ait jamais été analysée. Elle m'a paru visqueuse, filante, d'une saveur salée, et rougissant fortement le papier de tournesol : toutes propriétés que nous avons déjà remarquées dans le fluide sécrété par l'estomac. Haller donnait à ce fluide le nom de *suc intestinal ;* il estimait à huit livres la quantité qui s'en forme en vingt-quatre heures.

Non loin de l'extrémité stomacale de l'intestin qui nous occupe, on remarque l'orifice commun des canaux biliaire et pancréatique, par lequel coulent dans la cavité de l'intestin les fluides sécrétés par le foie et le pancréas (1).

Si la formation du chyme est encore un mystère, la nature des phénomènes qui se passent dans l'in-

---

(1) Voyez *Sécrétion de la bile* et *Sécrétion du fluide pancréatique*.

testin grêle n'est pas mieux connue. Ici nous suivrons encore notre méthode habituelle, c'est-à-dire que nous nous bornerons à décrire ce que l'observation fait connaître.

Nous allons d'abord parler de l'introduction du chyme, et de son trajet dans l'intestin grêle; nous traiterons ensuite des altérations qu'il y éprouve.

Accumulation et trajet du chyme dans l'intestin grêle.

Accumulation du chyme dans l'intestin grêle.

J'ai eu plusieurs fois l'occasion de voir, sur des chiens, le chyme passer de l'estomac dans le duodénum. Voici les phénomènes que j'ai observés : A des intervalles plus ou moins éloignés, on voit un mouvement de contraction se développer vers le milieu du duodénum; il se propage assez rapidement du côté du pylore : cet anneau lui-même se resserre, ainsi que la partie pylorique de l'estomac; en vertu de ce mouvement, les matières contenues dans le duodénum sont poussées vers le pylore, où elles sont arrêtées par la valvule, et celles qui se trouvent dans la partie pylorique sont repoussées en partie vers la partie splénique; mais ce mouvement, dirigé de l'intestin vers l'estomac, est bientôt remplacé par un mouvement en sens opposé, c'est-à-dire qui se propage de l'estomac vers le duodénum, et dont le résultat est de faire franchir le pylore à une quantité de chyme plus ou moins considérable.

Mouvement du pylore.

Le mouvement qui vient d'être décrit se répète ordinairement plusieurs fois de suite, avec des modifications pour la rapidité, l'intensité de la contraction, etc. ; puis il cesse pour reparaître au bout de quelque temps. Il est peu marqué dans les premiers moments de la formation du chyme ; l'extrémité seule de la partie pylorique y participe. Il augmente à mesure que l'estomac se vide, et, vers la fin de la chymification, j'ai plusieurs fois vu l'estomac tout entier y prendre part. Je me suis assuré qu'il n'est point suspendu par la section des nerfs de la huitième paire; et ce fait est d'une haute importance relativement à l'action nerveuse. Il montre que les fonctions de ces nerfs ne peuvent être comparées, comme on le fait généralement, à celles des nerfs moteurs ordinaires. La paralysie suit immédiatement la section de ceux-ci; rien de semblable n'a lieu pour l'estomac, les contractions de cet organe ne perdent rien de leur activité, du moins dans les premiers moments.

Passage du chyme à travers le pylore.

Ainsi, l'entrée du chyme dans l'intestin grêle n'est point continue. A mesure qu'elle se répète, le chyme s'accumule dans la première portion de l'intestin, il en distend un peu les parois et s'enfonce dans les intervalles des valvules; sa présence excite bientôt l'organe à se contracter, et, par ce moyen, une partie s'avance dans l'intestin; l'autre reste attachée à la surface de sa membrane et prend ensuite la même direction. Le même phénomène se continue jusqu'au gros intestin; mais comme le duodénum reçoit de nouvelles portions de chyme, il arrive un moment où l'intestin grêle, dans toute sa longueur, est rempli de cette matière. On observe seulement qu'elle est beaucoup moins abondante dans le voisinage du cœcum qu'à l'extrémité pylorique.

Progression du chyme dans l'intestin grêle.

Le mouvement qu'il détermine la progression du chyme à travers l'intestin grêle a la plus grande analogie avec celui du pylore : il est irrégulier, revient à des époques variables, se fait tantôt dans un sens et tantôt dans un autre, se manifeste quelquefois dans plusieurs parties à la fois. Il est toujours plus ou moins lent; il détermine des changements de rapport entre les circonvolutions intestinales. Il est entièrement hors de l'influence de la volonté.

On s'en formerait une fausse idée si l'on se bornait à examiner l'intestin grêle sur un animal récemment mort; il a alors une activité qu'il est loin d'offrir pendant la vie. Cependant, dans les *mauvaises digestions*, il paraît acquérir une vitesse et une énergie qu'il n'a pas ordinairement.

Quelle que soit la manière dont ce mouvement s'exécute, le chyme paraît marcher très-lentement dans l'intestin grêle : les valvules nombreuses qui s'y remarquent et qui ont, dans l'état de santé, un relief et une épaisseur qu'elles sont loin de conserver après la mort par maladie, la multitude d'aspérités qui hérissent la membrane muqueuse, les courbures multipliées du canal, sont autant de circonstances qui contribuent à ralentir sa progression, mais qui favorisent son mélange avec les fluides contenus dans l'intestin, et la production du chyme qui en est le résultat.

Progression du chyme dans l'intestin grêle.

Changements qu'éprouve le chyme dans l'intestin grele.

Ce n'est guère qu'à la hauteur de l'orifice du canal cholédoque et pancréatique que le chyme commence à changer de propriétés. Jusque-là il avait conservé sa couleur, sa consistance demi-fluide, son odeur aigre, sa saveur légèrement acide; mais, en se mêlant à la bile et au suc pancréatique, il prend de nouvelles qualités : sa couleur devient jaunâtre, sa saveur amère, et son odeur aigre diminue beaucoup. S'il provient de matières animales ou végétales, qui contenaient de la graisse ou de l'huile, on voit se former çà et là, à sa surface, des filaments irréguliers, quelquefois aplatis, d'autres fois arrondis, qui s'attachent promptement à la surface des valvules, et paraissent être du *chyle brut*. On n'aperçoit point cette matière quand le chyme provient d'aliments qui ne contenaient point de graisse; c'est une couche grisâtre, plus ou moins épaisse, qui adhère à la membrane muqueuse, et qui paraît contenir les éléments du chyle.

Altérations du chyme dans l'intestin grêle.

Les mêmes phénomènes s'observent dans les deux tiers supérieurs de l'intestin grêle; mais, dans le tiers inférieur, la matière chymeuse devient plus consistante, sa couleur jaune prend une teinte plus foncée; ells finit même quelquefois par devenir d'un brun verdâtre, qui perce à travers les parois intestinales, et donne à l'iléon un aspect distinct de celui du duodénum et du jéjunum. Quand on l'examine près du cœcum, on n'y voit plus ou très-peu de stries blanchâtres chyleuses; elle semble, dans cet endroit, n'être que le résidu de la matière qui a servi à la formation du chyle.

D'après ce qui a été dit plus haut sur les variétés que présente le chyme, on doit pressentir que les changements qu'il subit dans l'intestin grêle sont variables suivant ses propriétés : en effet, les phénomènes de la digestion dans l'intestin grêle varient avec la nature des aliments (1).

Cependant le chyme y conserve sa propriété acide; et s'il contient des parcelles d'aliments ou d'autres corps qui ont résisté l'action de l'es-

(1) Nous avons fait sur ce point beaucoup d'expériences; mais il aurait été peu utile d'en consigner les détails dans un ouvrage élémentaire.

tomac, ceux-ci traversent l'intestin grêle sans y éprouver d'altération. Les mêmes phénomènes se manifestent quand on a fait usage des mêmes substances. J'ai pu m'assurer de ce fait sur les cadavres de deux suppliciés qui, deux heures avant la mort, avaient fait un repas commun où ils avaient mangé des mêmes aliments à peu près en quantité égale : les matières contenues dans l'estomac, le chyme dans la portion pylorique et dans l'intestin grêle, m'ont paru entièrement identiques pour la consistance, la couleur, la saveur, l'odeur, etc.

Expérience de Prout sur le chyme.

Le docteur Prout s'est occupé de la composition du chyme; ses expériences ont été faites sur diverses espèces d'animaux. Il a comparé avec soin la digestion de deux chiens, dont l'un avait mangé uniquement des matières végétales, et le second des matières animales. Le résultat de ses analyses comparatives se voit dans le tableau qui suit :

NOURRITURE VÉGÉTALE.	NOURRITURE ANIMALE.
1° *Chyme extrait du duodénum.*	2° *Chyme extrait du duodénum.*
Semi-fluide opaque, composé d'une partie blanche jaunâtre, mêlée à une seconde partie de même couleur, mais de consistance plus considérable. Coagulant le lait complètement. Il est composé de :	Plus épais et plus visqueux que celui de matière végétale; sa couleur se rapproche davantage du rouge. Il ne coagule pas le lait.

A. Eau.	86, 5	80, 2
B. Chyme, etc.	6, 0	15, 0
C. Matière albumineuse. .	. . . .	1, 3
D. Principe biliaire. . . .	1, 6	1, 7
E. Gluten végétal? . . .	5, 0	
F. Sels.	0, 7	0, 7
G. Résidu insoluble. . . .	0 2	0, 3
	100,0	100,0

Action dissolvante du suc intestinal.

Un aliment qui n'aurait pas été soumis à l'action de l'estomac et qui se trouverait sous l'influence de l'intestin grêle, serait-il digéré? J'ai tenté quelques essais sur cette question intéressante, particulièrement sous le point de vue médical. Et d'abord remarquons que les personnes dont l'estomac est complètement désorganisé vivent assez longtemps pour qu'on puisse supposer que la cessation de l'action de l'estomac n'interrompt pas tout-à-fait le travail digestif.

J'ai placé un morceau de viande crue dans le duodénum d'un chien bien portant : au bout d'une heure ce morceau de viande était arrivé dans le rectum, son poids était peu diminué, et il n'était altéré qu'à sa surface, qui était décolorée. Dans une autre expérience, j'ai fixé le morceau de muscle avec un fil de manière à ce qu'il ne sortît point de l'intestin grêle; trois heures après l'animal a été ouvert : le morceau de viande avait perdu environ la moitié de son poids, la fibrine avait particulièrement été attaquée; ce qui avait résisté, presque entièrement cellulaire, était d'une fétidité extrême.

Quoi qu'il en soit, la propriété dissolvante existe donc dans le liquide sécrété par l'intestin grêle.

Selon MM. Tiedemann et Gmelin, le suc intestinal dont nous parlons sert à dissoudre certains résidus d'aliments qui passent de l'estomac dans l'intestin grêle; ce même suc est absorbé en partie avec les substances alimentaires dissoutes, et leur communique des qualités qui les rapprochent du sang. Sa portion muqueuse, plus consistante, forme les excréments en se réunissant avec la résine, le principe gras, le mucus et le principe colorant de la bile.

Gaz contenus dans l'intestin grêle.

Il est rare que l'on ne rencontre pas de gaz dans l'intestin grêle pendant la formation du chyle. M. Jurine, de Genève, est le premier qui les ait examinés avec attention, et qui ait indiqué leur nature; mais, à l'époque où ce savant médecin a écrit, les procédés eudiométriques étaient loin de la perfection qu'ils ont acquise en ce moment. J'ai donc cru nécessaire de faire de nouvelles recherches sur ce point intéressant; M. Chevreul a encore bien voulu s'associer à moi pour exécuter ce travail. Nos expériences ont été faites sur des corps de suppliciés, ouverts peu de temps après la mort, et qui, jeunes et vigoureux, présentaient les conditions les plus favorables à de semblables recherches.

Sur un sujet de vingt-quatre ans, qui avait mangé, deux heures avant son supplice, du pain et du fro-

Gaz contenus dans l'intestin grêle.

mage de gruyère, et bu de l'eau rougie, nous avons trouvé dans l'intestin grêle :

Oxigène.	0,00
Acide carbonique.	24,39
Hydrogène pur.	55,53
Azote.	20,08
Total.	100,00

Sur un second sujet, âgé de vingt-trois ans, qui avait mangé des mêmes alimens à la même heure, et dont le supplice avait eu lieu en même temps, nous avons rencontré :

Oxigène.	0,00
Acide carbonique.	40,00
Hydrogène pur.	51,15
Azote.	8,85
Total.	100,00

Dans une troisième expérience faite sur un jeune homme de vingt-huit ans, qui, quatre heures avant d'être exécuté, avait mangé du pain, du bœuf, des lentilles, et bu du vin rouge, nous avons trouvé dans le même intestin :

Oxigène.	0,00
Acide carbonique.	25,00
Hydrogène pur.	8,40
Azote.	66,60
Total.	100,00

Nous n'avons jamais observé d'autres gaz dans l'intestin grêle.

Origine des gaz contenus dans l'intestin grêle.

Ces gaz pourraient avoir diverses origines. Il serait possible qu'ils vinssent de l'estomac avec le chyme, il serait possible qu'ils fussent sécrétés par la membrane muqueuse intestinale, enfin ils pourraient naître de la réaction réciproque des matières contenues dans l'intestin : cette dernière source est sans doute la plus probable ; car, d'après des expériences de M. Chevillot (*Voy.* mon *Journal de Physiologie*), quand on recueille des matières de l'intestin grêle, et qu'on les laisse fermenter quelque temps dans une étuve à la température du corps, on obtient exactement les mêmes gaz que ceux qui se trouvent dans l'intestin.

D'ailleurs, si l'on voulait que les gaz intestinaux vinssent de l'estomac, il faudrait remarquer que cet organe contient de l'oxigène et très-peu d'hydrogène, tandis que nous avons presque toujours rencontré beaucoup d'hydrogène dans l'intestin grêle, et jamais d'oxigène. Il est en outre d'observation journalière que, pour peu que l'estomac renferme des gaz, ils sont rendus par la bouche, vers la fin de la chymification, probablement parce qu'à cet instant ils peuvent plus aisément s'engager dans l'œsophage.

La probabilité de la formation des gaz par la sécrétion de la membrane muqueuse ne serait tout au plus admissible que pour l'acide carbonique et l'azote, qui semblent être formés de cette manière dans la respiration.

Quant à l'action réciproque des matières renfermées dans l'intestin, je dirai que j'ai vu plusieurs fois la matière chymeuse laisser échapper assez rapidement des bulles de gaz. Ce phénomène avait lieu depuis l'orifice du canal cholédoque jusque vers le commencement de l'iléon; on n'en apercevait aucune trace dans ce dernier intestin, ni dans la partie supérieure du duodénum, ni dans l'estomac. J'ai fait de nouveau cette observation sur le cadavre d'un supplicié quatre heures après sa mort : il ne présentait aucune trace de putréfaction.

Nature des changements que le chyme éprouve dans l'intestin grêle.

Le mode d'altération qu'éprouve le chyme dans l'intestin grêle est inconnu; on voit bien qu'elle résulte de l'action de la bile (1), du suc pancréa-

(1) Le célèbre chirurgien anglais M. Brodie a fait des recherches sur l'usage de la bile dans la digestion. Il a lié à cet effet le canal cholédoque sur des chats nouveau-nés, et il a remarqué que cette ligature s'opposait à toute formation du chyle. Le chyme passait dans l'intestin grêle sans y laisser déposer ce que j'ai nommé le chyle brut.

Les vaisseaux lactés ne contenaient point de chyle, mais seulement un fluide transparent, que M. Brodie suppose composé partie de la lymphe et partie de la portion la plus liquide du chyme.

J'ai répété cette expérience, qui est déjà ancienne, sur

tique, et du fluide sécrété par la membrane muqueuse sur le chyme. Mais quel est le jeu des affinités dans cette véritable opération chimique, et pourquoi le chyle vient-il se précipiter à la surface des valvules conniventes, tandis que le surplus reste dans l'intestin pour être ultérieurement expulsé? Voilà ce que nous ignorons encore malgré les importantes et nombreuses recherches de MM. Tiedemann et Gmelin. (Voyez *Recherches expérimentales sur la Digestion*, etc., traduites de l'allemand par M. Jourdan.)

On est un peu plus instruit sur le temps nécessaire pour que le chyme soit suffisamment altéré. Ce phénomène ne se fait pas très-promptement : sur les animaux, trois ou quatre heures après le repas, il arrive souvent qu'on ne rencontre point encore de chyle formé.

D'après ce qui vient d'être dit, on voit que dans l'intestin grêle le chyme est partagé en deux par-

---

des animaux adultes ; la plupart sont morts des suites de l'ouverture de l'abdomen et de la manœuvre nécessaire pour lier le canal cholédoque. Mais dans deux cas où les animaux ont survécu quelques jours, j'ai pu m'assurer que la digestion avait continué, que du chyle blanc avait été formé, et des matières stercorales produites ; ces dernières n'étaient pas colorées comme à l'ordinaire, et cela n'a rien de surprenant, puisqu'elles ne contenaient point de bile : du reste, les animaux n'offraient aucune teinte jaune.

ties : l'une, qui s'attache aux parois, et qui est le chyle encore impur; l'autre, véritable résidu, est destinée à être poussée dans le gros intestin, et ensuite rejetée tout-à-fait au dehors.

Ainsi s'accomplit le phénomène le plus important de la digestion, la production du chyle : ceux qui nous restent à examiner n'en sont que le complément.

Action du gros intestin.

Du gros intestin.

Le gros intestin a une étendue considérable; il forme un long circuit pour parvenir à la fosse iliaque droite, où il commence, jusqu'à l'anus, où il se termine.

On le divise en *cœcum*, en *colon* et en *rectum*. Le cœcum est situé dans la région iliaque droite, il est abouché avec la fin de l'intestin grêle. Le colon est subdivisé en *portion ascendante*, qui s'étend du cœcum à l'hypochondre droit; en *portion transversale*, qui se porte horizontalement de l'hypochondre droit au gauche; et en *portion descendante*, qui se prolonge jusqu'à l'excavation du bassin. Le rectum est très-court; il commence où finit le colon, et se termine en formant l'anus.

Structure du gros intestin.

Dans ce trajet, le gros intestin est fixé par des replis du péritoine, disposés de façon à permettre aisément les variations de volume. Sa couche musculeuse a une disposition toute particulière. Les fibres longitudinales forment trois faisceaux étroits, fort éloignés les uns des autres quand l'intestin est dilaté. Ses fibres circulaires forment aussi des faisceaux, beaucoup plus nombreux, mais tout aussi écartés. Il résulte de là que, dans un grand nombre de points, l'intestin n'est formé que par le péritoine et la membrane muqueuse. Ces endroits sont disposés ordinairement en cavités distinctes où s'accumulent les matières fécales. Le rectum seul ne présente pas cette disposition; la couche musculeuse y est très-épaisse, uniformément répandue, et jouit d'une contraction plus énergique que celle du colon.

La membrane muqueuse du gros intestin n'est point recouverte de villosités comme celle de l'intestin grêle et de l'estomac; elle est au contraire lisse. Sa couleur est d'un rouge pâle; on n'y remarque qu'un petit nombre de follicules. A l'endroit de sa jonction avec l'intestin grêle, il existe dans le cœcum une valvule évidemment disposée pour permettre aux matières de pénétrer dans cet intestin, mais pour s'opposer à leur retour dans l'intestin grêle.

Beaucoup moins d'artères et de veines se rendent au gros intestin qu'au grêle : il en est de même pour les nerfs et les vaisseaux lymphatiques.

Accumulation et trajet des matières fécales dans le gros intestin.

Accumulation des fèces dans le gros intestin.

C'est la contraction de la portion inférieure de l'iléon qui détermine la matière qu'il contient à pénétrer dans le cœcum. Ce mouvement, fort irrégulier, revient à des intervalles éloignés : il est rare qu'on l'aperçoive sur les animaux vivants; on le voit plus fréquemment sur les animaux qui viennent d'être tués. Il ne coïncide en aucune manière avec celui que présente le pylore.

A mesure que ce mouvement se répète, la matière qui vient de l'iléum s'accumule dans le cœcum : elle ne peut refluer dans l'intestin grêle, car la valvule iléo-cœcale y met obstacle; elle n'a d'issue que par l'ouverture qui communique avec le colon. Une fois introduite dans le cœcum, elle prend les noms de *matière fécale* ou *stercorale*, de *fèces*, d'*excréments*, etc.

Au bout d'un certain temps de séjour dans le cœcum, les matières fécales passent dans le colon, dont elles parcourent successivement les diverses portions, tantôt en y formant une masse continue, et tantôt y formant des masses isolées qui remplissent une ou plusieurs des loges que présente l'intestin dans toute sa longueur.

Cette progression, qui presque toujours est très-lente, se fait sous l'influence de la contraction des fibres musculaires et de la pression que supporte l'intestin, comme organe contenu dans l'abdomen : elle est favorisée par la sécrétion muqueuse et folliculaire de la membrane interne.

Arrivée au rectum, la matière s'y accumule, distend uniformément les parois, et y forme quelquefois une masse de plusieurs livres. Elle ne peut aller au-delà, car l'anus est habituellement fermé par la contraction des deux muscles *sphincters*.

La consistance des fèces dans le gros intestin est très-variable; cependant, chez un homme en bonne santé, elle est toujours plus considérable que celle de la matière qui sort de l'intestin grêle. Ordinairement sa consistance s'accroît à mesure qu'elle approche du rectum; mais elle s'y ramollit en absorbant les fluides que sécrète la membrane muqueuse.

Altération des matières fécales dans le gros intestin.

Changements qu'éprouvent les fèces dans le gros intestin.

Avant de pénétrer dans le gros intestin, la matière excrémentitielle n'a aucune odeur fétide propre aux excréments humains; elle contracte cette odeur pour peu qu'elle y ait séjourné. Sa couleur brune-jaunâtre prend aussi une teinte plus foncée; mais, sous le rapport de la consistance, de l'odeur, de la couleur, etc., il y a des variétés nombreuses, qui tiennent à la nature des aliments digérés, à la manière dont se sont faites la chymification et la chylification, et à la disposition habituelle, ou seulement à celle qui existait pendant le travail des digestions précédentes.

Analyse des matières fécales.

On retrouve dans les excréments toutes les matières qui n'ont point été altérées par l'action de l'estomac : aussi y voit-on souvent des noyaux, des graines, et d'autres substances végétales.

Gaz contenus dans le gros intestin.

Plusieurs chimistes célèbres se sont occupés de l'analyse des excréments humains ; M. Berzélius les a trouvés composés de :

Eau.	73,3
Débris de végétaux et d'animaux. . .	7,0
Bile.	0,9
Albumine.	0,9
Matière extractive particulière. . . .	2,7
Matière formée de bile altérée de résine, de matière animale, etc.	14,0
Sels.	1,2
Total.	100,0

Suite de l'expérience comparative du docteur **Prout** (1).

NOURRITURE VÉGÉTALE.	NOURRITURE ANIMALE.
Matières prises dans le cœcum.	*Matières prises dans le cœcum.*
D'une couleur brune-jaunâtre, d'une consistance dure et un peu visqueuse. Ne coagule pas le lait.	D'une couleur brune, d'une consistance très-visqueuse. Coagule le lait.
A. Eau, quantité indéterminée.	*A.* Eau, quantité indéterminée.

(1) *Voyez* page 113.

Suite de l'expérience de Prout.

NOURRITURE VÉGÉTALE.	NOURRITURE ANIMALE.
Dans le cœcum.	*Dans le cœcum.*
B. Mélange de principes muqueux et de matières alimentaires altérées, insoluble dans l'acide acétique, et formant la plus grande partie de la substance.	*B.* Mélange de principes muqueux et de matières alimentaires altérées, insoluble dans l'acide acétique, et formant la plus grande partie de la substance.
C. Matière albumineuse, pas de traces.	*C.* Matière albumineuse, des traces.
D. Principes biliaires, altérés pour la quantité, presque comme ci-dessus.	*D.* Principes biliaires, altérés pour la quantité presque comme ci-dessus.
E. Gluten végétal? pas de traces; contenait un principe soluble dans l'acide acétique, et se précipitant abondamment par l'oxalate d'ammoniaque.	*E.* Gluten végétal? pas de traces; contenait un principe soluble dans l'acide acétique, et se précipitant abondamment par l'oxalate d'ammoniaque.
F. Matières salines, comme ci-dessus.	*F.* Matières salines, comme ci-dessus.
G. Résidu insoluble, en petite quantité.	*G.* Résidu insoluble, en petite quantité.
Matière du colon.	*Matière du colon.*
D'une couleur jaune-brunâtre, de la consistance de la moutarde, contenant beaucoup de bulles d'air, d'une odeur faible, mais particulière, analogue à celle de la pâte fraîche. Ne coagule pas le lait.	Consistant en un fluide brunâtre tremblant et comme muqueux, où nagent quelques matières blanchâtres analogues à de l'albumine coagulée; odeur faible, peu fétide, comme la bile. Coagule le lait.
A. Eau, quantité indéterminée.	*A.* Eau, quantité indéterminée.
B. Mélange de principes muqueux et de matières alimentaires altérées, cette dernière en excès, insoluble dans l'acide acétique, et formant la principale partie de la substance.	*B.* Mélange de matières alimentaires en excès et de principes muqueux, insoluble dans l'acide acétique, et formant la plus grande partie de ces substances.
C. Matière albumineuse, pas de traces.	*C.* Matière albumineuse, pas de traces.

Suite de l'expérience de Prout.

NOURRITURE VÉGÉTALE.	NOURRITURE ANIMALE.
Dans le colon.	*Dans le colon.*
D. Principes biliaires comme ci-dessus, sous tous les rapports.	*D.* Principes biliaires comme ci-dessus.
E. Gluten végétal? pas. Contient un principe soluble dans l'acide acétique, et se précipite abondamment par l'oxalate d'ammoniaque, comme dans le cœcum.	*F.* Comme dans le cœcum ci-dessus mentionné.
F. Sels, comme précédemment.	*F.* Sels, comme ci-dessus, en outre quelques traces d'un phosphate alkalin.
G. Résidu insoluble, moindre que dans le cœcum.	*G.* Résidu insoluble, matière solide, en très-petite quantité.
Dans le rectum.	*Dans le rectum.*
D'une consistance ferme, et d'une couleur brune-olive tirant sur le jaune, odeur fétide. Ne coagule pas le lait.	Fèces dures, d'une couleur brune tirant sur le chocolat, odeur très-fétide; l'eau dans laquelle on en dissout coagule le lait.
A. Eau, quantité indéterminée.	*A.* Eau, quantité indéterminée.
B. Combinaison ou mélange de substances alimentaires, altérées, en plus grand excès que dans le colon, et d'un peu de mucus, insoluble dans l'acide acétique, et formant la majeure partie des fèces.	*B.* Combinaison ou mélange de matières alimentaires altérées en beaucoup plus grand excès que dans aucune autre analyse, et d'un peu de mucus; insoluble dans l'acide acétique, et formant la plus grande partie des fèces.
C. Matière albumineuse?	*C.* Matière albumineuse?
D. Principes biliaires, en partie changés en résine.	*D.* Principes biliaires, plus considérables que dans les fèces de végétaux, et tout-à-fait changés en matière résineuse.
E. Gluten végétal? pas. Contient un principe semblable à celui du cœcum et du colon.	*E.* Gluten végétal? pas de traces. Contient un principe semblable à celui du cœcum et du colon.
F. Sels, comme ci-dessus.	*F.* Sels comme ci-dessus.

NOURRITURE VÉGÉTALE.	NOURRITURE ANIMALE.
Dans le rectum.	*Dans le rectum.*
G. Résidu insoluble, consistant principalement en fibres végétales et en poils.	*G.* Résidu insoluble, consistant principalement en poils.

Ces analyses, faites dans le but d'éclairer le mystère de la digestion, ne peuvent nous être en ce moment que d'un faible secours; car, pour qu'elles pussent offrir cet avantage, il faudrait les varier beaucoup, tenir compte de la nature et de la quantité des aliments dont on a précédemment fait usage, avoir égard à la disposition individuelle, n'agir d'abord que sur des excréments provenant de substances alimentaires très-simples; mais un travail de ce genre qui conduirait à une théorie véritable de la digestion suppose une perfection de moyens d'analyse à laquelle la chimie organique n'est peut-être point encore parvenue (1).

Gaz contenus dans le gros intestin.

Il existe aussi des gaz dans le gros intestin, quand il renferme des matières fécales. M. Jurine a depuis long-temps déterminé leur nature, mais il n'a fait qu'une seule expérience satisfaisante sur ce sujet. Dans le gros intestin d'un fou, trouvé mort de froid le matin dans sa loge, et ouvert aussitôt, il a reconnu l'existence de l'azote, de l'acide carbonique, de l'hydrogène carboné et sulfuré.

Nous avons, M. Chevreul et moi, examiné avec

(1) *Voyez* à cette question l'ouvrage de MM. Lassaigne et Leuret, et celui déjà cité de MM. Tiedmann et Gmelin.

soin les gaz qui se trouvaient dans le gros intestin des suppliciés dont j'ai parlé à l'article de l'*intestin grêle*.

Dans le sujet de la première expérience citée, le gros intestin contenait, sur cent parties de gaz :

Oxigène.	0,00
Acide carbonique.	43,50
Hydrogène carboné et quelques traces d'hydrogène sulfuré.	5,47
Azote.	51,03
Total.	100,00

Le sujet de la seconde expérience, présentait dans le même intestin :

Oxigène.	0,00
Acide carbonique.	70,00
Hydrogène pur et hydrogène carboné.	11,60
Azote.	18,40
Total.	100,00

Sur le sujet de la troisième expérience, nous avons analysé séparément le gaz qui se trouvait dans le cœcum et celui qui se rencontrait dans le rectum. Nous avons eu pour résultat :

Cœcum.

Oxigène.	0,00
Acide carbonique.	12,50
Hydrogène pur.	7,50
Hydrogène carboné.	12,50
Azote.	67,50
Total.	100,00

Rectum.

Oxigène.	0,00
Acide carbonique.	42,86
Hydrogène carboné.	11,18
Azote.	45,96
Total.	100,00

Quelques traces d'hydrogène sulfuré s'étaient manifestées sur le mercure avant l'instant où ce gaz fut analysé.

Ces résultats, sur lesquels on peut compter, puisque aucuns des moyens d'éloigner les erreurs n'ont été négligés, s'accordent assez bien avec ceux qu'avait obtenus depuis long-temps M. Jurine, relativement à la nature des gaz; mais ils infirment ce qu'il avait dit à l'égard de l'acide carbonique, dont la quantité, suivant ce médecin, allait en décroissant depuis l'estomac jusqu'au rectum. On vient de voir qu'au contraire, la proportion de cet acide s'accroît d'autant plus qu'on s'éloigne de l'estomac.

Origine des gaz du gros intestin.

Les mêmes doutes que nous avons exprimés à l'occasion de l'origine des gaz contenus dans l'intestin grêle doivent être reproduits pour ceux du gros intestin. Viennent-ils de l'intestin grêle? sont-ils sécrétés par la membrane muqueuse? se forment-ils aux dépens de la réaction des principes constitutifs des matières fécales? ou bien proviennent-ils de cette triple source? Il n'est point facile de faire cesser l'incertitude où l'on est à cet égard;

mais, d'après ce qui a été dit à l'occasion des gaz de l'intestin grêle, il est très-probable qu'ils viennent en grande partie de la fermentation des matières contenues dans le gros intestin.

Remarquons cependant que ces gaz diffèrent de ceux de l'intestin grêle. Dans ces derniers l'hydrogène pur prédomine souvent, tandis qu'on n'en trouve point dans le gros intestin, mais bien de l'hydrogène carboné et sulfuré. J'ai vu d'ailleurs plusieurs fois des gaz sortir abondamment, sous la forme d'une multitude innombrable de petites bulles, de la matière que contenait le gros intestin.

Le gros intestin n'est pas indispensable à la digestion.

D'après ce qu'on vient de voir, on peut conclure que l'action du gros intestin est de peu d'importance dans la production du chyle. Cet organe remplit assez bien les fonctions d'un réservoir, où vient se déposer, pour un certain temps, le résidu de l'opération chimique digestive, afin d'en être ensuite expulsé. On conçoit même que la digestion pourrait s'effectuer d'une manière complète, quand même le gros intestin n'y prendrait aucune part. La nature réalise cette supposition chez les individus porteurs d'un anus artificiel à l'extrémité cœcale de l'intestin grêle, et par lequel s'échappent les matières qui ont servi à la formation du chyme.

Expulsion des matières fécales.

Sentiment qui annonce la nécessité d'expulser les matières fécales.

Les principaux agents de l'excrétion des matières fécales sont le diaphragme et les muscles abdominaux; le colon et le rectum y coopèrent, mais d'une manière en général peu efficace.

Tant que les matières fécales ne sont point en grande quantité dans le gros intestin, et surtout tant qu'elles ne sont pas accumulées dans le rectum, on n'a point la conscience de leur présence; mais, quand elles sont en proportion considérable et qu'elles distendent le rectum, alors on éprouve un sentiment vague de plénitude et de gêne dans tout l'abdomen. Ce sentiment est bientôt remplacé par un autre beaucoup plus vif qui nous avertit de la nécessité de nous débarrasser des matières fécales. Si l'on n'y satisfait pas, dans quelques occasions, il cesse pour reparaître au bout d'un temps plus ou moins long; et dans d'autres il s'accroît avec promptitude, commande impérieusement, et déterminerait, malgré tous les efforts contraires, la sortie des excréments, si l'on ne se hâtait d'y obéir.

La consistance des matières fécales modifie la vivacité de ce besoin. Il est presque impossible de résister au-delà de quelques instants quand il s'agit de l'expulsion de matières molles ou presque liquides, tandis qu'il est facile de retarder beaucoup celles des matières qui ont plus de dureté.

Mécanisme de l'expulsion des matières fécales.

Rien de plus aisé à comprendre que le mécanisme de l'expulsion des excréments : pour qu'elle s'effectue, il faut que les matières accumulées dans le rectum soient poussées avec une force supérieure à la résistance que présentent les muscles de l'anus. La contraction du rectum seule ne pourrait produire un semblable effet, malgré l'épaisseur assez considérable de sa couche musculaire ; d'autres puissances doivent intervenir : ce sont, d'une part, le diaphragme, qui pousse directement en bas toute la masse des viscères, et de l'autre, les muscles abdominaux qui les resserrent et les pressent contre la colonne vertébrale. De la combinaison de ces deux forces résulte une pression considérable qui porte sur la matière stercorale amassée dans le rectum; la résistance des sphincters se trouve surmontée; ils cèdent, la matière s'engage dans l'anus et s'échappe bientôt au dehors.

Expulsion des matières fécales.

Mais comme la cavité du rectum est beaucoup plus spacieuse que l'ouverture de l'anus, qui d'ailleurs tend continuellement à se rétrécir, la matière pour en sortir, doit se mouler sur le diamètre de cette ouverture : elle passe d'autant plus aisément, qu'elle a moins de consistance; aussi, lorsqu'elle en a davantage, faut-il employer beaucoup plus de force. Si elle est liquide, la seule contraction du rectum paraît suffisante pour la rejeter.

Un phénomène analogue à celui qui arrive à

l'œsophage, lors de l'abord des aliments dans l'estomac, a été observé au rectum par feu Hallé. Ce savant professeur a remarqué que, dans les efforts pour aller à la garde-robe, la membrane interne de l'intestin est déplacée, poussée en bas, et qu'elle vient former un bourrelet près de l'anus. Cet effet doit, en grande partie, être produit par la contraction des fibres circulaires du rectum.

Époques de l'expulsion des matières fécales.

Le besoin de rendre les matières fécales se renouvelle à des époques variables, suivant la quantité et la nature des aliments dont on fait usage, et suivant la disposition individuelle. Ordinairement il ne se manifeste qu'après plusieurs repas consécutifs. Chez quelques personnes, l'évacuation se fait une fois ou même deux fois dans vingt-quatre heures; mais il en est d'autres qui sont jusqu'à dix ou douze jours sans en avoir aucune, et qui jouissent cependant d'une santé parfaite.

L'habitude est une des causes qui ont le plus d'influence sur le retour régulier de l'excrétion des matières fécales : dès qu'elle est une fois contractée, on peut aller à la garde-robe exactement à la même heure. Beaucoup de personnes, surtout les femmes, sont obligées de recourir à des moyens particuliers, tels que des clystères, pour parvenir à se débarrasser des matières contenues dans le gros intestin.

Les gaz ne sont pas soumis à cette expulsion périodique et en général régulière; ils marchent

Expulsion des gaz que contient le gros intestin.

plus rapidement. Leur déplacement étant très-facile, ils arrivent promptement à l'anus par le seul effet du mouvement péristaltique du gros intestin; cependant il faut y joindre le plus souvent la contraction des parois abdominales pour en déterminer la sortie, qui alors se fait avec bruit : ce qui n'arrive que rarement quand ils sont expulsés par la seule contraction du rectum.

Du reste, la sortie des gaz par l'anus n'a rien de régulier ni même de constant. Beaucoup de personnes n'en rendent jamais, ou très-rarement; d'autres, au contraire, en chassent à chaque instant. L'usage de certains aliments influe sur leur formation et sur la nécessité de les expulser. En général, leur développement est considéré comme un indice de mauvaise digestion. En santé, comme en maladie, la sortie répétée des vents par l'anus annonce le besoin prochain d'aller à la garde-robe.

Par l'expulsion des matières fécales s'accomplit cette fonction si compliquée dont le but essentiel est la formation du chyle; mais nous n'en aurions qu'une idée fort incomplète, si, à l'exemple des auteurs les plus estimés, nous nous bornions à traiter de la digestion des aliments. Un autre genre de considération se présente à notre étude : c'est la digestion des aliments liquides ou des boissons.

De la digestion des boissons.

Digestion des boissons.

Il est assez singulier que les physiologistes, qui se sont tant occupés de la digestion des aliments solides, qui ont tant fait de systèmes pour l'expliquer, et même tant d'expériences pour l'éclairer, n'aient jamais donné une attention spéciale à celle des boissons; cependant cette étude présentait moins de difficultés apparentes que la première. Les boissons sont, en général, moins composées que les aliments, quoiqu'il y en ait de très-nourrissantes, et presque toutes se digèrent plus aisément. Cette seule circonstance, que nous digérons les liquides, aurait dû faire rejeter les systèmes de la trituration, de la macération, etc. En effet, on ne voit rien à broyer ni à macérer dans les boissons, et pourtant elles satisfont la faim, réparent les forces, en un mot nourrissent.

De la préhension des boissons.

Préhension des boissons.

La préhension des boissons peut s'exécuter d'une multitude de manières différentes, mais Petit (1) a fait voir qu'on pouvait les rapporter toutes à deux principales.

---

(1) *Mémoires de l'Académie des Sciences*, années 1715 et 1716.

Suivant la première, on *verse* le liquide dans la bouche; il y entre par l'effet de sa propre pesanteur. On doit y rapporter la façon la plus ordinaire de boire, dans laquelle, les lèvres étant en contact avec les bords du vase, le liquide est versé plus ou moins lentement; l'action de *sabler*, qui consiste à projeter en une seule fois dans la bouche tout ce que contenait le verre; et l'action de *boire à la régalade*, dans laquelle, la tête étant renversée et les mâchoires écartées, on laisse tomber d'une certaine hauteur et d'un jet continu le liquide dans la bouche.

Action de sabler.

Boire à la régalade.

Suivant le second mode de préhension des boissons, on fait le vide dans cette cavité, et la pression de l'atmosphère force les liquides à y pénétrer : telles sont l'action d'*aspirer*, celle de *humer*, celle de *sucer* ou de *téter*, etc.

Action de humer.

Lorsqu'on aspire ou que l'on hume, la bouche est appliquée à la surface d'un liquide; on dilate ensuite la poitrine, de manière à diminuer la pression de l'atmosphère sur la portion de la surface du liquide interceptée par les lèvres. Le liquide vient aussitôt remplacer l'air qui a été soustrait de la bouche.

Action de sucer ou de téter.

Dans l'action de sucer ou de têter, la bouche représente assez bien une pompe aspirante, dont l'*ouverture* est formée par les lèvres, le *corps* par les joues, le palais, etc., et le *piston* par la langue. Veut-on la mettre en jeu, on applique exactement les lèvres autour du corps dont on doit extraire un liquide, la langue elle-même s'y adapte; mais bientôt elle se contracte, diminue de volume, se porte en arrière, et le vide est en partie produit entre sa face supérieure et le palais : le liquide contenu dans le corps que l'on suce, n'étant plus également comprimé par l'atmosphère, se déplace, et la bouche se remplit.

N'ayant besoin ni de mastication ni d'insalivation, les boissons ne séjournent point dans la bouche; elles sont avalées à mesure qu'elles y arrivent. Les changements qu'elles éprouvent en traversant cette cavité ne portent guère que sur leur température. Si cependant la saveur en est forte ou désagréable, ou bien si, la trouvant agréable, nous nous plaisons à la prolonger, il arrive que la présence de la boisson dans la bouche y détermine l'afflux d'une plus ou moins grande quantité de salive et de mucosité, qui ne manque pas de se mêler à la boisson.

Déglutition des boissons.

Déglutition des boissons.

Nous avalons les liquides par le même mécanisme que les aliments solides; mais comme les boissons glissent plus aisément à la surface de la membrane muqueuse du palais, de la langue, du pharynx, etc.; comme elles cèdent sans difficulté à la moindre pression, et qu'elles présentent toujours les qualités requises pour traverser le pharynx, elles sont, en général, avalées avec moins de difficulté que les aliments solides.

Je ne sais pourquoi l'opinion contraire est généralement répandue. On établit que les molécules des liquides, ayant continuellement une tendance à s'abandonner, doivent présenter plus de résistance à l'action des organes de la déglutition; mais l'expérience dément chaque jour cette assertion.

Chacun peut avoir sur lui-même la preuve qu'il est plus aisé d'avaler les liquides que des aliments solides, même quand ils sont suffisamment atténués et imprégnés de salive (1).

Gorgée de boisson.

On appelle *gorgée* la portion de liquide avalée dans chaque mouvement de déglutition. Les gorgées varient beaucoup pour le volume; mais, quelque volumineuses qu'elles soient, comme elles s'accommodent à la forme du pharynx et de l'œsophage, il est rare qu'elles produisent la distension douloureuse dans ces conduits, comme on le voit pour les aliments solides.

Dans la manière la plus ordinaire de boire, la déglutition des liquides présente les trois temps que

(1) On n'alléguera point, sans doute, la manière dont la déglutition s'exerce dans les maladies; car, pour peu qu'il y ait une inflammation intense de la gorge, les malades ne peuvent avaler que des liquides.

nous avons décrits; mais quand on *sable* ou qu'on *boit à la régalade*, le liquide étant directement porté dans le pharynx, les deux derniers temps seuls s'effectuent.

Accumulation et durée du séjour des boissons dans l'estomac.

Accumulation des boissons dans l'estomac.

La manière dont se fait l'accumulation des boissons dans l'estomac diffère peu de celle des aliments; elle est en général plus prompte, plus égale et plus facile, probablement parce que les liquides se répartissent et distendent l'estomac plus uniformément. De même que les aliments, ils occupent plus particulièrement sa portion gauche et moyenne; l'extrémité droite ou pylorique en contient toujours beaucoup moins.

Il ne faut pas cependant que la distension de l'estomac soit portée trop promptement à un degré considérable, car le liquide serait bientôt rejeté par le vomissement. Cet accident arrive fréquemment aux personnes qui avalent coup sur coup une grande quantité de boisson. Quand on veut exciter le vomissement chez une personne qui a pris un émétique, un des meilleurs moyens est de faire boire brusquement plusieurs verres de liquide.

La présence des boissons dans l'estomac produit des phénomènes locaux semblables à ceux que nous avons décrits à l'article de l'*accumulation des ali-*

ments : mêmes changements dans la forme et dans la position de l'organe, même distension de l'abdomen, même resserrement du pylore, et même contraction de l'œsophage, etc.

Les phénomènes généraux sont différents de ceux qui sont produits par les aliments : ce qui tient à l'action des liquides sur les parois de l'estomac, et à la promptitude avec laquelle ils sont portés dans le sang.

Passant rapidement à travers la bouche et l'œsophage, les boissons conservent, plus que les aliments, la température qui leur est propre jusqu'au moment où elles arrivent dans l'estomac. Il en résulte que nous les préférons à ceux-ci quand nous voulons éprouver dans cet organe un sentiment de chaleur ou de froid : de là vient la préférence que nous donnons en hiver aux boissons chaudes, et en été à celles qui sont froides.

Séjour des boissons dans l'estomac.

Chacun sait que les boissons restent bien moins long-temps dans l'estomac que les aliments; mais la manière dont elles sortent de ce viscère est encore peu connue. On croit généralement qu'elles traversent le pylore et qu'elles passent dans l'intestin grêle, où elles sont absorbées avec le chyle; cependant une ligature appliquée sur le pylore, de façon qu'elles ne puissent pas pénétrer dans le duodénum, ne ralentit pas beaucoup leur disparition de la cavité de l'estomac. Nous reviendrons sur ce point important en parlant des agents de l'absorption des boissons.

Altération des boissons dans l'estomac.

Sous le rapport des altérations qu'elles éprouvent dans l'estomac, on peut distinguer les boissons en deux classes : les unes ne forment point de chyme, et les autres sont chymifiées en tout ou en partie.

Altération des boissons dans l'estomac.

A la première classe se rapportent l'eau pure, l'alcool assez faible pour qu'il puisse être considéré comme boisson, les acides végétaux, etc.

Boissons qui ne forment point de chyme.

Pendant son séjour dans l'estomac, l'eau se met d'abord en équilibre de température avec les parois de ce viscère ; en même temps elle se mêle avec la mucosité, le suc gastrique et la salive qui s'y trouvent; elle devient trouble et disparaît ensuite peu à peu sans subir d'autre transformation. Une partie passe dans l'intestin grêle, l'autre paraît absorbée directement. Après sa disparition, il reste une certaine quantité de mucosité qui est bientôt réduite en chyme à la manière des aliments.

On sait, par l'observation, que l'eau privée d'air atmosphérique, comme l'eau distillée, ou l'eau chargée d'une grande quantité de sel, comme l'eau de puits, restent long-temps dans l'estomac et y produisent un sentiment de pesanteur.

L'alcool a une tout autre manière d'agir. D'abord

Digestion de l'alcool:

on connaît l'impression de chaleur brûlante qu'il cause en passant dans la bouche, le pharynx, l'œsophage, et celle qu'il excite dès qu'il est arrivé dans l'estomac : les effets de cette action sont de déterminer le resserrement de cet organe, d'irriter la membrane muqueuse, et d'augmenter beaucoup la sécrétion dont elle est le siége ; en même temps il coagule toutes les parties albumineuses avec lesquelles il est en contact ; et comme les différents liquides qui se trouvent dans l'estomac contiennent une assez grande proportion de cette matière, il en résulte que, peu de temps après qu'on a avalé de l'alcool, il y a dans ce viscère une certaine quantité d'albumine concrétée. Le mucus subit une modification analogue à celle de l'albumine ; il se durcit, forme des filaments irréguliers, élastiques, qui conservent une certaine transparence.

En produisant ces phénomènes, l'alcool se mêle avec l'eau que contiennent la salive et le suc gastrique; il dissout probablement une partie des éléments qui entrent dans leur composition, de sorte qu'il doit s'affaiblir beaucoup par son séjour dans l'estomac. Sa disparition est extrêmement prompte ; aussi ses effets généraux sont-ils rapides, et l'ivresse ou la mort suivent-elles presque immédiatement l'introduction d'une trop grande quantité d'alcool dans l'estomac.

Les matières qui ont été coagulées par l'action

de l'alcool sont, après sa disparition, digérées comme des aliments solides.

Boissons qui sont réduites en chyme.

Parmi les boissons qui sont réduites en chyme, les unes le sont en partie et les autres en totalité.

L'huile est dans ce dernier cas; elle est transformée, dans la partie pylorique, en une matière qui a de l'analogie, pour l'apparence, avec celle que l'on retire de la purification des huiles par l'acide sulfurique : cette matière paraît être le chyme de l'huile. A raison de cette transformation, l'huile est peut-être le liquide qui séjourne le plus long-temps dans l'estomac.

Boissons qui forment du chyme.

Personne n'ignore que le lait se caille peu de temps après qu'il a été avalé; ce caillot devient alors un aliment solide, qui est digéré à la manière ordinaire. Le petit-lait seul peut être considéré comme boisson. Au contraire certaines substances, telles que le beurre, les graisses, etc., avalées solides, se liquéfient par le simple effet de la température de l'estomac.

Le plus grand nombre des boissons dont nous faisons usage sont formées d'eau ou d'alcool, dans lesquels sont en suspension ou en dissolution des principes immédiats animaux ou végétaux, tels que la gélatine, l'albumine, l'osmazôme, le sucre, la gomme, la fécule, les matières colorantes ou astringentes, etc. Ces boissons contiennent des sels de chaux, de soude, de potasse, etc.

Il résulte de plusieurs expériences que j'ai faites

Expériences sur la formation du chyme des boissons.

sur des animaux, et de quelques observations que j'ai été à même de recueillir sur l'homme, qu'il se fait dans l'estomac un départ de l'eau ou de l'alcool d'avec les matières que ces liquides tiennent en suspension ou dissolution. Celles-ci restent dans l'estomac, où elles sont transformées en chyme, comme des aliments, tandis que le liquide avec lequel elles étaient unies est absorbé ou passe dans l'intestin grêle; enfin elles se comportent comme nous l'avons dit tout-à-l'heure à l'occasion de l'eau et de l'alcool.

Les sels qui sont en dissolution dans l'eau n'abandonnent point ce liquide, et sont absorbés en même temps.

Digestion du vin rouge.

Le vin rouge, par exemple, se trouble d'abord par son mélange avec les sucs qui se forment ou qui sont apportés dans l'estomac; bientôt il coagule l'albumine de ces fluides et devient floconneux; ensuite sa matière colorante, peut-être entraînée par le mucus et l'albumine, se dépose sur la membrane muqueuse : on en voit du moins une certaine quantité dans la portion pylorique; la partie aqueuse et alcoolique disparaît assez promptement.

Digestion du bouillon de viande.

Le bouillon de viande éprouve des changements analogues. L'eau qu'il contient est absorbée; la gélatine, l'albumine, la graisse, et probablement l'osmazôme, restent dans l'estomac, où elles sont réduites en chyme.

Action de l'intestin grêle sur les boissons.

D'après ce qu'on vient de lire, il est clair que les boissons pénètrent sous deux formes dans l'intestin grêle : 1° sous celle de *liquide*, 2° sous celle de *chyme*. Action de l'intestin grêle sur les boissons.

A moins de circonstances particulières, les liquides qui passent de l'estomac dans l'intestin n'y séjournent que très-peu; ils ne paraissent point y éprouver d'autre altération que leur mélange avec le suc intestinal, le chyme, le liquide pancréatique et la bile. Ils ne donnent lieu à la formation d'aucune espèce de chyle; ils sont ordinairement absorbés dans le duodénum et le commencement du jéjunum; rarement en voit-on dans l'iléum, et plus rarement encore parviennent-ils jusqu'au gros intestin. Il paraît que ce dernier cas n'arrive que dans l'état de maladie, pendant l'action d'un purgatif, par exemple.

Le chyme qui provient des boissons suit la même marche et paraît éprouver les mêmes changements que celui des aliments; par conséquent, il sert à produire du chyle.

Tels sont les principaux phénomènes de la digestion des boissons : on voit combien il était important de les distinguer de ceux qui appartiennent à la digestion des aliments solides.

Mais on ne digère pas toujours isolément, ainsi

que nous l'avons supposé, les aliments et les boissons; assez souvent les deux digestions se font en même temps.

Digestion simultanée des aliments et des boissons.

Les boissons favorisent la digestion des aliments : il est probable qu'elles produisent cet effet de plusieurs manières. Celles qui sont aqueuses ramollissent, divisent, dissolvent même certains aliments; elles aident de cette façon leur chymification et leur passage à travers le pylore. Le vin remplit des usages analogues, mais seulement pour les substances qu'il peut dissoudre; en outre il excite, par son contact, la membrane muqueuse de l'estomac, et détermine une sécrétion plus grande de suc gastrique. La manière d'agir de l'alcool se rapproche beaucoup de ce dernier usage du vin, seulement elle est plus intense. C'est aussi en excitant la sécrétion de l'estomac, que sont utiles les liqueurs dont on fait usage à la fin du repas.

Des liquides, tels que des bouillons de viande, du lait, etc., sont souvent, quand l'estomac est malade, introduits dans le gros intestin, avec l'intention de soutenir les forces, et même de nourrir.

Lavements dits nourrissants.

Je ne connais aucun fait bien constaté qui établisse la possibilité d'atteindre ce but, mais je ne vois rien non plus qui en écarte la possibilité; ce serait un sujet intéressant de recherches. Il serait curieux de savoir ce qui arrive à un liquide nourrissant quand il séjourne dans le gros intestin. Nous l'ignorons entièrement aujourd'hui.

Remarques sur la déglutition de l'air atmosphérique.

Déglutition de l'air atmosphérique.

Indépendamment de la faculté d'avaler des aliments et des boissons, beaucoup de personnes peuvent, par la déglutition, introduire dans leur estomac assez d'air pour le distendre.

On a cru long-temps que cette faculté était très-rare, et l'on citait M. Gosse, de Genève, comme l'ayant présentée à un degré remarquable; mais j'ai fait voir, dans un travail particulier (1), qu'elle était beaucoup plus commune qu'on ne le croyait. Sur une centaine d'étudiants en médecine, j'en ai trouvé huit ou dix qui en étaient doués.

Personnes qui avalent l'air aisément

Personnes qui avalent l'air difficilement.

Dans le même travail, j'ai montré qu'on pouvait distinguer en deux classes les personnes qui avalent de l'air : pour les unes, c'est un acte très-facile, et les autres n'y réussissent qu'avec des efforts plus ou moins grands. Quand ces dernières veulent l'opérer, il faut, en premier lieu, qu'elles chassent l'air que contenait la poitrine; après quoi, remplissant leur bouche d'air, de manière que les joues soient un peu distendues, elles exécutent la déglutition en rapprochant d'abord le menton de la poitrine, et en l'éloignant ensuite brusquement de cette partie. Cette déglutition pourrait être com-

(1) *Mémoire sur la déglutition de l'air atmosphérique*, lu à l'Institut, 1815.

parée à celles des personnes dont la gorge est enflammée, et qui avalent des liquides avec douleur et difficulté.

Personnes qui ne peuvent point avaler d'air.

Quant aux personnes qui ne peuvent point avaler d'air, et c'est le plus grand nombre, je dirai, pour l'avoir observé sur moi-même et sur un assez grand nombre de jeunes étudiants, qu'avec un peu d'exercice on peut y parvenir sans trop de peine. Pour ma part, au bout de deux ou trois jours de tentatives, j'y suis parvenu. Il est probable que si l'on trouvait en médecine une application utile de la déglutition de l'air, ce ne serait pas une chose très-longue ni très-difficile que d'apprendre aux malades à l'exécuter.

Changements qu'éprouve l'air dans l'estomac.

Dans l'estomac, l'air s'échauffe, se raréfie et distend l'organe. Il excite chez quelques personnes un sentiment de chaleur brûlante; chez d'autres, il produit des envies de vomir ou des douleurs très-vives. Il est probable que sa composition chimique s'altère, mais on ne sait rien encore de positif sur ce point.

Manières dont l'air sort de l'estomac.

Son séjour est plus ou moins long; ordinairement il remonte dans l'œsophage, et vient sortir par la bouche ou par les narines; d'autres fois il traverse le pylore, se répand dans toute l'étendue du canal intestinal, jusqu'au point de sortir par l'anus. Dans ce dernier cas, il distend toute la cavité abdominale et simule la maladie nommée *tympanite*.

J'ai observé que, dans certaines affections morbides, les malades avalent quelquefois involontairement, et sans s'en apercevoir, des quantités considérables d'air atmosphérique.

Un jeune médecin de mes amis, dont la digestion est habituellement laborieuse, la rend moins pénible en avalant à plusieurs reprises, deux ou trois gorgées d'air.

Remarques sur l'éructation, la régurgitation, le vomissement, etc.

De l'éructation.

Nous avons vu comment la contraction de l'œsophage empêche les matières contenues dans l'estomac, et comprimées par les parois abdominales, de remonter dans ce conduit. Ce retour se fait quelquefois ; et, suivant que ce sont des gaz ou des aliments qui s'engagent dans l'œsophage, et selon que les parois de l'abdomen y participent ou non, on désigne cette sorte de reflux par les mots *éructation*, *rapport*, *régurgitation*, *vomissement*, etc.

Le retour des substances que contient l'estomac ne se fait pas avec une égale facilité. Les gaz sortent plus aisément que les liquides, et ceux-ci plus facilement que les aliments solides. En général, plus l'estomac est distendu, plus cette *anti-déglutition* se fait avec facilité.

Quand ce viscère contient des gaz, ceux-ci en occupent nécessairement la partie supérieure ; par conséquent ils sont habituellement en présence de l'ouverture cardiaque de l'œsophage. Pour peu que cette ouverture se relâche, ils s'y engagent; et, comme ils sont plus ou moins comprimés dans l'estomac, si l'œsophage ne les repousse point en se contractant, ils arriveront bientôt à sa partie supérieure, et ils s'échapperont dans le pharynx, en faisant vibrer les bords de l'ouverture de ce conduit : c'est ce qu'on nomme *éructation*. Il est présumable que l'œsophage, par un mouvement en sens opposé à celui qu'il exécute dans la déglutition, détermine en partie la sortie des gaz par le pharynx.

Rapport.

Lorsqu'une certaine quantité de vapeur ou de liquide accompagne le gaz qui sort de l'estomac, l'éructation prend le nom de *rapport*.

Il n'est pas nécessaire, pour que l'éructation ait lieu, que les gaz viennent directement de l'estomac; les personnes qui ont la faculté d'avaler de l'air peuvent, après lui avoir fait franchir le pharynx, le laisser remonter dans cette cavité. C'est ainsi que se produit l'*éructation volontaire* : dans les cas ordinaires, elle n'est point soumise à la volonté.

De la régurgitation involontaire.

Si, au lieu de gaz, ce sont des liquides ou des parcelles d'aliments solides qui remontent de l'estomac dans la bouche, ce phénomène est appelé *régurgitation*. Il arrive souvent chez les enfants à la mamelle, où l'estomac est habituellement distendu par une grande quantité de lait ; il se voit fréquemment chez ceux qui ont avalé des aliments et des boissons en abondance, surtout si l'estomac est fortement comprimé par la contraction des muscles abdominaux ; par exemple, si les personnes font des efforts pour aller à la selle.

Régurgitation quand l'estomac est trop plein.

Quoique la distension de l'estomac soit favorable à la régurgitation, elle arrive aussi l'estomac étant vide, ou à peu près, il n'est pas rare de rencontrer des individus qui rejettent le matin une ou deux gorgées de suc gastrique mêlé à de la bile. Ce phénomène est souvent précédé d'éructations qui donnent issue aux gaz que contenait aussi l'estomac.

Quand ce viscère est très-plein, sa contraction doit être pour peu de chose dans le passage des matières dans l'œsophage ; la pression qu'exercent les parois de l'abdomen doit en être la cause principale.

Régurgitation quand l'estomac est presque vide.

Mais quand l'estomac est à peu près vide, il est présumable que le mouvement du pylore doit être la cause qui pousse les fluides dans l'œsophage. Cela est d'autant plus probable, que les liquides qu'on rejette alors sont toujours plus ou moins mélangés avec de la bile qui ne peut guère arriver dans l'estomac sans un mouvement de contraction du duodénum et de la portion pylorique de l'estomac. On se rappelle que l'œsophage se contracte avec peu d'énergie quand l'estomac est vide.

Régurgitation volontaire.

Chez la plupart des individus, la régurgitation est tout-à-fait involontaire, et ne se montre que dans des circonstances particulières; mais il y a des personnes qui la produisent à volonté, et qui se débarrassent par ce moyen des matières solides ou liquides contenues dans leur estomac. En les observant dans le moment où elles exécutent cette régurgitation, on voit qu'elles font d'abord une inspiration par laquelle le diaphragme s'abaisse; elles contractent ensuite les muscles abdominaux, de manière à comprimer l'estomac; elles aident quelquefois leur action, en pressant fortement avec les mains la région épigastrique; elles restent un moment immobiles, et tout à coup le liquide ou l'aliment arrive dans la bouche. On peut présumer que le temps où elles sont immobiles, en attendant l'apparition des matières dans la bouche, est en partie employé à déterminer le relâchement de l'œsophage, afin que les matières que renferme l'estomac puissent s'y introduire. Si la contraction de l'estomac contribue à produire, dans ce cas, l'expulsion des matières, ce ne pourra être que d'une manière très-accessoire.

Cette régurgitation volontaire est le phénomène que présentent les personnes qui passent pour *vomir à volonté*.

Rumination.

Il y a des individus qui, après le repas, se complaisent à faire remonter les aliments dans la bouche, à les mâcher une seconde fois, pour les avaler ensuite ; en un mot, ils offrent une véritable *rumination*, analogue à celle de certains animaux herbivores.

Du vomissement.

Le *vomissement* se rapproche sans doute des phénomènes que nous venons d'examiner, puisqu'il a pour effet l'expulsion par la bouche des matières que contient l'estomac ; mais il en diffère sous plusieurs rapports importants, entre autres sous celui du sentiment particulier qui l'annonce, des efforts qui l'accompagnent, et de la fatigue qui le suit presque toujours.

Des nausées.

On nomme *nausée* la sensation interne qui précède le besoin de vomir ; elle consiste en un malaise général, avec un sentiment de tournoiement, soit dans la tête, soit dans la région épigastrique : la lèvre inférieure devient tremblotante, et la salive coule en abondance. A cet état succèdent bientôt, et involontairement, des contractions convulsives des muscles abdominaux, et simultanément du diaphragme ; les premières ne sont pas très-intenses, mais celles qui suivent le sont davantage ; enfin elles deviennent telles, que les matières contenues dans l'estomac surmontent la résistance du cardia, et sont, pour ainsi dire, lancées dans l'œsophage et dans la bouche : le même effet se reproduit plusieurs fois de suite ; il cesse ensuite pour reparaître au bout d'un temps plus ou moins long. J'ai observé sur les animaux que, pendant les nausées et durant les efforts de vomissement, ils avalent de l'air en quantité considérable : cet air paraît destiné à favoriser la pression que les muscles abdominaux exercent sur l'estomac. Il est probable que le même phénomène a lieu chez l'homme.

Phénomènes du vomissement.

Au moment où les matières chassées de l'estomac traversent le pharynx et la bouche, la glotte se ferme, le voile du palais s'élève et devient horizontal comme dans la déglutition; cependant, chaque fois que l'on vomit, il s'introduit presque toujours une certaine quantité de liquide, soit dans le larynx, soit dans les fosses nasales.

Influence des muscles abdominaux sur le vomissement.

On a cru long-temps que le vomissement dépendait de la contraction brusque et convulsive de l'estomac; mais j'ai fait voir, par une série d'expériences, que ce viscère y était à peu près passif, et que les véritables agents du vomissement étaient d'une part, le diaphragme, et de l'autre, les muscles larges de l'abdomen; je suis même parvenu à le produire en substituant à l'estomac, chez un chien vivant, une vessie de cochon, que je remplissais ensuite d'un liquide coloré (1).

Dans l'état ordinaire, le diaphragme et les muscles de l'abdomen coopèrent au vomissement; mais

---

(1) *Voyez* les détails de ces expériences, et le Rapport des commissaires de l'Institut, dans mon *Mémoire sur le Vomissement*, Paris, an 1813. *Voyez* aussi un mémoire intéressant de M. Piédagnel, sur le même sujet, dans mon *Journal de Physiologie expérimentale*, tom. II, Paris, 1822.

ils peuvent cependant le produire chacun séparément. Ainsi un animal vomit encore quoiqu'on ait rendu le diaphragme immobile en coupant les nerfs diaphragmatiques; il vomit de même, quoiqu'on ait enlevé avec le bistouri tous les muscles abdominaux, avec la précaution de laisser intacts la ligne blanche et le péritoine.

Jamais je n'ai vu l'estomac se contracter dans l'instant du vomissement; on conçoit cependant qu'il n'est pas impossible que le mouvement du pylore ne se montre dans cet instant. Ce cas s'est présenté à Haller dans deux expériences; et c'est ce qui faisait penser à cet illustre physiologiste que la contraction de l'estomac était la cause essentielle du vomissement.

Modification de la digestion par l'âge.

Organes digestifs chez le fœtus et l'enfant naissant.

La plupart des auteurs représentent les organes digestifs comme inactifs chez le fœtus, et comme ayant, à l'époque de la naissance, un développement proportionnel, considérable, nécessaire, dit-on, afin qu'ils puissent fournir les matériaux nécessaires à la nutrition et à l'accroissement du corps.

Si l'on entend par *inactifs* que les organes digestifs du fœtus n'agissent point sur des aliments, nul doute qu'on ait raison; mais si l'on entend par ce mot *inaction absolue*, je crois qu'on a tort, car il est très-probable que, même chez le fœtus, il se passe dans les organes digestifs quelque chose de très-analogue à la digestion. Nous aurons occasion de nous en convaincre en faisant l'histoire des fonctions du fœtus.

Il en est de même pour le développement du système digestif à l'époque de la naissance.

Organes digestifs de l'enfant naissant.

Si l'on n'entend parler que des organes contenus dans l'abdomen, il est clair qu'ils sont proportionnellement plus volumineux que dans un âge plus avancé; mais si l'on désigne collectivement tout l'appareil digestif, l'assertion sera fautive, car les organes de la préhension, de la mastication des aliments, et ceux de l'excrétion des matières fécales, sont, à l'époque de la naissance, et même assez long-temps après, loin du développement qu'ils acquerront avec le progrès de l'âge. Qu'on ne croie pas que l'énergie des organes abdominaux remplace la faiblesse de ceux dont nous venons de parler : bien loin de là, il faut à l'enfant une nourriture choisie, délicate et de très-facile digestion : celle qui lui convient par excellence, c'est le lait de sa mère; quand il en est privé, on sait combien il est difficile de remplacer avec avantage ce premier aliment. Au lieu donc de considérer les organes digestifs de l'enfant naissant, ou même très-jeune, comme doués d'un surcroît de force, il faut les considérer comme beaucoup plus faibles qu'ils ne le seront par la suite.

Organes digestifs chez l'enfant.

Si l'appareil digestif de l'enfant est comparativement moins bien disposé que celui de l'adulte, tout y est on ne peut mieux combiné pour le genre d'action qu'il est appelé à remplir.

La succion est le mode de préhension propre aux enfants; les parties qui doivent l'exécuter ont chez lui un développement considérable.

La langue est très-grosse, comparée au volume du corps; l'absence des dents donne aux lèvres la facilité de se prolonger beaucoup en avant, et d'embrasser plus exactement que ne pourraient le faire celles de l'adulte le mamelon dont le lait doit être extrait.

Irruption des dents.

Pendant la première année, l'enfant manque d'organes masticatoires. Les mâchoires sont très-petites, dépourvues de dents; l'inférieure n'est point courbée, et n'offre pas d'angle comme celle de l'adulte; les muscles élévateurs, agents principaux de la mastication, ne s'y insèrent que très-obliquement. Un bourrelet assez dur, formé par le tissu des gencives, tient lieu de dents.

Sur la fin de la première année, et dans le cours de la seconde, les premières dents, ou *dents de lait*, sortent de leurs alvéoles et viennent garnir les mâchoires. Leur irruption se fait assez régulièrement par paire; d'abord les deux incisives moyennes inférieures se montrent, puis les supérieures, viennent ensuite les incisives latérales inférieures, bientôt après les supérieures, et successivement et dans le même ordre les canines et petites molaires (1) : la sortie de ces dernières n'arrive souvent que dans la troisième année. A l'âge de quatre ans, quatre nouvelles dents se manifestent : ce sont les premières grosses molaires ; elles complètent le nombre de vingt-quatre dents, que l'enfant conserve jusqu'à sept ans. Alors se fait l'irruption de la seconde dentition. Les dents de lait tombent, en général, dans l'ordre de leur sortie des mâchoires ; elles sont successivement remplacées par les dents qui sont destinées à rester toute la vie. A cette époque sortent en sus quatre autres grosses molaires. Quand celles-ci ont paru, il y a vingt-huit dents. Enfin, vers vingt ou vingt-cinq ans, quelquefois beaucoup plus tard, on voit pousser les quatre dernières molaires, ou *dents de sagesse*, et le nombre de trente-deux dents propres à l'homme est complété.

Seconde dentition.

Ce renouvellement des dents à sept ans est nécessité par l'accroissement qu'ont éprouvé les mâchoires. Les dents de lait deviennent proportionnellement trop petites ; celles qui leur succèdent sont plus grosses et d'un tissu plus solide. Leurs racines sont plus longues et plus nombreuses ; elles sont plus solidement fixées dans les alvéoles ;

(1) Assez souvent la première petite molaire sort avant la canine.

dispositions bien favorables aux fonctions qu'elles ont à remplir.

En même temps que les mâchoires augmentent en dimension, elles changent de forme; l'inférieure se courbe, ses branches deviennent verticales, son corps prend une direction horizontale, et l'angle qui les réunit se prononce.

Changements de la mâchoire inférieure.

A l'époque où elles sortent des os maxillaires, les dents sont des instruments tout neufs. Les incisives sont tranchantes, les canines ont une pointe acérée, les molaires sont hérissées d'aspérités coniques; mais ces dispositions avantageuses diminuent avec l'âge. Les dents, frottant continuellement les unes sur les autres dans les mouvements de mastication, ou bien se trouvant en contact avec des corps plus ou moins durs, s'usent et perdent peu à peu de leur forme. On pourrait donc juger de l'âge de l'homme par l'examen de ses dents, et l'on y parvient jusqu'à un certain point; mais il est si rare que les dents aient une disposition parfaitement régulière et un égal degré de dureté, qu'on n'arrive par ce moyen qu'à des données peu approximatives. En général, l'usure des dents se manifeste d'abord dans les incisives inférieures; elles se montrent ensuite dans les molaires, et c'est beaucoup plus tard qu'on l'aperçoit dans les dents de la mâchoire supérieure.

Mais l'usure des dents n'est pas le changement le plus défavorable qu'amène l'âge; dans les pre-

Altération des dents par l'âge.

miers temps de la vieillesse confirmée, elles sont, par les progrès de l'ossification des mâchoires, repoussées de leurs alvéoles; elles deviennent vacillantes et finissent par tomber.

La manière dont cette chute s'opère est loin d'être régulière comme la sortie des dents; il y a, sous ce rapport, de nombreuses différences individuelles.

Les personnes qui ne perdent leurs dents qu'à l'époque dont je viens de parler doivent être considérées comme privilégiées : car le plus souvent les dents tombent de bien meilleure heure, soit par accidents, tels que des coups ou des chutes qui les fracturent ou les arrachent, soit parce qu'elles ne peuvent supporter impunément le contact de l'air ou celui des substances qu'on introduit habituellement dans la bouche : alors leur tissu s'altère; il présente des taches, se ramollit, change de couleur et finit par tomber en fragments. Ce sont ces altérations chimiques qu'on appelle assez improprement *maladie des dents*, puisqu'on les voit survenir dans les dents artificielles.

Organes de la mastication chez le vieillard.

Après la chute totale des dents, les gencives se durcissent, les ouvertures qu'elles présentaient se ferment, les bords alvéolaires s'amincissent, deviennent tranchants; et cette nouvelle disposition supplée en partie aux corps qui remplissaient les alvéoles.

Telles sont les modifications qu'entraînent les

Modification de la digestion par l'âge.

progrès de l'âge dans les organes de la mastication; celles qui arrivent aux autres organes digestifs ne sont point assez importantes pour que nous en fassions mention.

Nous terminons cet article en faisant remarquer que beaucoup de muscles volontaires concourent à la digestion, et subissent, par l'effet de l'âge, les mêmes changements que nous avons indiqués en traitant des modifications qu'éprouvent par cette même cause les organes de la contraction musculaire.

Nos connaissances sont fort bornées relativement aux modifications qu'éprouve la digestion dans les différents âges; ce qu'on en sait se rapporte particulièrement à la manière dont s'exercent la préhension des aliments, leur mastication, et l'excrétion des matières fécales : les changements qu'éprouve probablement l'action des organes digestifs abdominaux sont à peu près inconnus.

Digestion chez les enfants.

La faim paraît très-vive chez les enfants, mais elle n'est pas soumise au retour périodique qui se voit chez l'adulte; elle se renouvelle à des intervalles si rapprochés, qu'elle semble continue : il est certain du moins qu'elle se manifeste, quoique l'estomac soit loin d'être vide. La succion est le mode de préhension qui est propre aux enfants; ils l'exécutent d'autant plus aisément, que les lèvres et la langue sont plus développées. Chez eux, cette action, au moins dans les premiers mois, paraît

Mastication chez les enfants.

entièrement instinctive. Jusqu'à l'apparition des dents, et même pendant une partie du temps que dure le travail de la dentition, toute mastication est impossible. Si l'enfant comprime les substances introduites dans sa bouche, c'est plutôt pour en extraire le suc qu'elles contiennent ou pour favoriser leur dissolution, que pour exercer sur elles un véritable broiement. On peut présumer que l'abondance de la salive chez les enfants remplace, jusqu'à un certain point, la mastication.

Il faut passer à l'excrétion des matières fécales pour avoir quelque chose de positif sur la digestion des enfants très-jeunes, comparée à celle de l'homme; et l'on voit que cette excrétion se fait très-fréquemment; que les excréments, presque liquides et de couleur jaunâtre, n'ont pas l'odeur qu'ils prendront quand l'enfant fera usage d'aliments autres que le lait : les muscles abdominaux, à cet âge, n'auraient pas probablement assez d'énergie pour expulser des matières fécales solides.

La sortie des dents incisives, et même des canines, ne procure à l'enfant qu'une mastication très-imparfaite; il faut que les molaires aient fait irruption pour que cette action devienne plus efficace; encore ne peut-elle s'exercer sur des substances dont la résistance est un peu considérable, car les muscles élévateurs de la mâchoire inférieure sont trop faibles, et s'y insèrent trop obliquement pour que des substances d'une certaine dureté puissent être écrasées entre les dents.

Ce n'est que passé la seconde dentition, et même quelque temps après, lorsque l'angle de la mâchoire est bien prononcé, que la mastication acquiert toute la perfection dont elle est susceptible. Elle se maintient dans cet état, sauf les modifications que cause l'usure ou la chute accidentelle des dents, jusqu'à la vieillesse, époque où elle s'altère constamment, soit parce que les dents sont très-usées ou en grande partie tombées, soit que leur chute étant complète on ne mâche plus qu'avec le bord alvéolaire.

Mastication chez les vieillards.

A ces causes qui, chez le vieillard, rendent laborieuse la mastication, se joignent 1° la trop grande étendue des lèvres, qui, dès que les dents incisives sont tombées, ont plus de longueur qu'il ne faut pour aller d'une mâchoire à l'autre, et qui, se touchant par la face interne, au lieu de s'appliquer par les bords, ne peuvent plus retenir la salive; 2° la diminution de l'angle de la mâchoire qui, sous ce rapport, se rapproche de celle des enfants, et la courbure du corps de cet os, qui oblige le vieillard à mâcher par la partie antérieure et moyenne du bord alvéolaire, seul endroit où ces bords puissent se rencontrer; 3° l'absence des dents, qui le met dans la nécessité de mâcher, ayant constamment les lèvres en contact, ce qui donne encore un caractère particulier à sa mastication.

Excrétion des matières fécales chez les vieillards.

L'action des muscles qui concourent à la digestion éprouve les mêmes changements que nous avons indiqués en parlant de l'influence des âges sur la contraction musculaire.

D'abord faibles chez l'enfant, puis actifs et vigoureux dans la jeunesse et l'âge adulte, ces muscles diminuent d'énergie dans la vieillesse, et finissent par s'affaiblir beaucoup dans la caducité. Les actions digestives qui dépendent de la contraction musculaire parcourent les mêmes périodes, comme on peut s'en assurer en examinant la manière dont s'exécutent la préhension des aliments, la mastication et l'excrétion des matières fécales aux différentes époques de la vie.

A cause de l'extrême faiblesse des muscles chez certains vieillards habituellement constipés, il peut y avoir impossibilité d'expulser les excréments, accumulés quelquefois en quantité énorme dans le gros intestin. On est obligé, dans ces cas, d'avoir recours à une opération chirurgicale pour en procurer la sortie.

On n'a que des données très-générales sur les modifications qu'éprouvent dans les différents âges l'action de l'estomac et celle des intestins : elles paraissent plus rapides et plus faciles pendant tout le temps que dure l'accroissement; elles semblent se ralentir ensuite : mais, de toutes les actions vitales, ce sont peut-être celles qui conservent le plus longtemps, et jusqu'aux derniers moments de la vie, une grande activité.

Nous n'entrerons dans aucun détail relativement aux modifications qu'apportent les sexes, les climats, les habitudes, les tempéraments, la disposition individuelle. Ce genre de considération est sans doute très-intéressant; mais, comme il est plus particulièrement du ressort de l'hygiène, nous nous contenterons de dire que, sous bien des rapports, il existe presque autant de différentes manières de digérer qu'il y a d'individus, et que, chez une même personne, il est rare que la digestion n'éprouve pas quelques changements journaliers, à tel point qu'on digèrera parfaitement aujourd'hui la substance qu'il avait été absolument impossible de digérer hier.

Rapports de la digestion avec les fonctions de relation.

Rapports de la digestion avec les sens.

Une fonction aussi importante que la digestion, et à laquelle coopèrent un si grand nombre d'organes différents, devait être étroitement liée avec les autres fonctions, et particulièrement avec celles de relation. Cette liaison existe en effet; elle est même tellement intime que, dans la plupart des animaux, la connaissance d'un ou de plusieurs organes de la vie extérieure apprend de suite la disposition des organes digestifs, et, réciproquement, la simple inspection d'une partie de l'appareil digestif fait connaître la disposition des organes des sens et des mouvements.

Influence de la digestion sur les sens.

Les sens nous avertissent de la présence des aliments, nous aident à les saisir, nous en font connaître les propriétés physiques et chimiques, ainsi que les qualités utiles ou malfaisantes ; et comme c'est surtout sous ce dernier genre de rapports qu'il nous importe le plus d'apprécier les aliments, on considère l'odorat et le goût, qui sont chargés de cet examen, comme ayant avec la digestion des relations plus intimes que les autres sens. Quelques auteurs les ont classés parmi les actions digestives.

Souvent l'aspect ou l'odeur d'un mets excite l'appétit et dispose favorablement l'appareil de la digestion; mais la même cause peut produire un effet entièrement opposé, c'est-à-dire faire cesser la faim, et même amener un sentiment de dégoût.

En général, un appétit modéré donne aux sens plus de finesse et d'activité; mais si la faim se prolonge, nous avons vu plus haut que les sens perdent de leur action, se troublent au point de ne transmettre que des impressions inexactes. Pendant le travail de la chymification, ils ont aussi moins d'activité, surtout si l'estomac est distendu par une grande quantité d'aliments.

Les rapports de la contraction musculaire avec

Rapports de la digestion avec la contraction musculaire.

la digestion ne sont pas moins évidents. On a vu comment l'action des muscles sert dans la préhension des aliments, dans la mastication, la déglutition, et dans l'excrétion des matières fécales; en outre, ces mouvements nous mettent à même de nous procurer les aliments; ils excitent l'appétit, et nécessitent, quand ils sont souvent répétés, une nourriture plus abondante. A leur tour ils sont influencés par les phénomènes digestifs : la faim les rend plus faibles et plus difficiles ; et, lorsque l'estomac est plein d'aliments, il y a, surtout dans les pays chauds et chez les personnes d'une santé délicate, disposition au repos et presque impossibilité de se mouvoir; mais, dans les pays froids et chez les hommes robustes, la présence des aliments dans l'estomac est au contraire une cause d'accroissement de force et d'agilité.

On se rend aisément raison de la difficulté que l'on éprouve à parler, et surtout à chanter, après un repas copieux; le volume de l'estomac s'oppose à l'introduction de l'air dans la poitrine et aux mouvements du diaphragme, et met ainsi un obstacle très-grand à la production de la voix.

Rapports de la digestion avec les fonctions cérébrales.

C'est surtout entre les fonctions du cerveau et la digestion, qu'il y a des rapports intimes. Dans certains cas, la faim donne une direction particulière aux idées, les porte vers les aliments; dans d'autres, une forte contention d'esprit, un chagrin violent, une frayeur subite, font cesser la faim pour plusieurs jours, et même rendent toute digestion impossible, au point que les aliments qui précédemment avaient été introduits dans l'estomac n'y subissent aucune altération. Combien ne voit-on pas de personnes dont les affections tristes ont perverti les facultés digestives! La satisfaction morale, la gaîté, le rire, favorisent au contraire la digestion : les grands mangeurs sont ordinairement peu accessibles au chagrin.

Qui n'a pas fait la remarque de l'influence de la digestion sur l'état de l'esprit? Combien de gens sont incapables d'application pendant la digestion? Qui ne sait que l'accumulation des matières fécales a l'effet le plus marqué sur la disposition morale?

Influence du cerveau et de la moelle épinière sur la digestion.

Sous un point de vue purement physique, on a prétendu que la digestion était sous l'influence immédiate du cerveau; que si on enlevait les hémisphères, la digestion était abolie. Je n'ai jamais vu ce phénomène; j'ai vu au contraire la digestion continuer dans les animaux auxquels j'avais enlevé le cerveau presque en totalité. Des canards auxquels j'avais enlevé le cerveau et une grande partie du cervelet ont survécu huit ou dix jours, et leur digestion se faisait très-bien. Mais ils avaient perdu l'instinct de chercher des aliments, et même plusieurs, celui qui fait exécuter la déglutition; j'étais obligé de les faire avaler artificiellement. Les blessures de la moelle alongée et de la moelle épinière lèsent bien davantage la digestion; mais, comme elles altèrent en même temps la respiration et la circulation, il est peu probable qu'elles influent directement sur la digestion, mais au contraire d'une manière indirecte, par l'intermédiaire des grandes fonctions indispensables à la vie.

Influence du grand sympathique sur la digestion.

Influence du grand sympathique sur la digestion.

L'organe mystérieux que les anatomistes nomment le nerf grand sympathique a son principal ganglion et son plexus le plus considérable derrière l'estomac et les intestins; un grand nombre de ses filets se rendent dans les organes digestifs: Il est donc probable que la digestion est influencée par le grand sympathique; mais on n'est point encore sur la voie de l'espèce d'action que cet organe exerce sur cette fonction. Des suppositions, des hypothèses, des opinions, voilà tout ce que contiennent les ouvrages sur une des questions les plus intéressantes de la physiologie (1).

(1) J'aurais bien désiré de faire une honorable exception en faveur du magnifique ouvrage qu'a publié M. Lobstein; mais le mérite de cette production importante s'arrête à la partie anatomique. La physiologie y est bornée à une collection d'opinions là où il faudrait des faits et des expériences. (Voyez *De nervi sympathetici humani fabrica, usu et morbis*, auctore J. P. Lobstein, Parisiis, 1823.)

Expériences sur le grand sympathique.

J'ai tenté quelques expériences pour m'assurer si les filets du grand sympathique donnent de la sensibilité à l'estomac. Je coupe les deux huitièmes paires à un animal au dessus du diaphragme, puis je lui fais avaler quelques grains d'émétique, et, peu de temps après, le vomissement a lieu. Le phénomène ne peut dépendre de l'absorption, car il s'écoule à peine cinq minutes entre son développement et l'introduction de l'émétique dans l'estomac : il paraît probable qu'ici le grand sympathique a transmis au cerveau l'impression produite par le sel d'antimoine sur la membrane muqueuse de l'estomac.

Les intestins sont quelquefois, surtout dans l'état de maladie, d'une exquise sensibilité, et causent souvent des douleurs atroces. Comme ils ne reçoivent point, pour ainsi dire, de nerfs cérébraux, il est très-probable qu'ils doivent leur sensibilité aux filets du grand sympathique : toutefois aucune preuve directe ne l'a établi jusqu'ici et cette importante matière est encore vierge d'expériences concluantes.

DE L'ABSORPTION ET DU COURS DU CHYLE.

En vain les organes digestifs formeraient du chyle : si celui-ci restait dans le canal intestinal, il n'y aurait pas de nutrition. Le chyle doit être transporté de l'intestin grêle dans le système veineux : ce transport est le but principal de la fonction que nous allons examiner.

Pour conserver autant que possible la méthode que nous avons suivie jusqu'ici dans l'exposition des fonctions, nous allons d'abord parler du chyle d'une manière générale.

Du chyle.

Du chyle.

On peut étudier le chyle sous deux formes différentes : 1° lorsqu'il est mêlé au chyme dans l'intestin grêle, et qu'il a les caractères que nous avons décrits en parlant des phénomènes de sa formation; 2° sous la forme liquide, circulant dans les vaisseaux chylifères et le canal thoracique.

Du chyle encore contenu dans l'intestin grêle.

Personne ne s'étant spécialement occupé du chyle pendant son séjour dans l'intestin grêle, nos connaissances sur ce point ne vont guère au-delà de ce que nous avons dit en parlant de l'action de cet intestin dans la digestion; en revanche, le chyle liquide, contenu dans les vaisseaux chylifères, a été examiné avec beaucoup de soin.

Chyle contenu dans les vaisseaux lactés.

Manière de recueillir le chyle.

Pour s'en procurer, le meilleur moyen consiste à donner des aliments à un animal, et, quand on suppose que la digestion est en pleine activité, on l'étrangle ou on lui coupe la moelle épinière derrière l'occipital. On incise aussitôt la poitrine dans toute sa longueur; on y enfonce la main de manière à passer une ligature qui embrasse l'aorte, l'œsophage et le canal thoracique le plus près possible du cou ; on renverse ou l'on casse ensuite les côtes du côté gauche, et l'on aperçoit le canal thoracique accolé à l'œsophage. On en détache la partie supérieure, qu'on a soin d'essuyer pour absorber le sang ; on l'incise, et le chyle coule dans le vase destiné à le recueillir.

Si on se contentait d'agir ainsi, on n'en obtiendrait qu'une fort petite quantité, mais en pressant à diverses reprises la masse intestinale et le système chylifère abdominal, on en fait continuer l'écoulement quelquefois un quart d'heure.

Les anciens avaient reconnu l'existence du chyle, mais ils s'en formaient des idées peu exactes ; au commencement du dix-septième siècle, on l'observa de nouveau ; et, comme il est blanc opaque dans certains cas, on le compara au lait : on nomma même les vaisseaux qui le contiennent *lactés*, expression tout-à-fait impropre, puisqu'il n'y a guère d'autres rapports entre le chyle et le lait que celui de la couleur.

C'est seulement de nos jours, et par les travaux de MM. Dupuytren, Vauquelin, Emmert, Marcet et Prout, que l'on a acquis des notions positives sur le chyle. Nous allons rapporter les observations faites par ces savants, en y ajoutant celles qui nous sont propres.

Si l'animal dont on extrait le chyle a mangé des

substances grasses animales ou végétales, le liquide que l'on retire du canal thoracique est d'un blanc laiteux, un peu plus pesant que l'eau distillée, d'une odeur spermatique prononcée, d'une saveur salée, happant un peu à la langue, et sensiblement alcalin.

Chyle provenant de matières grasses.

Très-peu de temps après qu'il est sorti du vaisseau qui le contenait, le chyle se prend en masse, et acquiert une consistance presque solide : il se sépare, au bout de quelque temps, en trois parties : l'une solide, qui reste au fond du vase; l'autre liquide, qui est placée au-dessus; et une troisième, qui forme une couche très-mince à la surface du liquide. En même temps le chyle prend une teinte rosée assez vive.

Chyle de matières non grasses.

Quand le chyle provient d'aliments qui ne contenaient point de corps gras, il présente des propriétés semblables; mais, au lieu d'être blanc opaque, il est opalin, presque transparent : la couche qui se forme à sa superficie est moins marquée que dans la première espèce de chyle.

Jamais le chyle ne prend la couleur des substances colorantes mêlées aux aliments, comme plusieurs auteurs l'ont avancé. Hallé s'est assuré du contraire par des expériences directes; je les ai répétées, et j'ai obtenu un résultat parfaitement semblable.

Des animaux auxquels j'avais fait manger de l'indigo, du safran, de la garance, etc., m'ont fourni un chyle dont la couleur n'avait aucun rapport avec celle de ses substances.

De nouvelles expériences ont été tentées sur ce sujet par MM. Tiedemann et Gmelin, en Allemagne; Andrews, à Édimbourg; Lawrence et H. Coates, en Amérique; et les résultats se sont partout confirmés.

Nature des trois parties du chyle.

Des trois substances dans lesquelles se partage le chyle abandonné à lui-même, celle de la surface, de couleur blanche opaque, est un corps gras, le caillot ou la partie solide est formé de fibrine et d'un peu de matière colorante rouge; le liquide est analogue au sérum du sang (1).

La proportion de ces trois parties varie beaucoup suivant la nature des aliments. Il y a des chyles, tels que celui du sucre, qui ne contiennent que très-peu de fibrine; d'autres, tels que celui de chair, en contiennent davantage. Il en est de même pour la matière grasse qui est extrêmement abondante quand les aliments contiennent de la graisse ou de l'huile, tandis qu'on en voit à peine quand les aliments sont tout-à-fait dépourvus de corps gras.

MM. Prévost et Dumas ont observé dans le chyle de lapin, de chien, de hérisson, des globules d'un

(1) Voyez *Composition chimique du sang*.

trois-centième de millimètre de diamètre, fort analogues à ceux que l'on aperçoit dans le sang.

Les mêmes sels qui existent dans le sang se rencontrent aussi dans le chyle. Nous donnerons tout-à-l'heure quelques autres détails relatifs au chyle.

Appareil de l'absorption et du cours du chyle.

Vaisseaux chylifères.

Cet appareil se compose, 1° des vaisseaux lymphatiques propres à l'intestin grêle, et nommés, à cause de leur usage, *chylifères ;* 2° des glandes mésentériques ; 3° du canal thoracique.

Les vaisseaux chylifères sont fort petits, mais très-nombreux. Ils prennent naissance par des orifices imperceptibles à la surface de villosités de la membrane muqueuse intestinale, et se prolongent jusqu'aux glandes mésentériques, dans le tissu desquelles ils se répandent.

Dans les parois et à la surface de l'intestin grêle, ces vaisseaux sont très-déliés, très-multipliés; ils communiquent fréquemment entre eux, de manière à former un réseau à mailles assez fines : disposition qui est surtout visible quand ils sont remplis d'un chyle blanc opaque. Ils grossissent et diminuent de nombre en s'éloignant de l'intestin, et finissent par former des troncs isolés qui marchent au voisinage des artères mésentériques et quelquefois dans les intervalles qui les séparent. C'est en affectant cette forme qu'ils arrivent aux glandes mésentériques.

Glandes mésentériques.

On appelle *glandes mésentériques* de petits corps irrégulièrement lenticulaires dont la dimension varie depuis deux ou trois lignes jusqu'à un pouce et plus. Ils sont très--nombreux, et sont placés en avant de la colonne vertébrale, entre les deux lames du péritoine qui forment le mésentère.

Fluides propres aux glandes mésentériques.

Leur structure est encore peu connue. Ils reçoivent, proportionnellement à leur volume, beaucoup de vaisseaux sanguins; ils sont doués d'une sensibilité assez vive. Leur parenchyme est d'une couleur rose-pâle, la consistance n'en est pas très-grande; on en extrait, en le comprimant entre les doigts, un fluide transparent, inodore, qui n'a jamais été examiné chimiquement. Il est surtout abondant au centre de ces corps. J'en ai vu une quantité remarquable dans les cadavres des suppliciés. Les vaisseaux sanguins et chylifères qui se portent dans ces glandes s'y réduisent en canaux d'une extrême ténuité, communiquant ensemble sans que l'on puisse dire comment ils s'y comportent. Ce qui est certain, c'est que les injections, poussées dans les uns ou dans les autres, traversent le tissu de la glande avec la plus grande facilité, et passent, soit dans le système veineux, soit dans le canal thoracique (1).

(1) La facilité et la promptitude avec lesquelles une in-

Racines du canal thoracique.

Il naît des glandes mésentériques un grand nombre de vaisseaux de même nature que les chylifères, mais en général plus volumineux : ce sont les *racines du canal thoracique*. Ils se dirigent vers la colonne vertébrale, en s'accolant à l'aorte, à la veine cave, etc. Ils s'anastomosent fréquemment, et finissent par se terminer tous au *canal thoracique*.

Du canal thoracique.

On appelle ainsi un vaisseau du même genre que les précédents, mais du volume d'une plume ordinaire, qui se prolonge de la cavité abdominale où il commence, jusqu'à la veine *sous-clavière* gauche où il se termine. Dans son trajet, il passe entre les piliers du diaphragme placé à côté de l'artère aorte ; ensuite il s'applique sur la colonne vertébrale, jusqu'au moment où il se dirige vers la veine sous-clavière gauche. On l'a vu souvent s'ouvrir dans les deux veines sous-clavières, et quelquefois uniquement dans la droite.

A l'intérieur du canal thoracique et des vaisseaux lactés, sont des valvules disposées de manière à permettre aux fluides de se porter des vaisseaux

jection de mercure ou autre, poussée dans un vaisseau chylifère, passe dans les petites veines sanguines qui naissent des ganglions mésentériques, a causé l'erreur récente d'un anatomiste italien, M. Lippi. Il a pris ces veinules pour des lymphatiques qui, des glandes mésentériques, se rendaient directement dans le système veineux.

chylifères vers la veine sous-clavière, et à empêcher tout mouvement en sens inverse. Cependant l'existence de ces véritables soupapes n'est pas constante.

Structure des vaisseaux chylifères et du canal thoracique.

Deux membranes entrent dans la composition des parois des vaisseaux chylifères et du canal thoracique : l'une interne, mince, dont les replis forment les valvules ; l'autre, externe, fibreuse, dont la résistance est de beaucoup supérieure à celle qu'annoncerait son peu d'épaisseur.

Avant de passer à l'exposition des phénomènes de l'absorption et du cours du chyle, il faut faire quelques observations sur les organes qui en sont chargés.

Chyle du mucus de l'estomac et de la salive.

Après douze, vingt-quatre et même trente-six heures d'abstinence absolue, les vaisseaux chylifères d'un chien contiennent en petite quantité un fluide demi-transparent, avec une teinte légèrement laiteuse, et qui d'ailleurs présente les propriétés les plus analogues au chyle. Ce fluide, qu'on ne rencontre que dans les vaisseaux lactés et dans le canal thoracique, et qui n'a jamais été analysé, paraît être un chyle qui provient de la digestion de la salive et des mucosités de l'estomac : cela semble d'autant plus probable, que les causes qui accélèrent la sécrétion de ces fluides, comme les boissons alcooliques ou acides, augmentent sa quantité.

Quand la privation de toute nourriture s'est

prolongée au-delà de trois ou quatre jours, les vaisseaux chylifères sont dans le même cas que les lymphatiques; on les trouve tantôt remplis de lymphe, tandis que d'autres fois ils sont parfaitement vides.

Il résulte de ces faits que le chyle des aliments extrait des vaisseaux chylifères est toujours mêlé soit au *chyle du mucus digestif* dont nous venons de parler, soit à la lymphe; le résultat est le même si l'on extrait le chyle du canal thoracique, car celui-ci est constamment rempli de lymphe, même après huit jours et plus d'abstinence.

Ainsi donc, la matière qui, sous le nom de *chyle*, a été examinée par les chimistes est loin de devoir être considérée comme provenant en entier des substances alimentaires; il est évident que celles-ci n'y entrent que pour une certaine proportion.

Absorption du chyle.

Absorption du chyle.

Quoi qu'il en soit, il n'est pas moins certain que le chyle passe de la cavité de l'intestin grêle dans les vaisseaux chylifères. Comment se fait ce passage? Il semble, au premier aperçu, qu'il est facile de se rendre raison d'un phénomène aussi simple; mais il n'en est rien. La disposition des orifices des vaisseaux chylifères n'est point encore suffisamment connue; leur mode d'action ne l'est pas davantage; de l'ignorance naissent en foule de prétendues explications. Ainsi l'on a attribué l'absorption du chyle à la capillarité des radicules chylifères, à la compression du chyle par les parois de l'intestin grêle, etc. Dans ces derniers temps, on a prétendu qu'elle se faisait en vertu de *la sensibilité propre* des bouches absorbantes et de *la contractilité organique insensible* dont on les supposait douées. On a peine à concevoir comment des hommes d'un mérite éminent ont pu proposer ou admettre une pareille explication : quant à moi, elle me paraît l'expression pure et simple de l'ignorance où nous sommes de la nature de ce phénomène.

L'absorption du chyle continue quelque temps après la mort.

Un fait qu'il ne sera peut-être pas inutile d'ajouter est que cette absorption continue assez longtemps après la mort. Après avoir vidé par la compression un ou plusieurs vaisseaux chylifères chez un animal récemment mort, on les voit se remplir de nouveau. On peut répéter plusieurs fois de suite cette observation; je l'ai faite souvent deux heures après la mort de l'animal.

Mécanisme de l'absorption du chyle.

Tout semble donc annoncer qu'il y a quelque chose de physique dans l'absorption du chyle. Cette idée acquiert une forte probabilité par les nombreuses expériences qui ont été faites récemment sur l'imbibition des tissus vivants.

En examinant avec soin la membrane muqueuse de l'intestin au moment de l'absorption du chyle, on reconnaît que chaque villosité est blanche et gonflée par le chyle : on dirait une éponge fine remplie par du lait.

Villosités chylifères.

Elle a quelquefois une épaisseur double de celle qu'elle aurait si l'absorption ne s'exécutait pas. Si on la presse mollement entre les doigts, on en exprime une certaine quantité de chyle; si on en met dans l'eau et qu'on l'y secoue un peu, une multitude de petites pointes apparaissent; elles sont molles, spongieuses, faciles à déchirer; ce sont elles qui sont les premiers agents de l'absorption du chyle.

La forme de ces pointes ou villosités varie beaucoup suivant l'espèce d'animal, et même suivant les individus d'une même espèce. Peut-être cela tient-il au genre de nourriture? Sur un chien dont la digestion avait fourni un chyle abondant et très-blanc, elles étaient coniques; on y apercevait distinctement à l'œil nu, mais mieux avec une loupe, plusieurs petits orifices. Les mêmes papilles d'un autre animal (oiseau) n'offrirent rien de semblable : examinées au microscope, on vit clairement des vaisseaux sanguins, très-nombreux, qui se perdaient dans une espèce de tissu cellulaire d'une finesse extrême; on n'aperçut nulle autre trace de vaisseaux. Une petite portion de la membrane interne de l'intestin grêle du chien dont nous venons de parler fut examinée avec le même microscope. Les vaisseaux sanguins y étaient moins

Villosités chylifères.

nombreux ; on apercevait de plus quelques lignes tortueuses, blanches, qui commençaient près de la superficie des papilles aux petites ouvertures dont nous venons de parler, et qui allaient se rendre, en grossissant un peu, dans les vaisseaux chylifères. Sont-ce là les origines de ce genre de vaisseaux? Cela est probable.

Si les vaisseaux absorbants du chyle commencent par des orifices visibles, on peut comprendre que le chyle s'y engage, tandis qu'il n'entre pas dans les vaisseaux sanguins. Le chyle présente, avons-nous dit, des globules; or ces globules seraient trop gros pour passer à travers les simples porosités des parois vasculaires, tandis qu'ils trouveraient toutes facilités pour entrer dans les ouvertures par lesquelles commencent les vaisseaux chylifères. Mais resterait toujours la question capitale : quelle est la cause qui y fait pénétrer les globules? et c'est justement ce que nous ne savons pas.

Cours du chyle.

Nous avons déjà indiqué le trajet du chyle : il parcourt d'abord les vaisseaux chylifères, traverse ensuite les glandes mésentériques, arrive au canal thoracique et se jette enfin dans la veine sous-clavière.

Les causes qui déterminent son mouvement sont l'élasticité propre aux vaisseaux chylifères, la cause inconnue qui en produit l'absorption, la pression des muscles abdominaux, surtout dans les mouvements de respiration, et peut-être les battements des artères qui se trouvent dans l'abdomen.

Causes qui déterminent le cours du chyle.

Si l'on veut prendre une idée juste de la vitesse avec laquelle le chyle coule dans le canal thoracique, il faut, comme je l'ai fait plusieurs fois, ouvrir ce canal, sur un animal vivant, au moment où il arrive dans la veine sous-clavière. On reconnaît alors que cette vitesse n'est pas très-grande, et qu'elle s'accroît chaque fois que l'animal comprime les viscères de l'abdomen, en faisant contracter les muscles abdominaux. On produit un effet semblable en comprimant le ventre avec la main.

Vitesse du cours du chyle.

Toutefois la vitesse avec laquelle circule le chyle m'a paru en rapport avec la quantité qui s'en forme dans l'intestin grêle. Cette dernière est elle-même en rapport avec la quantité de chyme : de sorte que si les aliments sont abondants et de facile digestion, le chyle devra marcher plus vite ; si, au contraire, les aliments sont en petite quantité, ou, ce qui produira un effet pareil, s'ils se digèrent difficilement, comme il y aura peu de chyle formé, sa progression sera plus lente.

Expériences sur le cours du chyle.

Il serait difficile d'apprécier exactement la quantité de chyle qui se forme pendant une digestion donnée, cependant elle doit être considérable. Sur un chien d'une taille ordinaire, mais qui a mangé à discrétion des aliments animaux, l'incision du canal thoracique au cou (l'animal étant vivant) laisse écouler d'abord au moins une demi-once de liquide en cinq minutes, et l'écoulement continue, mais beaucoup plus lentement, tant que dure la formation du chyle.

J'ignore si, dans le cours d'une même digestion, il y a des variations dans la rapidité de la marche du chyle; mais, en la supposant uniforme, on voit qu'il entrerait six onces de chyle par heure dans le système veineux. Dans l'homme, où les organes chylifères sont plus volumineux, et où la digestion se fait en général plus vite que dans le chien, on peut présumer que la proportion du chyle est plus considérable.

Le sang qui coule dans la veine sous-clavière ne peut pénétrer dans le canal thoracique, car il existe à l'orifice de celui-ci une valvule disposée de manière à prévenir cet effet. De même le chyle ne peut refluer vers le canal intestinal, à raison des valvules que présentent presque constamment le canal thoracique et les vaisseaux chylifères.

Usages des glandes mésentériques.

Plusieurs physiologistes pensent que le chyle subit une altération particulière en traversant les glandes du mésentère : mais les uns croient que ces corps produisent un mélange plus intime des matières composant le chyle; d'autres pensent qu'ils y ajoutent un fluide destiné à rendre le chyle plus liquide; il y en a qui soupçonnent que ces glandes, au contraire, enlèvent quelques-uns des éléments du chyle pour le purifier. La vérité est qu'on ignore l'influence des glandes mésentériques sur le chyle.

De même on a beaucoup parlé des qualités variables de ce liquide, suivant que la digestion est bonne ou mauvaise; et, suivant l'espèce d'aliments dont on a fait usage, on a attribué à la formation d'un *mauvais chyle* le dépérissement qui arrive dans certaines maladies : mais on connaît très-peu les modifications qu'éprouve le chyle dans sa composition. Bon et mauvais chyle.

On a parlé aussi de certaines parties des aliments qui, sans être altérées par les organes digestifs, passent avec le chyle dans le sang; mais cette idée est une conjecture qu'aucune expérience positive n'appuie.

M. Marcet (1), dont la science déplore la perte, a comparé le chyle des matières animales avec celui des matières végétales. Il a trouvé que ce dernier contient trois fois plus de carbone que le chyle provenant d'aliments animaux.

Nous devons à M. le professeur Dupuytren des recherches ingénieuses qui prouvent que le canal thoracique est la seule route par laquelle le chyle doit passer pour servir utilement à la nutrition.

---

(1) *Annales de Chimie*, 1816.

Expériences sur l'action des vaisseaux chylifères.

On savait par une expérience de Duverney, par quelques cas d'obstruction du canal thoracique, et surtout par les expériences de Flandrin, dont nous parlerons ailleurs, on savait, dis-je, que le canal thoracique pouvait cesser de verser le chyle dans la veine où il aboutit, sans que la mort s'ensuivît. On savait, il est vrai, que, dans certains cas, la ligature du canal thoracique avait produit la mort; mais on ignorait la cause de cette diversité de résultats : les expériences de M. Dupuytren en ont donné une explication des plus satisfaisantes. Cet habile chirurgien a lié le canal thoracique sur plusieurs chevaux; les uns sont morts au bout de cinq à six jours, et les autres ont conservé toutes les apparences d'une santé parfaite. Sur les animaux qui ont succombé à la ligature, il a toujours été impossible de faire passer aucune injection de la partie inférieure du canal dans la veine sous-clavière; il est très-probable, par conséquent, que le chyle a cessé d'être versé dans le système veineux aussitôt après la ligature. Au contraire, dans les animaux qui ont survécu, il a toujours été facile de faire parvenir les injections de mercure ou d'autres substances de la portion abdominale du canal jusqu'à la veine sous-clavière. Les matières injectées suivaient le canal jusqu'au voisinage de la ligature; là elles se détournaient pour s'engager dans des vaisseaux lymphatiques volumineux qui allaient s'ouvrir dans la veine sous-clavière. Il est donc évident que, dans ces animaux, la ligature du canal n'avait point empêché le chyle de se mêler au sang veineux.

De ce que les vaisseaux chylifères absorbent le chyle et le transportent dans le système veineux, on s'est persuadé qu'ils remplissent le même usage pour toutes les substances qui sont mêlées aux aliments, et qui, sans être digérées, passent cependant dans le sang. La plupart des auteurs disent, par exemple, que les boissons sont absorbées avec le chyle ; mais, comme ils n'ont point fait d'expériences qui pussent servir de fondement à cette idée, on pouvait, par ce seul motif, la considérer comme fort douteuse. J'ai voulu savoir à quoi on devait s'en tenir sur ce point, et je me suis assuré, par des recherches sur les animaux vivants, que, dans aucun cas, les boissons ne paraissent se mêler au chyle. On peut en avoir la preuve en faisant avaler à un chien, pendant qu'il digère des aliments, une certaine quantité d'alcool étendu d'eau. Si, une demi-heure après, on extrait son chyle de la manière que nous avons indiquée, on verra que ce liquide ne contient point d'alcool, tandis que le sang de l'animal en exhale une odeur très-forte, et qu'on peut le retirer du sang par la distillation. On obtient des résultats semblables en faisant l'expérience avec une dissolution de camphre ou d'autres liquides odorants.

Les modifications que subissent l'absorption et le

Modifications de l'absorption et du cours du chyle par l'âge, le sexe, etc.

cours du chyle dans les différents âges n'ont point encore été étudiées ; on a seulement remarqué que les glandes mésentériques changent de couleur, diminuent de volume, et semblent s'oblitérer chez les vieillards. Quelques auteurs en ont conclu qu'elles ne se laissaient plus traverser par le chyle; mais cette assertion paraît très-hasardée, et d'ailleurs n'est point appuyée de faits bien constatés.

On ignore complètement les modifications que cette fonction éprouve par le sexe, le tempérament, l'habitude, etc. On n'est pas plus instruit sur les rapports qui existent entre cette fonction et celles que nous avons déjà exposées, et celles qui nous restent à examiner (1).

DE L'ABSORPTION ET DU COURS DE LA LYMPHE.

Nous venons de voir combien il reste à faire

---

(1) Tous les anatomistes, depuis Hewson et Monro, reconnaissent que les oiseaux, les reptiles et les poissons ont un appareil chylifère; cependant personne, que je sache, n'a parlé du chyle de ces animaux : les chimistes et les physiologistes qui ont fait des expériences sur le chyme d'oiseaux, par exemple, ne disent rien du chyle. Si je m'en rapporte à mes dissections, les mammifères et quelques reptiles auraient seuls un système chylifère, et seuls auraient du chyle. (*Voyez* mon Mémoire sur les vaisseaux lymphatiques des oiseaux, tom. Ier de mon *Journal de Physiologie.*)

pour avoir une connaissance exacte de l'absorption et du cours du chyle : la fonction dont nous allons faire l'histoire est encore bien moins connue. On sait d'une manière générale qu'elle existe, mais son utilité dans l'économie animale est à peine entrevue : son but le plus apparent est de verser la lymphe dans le système veineux. On peut présumer que ce phénomène n'est qu'une circonstance de son utilité ; cependant, si l'on veut rester dans les limites du positif, il est impossible d'en reconnaître d'autres en ce moment.

De la lymphe.

Diverses opinions sur la lymphe.

Rien ne prouve mieux l'imperfection de la science, relativement à la fonction qui nous occupe, que les idées des physiologistes sur la *lymphe*. Les uns donnent ce nom au sérum du sang, ceux-là aux fluides qui se voient dans les membranes séreuses, d'autres à la sérosité du tissu cellulaire, tandis que quelques uns considèrent comme *lymphe* le fluide qui coule de certains ulcères scrophuleux, etc. Il faut réserver le nom de *lymphe* au liquide que contiennent les vaisseaux lymphatiques et le canal thoracique.

Il est d'autant plus nécessaire de fixer ainsi le sens de ce mot, qu'en admettant les autres significations on consacre comme vraie une opinion qui n'est rien moins que démontrée, savoir que les fluides des membranes séreuses, du tissu cellulaire, etc., sont absorbés par les vaisseaux lymphatiques, et transportés par ces vaisseaux dans le système veineux.

Procédés pour se procurer de la lymphe.

Pour se procurer de la lymphe, on peut employer deux procédés. L'un consiste à mettre à découvert un vaisseau lymphatique, à l'inciser et à recueillir le liquide qui en sort ; mais cette méthode est très-difficile à exécuter, et d'ailleurs, comme les vaisseaux lymphatiques ne sont pas toujours remplis de lymphe, elle est peu sûre. L'autre procédé consiste à laisser jeûner un animal pendant quatre ou cinq jours, et à extraire, comme nous avons dit en parlant du chyle, le fluide contenu dans le canal thoracique.

Propriétés physiques de la lymphe.

Le liquide obtenu de l'une ou de l'autre manière a d'abord une couleur rosée, légèrement opaline. Il a une odeur de sperme très-prononcée ; sa saveur est salée ; quelquefois il présente une teinte jaunâtre décidée, et, dans d'autres cas, il présente une couleur rouge garance. J'insiste sur ces détails, car ils ont probablement induit en erreur dans les expériences faites sur l'absorption des matières colorées.

Mais la lymphe ne reste pas long-temps liquide ; elle se prend en masse. Sa couleur rose devient plus foncée ; il s'y développe une multitude de filaments rougeâtres, disposés en arborisations irrégulières et fort analogues, pour l'apparence, aux vaisseaux qui se répandent dans le tissu des organes.

Lorsqu'on examine avec soin la masse de lymphe coagulée, on voit qu'elle est formée de deux parties, dont l'une, solide, forme des cellules multipliées qui contiennent l'autre qui est liquide. Si l'on sépare la partie solide, le liquide se prend de nouveau en masse.

Soumise au microscope, la lymphe, extraite soit du canal thoracique, soit d'un vaisseau lymphatique, soit même d'une glande cervicale, présente une multitude de petits globules qui sont semblables à ceux du sang, mais qui sont moins abondants que dans ce dernier fluide. (*Voyez* Globules de sang.) Globules de la lymphe.

La quantité de lymphe recueillie d'un seul animal est peu considérable ; à peine s'élève-t-elle à une once et demie sur un chien de forte taille. Il m'a semblé que sa quantité augmente à mesure que le jeûne se prolonge ; je crois aussi avoir observé que sa couleur devient plus rouge quand depuis long-temps l'animal est privé d'aliments.

La partie solide de la lymphe, qui pourrait être nommée son *caillot*, a beaucoup d'analogie avec celui du sang. Il devient rouge écarlate par le contact du gaz oxigène, et rouge pourpre quand il est plongé dans l'acide carbonique. Caillot de la lymphe.

La pesanteur spécifique de la lymphe est à celle de l'eau distillée : : 1,022,28 : 1,000,00.

Propriétés chimiques de la lymphe.

J'ai prié M. Chevreul d'analyser la lymphe du chien ; je lui en ai remis une quantité assez considérable que je m'étais procurée d'après le procédé que j'ai indiqué plus haut, après avoir fait jeûner des chiens pendant plusieurs jours. Voici les résultats qu'a obtenus cet habile chimiste. Sur 1,000 parties, la lymphe contient :

Eau.	926,4
Fibrine.	004,2
Albumine.	061,0
Muriate de soude.	006,1
Carbonate de soude.	001,8
Phosphate de chaux. *Idem* de magnésie. Carbonate de chaux.	000,5
Total.	1000,0

Appareil de l'absorption et du cours de la lymphe.

Cet appareil a la plus grande analogie, pour la disposition et la structure, avec celui de l'absorption et du cours du chyle ; ou plutôt, à ne les envisager que sous le rapport anatomique, ils ne forment qu'un même système. Ils se composent des vaisseaux lymphatiques, des glandes ou ganglions lymphatiques, et du canal thoracique, dont nous avons déjà parlé en traitant du cours du chyle.

Les *vaisseaux lymphatiques* existent dans presque toutes les parties du corps : ils sont peu volumineux, s'anastomosent fréquemment, et ont presque partout une disposition réticulaire. Aux membres ils forment deux plans, l'un superficiel et l'autre profond. Le premier est placé dans le tissu cellulaire, entre la peau et les aponévroses d'enveloppe ; en général, il accompagne les veines sous-cutanées. Quand les vaisseaux qui forment ce plan sont remplis de mercure et que l'injection a bien réussi, ils représentent un réseau qui environne de ses mailles le membre tout entier.

Le plan profond des lymphatiques des membres se voit principalement dans les intervalles des muscles, autour des nerfs et des gros vaisseaux.

Vaisseaux lymphatiques des membres.

Les lymphatiques superficiels et profonds se dirigent vers la partie supérieure des membres, diminuent de nombre, augmentent de volume, et s'engagent bientôt dans les glandes lymphatiques de l'aisselle, de l'aine, etc., d'où ils s'enfoncent aussitôt soit dans l'abdomen, soit dans la poitrine.

Au tronc, les vaisseaux lymphatiques forment de même deux couches, l'une sous-cutanée, l'autre placée à la face interne des parois des cavités splanchniques. Chaque viscère a aussi deux ordres de lymphatiques ; les uns occupent la surface, les autres semblent naître de son parenchyme.

C'est en vain qu'on a cherché jusqu'ici ces vaisseaux dans le cerveau, la moelle épinière, leurs enveloppes, l'œil, l'oreille interne, etc.

Terminaison des vaisseaux lymphatiques.

Les vaisseaux lymphatiques du tronc et des membres aboutissent au canal thoracique; mais ceux de l'extérieur de la tête et du cou se terminent, savoir, ceux du côté droit dans un vaisseau assez volumineux, qui s'ouvre dans la veine sous-clavière droite, et ceux du côté gauche dans un vaisseau analogue, mais un peu plus petit, qui s'ouvre dans la veine sous-clavière gauche, un peu au dessus de l'embouchure du canal thoracique.

Origine des vaisseaux lymphatiques.

On ignore la disposition que les lymphatiques ont à leur origine; on a fait à ce sujet beaucoup de conjectures également dénuées de fondement. Ce qu'on peut dire de plus plausible, c'est qu'ils naissent par des racines extrêmement fines dans l'épaisseur des membranes et du tissu cellulaire, et dans le parenchyme des organes où ils paraissent continus aux dernières ramifications artérielles. Il arrive souvent qu'une injection poussée dans une artère passe dans les lymphatiques de la partie où elle se distribue.

Dans leur trajet, les lymphatiques n'ont rien de régulier; ils augmentent et diminuent de volume, sont tantôt arrondis et cylindriques, et tantôt ils présentent un grand nombre de renflements placés très-près les uns des autres. Leur structure ne diffère pas sensiblement de celle des vaisseaux chylifères; ils sont de même garnis de valvules.

Glandes lymphatiques.

Dans l'homme, chaque vaisseau lymphatique, avant d'arriver au système veineux, doit traverser une *glande lymphatique* (1). Ces organes, qui sont très-nombreux, et qui, pour la forme et la structure, ressemblent entièrement aux glandes mésentériques, se trouvent plus particulièrement aux aisselles, au cou, aux environs de la mâchoire inférieure, au dessous de la peau de la nuque, aux aines, dans le bassin du voisinage des gros vaisseaux. Les vaisseaux lymphatiques se comportent à leur égard absolument comme les vaisseaux chylifères avec les glandes du mésentère.

Fonctions du système lymphatique.

Action des vaisseaux lymphatiques.

Afin de nous livrer avec avantage à l'étude de cette question, il est indispensable d'examiner les idées reçues relativement à l'origine de la lymphe, et à la faculté absorbante attribuée aux radicules des vaisseaux lymphatiques. Ici nous avons besoin de beaucoup de réserve et en même temps de sévérité; car, indépendamment de la difficulté propre au sujet, nous aurons à discuter une opinion généralement admise, et appuyée des autorités les plus respectables; mais, comme le seul désir de trouver la vérité nous anime, et non celui d'innover,

(1) Cette disposition n'existe pas dans les autres animaux qui ont des glandes lymphatiques.

nous espérons qu'on ne nous saura pas mauvais gré d'avoir pris ce parti.

Origine de la lymphe, d'après les auteurs.

Voyons d'abord l'origine attribuée à la lymphe. Si l'on en croit les meilleurs ouvrages, la lymphe est le résultat de l'absorption qu'exercent les radicules lymphatiques à la surface des membranes muqueuses, séreuses, synoviales, des lames du tissu cellulaire, de la peau, et même dans le parenchyme de chaque organe.

Cette manière de voir comprend deux idées distinctes : savoir, 1° que la lymphe existe dans les diverses cavités du corps; 2° que les vaisseaux lymphatiques sont doués de la faculté absorbante. De ces deux idées, la première est tout-à-fait inexacte, et l'autre mérite un examen particulier. En effet, quoiqu'il y ait de l'analogie en apparence entre les fluides qui se voient à la surface des membranes séreuses, du tissu cellulaire, des membranes synoviales, etc., et la lymphe, nous ferons voir ailleurs que ces fluides en diffèrent sous les rapports physiques et chimiques; et, comme ces divers fluides varient eux-mêmes entre eux, en admettant cette origine de la lymphe, on devrait en avoir observé de plusieurs espèces : or, jusqu'ici la lymphe a toujours été trouvée sensiblement la même dans toutes les parties du corps.

Il est vrai que certains physiologistes, qui se complaisent dans les subtilités, font une réponse par laquelle ils prétendent lever cette difficulté ; ils disent que ces fluides, au moment de leur absorption, subissent une *élaboration particulière* qui les transforme en lymphe; et la preuve qu'ils en donnent, c'est que la lymphe diffère des fluides absorbés. Cette réponse pourrait avoir quelque valeur s'il était prouvé que les fluides sont absorbés; or nous allons voir qu'on est loin d'être arrivé à une telle conséquence (1).

Absorption attribuée aux vaisseaux lymphatiques.

Examinons maintenant la faculté absorbante attribuée par les auteurs aux vaisseaux lymphatiques.

Les liquides introduits dans l'estomac et dans les intestins, sont absorbés avec assez de promptitude; le même effet arrive dans toutes les cavités de l'économie où les liquides sont portés : la peau et la surface muqueuse du poumon jouissent aussi d'une propriété semblable. Les anciens, qui avaient remarqué plusieurs de ces phénomènes, et qui ne

(1) La logique employée dans cette circonstance est vraiment singulière. Il s'agit de savoir si les lymphatiques absorbent ou non. La question est tout entière là; et pourtant la propriété absorbante n'est pas un instant mise en doute. Après quoi on dit gravement qu'au moment où les vaisseaux absorbent, ils *élaborent* les fluides absorbés, et qu'ils les *transforment* en lymphe. Or, dans les sciences de faits, dire qu'un phénomène existe sans le prouver équivaut à ne rien dire. D'ailleurs l'expérience prouve que beaucoup de substances, telles que l'eau, l'alcool, l'éther, le camphre, sont absorbées sans être *élaborées* ni *transformées*.

connaissaient point les vaisseaux lymphatiques, croyaient que les veines étaient les agents de l'absorption : cette croyance s'est maintenue jusqu'au milieu du siècle dernier où la connaissance de ces vaisseaux s'est beaucoup perfectionnée.

Guillaume Hunter, l'un des anatomistes qui ont le plus contribué à les faire connaître, est aussi celui qui a le plus insisté pour leur faire reconnaître la faculté absorbante. Sa doctrine a été propagée et même étendue par son frère, par ses élèves, et en général par tous ceux qui se sont occupés de l'anatomie des vaisseaux lymphatiques.

Il s'en faut beaucoup que les preuves sur lesquelles ils fondent leur doctrine aient la valeur qu'ils leur attribuent. A raison de l'importance du sujet, nous allons entrer dans quelques détails.

Pour établir que les vaisseaux lymphatiques sont absorbants et que les veines n'absorbent point, on a fait des expériences; mais, en les supposant exactes, ce qui, comme on va le voir, est loin d'être vrai, elles sont en si petit nombre, qu'il est vraiment étonnant qu'elles aient suffi pour renverser une doctrine très-anciennement admise.

De ces expériences, les unes ont été faites pour prouver directement que les vaisseaux lymphatiques absorbent, et les autres pour établir que les veines n'absorbent point. Nous nous occuperons seulement ici des premières, nous renverrons les autres à l'article de l'*Absorption des veines*.

Jean Hunter, l'un des premiers qui aient nié positivement l'absorption des veines et admis celle des lymphatiques, a fait l'expérience suivante, qui lui a paru très-probante.

Expériences de J. Hunter sur l'absorption lymphatique.

Il ouvrit le bas-ventre à un chien; il vida promptement quelques portions d'intestins des matières qu'elles contenaient, en les comprimant suffisamment : il y injecta aussitôt du lait chaud, qu'il retint au moyen de ligatures. Les veines qui appartenaient à ces portions d'intestins furent vidées par plusieurs piqûres faites à leur tronc; il empêcha qu'elles ne reçussent du nouveau sang, en appliquant des ligatures aux artères qui leur correspondaient, et il remit en cet état les parties dans le bas-ventre. Il les y laissa pendant environ une demi-heure, les retira ensuite, et, les ayant examinées scrupuleusement, il trouva que les veines étaient presque désemplies, comme quand il les avait retirées pour la première fois, et qu'elles ne contenaient pas une goutte de fluide blanc, pendant que les lactés en étaient entièrement pleins (1).

Objections à l'expérience de J. Hunter.

L'état d'imperfection où était l'art des expériences physiologiques à l'époque où J. Hunter a fait celle-ci peut seul excuser ce célèbre anatomiste de n'avoir pas senti combien il y manque de circonstances im-

(1) *Anatomie des Vaisseaux absorbants*, etc., par Cruikshank, trad. par Petit-Radel.

Objections à l'expérience de J. Hunter.

portantes pour que l'on puisse, en la supposant exacte, en tirer quelques conséquences.

En effet, pour que cette expérience pût être de quelque utilité, il faudrait savoir si l'animal était à jeûn lorsqu'on l'a ouvert, ou s'il était dans le travail de la digestion ; il aurait fallu examiner l'état des lymphatiques au commencement de l'expérience : étaient-ils ou n'étaient-ils pas pleins de chyle? quels changements sont survenus au lait pendant son séjour dans l'intestin? enfin, sur quelles preuves établit-on que les lactés étaient remplis de lait à la fin de l'expérience? le fluide qui les remplissait n'était-il pas plutôt du chyle? Au reste, cette expérience a été répétée, à diverses reprises, par Flandrin, professeur à l'École vétérinaire d'Alfort, homme très-versé dans la pratique des expériences sur les animaux vivants, sans qu'il en ait obtenu aucun succès, c'est-à-dire sans qu'il ait aperçu de lait dans les vaisseaux lymphatiques. J'ai moi-même fait plusieurs fois cette expérience, et les résultats que j'ai obtenus sont parfaitement d'accord avec ceux de Flandrin, et par conséquent opposés à ceux de Hunter.

Ainsi la principale expérience où un auteur digne de foi ait dit avoir vu l'absorption d'un fluide autre que le chyle par les vaisseaux lactés paraît être, sinon illusoire, du moins insignifiante.

Les autres expériences de J. Hunter étant encore moins concluantes que celle-ci, je les passe sous silence. D'ailleurs, elles ont été infructueusement répétées par Flandrin, et elles ne m'ont pas mieux réussi (1).

J'ai cru nécessaire de faire quelques essais, afin de savoir si réellement les vaisseaux chylifères et les autres lymphatiques du canal intestinal absorbent d'autres fluides que le chyle.

J'ai d'abord constaté qu'en faisant avaler à un chien quatre onces d'eau pure, ou mêlée à une certaine quantité d'alcool, de matière colorante, d'acide ou de sel, au bout d'environ une heure la totalité du liquide est absorbée dans le canal intestinal.

Il était évident que si ces différents liquides étaient absorbés par les vaisseaux lymphatiques des intestins, ils devaient traverser le canal thoracique; on devait donc en rencontrer une quantité plus ou moins considérable dans ce canal, en recueillant la

---

(1) Telle est l'aptitude de l'esprit humain à recevoir des erreurs : Hunter fait une fausse théorie sur l'une des fonctions les plus importantes de la vie, il l'étaie à peine de quelques expériences inexactes, et dans tous les cas insuffisantes; ses idées sont aussitôt généralement admises; elles sont encore défendues aujourd'hui avec une chaleur et un zèle qu'inspire rarement la vérité. Harvey, qui a fait de si belles et de si nombreuses expériences pour démontrer la circulation du sang, a combattu trente ans pour faire admettre une des belles découvertes dont s'honore l'intelligence humaine, et a passé long-temps pour un visionnaire.

lymphe des animaux une demi-heure ou trois quarts d'heure après l'introduction des liquides dans l'estomac.

1re EXPÉRIENCE. Un chien a avalé quatre onces d'une décoction de rhubarbe ; une demi-heure ensuite, on a extrait la lymphe du canal thoracique. Ce fluide n'a présenté aucune trace de rhubarbe ; et cependant à peu près la moitié du liquide avait disparu du canal intestinal, et l'urine contenait sensiblement la matière colorante.

2e EXPÉRIENCE. On a fait boire à un chien six onces d'une dissolution de prussiate de potasse dans l'eau ; un quart d'heure après l'urine contenait, d'une manière très-apparente, le prussiate : la lymphe extraite du canal thoracique n'en présentait point.

Expériences sur l'absorption lymphatique.

3e EXPÉRIENCE. Trois onces d'alcool étendu d'eau (1) furent données à un chien : au bout d'un quart d'heure ; le sang de l'animal avait une odeur d'alcool prononcée : la lymphe n'offrait rien de semblable.

4e EXPÉRIENCE. Le canal thoracique ayant été lié au cou sur un chien, on lui fit boire deux onces d'une décoction de noix vomique, liquide très-vénéneux pour ces animaux. L'animal mourut tout aussi promptement que si l'on avait laissé le canal

---

(1) L'alcool pur tue promptement les chiens.

Expériences sur l'absorption lymphatique.

thoracique intact. A l'ouverture du cadavre, on s'assura que le canal de la lymphe n'était pas double, qu'il n'avait qu'un débouché dans la veine sous-clavière gauche, et qu'il avait été bien lié.

5e EXPÉRIENCE. On lia de même le canal thoracique à un chien, et on lui injecta deux onces de décoction de noix vomique dans le rectum : les effets furent semblables à ceux qui seraient survenus si le canal n'eût point été lié, c'est-à-dire que l'animal mourut très-promptement. La disposition du canal était analogue à celui de l'expérience précédente.

6e EXPÉRIENCE. M. Delille et moi nous fîmes sur un chien qui, sept heures auparavant, avait mangé une grande quantité de viande, afin que les lymphatiques chylifères devinssent faciles à apercevoir; nous fîmes, dis-je, une incision aux parois abdominales, et nous tirâmes au dehors une anse d'intestin grêle, sur laquelle nous appliquâmes deux ligatures, à quatre décimètres l'une de l'autre. Les lymphatiques qui naissaient de cette portion d'intestin étaient très-blancs et très-apparents, à raison du chyle qui les distendait. Deux nouvelles ligatures furent placées sur chacun de ces vaisseaux, à un centimètre de distance, et nous coupâmes ces vaisseaux entre les deux ligatures. Nous nous assurâmes en outre, par tous les moyens possibles que l'anse d'intestin sortie de l'abdomen n'avait plus de communication avec le

Expériences sur l'absorption lymphatique.

reste du corps par les vaisseaux lymphatiques. Cinq artères et cinq veines mésentériques se rendaient à cette portion intestinale; quatre de ces artères et autant de veines furent liées et coupées de la même manière que les lymphatiques; ensuite les deux extrémités de notre anse d'intestin furent coupées et séparées entièrement du reste de l'intestin grêle. Ainsi nous eûmes une portion d'intestin grêle longue de quatre décimètres, ne communiquant plus avec le reste du corps que par une artère et une veine mésentériques. Ces deux vaisseaux furent isolés dans une longueur de quatre travers de doigt; nous enlevâmes même la tunique celluleuse, de peur que des lymphatiques n'y fussent restés cachés. Nous injectâmes alors dans la cavité de l'anse intestinale environ deux onces de décoction de noix vomique, et une ligature fut appliquée pour s'opposer à la sortie du liquide injecté. L'anse, enveloppée d'un linge fin, fut replacée dans l'abdomen. Il était une heure précise; à une heure six minutes, les effets du poison se manifestèrent avec leur intensité ordinaire : en sorte que tout se passa comme si l'anse d'intestin eût été dans son état naturel.

M. le docteur Ségalas a fait la contre-épreuve de cette expérience; je transcris littéralement les faits suivants de son mémoire.

« 1re *Expérience*. J'ai pris une anse intestinale, que j'ai isolée des parties intestinales voisines par

Expériences de M. Ségalas sur l'absorption.

deux incisions; j'ai lié les artères et les veines qui s'y rendaient, avec la précaution de ne pas embrasser dans mes ligatures les vaisseaux chylifères rendus apparents par la présence du chyle; j'ai appliqué une ligature à une extrémité de l'anse intestinale, j'ai injecté dans sa cavité le poison dont je m'étais déjà servi, une dissolution aqueuse d'extrait alcoolique de noix vomique; je l'ai maintenu dans cette cavité par une seconde ligature; j'ai replacé l'anse intestinale dans le ventre, et je n'ai pas obtenu d'empoisonnement pendant une heure entière que j'ai observé l'animal. Cependant j'avais employé un demi-gros d'extrait, préparé avec soin par M. Labarraque, et éprouvé déjà par plusieurs expériences antérieures, où quelques grains de cette substance avaient suffi pour faire périr les animaux sur lesquels j'opérais, les chiens.

» A cette expérience, on peut objecter que la circulation étant interrompue dans l'anse intestinale, l'absorption a pu y être suspendue par le défaut seul de l'excitation sanguine; et qu'en conséquence le non-empoisonnement, en ce cas, ne prouve pas la non-absorption, dans l'état naturel, par les vaisseaux chylifères.

» Sans m'arrêter ici à examiner l'influence de la circulation sur l'absorption, influence qu'on ne peut du reste apprécier au juste sans déterminer antérieurement quels sont les véritables agents de l'absorption, je me bornerai à faire observer que

Expériences de M. Ségalas sur l'absorption.

les partisans de l'absorption par les vaisseaux lymphatiques citent plusieurs expériences analogues faites par Hunter, et dans lesquelles ce physiologiste dit avoir reconnu, après l'isolement de l'anse intestinale et la ligature des artères et des veines, le passage, dans les vaisseaux chylifères, d'une certaine quantité de lait, d'eau tiède, d'eau musquée, de dissolution d'empois coloré, etc.; et que si mon expérience est rejetée à cause de la mort présumée de l'anse intestinale, les expériences semblables de Hunter doivent l'être aussi par la même raison. D'ailleurs ces expériences, qui paraissent être les plus favorables de toutes à l'absorption par les vaisseaux lymphatiques, sont susceptibles chacune d'objection particulière : on peut dire, par exemple, que le fluide blanc que Hunter a vu dans les vaisseaux chylifères un quart d'heure après avoir mis du lait dans l'anse intestinale n'était que du chyle préparé avec ce lait, ou du mucus intestinal, déposé antérieurement dans les radicules chylifères, dans l'espèce de tissu spongieux que constitue leur ensemble; on peut dire que les vaisseaux chylifères vides présentant, à cause de leur transparence, une couleur variable, selon celle des corps que l'on voit au travers, Hunter a pu s'en laisser imposer, et croire gratuitement à la présence, dans ces vaisseaux, de l'eau tiède, de l'eau colorée, etc.

» 2e *Expérience.* Pour éviter l'objection assez fondée de la mort de l'anse intestinale, j'ai, sur un second chien, pris une autre anse intestinale, que j'ai de même isolée du reste du tube digestif et du système circulatoire, en laissant seulement une grosse artère pour y porter le sang. Le résultat a été le même que dan le cas précédent : il n'y a pas eu d'empoisonnement.

Expériences de M. Ségalas sur l'absorption.

» Mais encore ici on peut objecter que la stase du sang veineux dans l'anse d'intestin a pu donner lieu à une sorte d'asphyxie locale qui, relativement à l'absorption, équivaut peut-être à la mort réelle; et qu'il n'est pas étonnant que cette absorption n'ait pas eu lieu.

» 3e *Expérience*. Pour répondre à cette nouvelle objection, j'ai, sur un troisième chien, pris une nouvelle anse intestinale, que j'ai disposée comme la précédente, avec cette différence, que j'ai isolé la veine correspondante à l'artère conservée, et que je l'ai maintenue au dehors, après l'avoir détachée du mésentère avec les précautions convenables. Par cette veine, j'ai donné issue à l'excédent du sang veineux, et cependant le poison porté dans l'anse intestinale n'a pas agi.

» On pouvait soupçonner que quelque circonstance accidentelle ou individuelle s'était opposée à l'absorption; j'ai, pour éloigner cette idée, fait une dernière épreuve.

» 4e *Expérience*. Après avoir vainement essayé d'empoisonner un chien, comme dans le cas précédent, et avoir attendu pendant une heure en-

Expériences de M. Ségalas sur l'absorption.

tière, j'ai rétabli la circulation naturelle en déliant une veine, et l'empoisonnement a eu lieu au bout de six minutes.

» Ces résultats, qui d'ailleurs écartent l'objection que l'on prétendait tirer contre votre expérience de l'anse intestinale (1), des anastomoses entre les radicules veineuses et lymphatiques, me semblent annoncer que *l'absorption intestinale est opérée exclusivement par les veines, du moins sur la substance que j'ai employée.*»

Ces expériences ont toutes été répétées devant moi; je les ai fait varier de diverses manières, et les résultats ont toujours été les mêmes. Réunies à celles que j'ai rapportées plus haut, elles me semblent suffire pour établir positivement que les vaisseaux lymphatiques ne sont pas les seuls agents de l'absorption intestinale, et qu'elles doivent rendre au moins douteux que l'absorption de ces vaisseaux s'exerce sur d'autres substances que le chyle (2).

C'est plutôt par analogie que sur des faits positifs que l'on a admis l'absorption lymphatique dans les surfaces muqueuses génito-urinaires et pulmo-

---

(1) Ces recherches m'ont été adressées, sous forme de lettre, dans mon *Journal de Physiologie*, tom. II.

(2) Ces diverses expériences ont été répétées et variées par MM. Tiedmann et Gmelin, avec des résultats tout-à-fait identiques.

naires, dans les membranes séreuses et synoviales, dans le tissu cellulaire, à la surface de la peau et dans le tissu des organes. Toutefois nous allons examiner le petit nombre de preuves sur lesquelles les auteurs se sont appuyés.

Absorption lymphatique des membranes muqueuses.

Les vaisseaux lymphatiques du canal intestinal sont les seuls organes de l'absorption qui s'y opère ; donc les vaisseaux lymphatiques du reste du corps, qui présentent une disposition semblable ou très-analogue aux chylifères, doivent jouir de la même faculté : tel est le raisonnement des partisans de l'absorption par les lymphatiques; et comme il est connu que toutes les surfaces extérieures et intérieures de l'économie absorbent, on en a conclu que les vaisseaux lymphatiques étaient partout les instruments de l'absorption.

Si la faculté absorbante des lymphatiques du canal intestinal était bien démontrée pour d'autres substances que le chyle, ce raisonnement aurait en effet beaucoup de force; mais, comme on a vu tout-à-l'heure que rien n'est moins certain, nous ne pouvons l'admettre, et nous sommes obligés de recourir aux autres faits ou aux expériences qui, à ce qu'on croit généralement, démontrent l'absorption lymphatique.

Absorption lymphatique des membranes séreuses.

Sur des animaux morts à la suite d'hémorrhagie pulmonaire ou abdominale, Mascagni a trouvé les lymphatiques des poumons et du péritoine remplis de sang; il en a conclu que ces vaisseaux avaient absorbé le fluide qui les remplissait : mais j'ai souvent rencontré, soit sur des animaux, soit chez l'homme, des lymphatiques distendus par du sang, dans des cas où il n'y avait aucun épanchement de ce fluide ; et d'ailleurs, dans certains cas, il y a si peu de différence entre la lymphe et le sang, qu'il serait difficile de les distinguer. Ainsi le fait de Mascagni est peu important pour la question.

J. Hunter, après avoir injecté de l'eau colorée par de l'indigo dans le péritoine d'un animal, dit avoir vu les lymphatiques, peu de temps ensuite, remplis d'un liquide de couleur bleue (1); mais ce fait a été démenti par les expériences de Flandrin sur les chevaux. Cet auteur a injecté dans la plèvre et dans le péritoine, non seulement une dissolution d'indigo dans de l'eau, mais d'autres liqueurs colorées, et jamais il ne les a vues passer dans les lymphatiques, quoique les unes et les autres aient été promptement absorbées.

Nous avons, M. Dupuytren et moi, fait plus de cent cinquante expériences, dans lesquelles nous

---

(1) M. Herbert Mayo, qui a publié un ouvrage périodique fort intéressant sur l'anatomie et la physiologie, a trouvé la cause de l'illusion de Hunter. Dans l'état ordinaire, et sans qu'un animal ait pris d'indigo, les lymphatiques chylifères prennent une teinte bleuâtre peu de temps après la mort.

avons soumis à l'absorption des membranes séreuses un grand nombre de fluides différents, et jamais nous ne les avons vus s'introduire dans les vaisseaux lymphatiques.

Expériences sur l'absorption des membranes séreuses.

Les substances introduites ainsi dans les cavités séreuses produisent des effets très-prompts, en raison de la rapidité avec laquelle elles sont absorbées. L'opium assoupit, le vin enivre, etc. Je me suis assuré par plusieurs expériences, que la ligature du canal thoracique ne diminue en rien la promptitude avec laquelle ces effets se manifestent.

Il est donc très-douteux que les vaisseaux lymphatiques soient les organes qui absorbent dans les cavités séreuses. Ajoutons que l'arachnoïde, la membrane de l'humeur aqueuse, l'hyaloïde, dont la disposition et la structure sont très-analogues à celles des membranes séreuses, et dans lesquelles on n'a jamais aperçu aucun vaisseau lymphatique, jouissent d'une faculté absorbante tout aussi active que celle des autres membranes du même genre.

Absorption lymphatique du tissu cellulaire.

Quand on applique une ligature fortement serrée sur un membre, la partie de celui-ci la plus éloignée du cœur se gonfle, et la sérosité s'accumule dans le tissu cellulaire. Il arrive un phénomène analogue après certaines opérations du cancer de la mamelle, où l'on a été obligé d'emporter toutes les glandes lymphatiques de l'aisselle. On a expliqué ce phénomène en disant que la ligature ou l'ablation des glandes de l'aisselle s'oppose à la circulation de la lymphe, et surtout à son absorption dans le tissu cellulaire. Voyons jusqu'à quel point cette explication est satisfaisante. D'abord, la lymphe est un fluide très-différent de la sérosité cellulaire ; ensuite, l'accumulation de cette sérosité ne peut-elle pas dépendre d'autres causes que de l'empêchement de l'action absorbante des lymphatiques, de la gêne de la circulation ou du cours du sang veineux, par exemple ? En outre, la soustraction des glandes de l'aisselle ne produit pas constamment l'effet dont nous venons de parler, et l'on voit fréquemment des engorgements squirrheux, et même des désorganisations complètes des glandes de l'aisselle ou de l'aine, qui ne sont accompagnées d'aucun œdème (1).

Absorption lymphatique de la peau.

On donne des preuves plus nombreuses de l'absorption des vaisseaux lymphatiques à la peau.

Une personne se pique le doigt en disséquant un cadavre putréfié ; deux ou trois jours après, la piqûre s'enflamme, les glandes de l'aisselle correspondantes se gonflent et deviennent douloureuses. Dans quelques circonstances assez rares, ces effets sont accompagnés d'une rougeur vive et d'une pe-

(1) Nous verrons tout-à-l'heure que l'œdème des membres dépend de l'oblitération totale ou partielle des veines.

tite douleur dans tout le trajet des troncs lymphatiques du bras. On dit alors que la matière animale putréfiée a été absorbée par les lymphatiques du doigt, qu'elle est transportée par eux jusqu'aux glandes de l'aisselle, et que son passage a été partout marqué par l'irritation et l'inflammation des parties qu'elle a traversées.

Objections aux preuves de l'absorption lymphatique de la peau.

Il est certain que cette explication a pour elle toutes les apparences, et je ne prétends pas nier qu'elle ne soit bonne; je veux croire même qu'un jour l'exactitude en sera reconnue : mais quand on réfléchit qu'elle est en ce moment l'une des bases de la thérapeutique, et que souvent elle décide de l'emploi de médicaments énergiques, je pense qu'on ne saurait porter trop loin le doute à son égard. Je ferai donc sur cette explication les réflexions suivantes : Dans un grand nombre de cas, on se pique avec un scalpel imprégné de matière putréfiée, sans qu'il en résulte aucun accident. Il arrive fréquemment qu'une piqûre faite avec une aiguille parfaitement nette produit exactement les phénomènes décrits; un coup qui a légèrement contus l'extrémité du doigt amène quelquefois des effets semblables. La simple impression du froid aux pieds détermine souvent le gonflement des glandes de l'aine, et la rougeur des lymphatiques de la partie interne de la jambe et de la cuisse; il en est de même d'une chaussure trop étroite. On peut ajouter encore qu'il est fréquent de voir les veines s'enflammer à la suite des piqûres, et même concurremment avec les lymphatiques. J'en ai vu un exemple frappant et bien malheureux sur le cadavre du professeur Leclerc. Cet estimable savant mourut des suites de l'absorption de miasmes putrides, qui se fit par une petite écorchure qu'il avait à l'un des doigts de la main droite. Les lymphatiques et les glandes de l'aisselle étaient enflammés; ces glandes avaient une couleur brunâtre, évidemment maladive; mais la membrane interne des veines du bras droit présentait des traces non équivoques d'inflammation, et les glandes lymphatiques de tout le corps offraient la même altération que celle de l'aisselle droite.

Absorption lymphatique de la peau.

On rapporte encore comme preuve de l'absorption lymphatique plusieurs faits de pathologie. Après un coït impur, il se développe un ulcère sur le gland, et, quelques jours plus tard, les glandes de l'aine s'engorgent et deviennent douloureuses, ou bien ces mêmes glandes s'enflamment sans qu'il y ait eu précédemment d'ulcération sur la verge. Ce gonflement arrive fréquemment dans les premiers jours d'un écoulement blennorrhagique. On attribue, dans ces différents cas, l'engorgement des glandes à l'absorption du virus vénérien qui a été pris, dit-on, par les orifices lymphatiques et transporté jusqu'aux glandes. De même parce que des glandes de l'aine engorgées reviennent quelquefois à leur état naturel

Absorption lymphatique de la peau.

après des frictions mercurielles sur la partie interne de la cuisse correspondante, on a conclu que le mercure est absorbé par les lymphatiques de la peau, et qu'il va traverser les glandes de l'aine. Ces différents faits sont, il est vrai, de nature à faire soupçonner l'absorption par les vaisseaux lymphatiques, mais ils ne la démontrent certainement pas. Elle ne sera jamais réellement démontrée que lorsqu'on aura trouvé dans ces vaisseaux la substance qu'on supposera avoir été absorbée; et, comme on n'a jamais vu, dans les cas cités, ni le pus des ulcères vénériens et des blennorrhagies, ni le mercure dans les vaisseaux lymphatiques, il est clair qu'ils ne donnent pas une preuve démonstrative de l'absorption lymphatique. Il y a plus, quand même on rencontrerait, par la suite, soit du pus, soit de l'onguent mercuriel, ou toute autre substance administrée en friction, dans les vaisseaux dont nous parlons, il faudrait encore s'assurer si elles y ont pénétré par la voie de l'absorption; nous verrons plus bas avec quelle facilité les substances mêlées au sang passent dans le système lymphatique.

Mascagni cite une expérience qu'il fit sur lui-même et qui lui paraît des plus concluantes; je la traduis textuellement. « Ayant conservé pendant quelques heures mes pieds plongés dans l'eau, j'ai observé sur moi-même un gonflement un peu douloureux des glandes inguinales et de la transsudation d'un fluide à travers le gland. Je fus saisi ensuite

Absorption lymphatique de la peau.

d'une fluxion de la tête : un fluide âcre et salé s'écoula de mes narines. Voici comment j'explique ces phénomènes : lorsqu'une quantité extraordinaire de fluide remplissait les lymphatiques des pieds, et que les glandes inguinales en étaient gonflées, les lymphatiques du pénis s'en chargeaient plus difficilement. Les vaisseaux sanguins continuaient à séparer la même quantité de fluide ; mais les vaisseaux lymphatiques ne pouvaient pas l'emporter en entier, car le mouvement de leur propre fluide était retardé : c'est pourquoi le reste du fluide sécrété transsudait à travers le gland. De même par l'absorption abondante des lymphatiques des pieds, le canal thoracique se trouvait distendu avec une grande force, les lymphatiques de la pituitaire ne pouvaient plus absorber librement les fluides déposés sur la surface ; et de là coriza. » Cette expérience apprend que Mascagni eut les glandes de l'aine gonflées après avoir laissé quelque temps ses pieds dans l'eau : l'explication qui la suit est tout-à-fait hypothétique.

C'est encore l'induction seule qui a fait admettre l'absorption par les vaisseaux lymphatiques dans la profondeur des organes : aucune expérience ne vient à l'appui ; et les faits que l'on donne comme preuve, tels que les métastases, la résolution des tumeurs, la diminution de volume des organes, etc., établissent bien qu'il y a une absorption intérieure, mais ils ne prouvent nullement que les vaisseaux lymphatiques l'exécutent.

Je dois enfin citer un fait qui, à mon avis, est beaucoup plus favorable à la doctrine de l'absorption par les vaisseaux lymphatiques qu'aucun de ceux que j'ai rapportés jusqu'ici : on le doit à M. Dupuytren.

Observation relative à l'absorption lymphatique.

Une femme qui portait une tumeur énorme à la partie supérieure interne de la cuisse, avec fluctuation, mourut à l'Hôtel-Dieu en 1810. Peu de jours avant sa mort, une inflammation s'était montrée dans le tissu cellulaire sous-cutané, à la partie interne de la tumeur.

Le lendemain, M. Dupuytren fit l'ouverture du cadavre. A peine eut-il divisé la peau qui revêtait la tumeur, qu'il vit se former des points blancs sur les lèvres de l'incision. Surpris de ce phénomène, il dissèque avec soin la peau dans une certaine étendue, et voit le tissu cellulaire sous-cutané parcouru par des lignes blanchâtres, dont quelques unes étaient grosses comme des plumes de corbeau. C'étaient évidemment des vaisseaux lymphatiques remplis par une matière puriforme. Les glandes de l'aine auxquelles ces vaisseaux allaient se rendre étaient injectées de la même matière; les lymphatiques étaient pleins du même liquide, jusqu'aux glandes lombaires; mais ni ces glandes, ni le canal thoracique n'en présentaient aucune trace.

Il s'agit maintenant de savoir si l'on peut conclure de ce fait que les lymphatiques ont absorbé le fluide qui les remplissait : cela est probable; mais pour le rendre évident, il aurait fallu que l'identité du fluide que contenaient les lymphatiques et du pus qui remplissait le tissu cellulaire eût été constatée : or on s'en est tenu à l'apparence. M. Cruveilhier, qui rapporte ce fait, s'exprime ainsi : « J'ai dit que le liquide était du pus; il en avait l'opacité, la couleur blanche, la consistance. » Or, dans de semblables circonstances, la simple apparence est si trompeuse, qu'on risque beaucoup à s'en contenter. N'a-t-on pas, en suivant cette méthode, confondu long-temps deux liquides très-différents, le lait et le chyle, par la seule raison qu'ils avaient tous deux une même apparence? D'ailleurs, s'est-on assuré si le pus ne provenait pas des lymphatiques eux-mêmes qui auraient été enflammés, car c'est ce qui arrive quelquefois aux veines?

Dans beaucoup de circonstances analogues au cas que je viens de citer, c'est-à-dire à la suite d'inflammations érysipélateuses avec suppuration du tissu cellulaire des membres, je n'ai aperçu aucune trace de matière purulente dans les vaisseaux lymphatiques; et d'ailleurs il n'est pas rare que l'on trouve, dans les cas de ce genre, les veines qui naissent de la partie malade remplies d'une matière très-analogue au pus (1).

(1) Dans un cas observé à l'Hôtel-Dieu de Paris, on a

En nous résumant sur la faculté absorbante des lymphatiques, nous pensons qu'il n'est pas impossible qu'elle existe, mais qu'elle est loin d'être démontrée; et, comme nous avons un grand nombre de faits qui nous paraissent établir d'une manière positive l'absorption par les radicules veineuses, nous renvoyons l'histoire des différentes absorptions à l'époque où nous traiterons du cours du sang veineux.

Les connaissances acquises aujourd'hui sur l'imbibition des tissus vivants nous permettent d'ajouter une considération nouvelle et importante à celles qui viennent d'être présentées, et qui se trouvent en grande partie dans la première édition de cet ouvrage.

Nul doute qu'une substance solide ou liquide, susceptible d'être absorbée, ne puisse s'imbiber dans les parois des vaisseaux lymphatiques, et arriver, par une action physique, à l'intérieur de ces vaisseaux; mais l'absorption ne se compose pas uniquement d'un pareil phénomène : il faut encore que la substance qui a pénétré dans la cavité des vaisseaux soit transportée dans le torrent de la cir-

---

trouvé, à la suite d'une fracture compliquée d'abcès considérable, du pus dans les veines et dans les vaisseaux lymphatiques qui naissaient du lieu malade. La présence du pus dans les lymphatiques est très-fréquente après les métro-péritonites puerpérales.

culation : or, le plus souvent les lymphatiques sont vides, ils n'offrent aucun courant qui puisse entraîner les matières qu'ils pourraient absorber. Ce défaut de courant s'opposerait seul à ce que l'on regardât le système lymphatique comme le système absorbant.

Origine probable de la lymphe.

Revenons maintenant à l'origine de la lymphe, admise par les physiologistes.

Si, d'un côté, les fluides qu'on suppose absorbés par les vaisseaux lymphatiques s'éloignent de la lymphe par leurs propriétés physiques et chimiques ; si, d'un autre côté, la faculté absorbante des vaisseaux lymphatiques est un phénomène dont l'existence est fort douteuse, que penser de l'opinion reçue touchant l'origine de la lymphe ? N'est-il pas évident qu'elle a été bien légèrement admise, qu'elle réunit en sa faveur bien peu de probabilité ?

D'où vient donc le fluide qu'on rencontre dans les vaisseaux lymphatiques ? ou, en d'autres termes, quelle est l'origine, sinon véritable, du moins la plus probable, de la lymphe ?

En considérant 1° la nature de la lymphe qui a la plus grande analogie avec le sang, 2° la communication que l'anatomie démontre entre la terminaison des artères et les radicules des lymphatiques, 3° la facilité et la promptitude avec laquelle les substances colorantes ou salines s'introduisent

Absorption de la lymphe.

dans les vaisseaux de la lymphe (1), il devient, selon moi, très-probable que la lymphe est une partie du sang, qui, au lieu de revenir au cœur par les veines, suit la route des vaisseaux lymphatiques. Cette idée n'est pas entièrement neuve; elle se rapproche beaucoup de celle des anatomistes qui les premiers découvrirent les vaisseaux lymphatiques et qui pensaient que ces vaisseaux étaient destinés à rapporter au cœur une partie du sérum du sang.

Cette même idée prend une probabilité plus forte quand on sait que la pléthore artificielle du système sanguin augmente beaucoup la quantité de lymphe que contient le système lymphatique. (*Voyez* les considérations générales sur la circulation du sang.)

Cette discussion sur l'origine de la lymphe a pu paraître un peu longue; mais elle était indispensable pour faire éviter les opinions fausses sur l'absorption de ce fluide.

Il est clair qu'il faut s'en former une idée toute autre que celle qui se trouve consignée dans les ouvrages de physiologie, et se borner à les considérer comme l'introduction de la lymphe dans les radicules lymphatiques. Mais quelle obscurité environne ce phénomène! On ignore sa cause, son mécanisme, la disposition des instruments qui

---

(1) J'ai constaté ce fait par des expériences directes dont je rendrai compte plus bas.

l'exécutent, et jusqu'aux circonstances dans lesquelles il a lieu. En effet, comme nous le dirons tout-à-l'heure, il paraît que c'est seulement dans des cas particuliers que les lymphatiques contiennent de la lymphe.

Cette obscurité n'a rien qui doive nous surprendre ; nous avons déjà vu et nous aurons encore plus d'une fois l'occasion de voir qu'elle règne sur tous les phénomènes de la vie auxquels on ne peut appliquer les lois de la physique, de la chimie ou de la mécanique, par conséquent sur tous ceux qui se rapportent aux actions vitales et à la nutrition.

Cours de la lymphe.

Cours de la lymphe.

Nous n'avons que peu de mots à dire sur le cours de la lymphe ; les auteurs en font à peine mention, encore est-ce d'une manière très-vague, et nos observations sur ce sujet sont loin d'avoir été assez multipliées. Ce serait un sujet de recherches bien intéressant et tout-à-fait neuf.

D'après la disposition générale de l'appareil lymphatique, la terminaison du canal thoracique et des troncs cervicaux aux veines sous-clavières, la forme de l'arrangement des valvules, on ne peut douter que la lymphe ne coule des diverses parties du corps d'où naissent les lymphatiques, vers le système veineux; mais les phénomènes particuliers de ce mouvement, ses causes, ses variations, etc., n'ont point été jusqu'ici étudiés.

Voici le peu de remarques que j'ai été à même de faire à cet égard.

Observations sur le cours de la lymphe.

A. Sur l'homme et les animaux vivants, il est très-rare que les lymphatiques des membres, de la tête et du cou, contiennent de la lymphe; seulement leur surface inférieure paraît lubrifiée par un fluide très-ténu. Dans certains cas, cependant, la lymphe s'arrête dans un ou plusieurs de ces vaisseaux, les distend, et leur donne un aspect fort analogue aux veines variqueuses, à l'exception de la couleur. M. Sœmmering en a vu plusieurs dans cet état sur le dos du pied d'une femme, et j'ai eu occasion d'en observer un autour de la couronne du gland.

On trouve plus fréquemment sur des chiens, des chats, et autres animaux vivants, des vaisseaux lymphatiques pleins de lymphe à la surface du foie, de la vésicule du fiel, de la veine cave du tronc, de la veine porte, dans le bassin et sur les côtés de la colonne vertébrale.

Les troncs cervicaux sont aussi assez souvent remplis de lymphe; cependant il est loin d'être rare qu'ils en soient entièrement privés. Quant au canal thoracique, je ne l'ai jamais rencontré vide, même quand les vaisseaux lymphatiques du reste du corps étaient dans l'état de vacuité le plus parfait.

B. Pourquoi ces variétés dans la présence de la lymphe dans les vaisseaux lymphatiques? pourquoi

Observations sur le cours de la lymphe.

ceux de l'abdomen en contiennent-ils plus souvent que les autres? et pourquoi le canal thoracique en contient-il constamment? Je crois impossible de répondre maintenant à aucune de ces questions. Le seul fait que je crois avoir observé, mais que je ne voudrais pas garantir, c'est que la lymphe se trouve plus fréquemment dans les troncs lymphatiques du cou quand les animaux sont depuis long-temps privés de toute espèce d'aliments et de boissons.

C. A mesure que l'abstinence se prolonge chez un chien, la lymphe devient de plus en plus rouge. J'en ai vu qui avait presque la couleur du sang sur des chiens qui avaient jeûné huit jours et plus. Il m'a paru aussi que dans ces cas sa quantité est plus considérable.

D. La lymphe paraît marcher lentement dans ses vaisseaux. Quand on les pique sur l'homme vivant (je n'ai eu l'occasion de le faire qu'une seule fois), la lymphe ne s'écoule que lentement et sans former de jet. M. Sœmmering avait déjà fait une observation semblable.

Quand les troncs lymphatiques du cou sont remplis de lymphe, on peut aisément les isoler dans une étendue de plus d'un pouce. On peut observer alors que le liquide qui les remplit n'y coule que très-doucement. Si on les comprime de manière à faire passer la lymphe qui les distend dans la veine sous-clavière, il faut quelquefois plus d'une demi-heure avant qu'ils se remplissent de nouveau, et souvent ils restent vides.

E. Toutefois les vaisseaux lymphatiques ont la propriété de revenir sur eux-mêmes par l'effet de l'élasticité de leurs parois; ils se vident souvent d'eux-mêmes quand ils sont exposés à l'air. Il est probable que c'est parce qu'ils se sont contractés, qu'on les trouve presque toujours vides, sans en excepter le canal thoracique, sur les animaux récemment morts. Cette faculté est sans doute l'une des causes qui déterminent la lymphe à s'introduire dans le système veineux. La pression que les lymphatiques supportent par l'effet de la contractilité du tissu de la peau et des autres organes, de la contraction musculaire, du battement des artères, etc., doit être pour quelque chose dans le cours de la lymphe. Cela paraît évident pour les lymphatiques contenus dans la cavité abdominale.

Usages des glandes lymphatiques.

F. On ignore complètement l'usage des glandes lymphatiques, et c'est sans doute pourquoi elles ont été l'objet de beaucoup d'hypothèses. Malpighi les regardait comme autant de *petits cœurs* qui donnaient à la lymphe son mouvement progressif; d'autres auteurs ont avancé qu'elles servaient à *affermir les divisions* des vaisseaux lymphatiques, à *s'imbiber* comme des *éponges*, des humeurs *superflues*, à *fournir aux nerfs un suc nourrissant*, à *former la graisse*, etc.; enfin, chacun a donné un libre essor à son imagination (1).

Nous n'en dirons pas davantage sur le cours de la lymphe; on voit combien il reste à faire pour éclaircir ce phénomène et en général pour connaître tous ceux qui se rapportent aux fonctions du système lymphatique et à son utilité dans l'économie animale.

Si nos connaissances positives sur ce sujet sont aussi bornées, quelle confiance peut-on accorder aux théories médicales dans lesquelles on parle de l'*épaississement* de la lymphe, de l'*obstruction*, de l'*embarras* des glandes lymphatiques, du *défaut d'action* des bouches absorbantes lymphatiques, cause principale des hydropisies, etc.? et comment se décider à administrer des remèdes quelquefois violents d'après des idées de ce genre?

Les changements de structure et de volume qui arrivent aux glandes lymphatiques par les progrès de l'âge doivent faire présumer que l'action du système lymphatique éprouve des modifications aux différentes époques de la vie; mais rien de positif n'est connu sous ce rapport.

---

(1) J'omets à dessein de parler du *mouvement rétrograde* des fluides dans les vaisseaux lymphatiques; ce qu'ont dit Darwin et autres sur ce sujet paraît imaginaire. Il ne peut y avoir de mouvement rétrograde que par l'effet des anastomoses, et alors ce mouvement n'a rien que de très-simple.

COURS DU SANG VEINEUX.

Transporter le sang veineux de toutes les parties du corps aux poumons, tel est le but de la fonction que nous allons étudier. En outre, les organes qui l'exécutent sont en même temps les agents principaux de l'absorption qui s'exerce, soit à l'extérieur, soit à l'intérieur du corps (l'absorption du chyle et celle qui se fait à la surface aérienne du poumon exceptées).

Du sang veineux.

On donne ce nom au liquide qui est contenu dans les veines, le côté droit du cœur et l'artère pulmonaire, organes qui, par leur réunion, forment l'appareil propre au cours du sang veineux.

Propriétés physiques du sang veineux.

Ce liquide est d'une couleur rouge-brun, assez foncée pour qu'on lui ait appliqué l'épithète inexacte de *sang noir* : dans quelques cas, sa couleur est moins foncée, et peut même être écarlate. Son odeur est fade, *et sui generis ;* sa saveur est aussi particulière, et laisse cependant reconnaître qu'il contient des sels, et principalement le chlorure de sodium. Sa pesanteur spécifique est un peu plus grande que celle de l'eau. Haller l'a trouvée, terme moyen, :: 1,0527 : 1,000. Sa capacité pour le calorique peut être exprimée par 934, celle du sang artériel étant 921. Sa température moyenne est de 31 degrés de Réaumur.

Vu au microscope dans le moment où il se meut

dans les vaisseaux, le sang veineux présente un nombre infini de petits globules, dont les dimensions, la forme et la structure ont été examinées avec soin par MM. Prévôt et Dumas. (*Voyez* sang artériel.)

Coagulation du sang veineux.

Le sang veineux, extrait des vaisseaux qui lui sont propres, et abandonné à lui-même, forme, au bout de quelques instants, une masse molle. Peu à peu cette masse se sépare spontanément en deux parties : l'une liquide, jaunâtre, transparente, appelée *sérum*; l'autre molle, presque solide, d'un brun rougeâtre foncé, entièrement opaque; c'est le *cruor* réuni au *caillot*. Celui-ci occupe le fond du vase, le sérum est placé au-dessus. Quelquefois il se forme à la superficie du sérum une couche mince, molle, rougeâtre, à laquelle on a donné fort improprement le nom de *couenne* ou *croûte du sang*.

Dans l'instant où il se coagule, le sang laisse dégager quelques petites bulles de gaz, qui, pour arriver à la superficie, se creusent un petit canal à travers le caillot. Ce phénomène est beaucoup plus apparent dans le vide.

Cette séparation spontanée des éléments du sang n'a lieu promptement qu'autant qu'il est en repos. Si on l'agite, il reste liquide et conserve beaucoup plus long-temps son homogénéité.

Propriétés chimiques du sang veineux.

Mis en contact avec le gaz oxigène ou l'air atmosphérique, le sang veineux prend une teinte rouge vermeille; avec l'ammoniaque, il devient rouge cerise; avec l'azote, rouge brun, plus foncé, etc. (1) : en changeant de couleur, il absorbe une quantité assez considérable de ces différents gaz; conservé quelque temps sous une cloche placée sur le mercure, il exhale une assez grande quantité d'acide carbonique.

Le sérum est un liquide transparent, légèrement jaunâtre, ce qu'il doit à une matière colorante; son odeur et sa saveur rappellent l'odeur et la saveur du sang, son alcalinité est très-prononcée. A 70° il se prend en masse comme l'albumine; il forme, en se coagulant, de nombreuses cellules qui contiennent une matière très-analogue au mucus. Il conserve encore sa propriété de se coaguler en une seule masse, bien qu'il soit étendu d'une grande quantité d'eau. D'après M. Brande, le sérum serait de l'albumine liquide presque pure unie à la soude qui la maintiendrait liquide. Par suite tout réactif qui enlèverait la soude au sérum produirait sa coagulation, et par l'action de la chaleur la soude transformerait une partie de l'albumine en mucus. L'action de la pile galvanique coagule le sérum et y développe des globules qui ont beaucoup d'analogie avec ceux du sang.

---

(1) *Voyez*, pour les changements de couleur que subit le sang veineux avec les autres gaz, le tome III de la *Chimie* de M. Thénard, page 513.

Composition du sérum.

D'après M. Berzélius, 1000 parties de sérum de sang humain contiennent :

Eau			903,0
Albumine			80,0
Substances solubles dans l'alcool.	Lactate de soude et matière extractive	4	10,0
	Muriate de soude et de potasse	6	
Substances solubles dans l'eau.	Soude et matière animale, phosphate de soude	4	7,0
	Perte	3	
Total			1000,0

M. Le Canu, qui s'est occupé plus récemment de l'analyse du sang, donne au sérum une composition un peu différente et y signale deux matières grasses, dont l'une est cristallisable et l'autre huileuse.

Analyse du cérum d'après M. Le Canu.

	1re Analyse.	2e Analyse.
Eau	906,00	901,00
Albumine	78,00	81,20
Matières organiques solubles dans l'eau et l'alcool	1,69	2,05
Albumine combinée à la soude	2,10	2,55
Matière grasse cristallisable	1,20	2,10
Matière huileuse	1,00	1,30
Chlorure de sodium. —— de potassium.	6,00	5,32
Total	995,99	995,52

Report.		995,99	995,52
Sous-carbonate. Phosphate. Sulfate.		2,10	2,00
Sous-carbonate de chaux. —— de magnésie. Phosphate de chaux. —— de magnésie. —— de fer.		0,91	0,87
Perte		1,00	1,61
	Total.	1000,00	1000,00

Quelquefois le sérum présente une teinte blanchâtre, comme laiteuse; ce qui a pu faire croire qu'il contenait du chyle : la matière qui lui donne cette apparence paraît être de la graisse (1).

Composition chimique du caillot.

Le caillot du sang est essentiellement formé de fibrine et de matière colorante.

Séparée de la matière colorante, la fibrine est

(1) Le docteur Hewart Traill a analysé le sérum du sang d'un individu qui avait une hépatite aiguë; il a trouvé, sur cent grains de ce sérum,

Eau.	78,9
Albumine.	15,7
Huile.	4,5
Sels.	0,9

Ces sels étaient 9,7 de muriates et 0,2 de lactates ; ce sérum était de couleur d'eau de gruau, et ressemblait à une émulsion.

solide, blanchâtre, insipide, inodore, plus pesante que l'eau, sans action sur les couleurs végétales; élastique quand elle est humide, elle devient cassante par la dessiccation.

Elle fournit, à la distillation, beaucoup de carbonate d'ammoniaque, etc., et un charbon très-volumineux, dont la cendre contient une grande quantité de phosphate de chaux, un peu de phosphate de magnésie, de carbonate de chaux et de carbonate de soude. Cent parties de fibrine sont composées de :

Carbone.	53,360
Oxigène.	19,685
Hydrogène.	7,021
Azote.	19,934
Total.	100,000

Matière colorante du sang.

La matière colorante est soluble dans l'eau et dans le sérum du sang; desséchée et calcinée ensuite au contact de l'air, elle se fond, se boursoufle, brûle avec flamme, et donne un charbon qu'on ne peut réduire en cendre qu'avec une extrême difficulté. Ce charbon, pendant sa combustion, laisse dégager du gaz ammoniac, et fournit la centième partie de son poids d'une cendre composée d'environ :

Oxide de fer.	55,0
Phosphate de chaux et trace de phosphate de magnésie.	8,5
Chaux pure	17,5
Acide carbonique.	19,5

Il est important de remarquer que dans aucune des parties du sang on ne trouve de gélatine ni de phosphate de fer, comme on l'avait cru d'abord.

Composition chimique du sang.

Les rapports respectifs de quantité du sérum et du caillot, ceux de la matière colorante et de la fibrine, n'ont point encore été examinés avec tout le soin désirable. D'après ce qu'on verra par la suite, il est à présumer qu'ils sont variables suivant une infinité de circonstances.

M. Le Canu, dans son estimable travail déjà cité, d'après vingt-deux expériences comparatives faites sur des personnes d'âge, de sexe et de tempérament différents, donne les résultats suivants :

Sur 1000 parties de sang.

	Fibrine sèche.	Fibrine humide.
Maximum. .	7,235	28,940
Minimum. .	1,360	5,440

On voit par conséquent combien la proportion de cet élément peut varier.

Causes de la coagulation du sang.

La coagulation du sang a été tour à tour attribuée à son refroidissement, au contact de l'air, à l'état de repos, etc.; mais J. Hunter et Hewson ont démontré, par des expériences, qu'on ne pouvait rapporter ce phénomène à aucune de ces causes. Hewson prit du sang frais, et le fit geler en l'exposant à une basse température. Il le fit ensuite dégeler : le sang se montra d'abord fluide, et peu de temps après il se coagula comme à l'ordinaire. J. Hunter a fait une expérience analogue, avec un semblable résultat. Ainsi ce n'est point parce qu'il se refroidit, que le sang se coagule. Il paraît même qu'une température un peu élevée est favorable à sa coagulation. L'expérience a aussi constaté que le sang se prend en masse, privé du contact de l'air et agité; cependant, en général, le repos et le contact de l'air favorisent sa coagulation.

Mais loin de rapporter la coagulation du sang à aucune influence physique il faut au contraire la considérer comme essentiellement vitale, c'est-à-dire comme donnant une preuve démonstrative que le sang est doué de la vie. Nous verrons bientôt de quelle importance est, dans plusieurs phénomènes de nutrition, la propriété qu'ont le sang et d'autres liquides de se coaguler.

Phénomènes de la coagulation du sang.

Pour prendre une idée plus précise de la coagulation du sang veineux, j'ai placé au foyer d'un microscope composé une goutte de ce fluide. Tant qu'il a été liquide, il s'est montré comme une masse rouge; mais dès qu'il a commencé à se coaguler, les bords sont devenus transparents et granuleux; la partie solide, presque opaque, a formé un nombre infini de petites mailles ou cellules, qui contenaient la partie liquide, beaucoup plus transparente : c'est cette disposition qui donnait au bord de la goutte de sang l'aspect granuleux. Peu à peu les mailles se sont agrandies par la rétraction des parties solides; dans plusieurs endroits elles ont disparu entièrement, et il n'est plus resté, entre la circonférence extérieure de la goutte de sang et le bord du caillot central, que des arborisations tout-à-fait analogues à celles que nous avons décrites dans la lymphe. Leurs divisions communiquaient entre elles à la manière des vaisseaux ou des nervures des feuilles. Ces observations doivent être faites à la lumière diffuse ou artificielle, car la lumière directe du soleil produit un dessèchement sans coagulation.

Dans beaucoup de circonstances le sang se coagule quoique contenu dans les vaisseaux qui lui sont propres; mais, en général, ce phénomène appartient à l'état de maladie.

Quelques auteurs avaient cru remarquer que le sang en se coagulant devenait plus chaud; mais J. Hunter, et tout récemment M. J. Davy, ont prouvé qu'il n'y avait point élévation de température.

Expériences sur la fibrine du sang.

A l'époque où l'on s'occupait beaucoup en France du galvanisme, on a avancé qu'en prenant une portion de caillot récemment formé, et en le soumettant à un courant galvanique, on le voyait se contracter à la manière des fibres musculaires : j'ai plusieurs fois essayé de produire cet effet, en soumettant des portions de caillot, au moment même de leur formation, à l'action de la pile. Je n'ai jamais rien vu de semblable. J'ai varié ces essais de diverses manières, et je n'ai pas été plus heureux. Tout récemment, j'ai répété cette expérience avec M. Biot : le résultat a été le même.

Analyse chimique du caillot.

Le caillot du sang veineux soumis à l'analyse par M. Le Canu a donné à ce chimiste le résultat suivant :

Analyse du caillot.

	1re Analyse.	2e Analyse.
Eau.	780,145	785,590
Fibrine.	2,100	3,565
Albumine.	65,090	69,415
Matière colorante.	133,000	119,626
Matière grasse cristallisable.	2,430	4,300
Matière huileuse.	1,310	2,270
Matières extractives solubles dans l'alcool et dans l'eau.	1,790	1,920
Albumine combinée à la soude.	1,265	2,010
Chlorure de sodium. —— de potassium. Sous-carbonates. Phosphate. Sulfate.	8,370	7,304
Sous-carbonate de chaux. —— de magnésie. Phosphate de chaux. —— de magnésie. —— de fer. Per-oxide de fer.	2,100	1,414
Perte.	2,400	2,586
Total.	1000,000	1000,000

L'analyse du sang veineux, telle que nous venons de l'indiquer, fait connaître les éléments propres de ce liquide; mais, comme toutes les matières qui existent dans le canal intestinal, les membranes séreuses, le tissu cellulaire, etc., se mêlent au sang veineux, il en résulte que la composition de ce liquide doit varier à raison des matières absorbées. On y trouvera, dans diverses circonstances, de l'alcool, de l'éther, du camphre, des sels qu'il ne contient pas habituellement, etc., lorsque ces substances auront été soumises à l'absorption dans une partie quelconque du corps.

La plus ou moins grande promptitude avec laquelle le sang se prend en masse, la solidité du caillot, la séparation du sérum, la formation d'une couche albumineuse à sa surface, la température particulière de ce liquide, soit dans les vaisseaux, soit hors des vaisseaux, etc., sont autant de phénomènes que nous examinerons à l'article du sang artériel.

Appareil du cours du sang veineux.

Cet appareil se compose, 1° des veines 2° de l'oreillette et du ventricule droits du cœur; 3° de l'artère pulmonaire.

Des veines.

Des veines.

La disposition des veines dans le tissu des organes échappe aux sens. Lorsque l'on commence à les apercevoir, elles se présentent sous la forme d'un nombre infini de petits canaux, d'une excessive ténuité, communiquant très-fréquemment entre eux, et formant une sorte de lacet à mailles très-fines; bientôt les veines augmentent de volume, tout en conservant la disposition réticulaire. Elles arrivent de cette manière à former des vaisseaux dont la capacité, la forme et la disposition, varient suivant chaque tissu, et même suivant chaque organe.

Origine des veines.

Quelques organes paraissent presque entièrement formés par des radicules veineuses : tels sont la rate, les corps caverneux de la verge, le clitoris, le mamelon, l'urètre, le gland, etc. Quand on pousse une injection dans l'une des veines qui sortent de ces divers tissus, ils se remplissent entièrement de la matière injectée; ce qui n'arrive point, ou rarement, quand l'injection est poussée par les artères. L'incision des mêmes parties sur l'homme ou sur les animaux vivants en fait sortir un sang qui a toutes les apparences du sang veineux (1).

Les racines des veines sont continues avec les artères et les vaisseaux lymphatiques, l'anatomie ne laisse aucun doute à cet égard; d'autres radicules,

(1) La communication du tissu caverneux de la verge avec les veines se fait par des ouvertures de deux ou trois millimètres de diamètre.

dont la disposition est moins connue, paraissent ouvertes aux différentes surfaces des membranes du tissu cellulaire, et même dans le parenchyme des organes.

M. Ribes, ayant poussé du mercure dans l'une des branches de la veine porte, a vu les villosités de la membrane muqueuse intestinale se remplir de métal, et celui-ci se répandre dans la cavité de l'intestin. En poussant de l'air dans les veines des troncs vers les racines et en forçant la résistance des valvules (ce qui est très-facile sur les cadavres qui ont éprouvé un commencement de putréfaction), le même anatomiste a toujours vu l'air s'épancher avec la plus grande facilité dans le tissu cellulaire, quoique aucune rupture sensible des parois veineuses n'ait eu lieu. J'ai fait des remarques semblables en poussant de l'air ou d'autres fluides dans les veines du cœur. Ces faits, qui sont postérieurs à mes expériences sur l'absorption des veines dont je parlerai bientôt, s'accordent parfaitement avec elles.

Les veines du cerveau l'environnent de toutes parts, forment en grande partie la pie-mère, pénètrent dans les ventricules où elles contribuent à former les *plexus choroïdes* et la *toile choroïdienne*. Celles du testicule représentent un lacis très-fin qui recouvre les vaisseaux spermifères; celles des reins sont courtes et volumineuses, etc.

En abandonnant les organes pour se porter vers

Trajet des veines.

le cœur, les veines affectent encore des dispositio très-différentes. Au cerveau, elles sont logées ent les lames de la dure-mère, protégées par elles, portent le nom de *sinus*. Au cordon spermatiqu elles sont flexueuses, s'anastomosent fréquemme et forment le corps *pampiniforme*. Autour du vagi elles constituent le corps *rétiforme*. A l'utérus, ell sont très-volumineuses et offrent de fréquent flexuosités. Dans les membres, à la tête et au cou on peut les distinguer en *profondes*, qui accompa gnent les artères, et en *superficielles*, qui sont pl cées immédiatement au-dessous de la peau, au milie des troncs lymphatiques qui s'y trouvent.

A mesure que les veines s'éloignent des organe et se rapprochent du cœur, elles diminuent de nom bre et augmentent de volume, de telle manière qu toutes les veines du corps, qui sont innombrables se terminent à l'oreillette droite du cœur par troi troncs, la veine cave inférieure, la supérieure, et l veine coronaire.

Anastomoses des veines.

J'ai dit que les petites veines communiquent ensemble par des anastomoses fréquentes : cette disposition existe aussi dans les grosses veines et dans les troncs veineux. Les troncs superficiels des membres communiquent avec les veines profondes, les veines de l'extérieur de la tête avec celles de l'intérieur, les jugulaires externes avec les internes, la veine cave supérieure avec l'inférieure, etc. Ces anastomoses sont avantageuses au cours du sang dans ces vaisseaux.

Beaucoup de veines présentent dans leur cavité des replis de forme parabolique, nommés *valvules*. Ces replis ont deux faces libres et deux bords, dont l'un est adhérent aux parois de la veine, tandis que l'autre est flottant : le premier est plus éloigné du cœur, l'autre en est plus rapproché.

Valvules des veines.

Le nombre des valvules n'est pas partout le même. En général, elles sont plus multipliées là où le sang marche contre sa propre pesanteur, où les veines sont très-extensibles et n'ont qu'une faible pression à supporter de la part des parties circonvoisines : elles manquent au contraire dans les parties où les veines sont exposées à une pression habituelle qui favorise le mouvement du sang, et dans celles qui sont contenues dans les canaux non extensibles ; on en trouve rarement dans les veines qui ont moins d'une ligne de diamètre. Tantôt la largeur des valvules est assez grande pour oblitérer complètement le canal que la veine représente, et d'autres fois elles ont évidemment trop peu d'étendue pour produire cet effet. Tous les anatomistes avaient pensé que cette disposition dépend de l'organisation primitive ; mais Bichat a cru reconnaître qu'elle tient uniquement à l'état de resserrement ou de dilatation des veines au moment de la mort.

J'ai voulu m'assurer par moi-même de l'exactitude de l'idée de Bichat, et j'avoue qu'il m'est impossible de la partager. Je n'ai point vu que la distension des veines influât sur la grandeur des valvules : il m'a semblé au contraire qu'elle reste toujours la même ; mais la forme change par l'état de resserrement ou de dilatation, et c'est probablement ce qui en aura imposé à Bichat.

Structure des veines.

Trois membranes superposées forment les parois des veines. La plus extérieure est celluleuse, mais très-difficile à rompre. Si l'on en croit les ouvrages d'anatomie, celle qui vient ensuite est formée de fibres disposées parallèlement selon la longueur du vaisseau, et d'autant plus faciles à apercevoir que la veine est plus grosse et plus resserrée sur elle-même. J'ai cherché vainement à voir les fibres de la membrane moyenne des veines : j'y ai toujours observé des filaments excessivement nombreux, entrelacés dans toutes les directions et qui prennent l'apparence de fibres longitudinales quand la veine est plissée selon sa longueur, disposition qui se voit souvent dans les grosses veines.

Les veines sous-cutanées des membres dont les parois sont très-épaisses sont celles où l'on peut le plus facilement étudier la diposition de cette membrane.

On ignore la nature chimique de la couche fibreuse des veines : d'après quelques essais je soupçonne qu'elle est fibrineuse. Elle est extensible, assez résistante ; elle ne présente d'ailleurs aucune propriété, sur l'animal vivant, qui puisse la faire rapprocher des fibres musculaires. Irritée avec la pointe d'un scalpel, soumise à un courant galvanique, etc., elle ne présente point de contraction sensible (1).

La troisième membrane des veines, ou la tunique interne, est extrêmement mince et fort lisse par la face qui est en contact avec le sang. Elle est très-souple, très-extensible, et cependant elle présente une résistance considérable; elle supporte, par exemple, sans se rompre, la pression d'une ligature fortement serrée.

Quelques veines, telles que celles des sinus cérébraux, les canaux veineux des os, les veines sus-hépatiques, ont seulement leurs parois formées par cette membrane, et sont presque entièrement dépourvues des deux autres.

Propriétés physiques des veines.

Les trois tuniques réunies forment un tissu très-élastique. Quel que soit le sens selon lequel on alonge une veine, elle reprend promptement sa forme et ses dimensions premières, et je ne sais sur quel fondement Bichat a avancé qu'elles étaient dépourvues d'élasticité : rien n'est plus aisé que de s'assurer qu'elles possèdent cette propriété physique à un degré éminent.

(1) Malgré ces faits, que chacun peut aisément vérifier, certaines personnes soutiennent que les veines ne sont pas seulement élastiques, mais qu'elles sont encore contractiles d'une autre manière : cette dernière propriété des veines me paraît une chimère.

Une autre propriété physique qu'offrent à un haut degré les parois des veines est celle de l'imbibition : elles se comportent à cet égard, après la mort et durant la vie, comme des éponges à cellules très-fines, et se remplissent de tous les liquides mis en contact avec elles.

Un assez grand nombre de petites artères, de veinules, et quelques filaments du grand sympathique, se répandent dans les veines; aussi sont-elles loin d'être toujours étrangères aux désordres maladifs qui surviennent dans l'économie animale. Quelquefois elles paraissent affectées d'inflammation.

Des cavités droites du cœur.

Le cœur est trop connu pour qu'il soit nécessaire d'insister sur sa forme et sur sa structure, j'en rappellerai seulement les circonstances principales. Dans l'homme, les mammifères et les oiseaux, il est formé de quatre cavités, deux supérieures ou *oreillettes*, et deux inférieures ou *ventricules*. L'oreillette et le ventricule gauches appartiennent à l'appareil du cours du sang artériel; l'oreillette et le ventricule droits font partie de celui du sang veineux.

Oreillette droite du cœur.

Il serait difficile de dire quelle est la forme de l'oreillette droite : son plus grand diamètre est transversal; sa cavité, dont les dimensions sont sujettes à de grandes variations, présente en arrière l'ouverture des deux veines caves et celle de la veine coronaire : en dedans, elle offre un petit enfoncement nommé *fosse ovale*, qui indique le lieu qu'occupait dans le fœtus le trou Botal. En bas, l'oreillette présente une large ouverture qui conduit dans le ventricule droit. La surface interne de l'oreillette présente ses *colonnes charnues*, c'est-à-dire un nombre infini de prolongements arrondis ou aplatis, entre-croisés dans tous les sens de manière à présenter une sorte de tissu aréolaire ou spongieux, répandu à la face interne de l'oreillette, y formant une couche plus ou moins épaisse.

A l'endroit où la veine cave inférieure se joint à l'oreillette, il existe quelquefois un repli de la membrane interne appelé *valvule d'Eustache*.

La face externe et antérieure du ventricule droit est très-voisine du sternum, et s'y applique même lorsque le sang distend sa cavité. Nous verrons tout-à-l'heure l'importance de cette remarque.

Ventricule droit.

Le ventricule droit a une cavité plus spacieuse et des parois plus épaisses que l'oreillette; il a la forme d'un prisme triangulaire, dont la base correspond à l'oreillette et à l'artère pulmonaire, et le sommet à la pointe du cœur; toute sa surface est couverte de saillies alongées et arrondies, qui sont aussi nommées *colonnes charnues* : la disposition en est fort irrégulière. Comme celles de l'oreillette, elles forment un tissu réticulaire ou caver-

Colonnes charnues du ventricule droit.

neux dans toute l'étendue du ventricule, et particulièrement vers la pointe.

Les colonnes du ventricule, étant généralement plus grosses que celles de l'oreillette, donnent aussi lieu à un réseau dont les mailles sont moins fines. Quelques unes, nées de la surface des ventricules, se terminent en formant un ou plusieurs tendons qui vont s'attacher au bord libre de la valvule *tricuspide*, placée à l'ouverture par laquelle l'oreillette et le ventricule communiquent ensemble.

A côté, et un peu à gauche de celle-ci, est l'orifice de l'artère pulmonaire.

Les parois de l'oreillette et du ventricule sont formées de trois couches : l'une, extérieure, de nature séreuse ; l'autre, interne, analogue à la membrane interne des veines ; et la moyenne, de nature musculaire, essentiellement contractile. Cette couche, peu épaisse à l'oreillette, l'est bien davantage au ventricule.

Les fibres innombrables qui la composent ont un arrangement très-difficile à démêler. Beaucoup d'auteurs très-recommandables en ont fait l'objet de travaux assidus; mais, malgré leur patience et leur adresse, la disposition de ces fibres n'est pas encore bien connue : heureusement qu'il n'est pas nécessaire d'en avoir une idée exacte pour comprendre l'action de l'oreillette et celle du ventricule.

Le cœur a des artères, des veines et des vaisseaux lymphatiques ; ses nerfs viennent du grand sympathique, et se répandent, soit dans les parois des artères, soit dans le tissu musculaire.

De l'artère pulmonaire.

Artère pulmonaire

Elle naît du ventricule droit et se porte aux poumons. D'abord elle ne forme qu'un seul tronc : bientôt elle se partage en deux branches, dont l'une va au poumon droit, et l'autre au poumon gauche. Chacune de ses branches se divise et se subdivise jusqu'au point de former une multitude infinie de petits vaisseaux, dont la ténuité est telle, qu'ils sont à peu près inaccessibles aux sens.

Les divisions et subdivisions de chacune des branches de l'artère pulmonaire ont ceci de remarquable, qu'elles n'ont point de communication entre elles avant d'être devenues d'une petitesse excessive. Les dernières divisions sont continues immédiatement avec les radicules des veines pulmonaires; elles commencent ce qu'on nomme les vaisseaux capillaires pulmonaires, qui sont complétés par les racines des veines qui du poumon vont se rendre au cœur. Le calibre de ces vaisseaux suffit à peine pour laisser passer les globules du sang, qui n'ont cependant qu'un cent cinquantième de millimètre, et paraît dans un rapport intime avec la viscosité naturelle du sang, au point que si celle-ci augmente ou diminue, il en résulte des troubles graves dans le passage du sang à travers les capillaires du poumon.

L'artère pulmonaire est formée de trois tuniques : l'une, extérieure, fort résistante, de nature cellulaire ; l'autre, interne, très-polie par sa face interne, et toujours lubrifiée par un fluide visqueux ; et une moyenne, à fibres circulaires, très-élastique, que l'on a crue long-temps musculaire, mais qui n'a rien moins que ce caractère. Sa nature chimique vient d'être déterminée avec précision par M. Chevreul. Elle est formée par le tissu *jaune élastique*, principe immédiat distinct de tous les autres. C'est à ce tissu que l'artère doit principalement son élasticité ; mais cette propriété ne s'y maintient qu'autant que le tissu est pénétré d'eau ; quand il en est privé pendant quelque temps, il devient friable. Il est donc très-probable que la membrane jaune de l'artère pulmonaire s'imbibe continuellement de la partie aqueuse du sang qui la traverse, et qu'elle conserve ainsi la grande élasticité qui la caractérise.

Le tissu des parois de l'artère et des capillaires pulmonaires s'imbibe facilement de toutes les matières avec lesquelles il se trouve en contact. Comme toutes les membranes il se laisse aisément traverser par les vapeurs et les gaz.

Cours du sang veineux.

Cours du sang dans les veines.

De l'aveu des physiologistes les plus estimés, le cours du sang veineux est encore peu connu. Nous

Cours du sang dans les veines.

n'en décrirons ici que les phénomènes les plus apparents, nous réservant d'entrer dans les questions délicates lorsqu'il sera question du rapport du cours du sang dans les veines avec celui du même liquide dans les artères. C'est alors que nous parlerons de la cause principale qui détermine l'entrée du sang dans les radicules veineuses et de son cours ultérieur dans les veines plus volumineuses et même dans les gros troncs veineux.

Pour prendre une idée générale, mais juste, du cours du sang dans les veines, il faut se rappeler que la somme des petites veines forme une cavité de beaucoup supérieure à celle des veines plus grosses, mais moins nombreuses, dans lesquelles elles vont se rendre; que celles-ci présentent le même rapport relativement aux troncs où elles se terminent : par conséquent, le sang qui coule dans les veines des racines vers les troncs passe toujours d'une cavité plus spacieuse dans une qui l'est moins. Or le principe d'hydrodynamique suivant peut s'appliquer ici : *Lorsqu'un liquide coule à plein tuyau, la quantité de ce liquide qui, dans un instant donné, traverse les différentes sections du tuyau doit être partout la même : ainsi quand le tuyau va en s'élargissant, la vitesse diminue; elle s'accroît quand le tuyau va ensuite en se rétrécissant.*

L'expérience confirme l'exactitude du principe et la justesse de son application au cours du sang veineux. Si l'on coupe en travers une très-petite veine, le sang n'en sort qu'avec une extrême lenteur; il sort plus vite d'une veine plus grosse, et enfin il s'échappe avec une certaine rapidité d'un tronc veineux ouvert.

Plusieurs veines sont ordinairement chargées de transporter vers les gros troncs le sang qui a traversé un organe. A raison de leurs fréquentes anastomoses, la compression ou la ligature de l'une ou de plusieurs de ces veines n'empêche point et même ne diminue pas la quantité de sang qui retourne vers le cœur; seulement il acquiert une vitesse plus grande dans les veines qui restent libres.

Cours du sang dans les veines.

C'est ce qui arrive quand une ligature est appliquée sur le bras pour l'opération de la saignée.

Dans l'état ordinaire, le sang qui est apporté à l'avant-bras et à la main revient vers le cœur par quatre veines profondes, et au moins autant de superficielles; une fois le lien serré, le sang ne passe plus par les veines sous-cutanées, et très-difficilement traverse-t-il les profondes. Si alors on ouvre une des veines du pli du bras, il s'échappe en formant un jet continu, qui dure tant que la ligature reste serrée, et qui cesse le plus souvent dès qu'elle est enlevée.

A moins de causes particulières, les veines sont très-peu distendues par le sang; cependant celles où ce liquide a plus de vitesse le sont bien davantage : les très-petites veines au contraire le sont à peine. Par une raison facile à saisir, toutes les circonstances qui accélèrent la vitesse du sang dans une veine causent aussi une augmentation dans la distension du vaisseau.

L'introduction du sang dans les veines ayant lieu d'une manière continue, toute cause qui met obstacle à son cours produit la distension de la veine et la stagnation d'une quantité plus ou moins considérable de sang au dessous de l'obstacle dans sa cavité.

Influence des parois des veines sur le cours du sang.

Les parois des veines ne paraissent avoir qu'une influence très-faible sur le cours du sang; elles cèdent très-facilement quand la quantité de celui-ci augmente, et reviennent sur elles-mêmes quand elle diminue : mais ce resserrement est limité; il n'est point assez fort pour expulser entièrement le sang de la veine, aussi en contiennent-elles presque constamment dans les cadavres. J'ai plusieurs fois vu des veines vides, sur des animaux vivants, sans qu'elles fussent pour cela contractées, et d'autres fois j'ai observé que la colonne de liquide était loin de remplir entièrement la cavité du vaisseau.

Un grand nombre de veines, telles que celles des os, des sinus de la dure-mère, du testicule, du foie, etc., dont les parois sont adhérentes par leur superficie à un canal inflexible, ne peuvent avoir évidemment aucune influence sur le mouvement du sang qui parcourt leur cavité. Le sang veineux qui est épanché dans plusieurs tissus, et particulièrement dans le tissu spongieux des vertèbres, ne reçoit évidemment aucune influence des parois des cavités qu'il parcourt.

Toutefois, c'est à l'élasticité des parois des veines, et non à une contraction qui aurait de l'analogie avec celle des muscles, qu'il faut attribuer la faculté qu'elles ont de revenir sur elles-mêmes quand la colonne de sang diminue : aussi ce retour est-il beaucoup plus marqué dans celles où les parois sont plus épaisses, comme les superficielles.

Si les veines ont par elles-mêmes peu d'influence sur le cours du sang, plusieurs causes accessoires en exercent une des plus manifestes. Toute compression continue ou alternative, portant sur une veine, peut, lorsqu'elle est assez forte pour aplatir la veine, empêcher le passage du sang; si elle est moins considérable, elle s'opposera à la dilatation de la veine par l'effort du sang, et favorisera ainsi le mouvement de celui-ci.

Circonstances qui favorisent le cours du sang veineux.

La pression habituelle que la peau des membres exerce sur les veines qui rampent au dessous d'elle est une cause qui rend plus facile et plus prompt le cours du sang dans ces vaisseaux; on n'en peut douter, car toutes les circonstances qui diminuent la contractilité du tissu de la peau sont tôt ou tard suivies de la dilatation considérable des veines, et, dans certains cas, de la production des varices. On sait aussi qu'une compression mécanique, exercée par un bandage approprié, rétablit les veines dans leurs dimensions ordinaires, ainsi que le cours du sang à leur intérieur.

Dans l'abdomen, les veines sont soumises à la pression alternative du diaphragme et des muscles abdominaux, et cette cause est également favorable à la marche du sang veineux de cette partie.

Les veines du cerveau supportent aussi une pression considérable, qui doit avoir le même résultat.

Toutes les fois que le sang veineux coule dans le sens de sa pesanteur, sa marche est d'autant plus facile; c'est l'opposé quand il marche contre sa pesanteur.

Rapports de l'épaisseur des parois des veines avec les causes qui retardent le cours du sang.

Ne négligeons pas de remarquer les rapports de ces causes accessoires avec la disposition des veines. Là où elles sont très-marquées, les veines ne présentent point de valvules, et leurs parois sont très-minces, comme on le voit dans l'abdomen, la poitrine, la cavité du crâne, etc.; là où elles ont moins d'influence, les veines offrent des valvules et ont des parois un peu plus épaisses; enfin, là où elles sont très-faibles, comme aux veines sous-cutanées, les valvules sont multipliées, et les parois ont une épaisseur considérable.

Si l'on veut prendre une idée comparative exacte dans ce genre, on n'a qu'à examiner la veine saphène interne, la crurale et le commencement de l'iliaque externe, au niveau de l'ouverture de l'aponévrose fémorale, destinée au passage de la saphène : le contraste pour l'épaisseur des parois sera frappant.

J'ai fait autrefois cette comparaison sur le cadavre d'un supplicié très-musculeux : les parois de la saphène étaient aussi épaisses que celles de l'artère carotide; la crurale et surtout l'iliaque externe avaient des parois beaucoup plus minces.

Prenons garde cependant de confondre parmi les circonstances favorables au cours du sang dans les veines des causes qui agissent de toute autre manière. Par exemple, il est généralement connu que la contraction des muscles de l'avant-bras et de la main pendant la saignée détermine l'accélération du mouvement du sang qui s'échappe par l'ouverture de la veine; les physiologistes disent que les muscles, en se contractant, compriment les veines profondes et en expulsent le sang qui passe alors dans les veines superficielles. S'il en était ainsi, l'accélération ne serait qu'instantanée ou tout au moins de courte durée, tandis qu'elle dure, en général, autant que la contraction. Nous verrons plus loin comment on doit se rendre raison de ce phénomène.

Causes qui augmentent le volume du sang contenu dans les veines.

Quand les pieds sont plongés quelque temps dans l'eau chaude, les veines sous-cutanées se gonflent; ce qui est généralement attribué à la raréfaction du sang. La véritable cause me paraît être l'augmentation de la quantité du sang qui se porte aux pieds, mais surtout à la peau, augmentation qui doit naturellement accélérer la vitesse du mouvement du sang dans les veines, puisque, dans un temps donné, elles sont traversées par une plus grande quantité de sang.

D'après ce qui précède, on conçoit sans peine que le sang veineux doit être fréquemment arrêté ou gêné dans son cours, soit par une trop forte compression qu'éprouvent les veines dans les positions diverses que prend le corps, soit par celle des corps étrangers qui appuient sur lui, etc. : de là la nécessité des anastomoses nombreuses que nous avons dit exister non seulement entre les petites veines, mais entre les grosses et même entre les plus gros troncs. A raison de ces fréquentes communications, une ou plusieurs veines étant comprimées de manière qu'elles ne puissent pas livrer passage au sang, ce fluide se détourne et arrive au cœur par d'autres routes : un des usages de la veine azygos paraît être d'établir une communication facile entre la veine cave supérieure et l'inférieure. Peut-être cependant que sa principale utilité est d'être l'aboutissant commun de la plupart des veines intercostales.

Usages des valvules des veines.

Il n'y a rien d'obscur dans l'action des valvules des veines : ce sont de véritables soupapes qui s'opposent au retour du sang vers les radicules veineuses, et qui remplissent d'autant mieux cet office qu'elles sont plus larges, c'est-à-dire plus favorablement disposées pour fermer entièrement la cavité de la veine.

Le frottement du sang contre les parois des veines, son adhésion à ces mêmes parois, le défaut de fluidité, doivent modifier le mouvement du sang dans les veines, et en général tendre à le ralentir ; mais il est impossible, dans l'état présent de la physiologie et de l'hydrodynamique, d'assigner avec précision l'effet de chacune de ces causes en particulier.

Modifications du cours du sang veineux.

Ce qui vient d'être dit sur le cours du sang veineux doit faire pressentir qu'il éprouve de grandes modifications, suivant une infinité de circonstances : nous aurons occasion de nous en convaincre davantage par la suite lorsque nous envisagerons d'une manière générale le mouvement circulaire du sang, abstraction faite de ses qualités artérielles ou veineuses.

Quoi qu'il en soit, le sang veineux de toutes les parties du corps arrive à l'oreillette droite par les trois troncs que nous avons déjà nommés ; savoir : deux très-volumineux, les veines caves ; et un fort petit, la veine coronaire.

Il est très-probable que le sang marche dans chacune de ces veines avec une vitesse différente : ce qu'il y a de certain, c'est que les trois colonnes du liquide font effort pour pénétrer dans l'oreillette, et que cet effort, dans certains cas, est très-considérable.

Absorption exercée par les veines.

Absorption veineuse.

Non seulement les radicules veineuses reçoivent immédiatement le sang des dernières ramifications artérielles, mais elles présentent encore un phénomène bien remarquable. Toute espèce de gaz ou de liquide mis en contact avec les diverses parties du corps (la peau exceptée) passe aussitôt dans les petites veines, et arrive bientôt au poumon avec le sang veineux. La même chose a lieu pour toutes les substances solides susceptibles de se laisser dissoudre par le sang ou par les fluides sécrétés. Au bout de très-peu de temps, elles s'introduisent dans les veines, et sont transportées au cœur et au poumon. Cette introduction et ce transport sont nommés *absorption veineuse*.

Pour prendre une idée de cette propriété, commune à toutes les veines, on n'a qu'à introduire une dissolution de camphre dans l'une des cavités séreuses ou muqueuses du corps, ou bien enfoncer dans le tissu d'un organe un morceau de camphre solide : peu d'instants après, l'air qui sort du poumon de l'animal a une odeur de camphre très-prononcée. Cette observation est facile à faire sur l'homme après l'administration des lavements camphrés; il est rare qu'après cinq ou six minutes l'haleine ne présente pas une odeur de camphre très-forte.

Presque toutes les substances odorantes qui ne se combinent pas avec le sang produisent des effets analogues.

Dans les expériences que j'ai faites sur l'absorption des veines, j'ai reconnu que la promptitude de l'absorption varie suivant les divers tissus : elle est, par exemple, beaucoup plus rapide dans les membranes séreuses que dans les muqueuses, plus prompte dans les tissus abondants en vaisseaux sanguins que dans ceux qui en contiennent moins, etc.

La qualité corrosive des liquides ou des solides soumis à l'absorption n'empêche pas celle-ci de s'effectuer ; elle semble, au contraire, être plus prompte que celle des substances qui n'attaquent pas les tissus (1).

Expériences sur l'absorption veineuse.

Ce sont les villosités intestinales, formées en partie par les radicules veineuses, qui absorbent dans l'intestin grêle tous les liquides, à l'exception du chyle. Il est facile de s'en convaincre, en intro-

(1) On parle beaucoup, dans les ouvrages modernes de physiologie, de la sensibilité propre aux bouches absorbantes ; elles sont douées, dit-on, d'un tact fin et sûr, par lequel elles discernent les substances utiles et s'en emparent, tandis qu'elles repoussent les substances nuisibles. Ces suppositions ingénieuses, qui ont un charme particulier pour notre esprit avide d'images, sont détruites aussitôt qu'elles sont soumises à l'expérience.

duisant dans cet intestin des substances odorantes ou fortement sapides, susceptibles d'être absorbées. Dès que l'absorption commence, jusqu'à ce qu'elle soit achevée, les propriétés de ces substances se reconnaissent dans le sang des branches de la veine porte, tandis qu'on ne les distingue dans la lymphe qu'assez long-temps après que l'absorption en a commencé. Nous ferons voir ailleurs qu'elles arrivent au canal thoracique, non par la voie de l'absorption directe des vaisseaux chylifères, mais par les communications des artères avec les lymphatiques.

Chacun sait que toutes les veines des organes digestifs se réunissent en un seul tronc, lequel se divise et se subdivise dans le tissu du foie. Cette disposition mérite d'être remarquée.

Expériences sur l'absorption veineuse.

A raison de l'étendue considérable de la surface muqueuse, avec laquelle les boissons ou autres liquides sont en contact, et de la rapidité de leur absorption par les veines mésaraïques, une quantité considérable de liquide étranger à l'économie traverse le système veineux abdominal dans un temps donné, et altère la composition du sang. Si ce liquide arrivait de cette manière au poumon, et de là à tous les organes, il pourrait en résulter des inconvénients graves, comme le démontrent les expériences suivantes.

Un gramme de bile poussé brusquement dans la veine crurale fait ordinairement périr un animal

Usage particulier de la veine porte.

en peu d'instants. Il en est de même d'une certaine quantité d'air atmosphérique introduit rapidement dans la même veine. L'injection faite de la même manière dans l'une des branches de la veine porte n'aura aucun inconvénient apparent. Pourquoi cette diversité de résultats ? Le passage des liquides étrangers à l'économie à travers les innombrables petits vaisseaux du foie aurait-il pour effet de les mêler plus intimement avec le sang, et de les répartir sur une plus grande quantité de ce fluide, de manière que sa nature chimique en fût peu altérée ? Cela devient d'autant plus probable, que la même quantité de bile ou d'air injectée très-lentement dans la veine crurale ne produit pas non plus d'accidents sensibles.

Absorption veineuse de la peau.

Il se pourrait donc que le passage des veines nées des organes digestifs, à travers le foie, fût nécessaire afin de mêler intimement avec le sang les matières absorbées dans le canal intestinal. Soit que cet effet ait lieu ou non, il n'est point douteux que les médicaments absorbés dans l'estomac et les intestins ne passent immédiatement à travers le foie, et qu'ils ne doivent avoir sur cet organe une influence qui me paraît mériter l'attention des médecins (1).

---

(1) Il serait curieux de savoir pourquoi, de tous les vaisseaux du foie, les branches de la veine porte sont les seules

Nous avons dit tout à l'heure que la peau faisait exception à cette loi générale, que les veines absorbent dans toutes les parties du corps. Cette proposition mérite un examen particulier.

Lorsque la peau est privée de l'épiderme, et que les vaisseaux sanguins qui revêtent la face externe du chorion sont à découvert, l'absorption s'y fait comme partout ailleurs. Après l'application d'un vésicatoire, si l'on couvre la surface dépourvue d'épiderme avec une substance dont les effets sur l'économie animale soient faciles à remarquer, quelques minutes suffisent souvent pour qu'ils se manifestent. Des caustiques appliqués sur des surfaces ulcérées ont souvent produit la mort.

Pour que l'inoculation de la petite-vérole ou de la vaccine ait un plein succès, il faut avoir soin de placer la substance au dessous de l'épiderme, et par conséquent de la mettre en contact avec les vaisseaux sanguins sous-jacents.

Les choses se passent bien différemment quand la peau est revêtue de son épiderme. A moins que

---

qui, par la disposition de leur membrane extérieure (*capsule de Glisson*), puissent revenir sur elles-mêmes quand la quantité de sang qui les parcourt diminue. Peut-être cette disposition est-elle favorable au cours du sang veineux qui, dans cette portion de la veine porte, marche d'un endroit plus étroit dans un endroit plus large, tandis que partout ailleurs il passe d'un lieu plus large dans un plus étroit.

les substances en contact avec celui-ci ne soient de nature à attaquer sa composition chimique, ou à exciter une irritation dans les vaisseaux sanguins correspondants, il n'y a pas d'absorption sensible. Ce résultat, je le sais, est contraire aux idées généralement admises. On pense, par exemple, que le corps, étant plongé dans un bain, absorbe une partie du liquide qui l'environne : c'est même sur cette idée qu'est fondé l'usage des bains nourrissants de lait, de bouillon, etc.

Expériences sur l'absorption de la peau.

Dans un travail publié récemment, M. Séguin a mis hors de doute, par une série d'expériences rigoureuses, que la peau n'absorbe point l'eau au milieu de laquelle elle est placée. Pour s'assurer s'il en serait de même pour d'autres liquides, M. Séguin a fait des essais sur des personnes affectées de maladies vénériennes. Il leur a fait plonger les pieds et les jambes dans des bains composés de seize livres d'eau et de trois gros de sublimé ; chaque bain durait une heure ou deux, et était répété deux fois par jour. Treize malades soumis à ce traitement pendant vingt-huit jours ne présentèrent aucun indice d'absorption ; un quatorzième en présenta d'évidents dès le troisième bain, mais il avait des excoriations psoriques aux jambes : deux autres qui étaient dans le même cas offrirent des phénomènes semblables. En général, l'absorption ne s'est manifestée que sur des sujets dont l'épiderme n'était pas entièrement intact ;

cependant, à la température de dix-huit degrés, il y a eu quelquefois du sublimé d'absorbé, mais jamais d'eau.

Parmi les expériences de M. Séguin, il en est une qui me paraît jeter un grand jour sur la faculté absorbante de la peau.

Expériences sur l'absorption de la peau.

Après avoir pesé séparément un gros de mercure doux, un gros de gomme gutte, un gros de scammonée, un gros de sel alembroth et un gros d'émétique, M. Séguin fit coucher un malade sur le dos, lui lava avec soin la peau de l'abdomen, et appliqua avec précaution sur des endroits écartés les uns des autres les cinq substances désignées; il les recouvrit chacune avec un verre de montre, et maintint fortement le tout avec une bande de linge. La chaleur de la chambre fut entretenue à quinze degrés; M. Séguin ne quitta pas le patient, afin de l'empêcher de remuer : l'expérience dura dix heures un quart. Les verres furent alors retirés et les substances recueillies avec le plus grand soin; elles furent ensuite pesées. Le mercure doux était réduit à soixante-onze grains un tiers; la scammonée pesait soixante-onze grains trois quarts; la gomme gutte, un peu plus de soixante-onze grains; le sel alembroth était réduit à soixante-deux grains (beaucoup de boutons s'étaient développés sur la place où il avait été appliqué); l'émétique pesait soixante-sept grains. Il est évident que, dans cette expérience, les substances les plus irritantes et les

Absorption de la peau.

plus disposées à se combiner avec l'épiderme furent en partie absorbées, tandis que les autres ne le furent pas sensiblement.

Mais ce qui n'arrive point par la simple application survient quand on fait des frictions sur la peau avec certaines substances. On ne peut douter que le mercure, l'alcool, l'opium, le camphre, les vomitifs, les purgatifs, etc., ne pénètrent par ce moyen dans le système veineux. Il paraît que ces différents médicaments traversent l'épiderme, soit en passant par ses pores, soit en s'insinuant dans les ouvertures par lesquelles sortent les poils ou la transpiration insensible.

Ainsi, en résumant ce qui a rapport à l'absorption de la peau, on voit que cette membrane ne diffère des autres surfaces du corps qu'en ce qu'elle est revêtue par l'épiderme. Tant que cette couche reste intacte et qu'elle ne se laisse pas traverser par les substances mises en contact avec la peau, il n'y a point d'absorption; mais, dès l'instant qu'elle est altérée ou seulement qu'elle est traversée, l'absorption a lieu comme partout ailleurs.

Je n'ignore pas que beaucoup de personnes seront étonnées en voyant que je n'hésite pas à attribuer aux veines la faculté absorbante, tandis que l'opinion générale est que toute espèce d'absorption se fait par les vaisseaux lymphatiques; mais, d'après les faits rapportés à l'article de l'*absorption de la lymphe*, et quelques autres que je vais ajouter, il m'est impossible de penser autrement. D'ailleurs, l'opinion que je soutiens n'est pas nouvelle; Ruysch, Boerhaave, Meckel, Swammerdam, l'ont professée; et Haller l'a soutenue, quoique les travaux anatomiques de J. Hunter ne fussent pas ignorés de lui.

Expérience sur l'absorption veineuse.

M. Delille et moi, nous séparâmes du corps la cuisse d'un chien assoupi précédemment par l'opium (afin de lui éviter les douleurs inséparables d'une expérience laborieuse); nous laissâmes seulement intactes l'artère et la veine crurale, qui conservaient la communication entre la cuisse et le tronc. Ces deux vaisseaux furent disséqués avec le plus grand soin, c'est-à-dire qu'ils furent isolés dans l'étendue de quatre centimètres; leur tunique cellulaire fut enlevée, dans la crainte qu'elle ne recélât quelques vaisseaux lymphatiques. Deux grains d'un poison très-subtil (l'upas tieuté) furent alors enfoncés dans la patte : les effets de ce poison furent tout aussi prompts et aussi intenses que si la cuisse n'eût point été séparée du corps; en sorte qu'ils se manifestèrent avant la quatrième minute, et que l'animal était mort avant la dixième.

On pouvait objecter que, malgré toutes les précautions prises, les parois de l'artère et de la veine crurale contenaient encore des lymphatiques, et que ces vaisseaux suffisaient pour donner passage au poison.

Pour lever cette difficulté, je répétai sur un autre chien l'expérience précédente, avec cette modification, que j'introduisis dans l'artère crurale un petit tuyau de plume, sur lequel je fixai ce vaisseau par deux ligatures; l'artère fut ensuite coupée circulairement entre les deux ligatures, j'en fis autant pour la veine crurale : par là il n'y eut plus de communication entre la cuisse et le reste du corps, si ce n'est par le sang artériel qui arrivait à la cuisse, et le veineux qui retournait au tronc. Le poison introduit ensuite dans la patte produisit ses effets dans le temps ordinaire, c'est-à-dire au bout d'environ quatre minutes.

Cette expérience ne laisse point douter que le poison n'ait passé de la patte au tronc à travers la veine crurale. Pour rendre le phénomène encore plus évident, il faut presser cette veine entre les doigts au moment où les effets du poison commencent à se développer : ces effets cessent bientôt; ils reparaissent dès qu'on laisse la veine libre, et cessent encore si on la comprime de nouveau. On peut ainsi les graduer à volonté.

Ajoutons à ces faits, qui me paraissent décisifs, des observations intéressantes faites par Flandrin.

Expérience sur l'absorption veineuse.

Dans le cheval, les matières que contiennent le plus souvent l'intestin grêle et le gros intestin sont mêlées à une grande quantité de liquide, qui est d'autant moins considérable que l'on s'avance davantage vers le rectum : il est donc absorbé à mesure qu'il parcourt le canal intestinal. Or Flandrin ayant retenu le liquide contenu dans les vaisseaux chylifères, n'y reconnut aucune odeur analogue à celle du liquide de l'intestin : au contraire, le sang veineux de l'intestin grêle avait une saveur herbacée sensible; celui du cœcum avait un goût piquant et une saveur urineuse légère; celui du colon avait les mêmes caractères, à un degré encore plus marqué. Le sang des autres parties du corps n'offrait rien de semblable.

Une demi-livre d'assa-fœtida dissous dans une égale quantité de miel fut donnée à un cheval; l'animal fut ensuite nourri comme à l'ordinaire, et tué seize heures après. L'odeur d'assa-fœtida fut distinguée dans les veines de l'estomac, de l'intestin grêle et du cœcum; elle ne fut point remarquée dans le sang artériel, non plus que dans la lymphe.

J'ai parlé, à l'article des *Vaisseaux lymphatiques*, des expériences que J. Hunter a faites pour prouver que ces vaisseaux sont les agents exclusifs de l'absorption : cet auteur en a fait aussi pour démontrer que les veines n'absorbent point; mais ces dernières ne sont guère plus satisfaisantes ni plus exactes que celles dont il a déjà été fait mention.

Expérience sur l'absorption veineuse.

« Je pris, dit J. Hunter, une portion de l'intestin d'un mouton, après lui avoir incisé les parois abdominales; je la liai par les deux extrémités, et la remplis d'eau chaude : le sang qui revenait par la veine de cette partie ne parut nullement plus *délayé* ni plus *léger* que celui des autres veines; alors je liai l'artère et toutes ses communications, et j'examinai l'état de la veine. Elle ne se gonflait point, son sang ne devenait pas plus aqueux; elle ne donnait ainsi aucune indication de la présence de l'eau dans sa cavité. Donc les veines n'absorbent point (1). »

Combien d'objections se présentent pour quiconque veut de la précision dans les expériences! Comment J. Hunter a-t-il pu juger, sur le simple aspect, que, dans les premiers moments, l'eau n'a pas été absorbée et ne s'est point mêlée avec le sang de la veine? Ensuite, comment cet auteur, d'ailleurs si recommandable, a-t-il pu croire que la veine continuerait son action, l'artère étant liée? Il aurait dû déterminer d'abord l'effet de la ligature d'une artère sur le cours du sang dans la veine qui y correspond, et c'est ce qu'il n'a point fait.

Expérience sur l'absorption veineuse.

Dans une autre expérience, le même physiologiste a injecté du lait chaud dans une portion d'intestin; quelques instants ensuite, il a ouvert la veine mésentérique, recueilli le sang qui s'est écoulé; et de ce qu'il n'y a pas reconnu de trace de lait, il en a conclu qu'il n'y a pas eu d'absorption de ce liquide par la veine. Mais, du temps de Hunter, on était loin de pouvoir s'assurer par aucun

(1) *Medical Commentaries*, chap. V.

moyen de l'existence d'une petite quantité de lait dans une certaine quantité de sang; à l'époque actuelle, où la chimie animale est bien plus avancée, on saurait à peine surmonter cette difficulté.

Ces deux expériences ne peuvent porter aucune atteinte à la théorie de l'absorption veineuse. Les autres, au nombre de six, loin d'être concluantes, sont, au contraire, bien plus défectueuses.

Raisonnement en faveur de l'absorption veineuse.

Enfin, s'il était nécessaire de déduire du raisonnement de nouvelles preuves en faveur de la propriété absorbante des veines, je rappellerais que, dans beaucoup d'endroits du corps où l'anatomie la plus exacte n'a jamais pu découvrir que des vaisseaux sanguins et point de vaisseaux lymphatiques, tels que l'œil, le cerveau, le placenta, etc., l'absorption s'y fait avec autant de promptitude que partout ailleurs; j'ajouterais que tous les animaux non vertébrés qui ont du sang ne présentent point de lymphatiques, et que cependant l'absorption y est manifeste. Je dirais enfin que le canal thoracique est beaucoup trop petit pour donner aussi promptement passage aux matières absorbées dans toutes les parties du corps, et particulièrement aux boissons (1). Tous ces phénomènes s'en-

(1) Quelques personnes boivent jusqu'à douze litres et plus d'eau minérale en quelques heures, et les rejettent à peu près dans le même temps en urinant.

tendent sans difficulté, dès que l'absorption des veines est reconnue.

Les faits, les expériences et le raisonnement concourent donc en faveur de l'absorption veineuse (1).

Tel était l'état de la question lorsque j'ai publié la première édition de cet ouvrage; mais depuis cette époque la science a fait un pas important, elle a perdu un préjugé et acquis un fait général d'un extrême intérêt.

On croyait (il a été un temps où la physiologie était tout entière composée de croyances), on croyait, dis-je, que les tissus vivants, et particulièrement les membranes, les parois des vaisseaux, etc., par cela seul qu'ils étaient vivants, ne pouvaient point s'imbiber de diverses substances par lesquelles ils s'imbibent aisément après la mort; et l'on partait de cette idée pour recourir à un phénomène vital, dès qu'il s'agissait d'expliquer l'absorption. On n'avait pas même songé à y

---

(1) Pour résumer tout ce qui a rapport aux organes de l'absorption, considérée en général, on peut dire, 1° qu'il est certain que les vaisseaux chylifères absorbent le chyle; 2° qu'il est douteux qu'ils absorbent autre chose; 3° qu'il n'est pas démontré que les vaisseaux lymphatiques soient doués de la faculté absorbante, et qu'il est prouvé que les veines jouissent de cette propriété. (1re *édit.*)

chercher un phénomène physique, et moi-même, qui ai travaillé vingt ans sur ce sujet, l'idée ne m'en était pas venue (1).

Expériences sur l'imbibition des tissus vivants.

J'ai prouvé par une série d'expériences que les tissus vivants s'imbibent de toutes les matières liquides qui les touchent; le même effet se produit avec les substances solides, pourvu qu'elles soient solubles dans nos humeurs et particulièrement dans le sérum du sang.

Ce fait général étant établi, l'absorption, qui a tant occupé les physiologistes, qui a tant exercé

---

(1) La répugnance extrême à convenir de notre ignorance, et le penchant à créer des romans pour remplir les vides de la science, sont des phénomènes intellectuels aussi remarquables qu'ils sont nuisibles aux progrès de nos connaissances. On ignorait comment se fait l'absorption : au lieu d'en convenir tout simplement, ce qui aurait excité à faire des recherches, quelqu'un s'est avisé de dire *que les tissus vivants ne se laissaient pas imbiber comme après la mort, qu'il y avait des bouches absorbantes qui prenaient avec discernement certaines substances, et repoussaient les autres.* Cette petite histoire a beaucoup plu aux physiologistes; ils l'ont répétée, y ont cru fermement, et dès lors personne n'a su que le mécanisme de l'absorption n'était point connu, et par conséquent personne n'a même pensé à en faire un objet de recherche. Tel est le mal que font, sans s'en douter, ceux qui, dans les sciences, se livrent à leur imagination; tel est le mal que font à l'humanité les médecins qui tombent dans les mêmes erreurs.

Expériences sur l'imbibition.

leur imagination, produit tant de disputes, devient un phénomène des plus sensibles et presque entièrement physique. On ne discutera plus si ce sont les veines ou les lymphatiques qui absorbent, puisque tous les tissus sont doués de cette propriété.

Voici toutefois quelques expériences qui mettent, je crois, la question hors de doute. Je les extrais de mon mémoire sur le mécanisme de l'absorption (1).

Dans une leçon publique sur le mode d'action des médicaments, je montrais, sur l'animal vivant, quels sont les effets de l'introduction d'une certaine quantité d'eau à 30° centigr. dans les veines. En faisant cette expérience, il me vint dans l'idée de voir quelle serait l'influence de la pléthore artificielle que je produisais sur le phénomène de l'absorption. En conséquence, après avoir injecté près d'un litre d'eau dans les veines d'un chien de taille moyenne, je mis dans sa plèvre une légère dose d'une substance dont les effets m'étaient bien connus. Je fus frappé de voir ces effets ne se montrer que plusieurs minutes après l'époque où ils se montrent ordinairement. Je refis aussitôt l'expérience sur un autre animal, et j'obtins un résultat semblable.

---

(1) *Voyez* mon *Journal de Physiologie*, tom. I, cahier 1.

Expériences sur l'imbibition.

Dans plusieurs autres essais les effets se montrèrent bien à l'époque où ils devaient se développer ; mais ils furent sensiblement plus faibles que ne le comportait la dose de la substance soumise à l'absorption, et ils se prolongèrent de beaucoup au-delà de leur terme ordinaire.

Effet de la pléthore sur l'absorption.

Enfin, dans une autre expérience où j'avais introduit autant d'eau (environ deux litres) que l'animal pouvait en supporter sans cesser de vivre, les effets ne se manifestèrent plus du tout : l'absorption avait probablement été empêchée. Après avoir attendu près d'une demi-heure des effets qui ne demandent qu'environ deux minutes pour se développer, je fis le raisonnement suivant : si la distension des vaisseaux sanguins est ici la cause du défaut d'absorption, la distension cessant, l'absorption doit avoir lieu. Aussitôt je fis faire une large saignée à la veine jugulaire de l'animal soumis à mon expérience, et je vis, avec la plus grande satisfaction, les effets se manifester à mesure que le sang s'écoulait.

Je pouvais d'ailleurs faire l'expérience opposée, c'est-à-dire diminuer la quantité du sang et voir si l'absorption serait plus prompte : c'est ce qui arriva exactement comme je l'avais prévu. Un animal fut saigné, et privé ainsi d'une demi-livre de sang environ : des effets qui n'auraient dû arriver qu'après la deuxième minute se montrèrent avant la trentième seconde.

Expériences sur l'imbibition.

Cependant on pouvait encore soupçonner que c'était moins la distension des vaisseaux sanguins que le changement de nature du sang qui s'était opposé à l'absorption. Pour lever cette difficulté je fis l'expérience suivante : une grande et large saignée fut pratiquée à un chien : on remplaça le sang qu'il venait de perdre par de l'eau à 40° cent., et on introduisit dans sa plèvre une quantité déterminée de dissolution de noix vomique : les suites en furent aussi promptes et aussi intenses que si la nature du sang n'avait point été changée. C'était donc à la distension des vaisseaux qu'il fallait attribuer le défaut ou la diminution de l'absorption.

Dès lors je devins, pour ainsi dire, maître d'un phénomène qui jusque-là avait été pour moi un mystère impénétrable. Pouvant m'opposer à son développement, le produire, le rendre prompt, tardif, intense, faible, il était difficile que sa nature échappât entièrement à mon investigation.

En réfléchissant sur la constance et la régularité du phénomène, il n'était guère possible de le rapporter à ce que les physiologistes nomment action vitale ; telle que l'action des nerfs, la contraction des muscles, la sécrétion des glandes, etc. Il était beaucoup plus raisonnable de le rapprocher de quelque phénomène physique ; et, parmi les conjectures que l'on pouvait se permettre à cet égard, celle qui ferait dépendre l'absorption de l'attraction capillaire des parois vasculaires, pour les matières absorbées, était

Expériences sur l'imbibition.

sans doute la plus probable : elle réunissait en effet tous les faits observés. Car, en supposant que cette cause préside à l'absorption, les substances solides non solubles dans nos humeurs, ne pouvant pas traverser les parois des petits vaisseaux, devaient résister à l'absorption ; ce qui est exact. Les solides capables, au contraire, de se combiner avec nos tissus, ou seulement de se dissoudre dans le sang, devaient être aptes à être absorbés ; ce qui est encore conforme aux faits. La plupart des liquides, pouvant mouiller ou imbiber avec promptitude les parois vasculaires, quelle que fût d'ailleurs leur nature chimique, devaient éprouver une absorption rapide ; ce que donne l'expérience, même pour les liquides caustiques. Dans la même hypothèse, plus les vaisseaux seraient distendus, et moins leur pouvoir absorbant serait marqué, et il pouvait arriver un moment où ce pouvoir ne serait plus sensible. Plus les vaisseaux seraient nombreux, plus ils seraient ténus, plus l'absorption serait rapide, puisque les surfaces absorbantes seraient plus étendues.

Cette action des parois une fois reconnue, rien n'était plus facile que de comprendre comment les substances absorbées sont transportées vers le cœur, puisque dès qu'elles sont parvenues à la surface intérieure des parois, elles doivent être aussitôt entraînées par le courant sanguin qui existe dans les plus petits vaisseaux.

Expériences sur l'imbibition.

J'étais d'autant moins éloigné de repousser cette supposition, que je me rappelais clairement qu'en empoisonnant un animal en lui enfonçant une flèche de Java dans l'épaisseur de la cuisse, toutes les parties molles qui environnent la blessure se colorent en jaune brunâtre à plusieurs lignes d'épaisseur, et prennent la saveur amère du poison.

Mais une supposition qui lie le mieux un certain nombre de phénomènes connus n'est au fond qu'une manière plus commode de les exprimer ; elle ne prend le caractère de théorie qu'autant qu'elle est confirmée par des expériences suffisamment variées.

Je dus par conséquent faire de nouvelles recherches pour voir à quel moment ma supposition ne serait plus admissible.

L'affinité des parois vasculaires pour les matières absorbées étant supposée la cause, ou, si l'on veut, l'une des causes de l'absorption, cet effet devait se produire aussi bien après la mort que durant la vie. Ce fait pouvait être facilement constaté pour les vaisseaux d'un certain calibre; mais, en tenant compte de leur diamètre, de l'épaisseur et de la moindre étendue de leurs parois, relativement à la capacité du canal, l'expérience devait donner une absorption faible à la vérité, mais appréciable.

Je pris donc un bout de la veine jugulaire externe d'un chien (cette portion de vaisseau, dans

Expériences sur l'imbibition.

une étendue de plus de trois centimètres, ne recevait aucune branche). Je la dépouillai du tissu cellulaire environnant, j'attachai à chacune de ses extrémités un tube de verre, au moyen duquel j'établis un courant d'eau tiède dans son intérieur. Je plongeai alors la veine dans une liqueur légèrement acide, et je recueillis avec soin le liquide du courant intérieur.

On voit, par la disposition de l'appareil, qu'il ne pouvait y avoir aucune communication entre le courant intérieur d'eau tiède et le liquide acide extérieur.

Les premières minutes, la liqueur que je recueillais ne changea pas de nature, mais après cinq ou six minutes l'eau devint sensiblement acide. L'absorption avait eu lieu.

Je répétai cette expérience avec des veines prises sur des cadavres humains ; l'effet fut le même.

Le phénomène se montrant sur des veines, rien ne s'opposait à ce qu'il ne se manifestât sur des artères. Je fis donc l'expérience avec une artère carotide d'un petit chien mort la veille, et j'obtins un résultat absolument semblable : en outre je remarquai que plus l'acidité de la liqueur extérieure était grande, plus la température était élevée, et plus le phénomène se produisait promptement (1).

---

(1) Ce résultat n'est exact cependant que dans certaines

Expériences sur l'imbibition.

Si l'absorption capillaire était produite sur de gros vaisseaux morts, pourquoi n'aurait-elle pas lieu sur les mêmes vaisseaux vivants?

Si l'expérience ne donnait pas ce résultat, tous mes raisonnements allaient être confondus et ma supposition détruite. J'étais d'autant moins rassuré sur la réussite de l'expérience, que j'avais présent à l'esprit ce qu'on entend dire chaque jour sur les changements que la vie apporte dans les propriétés physiques de nos organes.

Cependant, comme je me suis souvent bien trouvé dans mes recherches de douter des idées généralement reçues, je ne me décourageai point et fis l'expérience que je vais dire.

Je pris un jeune chien d'environ six semaines; à cet âge, les parois vasculaires sont minces, et par suite plus propres à la réussite de l'expérience. Je mis à découvert l'une des veines jugulaires, je l'isolai parfaitement dans toute sa longueur; je la dépouillai avec soin de ce qui la revêtait, et surtout du tissu cellulaire et de quelques petits vaisseaux qui s'y ramifiaient : je la plaçai sur une carte, afin qu'elle n'eût aucun contact avec les parties environnantes. Alors je laissai tomber à sa surface, et vis-à-vis du milieu de la carte, une disso-

---

limites; car si la température est voisine de celle de l'eau bouillante, si l'acidité devient un peu forte, le vaisseau se racornit, et l'absorption est beaucoup plus lente.

Expériences sur l'imbibition.

lution aqueuse et épaisse, d'extrait alcoolique de noix vomique, substance dont l'action est très-énergique sur les chiens; j'eus soin qu'aucune parcelle de poison ne pût toucher autre chose que la veine et la carte, et que le cours du sang fût libre à l'intérieur du vaisseau. Avant la quatrième minute les effets que j'attendais se développèrent, d'abord faibles, mais ensuite avec assez d'activité pour que je dusse m'opposer à la mort de l'animal par l'insufflation pulmonaire.

Je devais répéter cette expérience; mais je ne pus me procurer qu'un animal adulte, beaucoup plus gros que le précédent, et dont, par conséquent, les parois des veines étaient plus épaisses, les mêmes effets se montrèrent; mais, comme on devait le présumer, ils furent plus tardifs, et ne se développèrent qu'après la dixième minute.

Satisfait de ce résultat pour les veines, je dus m'assurer que les artères présentaient des propriétés analogues. Cependant les artères ne sont pas sur l'animal vivant dans les mêmes conditions physiques que les veines. Leur tissu est moins spongieux, il est plus consistant; les parois sont beaucoup plus épaisses à diamètre égal, et, de plus, elles sont incessamment distendues par l'effort du sang poussé par le cœur. Il était donc facile de prévoir que si le phénomène de l'absorption se montrait, il serait plus lent à se développer que dans les veines. C'est ce que l'expérience

Expériences sur l'imbibition.

confirma dans deux gros lapins, dont je dépouillai, avec le plus grand soin, l'une des artères carotides. Il fallut plus d'un quart d'heure avant que la dissolution de noix vomique pût traverser les parois de l'artère.

Bien que j'aie cessé de mouiller le vaisseau aussitôt que je vis les effets se manifester, un des lapins mourut. Alors, pour m'assurer que le poison avait réellement traversé les parois artérielles, et qu'il n'avait point été absorbé par de petites veines qui auraient pu se soustraire à ma dissection, je détachai avec soin le vaisseau qui avait servi à l'expérience, je le fendis dans toute sa longueur, et je fis goûter aux personnes qui m'assistaient le peu de sang qui était resté adhérent à la surface intérieure : elles y reconnurent toutes, et j'y reconnus moi-même, l'extrême amertume de l'extrait de noix vomique.

Il était donc bien positif que les parois des gros vaisseaux absorbent, soit pendant la vie, soit après la mort. Il ne s'agissait plus que de donner des preuves directes que les petits vaisseaux jouissent de la même propriété : leur extrême ténuité, leur multiplicité, le peu d'épaisseur et l'étendue considérable de leurs parois, étaient autant de conditions propres à favoriser la production du phénomène.

Pour le développer après la mort, il fallait trouver une membrane dans les vaisseaux de laquelle

Expériences sur l'imbibition.

on pût établir un courant intérieur qui simulât le cours du sang. J'avais d'abord choisi une portion d'intestin; mais je fus obligé de renoncer à cette entreprise, parce qu'il se faisait une extravasion considérable dans le tissu cellulaire, et que le liquide ne passait que très-difficilement de l'artère dans la veine. Je pris le cœur d'un chien mort depuis la veille; je poussai dans une des artères coronaires de l'eau à 30° centigrades. Cette eau revint facilement, par la veine coronaire, jusque dans l'oreillette droite, d'où elle s'écoulait dans un vase. Je fis verser dans le péricarde une demi-once d'eau légèrement acide. D'abord l'eau injectée ne donna aucun signe d'acidité; mais il suffit de cinq à six minutes pour qu'elle en présentât des traces non équivoques. Le fait était donc évident pour les petits vaisseaux morts; quant aux petits vaisseaux vivants, je n'avais pas besoin de recourir à de nouveaux essais, ni de sacrifier de nouveaux animaux. Les expériences que j'ai consignées dans mon Mémoire sur *les organes de l'absorption dans les mammifères* ne laissent aucun doute à cet égard, d'après le jugement de l'Académie des Sciences elle-même.

Une seule objection pouvait encore être offerte : c'est que les membranes, qui sont perméables après la mort, ne paraissent pas l'être durant la vie. Sur le cadavre, la bile transsude dans le péritoine, colore en jaune les parties qui environnent la vési-

Expérience sur l'imbibition.

cule du fiel; ce qui ne paraît point avoir lieu sur le vivant. Le fait de la perméabilité des membranes sur le cadavre est vrai, je l'ai trop souvent vu pour le nier; mais en conclure que les membranes sont imperméables durant la vie ne me paraît point indispensable; car, en supposant que les parois de la vésicule vivante se laissent traverser par la bile, le courant sanguin qui existe dans les petits vaisseaux qui forment en grande partie ces parois doit entraîner la bile à mesure qu'elle les imprègne; ce qui n'a pas lieu après la mort, puisque la circulation ne se fait plus, et que rien ne peut enlever la matière qui imbibe les vaisseaux. D'ailleurs j'ai souvent observé que, même sur les animaux vivants, les membranes se pénètrent et se colorent des matières avec lesquelles elles sont en contact. Par exemple, si l'on introduit dans la plèvre d'un jeune chien une certaine quantité d'encre, il faut à peine une heure pour que la plèvre, le péricarde, les muscles intercostaux et la surface du cœur elle-même, soient sensiblement colorés en noir (1).

Il me paraît donc hors de doute que tous les vaisseaux sanguins, artériels et veineux, morts ou vivants, gros ou petits, présentent, dans leurs parois,

---

(1) On voit encore mieux ce phénomène sur des animaux plus petits, tels que lapins, cochons d'Inde, souris, etc.

Expériences sur l'imbibition.

une propriété physique propre à rendre parfaitement raison des principaux phénomènes de l'absorption. Affirmer que cette propriété est la seule qui les produise, ce serait aller au delà de ce que commande une saine logique; mais du moins, dans l'état présent des faits, je n'en connais point qui infirme cette explication : ils viennent tous, au contraire, se ranger d'eux-mêmes autour de ce fait principal.

Par exemple, Lavoisier et M. Séguin ont prouvé, par une suite d'expériences intéressantes, que la peau n'absorbe point l'eau, ni aucune autre substance, tant qu'elle est revêtue de son épiderme. Mais l'épiderme n'est point de la même nature que les parois vasculaires; c'est une sorte de vernis qui ne se laisse point imbiber, ce que chacun peut voir sur lui-même quand il prend un bain : mais aussitôt que l'épiderme est enlevé, la peau absorbe comme toutes les autres parties du corps, parce que les parois de ces vaisseaux sont en contact immédiat avec les matières destinées à être absorbées. De là la nécessité de placer sous l'épiderme les substances que l'on veut faire absorber, dans l'inoculation et la vaccine; de là aussi la nécessité de longues frictions, et souvent l'emploi des corps gras, pour faire absorber certains médicaments par la peau revêtue de son épiderme; de là encore la préférence que l'on donne pour faire des frictions

Expériences sur l'imbibition.

aux parties de la peau où l'épiderme a le moins d'épaisseur (1).

C'est sur ce fait physiologique, bien simple aujourd'hui qu'il est connu, mais que je me fais gloire d'avoir démontré par des preuves irrécusables, qu'est fondée la méthode *endermique* d'employer les médicaments. Elle consiste à enlever l'épiderme au moyen d'un vésicatoire, et à saupoudrer la surface dénudée avec la substance que l'on veut faire promptement absorber. Cette méthode rend aujourd'hui de grands services en thérapeutique.

Je citerai encore pour exemple l'absorption qui se fait dans toutes les parties du corps sur les substances les plus irritantes, et même sur les substances capables d'altérer chimiquement nos tissus.

---

(1) Cependant avec le temps l'épiderme peut aussi s'imbiber; cela se voit tous les jours après l'application d'un cataplasme, il devient blanc, opaque, et s'épaissit beaucoup; l'imbibition s'y fait même assez facilement de la face externe à l'interne. Si vous prenez l'épiderme d'un doigt, et que vous le retourniez de manière à ce que la face externe devienne interne, si vous remplissez d'eau la cavité, et que vous fermiez avec un fil l'ouverture, l'eau transsudera promptement à la surface, et s'évaporera en quelques heures; si, au contraire, vous laissez la face externe en dehors, l'eau ne s'évapore qu'avec une extrême lenteur, et le doigt rempli d'eau et exposé à l'air ne perdra que quelques grains en vingt-quatre heures. (*Voyez* Transpiration cutanée.)

Ce fait est entièrement contraire à l'idée que l'absorption a une action purement vitale, et qu'il y a une sorte de choix exercé par les orifices absorbants; mais il n'a plus rien de particulier dès l'instant que l'on rapproche l'absorption d'une propriété physique.

Celle-ci aurait besoin d'être étudiée d'une manière spéciale, d'être suivie dans chaque tissu pendant la vie et après la mort, d'être examinée sous le rapport des diverses matières qui s'imbibent. Jusqu'ici les membranes séreuses et le tissu cellulaire m'ont paru, surtout durant la vie, probablement à cause de la température élevée, être les meilleurs agents de l'imbibition. Une goutte d'encre, par exemple, mise sur le péritoine, s'y imbibe aussitôt, s'étend en une large plaque arrondie, qui n'occupe, en profondeur, que la membrane séreuse; il faut beaucoup plus de temps pour que les tissus sous-jacents se pénètrent des substances absorbées.

Influence du galvanisme sur l'imbibition.

Un fait très-important qui a été observé par l'un de mes collaborateurs, M. Fodéra, c'est que le galvanisme accélère singulièrement l'absorption, ou plutôt l'imbibition. Du prussiate de potasse est injecté dans la plèvre, du sulfate de fer est introduit dans l'abdomen d'un animal vivant : dans les conditions ordinaires, il faut cinq ou six minutes avant que les deux substances soient mises en contact par leur imbibition à travers le diaphragme;

mais le mélange est instantané si l'on soumet le diaphragme à un léger courant galvanique. Le même phénomène s'observe si l'un des liquides est placé dans la vessie urinaire, et l'autre dans l'abdomen ou bien dans le poumon et dans la cavité de la plèvre. (Voyez mon *Journal de Physiologie*, tom. III, page 35.)

Influence de l'obstruction des veines sur les hydropisies.

La théorie que j'ai exposée sur l'absorption par les veines vient d'être confirmée d'une manière remarquable par les observations pathologiques de M. le docteur Bouillaud. En étudiant avec attention les œdèmes partiels des membres, il a reconnu qu'elles coïncidaient constamment avec l'oblitération plus ou moins complète des veines de la partie infiltrée. Ce sont ordinairement des caillots fibrineux qui obstruent les vaisseaux; quelquefois les veines sont comprimées par des tumeurs circonvoisines. D'après quelques observations analogues, M. Bouillaud est porté à supposer que les hydropisies du péritoine sont dues à la difficulté du passage du sang à travers le foie; et en effet, il est bien rare que les ascites un peu considérables et anciennes ne soient pas liées avec une lésion apparente de cet organe (1).

(1) J'ai ouvert, à l'hôpital de la Pitié, le corps d'un homme qui avait succombé à un cancer du foie; il y avait ascite peu considérable, ce qui rentre dans les idées de M. Bouillaud, et de plus, chose très-remarquable, il y avait une très-grande

Passage du sang veineux à travers les cavités droites du cœur.

Si le cœur d'un animal vivant est mis à découvert, on reconnaît aisément que l'oreillette et le ventricule droits se resserrent et se dilatent alter-

Jeu des cavités droites du cœur.

---

quantité de liquide dans l'intestin grêle ; on aurait dit qu'il y avait hydropisie en dehors et en dedans de cet intestin. Je fis introduire un tube dans la veine porte, et par ce tube je fis pousser une injection d'eau à travers le foie ; le liquide arriva sans trop de difficulté jusqu'à l'oreillette droite; le foie n'était donc pas complètement obstrué : mais aussi la désorganisation n'était pas très-profonde, on reconnaissait encore le tissu de l'organe ; çà et là se voyaient seulement quelques traces de dégénérescence lardacée; le reste du parenchyme était granulé et jaune, le foie était revenu sur lui-même, et comme racorni. Je ne regarde pas ce fait comme opposé à l'explication de M. Bouillaud, car il se peut que le foie, encore perméable à une injection d'eau, ait cessé, en tout ou en partie, de l'être au sang; or, d'après mes expériences sur l'absorption, il suffit d'une simple distension des vaisseaux sanguins pour ralentir et même pour empêcher l'absorption, ou, en d'autres termes, l'imbibition de leurs parois : il se peut encore que la force avec laquelle l'injection a été poussée à travers le foie ait été de beaucoup supérieure à celle qui faisait marcher le sang dans la veine porte chez le sujet dont il est ici question. Dans tous les cas on ne peut guère se refuser à penser qu'une lésion générale du foie, dans laquelle son tissu est sensiblement modifié, ne soit un obstacle à la circulation du sang à travers ce viscère.

nativement. Ces mouvements sont tellement combinés que le resserrement de l'oreillette arrive concurremment avec la dilatation du ventricule, et *vice versâ*, la contraction du ventricule a lieu dans l'instant de la dilatation de l'oreillette. Ni l'une ni l'autre de ces cavités ne peuvent se dilater sans être remplies aussitôt par le sang, et quand elles se resserrent, elles expulsent nécessairement une partie de celui qu'elles contiennent, mais tel est le jeu des valvules tricuspides et sygmoïdes, que le sang est obligé de passer successivement de l'oreillette dans le ventricule, et celui-ci dans l'artère pulmonaire.

Entrons dans les détails de ce curieux mécanisme.

Jeu de l'oreillette droite.

J'ai dit que le sang des trois veines qui aboutissent à l'oreillette droite fait un effort assez considérable pour y pénétrer. Si elle est contractée, cet effort est sans effet; mais aussitôt qu'elle se relâche, le sang se précipite dans sa cavité, la remplit, en distend ses parois ; il pénètrerait immédiatement dans le ventricule si celui-ci ne se contractait pas à cet instant. Le sang se borne donc à remplir exactement la cavité de l'oreillette; mais bientôt celle-ci se contracte, comprime le sang, qui s'échappe vers le lieu où la pression est moindre; or, il n'y a que deux issues: 1° les veines caves, 2° l'ouverture qui conduit dans le ventricule. Les colonnes sanguines qui arrivent à l'oreillette opposent une certaine résistance à son passage dans les veines caves où il reflue. Il trouve au contraire toute facilité pour entrer dans le ventricule, puisque celui-ci se dilate avec une certaine force, tend à produire le vide, et par conséquent aspire le sang de l'oreillette, loin de le repousser.

L'oreillette ne saurait, à raison du peu d'épaisseur de ses parois, offrir une dilatation aspiratoire ainsi que plusieurs physiologistes l'ont avancé. Étudiée sur un cœur vivant mais vide, elle se contracte, puis elle se relâche, mais ce dernier moment est plutôt une détente élastique de ses fibres raccourcies qu'une dilatation active; en tout cas, ce mouvement est trop faible pour attirer le sang des veines caves et *aspirer* ce liquide. C'est au contraire le sang qui, par la force d'impulsion qui l'anime, pénètre dans la cavité de l'oreillette et distend promptement ses parois.

Le jeu de l'oreillette se fait quelquefois, ainsi que je l'ai observé, d'une tout autre manière : la contraction n'a point lieu, sa cavité reste constamment distendue par le sang; seulement au moment où le ventricule droit se dilate pour recevoir le sang, il se fait un léger resserrement de l'oreillette, resserrement qui est dû, non à sa contraction vitale, mais à son élasticité.

Reflux du sang dans les veines caves.

Tout le sang qui sort de l'oreillette ne passe pas cependant dans le ventricule; l'observation a appris depuis long-temps qu'à chaque contraction de l'oreillette, une certaine quantité de liquide reflue dans les veines caves supérieures et inférieures. L'ondulation produite par cette cause se fait quelquefois sentir jusqu'aux veines iliaques externes, et dans les jugulaires; elle influe sensiblement, comme on verra, sur le cours du sang dans plusieurs organes, et surtout dans le cerveau.

La quantité de sang qui reflue de cette manière varie suivant la facilité avec laquelle ce liquide pénètre dans le ventricule. Si, à l'instant de sa dilatation, le ventricule contient encore beaucoup de sang qui n'a pu passer par l'artère pulmonaire, il ne pourra recevoir qu'une petite quantité de celui de l'oreillette, et dès lors le reflux sera plus considérable et s'étendra plus loin.

Pouls veineux.

C'est ce qui arrive quand le cours du sang dans l'artère pulmonaire est ralenti, soit par quelques obstacles résidant dans le poumon, soit parce que le ventricule a perdu de la force avec laquelle il se contracte. Le reflux dont nous parlons est la cause du battement qui se voit dans les veines de certains malades, et qui porte le nom de *pouls veineux*.

Il ne peut rien se passer de semblable dans la veine coronaire, car son embouchure est garnie d'une valvule qui s'abaisse dans l'instant de la contraction de l'oreillette.

L'instant où l'oreillette cesse de se resserrer est celui où le ventricule entre en contraction;

Action du ventricule droit.

le sang qu'il contient est pressé fortement, et tend à s'échapper de tous côtés : il repasserait d'autant plus aisément dans l'oreillette, que, comme nous l'avons déjà dit plusieurs fois, elle se relâche dans cet instant; mais la valvule tricuspide, qui garnit l'ouverture oriculo-ventriculaire, s'oppose à ce reflux. Soulevée par le liquide placé au dessous d'elle, et qui tend à passer dans l'oreillette, elle cède, jusqu'à ce qu'elle soit devenue perpendiculaire à l'axe du ventricule; alors ses trois divisions ferment à peu près complètement l'ouverture, et, comme les colonnes charnues tendineuses, ne leur permettent point d'aller plus loin; véritable soupape, elle résiste à l'effort du sang, et l'empêche ainsi de passer dans l'oreillette.

Il n'en est pas de même du sang qui, pendant la dilatation du ventricule, correspondait à la face oriculaire de la valvule; dans le mouvement de celle-ci il est soulevé et reporté dans l'oreillette où il se mêle avec celui qui vient des veines caves et coronaires.

Ne pouvant vaincre la résistance à la valvule tricuspide, le sang du ventricule n'a plus d'autre issue que l'artère pulmonaire, dans laquelle il s'engage en soulevant les trois valvules sygmoïdes qui soutenaient la colonne de sang contenu dans l'artère pendant la dilatation du ventricule.

La dilatation du ventricule qui succède à sa contraction se fait avec une telle énergie, que beaucoup

Action du ventricule droit.

de personnes pensent que cette dilatation est active, et qu'elle résulte d'une propriété vitale particulière des parois ventriculaires. Je ne sais aucune raison plausible pour reconnaître comme exacte et véritable une telle supposition, et ne vois pas pourquoi la dilatation du ventricule ne serait pas un simple retour des fibres contractées à leur longueur de repos par l'effet de leur élasticité. Quoi qu'il en soit de la cause par laquelle les ventricules se dilatent, elle est très-intense, car si vous prenez dans la main le cœur d'un animal vivant, vous êtes surpris de l'énergie avec laquelle la dilatation s'effectue. Le ventricule exerce donc une puissante aspiration sur le sang contenu dans l'oreillette, et qui, déjà pressé par sa force d'impulsion propre, et par la contraction de l'oreillette, pénètre brusquement dans la cavité du ventricule, et en produit une distension rapide. La promptitude de cette distension est telle qu'elle détermine le choc de la partie antérieure du ventricule sur le sternum, et donne naissance à un bruit particulier que l'oreille distingue facilement, et qui mérite toute l'attention du médecin. Ce bruit a été attribué, mais sans fondement, tantôt à la contraction de l'oreillette, tantôt au choc du sang sur les parois du ventricule au moment de son entrée dans sa cavité. Mais ces explications du bruit dont nous parlons sont erronées, car un cœur mis à nu et en action ne produit plus aucun bruit si le sternum est enlevé ou simplement écarté. Le bruit se fait entendre de nouveau dès que le sternum est rétabli dans sa position. Nous reviendrons sur cette question à l'occasion de la contraction du ventricule gauche.

Je viens d'exposer les phénomènes les plus apparents et les plus connus du passage du sang veineux à travers les cavités droites du cœur; il en est plusieurs autres qui me paraissent mériter une attention particulière.

Remarque sur le jeu des cavités droites du cœur.

A. On aurait une idée inexacte si l'on croyait que, dans la contraction du ventricule ou de l'oreillette, ces cavités se vident complètement du sang qu'elles contiennent : en observant le cœur d'un animal vivant, on voit bien, dans l'instant de la contraction, l'oreillette ou le ventricule diminuer sensiblement de dimension ; mais il est évident qu'à l'instant où la contraction s'arrête, une certaine quantité de sang se trouve encore soit dans l'oreillette, soit dans le ventricule.

Il n'y a donc qu'une partie du sang de l'oreillette qui passe dans le ventricule quand elle se contracte. Il en est de même pour le sang du ventricule, dont une portion seulement passe dans l'artère pulmonaire lorsque le ventricule entre en contraction; et ces deux cavités sont donc réellement toujours pleines de sang. Comment déterminer la proportion du sang qui se déplace, et celle du sang qui reste? Elles doivent être variables suivant la force avec laquelle se contracte le ventricule ou l'oreillette, la facilité du passage du sang dans l'artère pulmonaire, la quantité de sang contenue dans l'oreillette ou le ventricule, la pression des trois colonnes sanguines qui débouchent dans l'oreillette, etc.

L'effort qu'exerce le sang qui arrive à l'oreillette est quelquefois si considérable, que celle-ci ne peut plus se contracter; elle reste distendue fortement pendant des heures entières; c'est seulement dans l'instant où le ventricule se relâche, qu'en raison de son élasticité, elle revient un peu sur elle-même. Ce phénomène arrive particulièrement dans les moments de grande distension du système veineux. Il donne une nouvelle preuve que l'élasticité peut remplacer la contractilité, *et vice versâ*. Dans plusieurs maladies de l'oreillette, la circulation doit s'y faire de cette manière.

Remarques sur le jeu des cavités droites du cœur.

B. Dès que le sang veineux est arrivé au cœur, il est continuellement agité, pressé, battu par les mouvements de cet organe; tantôt il reflue dans les veines caves, ou se précipite dans l'oreillette; tantôt il passe avec rapidité dans le ventricule, et en ressort bientôt pour revenir dans l'oreillette, et retourner immédiatement dans le ventricule; tantôt il pénètre dans l'artère pulmonaire, rentre ensuite dans le ventricule, et éprouve de violentes secousses à chaque déplacement (1).

(1) Il suffit d'avoir pu toucher une seule fois le cœur d'un

Agité, pressé de tant de manières et avec tant de force, le sang doit, pendant son séjour dans les cavités du cœur et dans l'artère pulmonaire, éprouver un mélange plus intime dans ses parties constituantes. Le chyle et la lymphe, que reçoivent les veines sous-clavières, doivent se répartir également dans le sang des deux veines caves. Ces deux espèces de sang doivent aussi se confondre et s'unir complètement.

Remarques sur le jeu des cavités droites du cœur.

C. Je suis tenté de croire avec Boerhaave que les colonnes charnues des cavités droites, indépendamment de leurs usages dans la contraction de ces cavités, doivent avoir une assez grande part dans cette collision, ce mélange des divers éléments du sang. En effet, le sang qui se trouve dans l'oreillette et le ventricule en occupe non seulement la cavité centrale, mais encore toutes les petites cellules formées par les colonnes; par conséquent, à chaque contraction il est chassé en partie des cellules, et il est remplacé à chaque dilatation par du nouveau sang. Obligé de se partager ainsi en un grand nombre de petites masses afin de pouvoir occuper les cellules, pour se réunir ensuite lorsqu'il sera expulsé, le sang est agité de manière que les divers éléments éprouvent un mélange plus intime et bien nécessaire dans ce liquide dont les

animal vivant, pour avoir une idée de l'énergie de sa contraction.

Remarques sur le jeu des cavités droites du cœur.

parties constituantes ont une aussi grande tendance à se séparer. Par la même raison, le chyle, la lymphe, les boissons, qui sont apportés au cœur par les veines, et qui n'ont pu encore se mêler assez intimement avec le sang, doivent éprouver ce mélange en traversant ces cellules.

Si l'on veut prendre une idée de l'influence du côté droit du cœur sous ce rapport, on n'a qu'à pousser brusquement une certaine quantité d'air dans la veine jugulaire d'un chien, et examiner le cœur quelques instants après; on verra l'air agité, battu dans l'oreillette et le ventricule, y former une mousse volumineuse dont les aréoles sont très-fines.

J'ai souvent observé ces phénomènes sur les animaux vivants; j'ai pu dernièrement les constater de nouveau sur un cheval dont le cœur avait été mis à découvert par une incision aux parties latérales du thorax et par la section d'une côte.

Passage du sang veineux à travers l'artère pulmonaire.

Malgré les travaux nombreux des physiologistes sur le mouvement du sang dans les artères, il reste encore beaucoup à faire sur ce sujet.

Ici l'expérience et l'observation sont encore les seuls guides fidèles; les explications doivent être très-restreintes, car la science qui pourrait les fournir, l'hydrodynamique, existe à peine dans tout ce qui a rapport au mouvement des fluides dans les canaux flexibles (1).

Action de l'artère pulmonaire.

Je n'adopterai pas, pour la description du mouvement du sang dans l'artère pulmonaire, la marche suivie par les auteurs; je préfère parler d'abord du mouvement du sang dans cette artère au moment du relâchement du ventricule droit, et voir ensuite ce qui arrive quand ce ventricule se contracte et qu'il pousse du sang dans l'artère. Cette méthode me paraît avoir l'avantage de mettre dans tout son jour un phénomène dont l'importance ne me paraît pas avoir été suffisamment appréciée.

Supposons l'artère pleine de sang et abandonnée à elle-même, le liquide sera pressé dans toute l'é-

(1) Je ne puis m'empêcher de citer ici les propres expressions de d'Alembert : « Le mécanisme du corps humain, la vitesse du sang, son action sur les vaisseaux, se refusent à la théorie; on ne connaît ni l'action des nerfs, ni l'élasticité des vaisseaux, ni leur capacité variable, ni la ténacité du sang, ni ses divers degrés de chaleur. Quand même chacune de ces choses serait connue, la grande multitude d'éléments qui entreraient dans une pareille théorie nous conduirait vraisemblablement à des calculs impraticables : c'est un des cas les plus composés d'un problème dont le plus simple serait fort difficile à résoudre. Lorsque les effets de la nature sont trop compliqués, ajoute l'illustre géomètre, pour pouvoir être soumis à nos calculs, l'expérience est la seule voie qui nous reste. »

tendue du vaisseau par les parois qui tendent à revenir sur elles-mêmes et à effacer la cavité; le sang, ainsi pressé, cherchera à s'échapper de tous côtés : or, il n'a que deux voies pour fuir, l'orifice cardiaque, et les vaisseaux infiniment nombreux et ténus qui terminent l'artère dans le tissu du poumon.

Action de l'artère pulmonaire.

L'orifice de l'artère pulmonaire au cœur étant très-large, le sang se précipiterait facilement dans le ventricule s'il n'existait à cet orifice un appareil particulier, destiné à empêcher cet effet : je veux parler des trois valvules sygmoïdes. Appliqués contre les parois de l'artère au moment où le ventricule y pousse une ondée de sang, ces replis deviennent perpendiculaires à son axe; aussitôt que le sang tend à refluer dans le ventricule, ils se placent de telle façon qu'ils ferment complètement l'orifice de ce vaisseau.

Resserrement de l'artère pulmonaire.

A raison de la forme en cul-de-sac des valvules sygmoïdes, le sang qui entre dans leur cavité les gonfle, et tend à donner une figure circulaire à leurs fibres. Or, trois portions de cercle adossées laissent nécessairement entre elles un espace.

Usage des valvules sygmoïdes.

Il devrait donc rester entre les valvules de l'artère pulmonaire, quand elles sont abaissées par le sang, une ouverture par laquelle ce liquide pourrait refluer dans le ventricule.

Il est certain que si chaque valvule était seule, elle prendrait la forme demi-circulaire; mais il y en a trois : poussées par le sang, elles s'appliquent l'une contre l'autre ; et, comme elles ne peuvent s'étendre autant que leurs fibres le leur permettraient, elles se pressent l'une l'autre, à cause du petit intervalle où elles sont renfermées, et qui ne leur permet pas de s'étendre. Les valvules prennent donc la figure de trois triangles, dont le sommet est au centre de l'artère, et dont les côtés sont juxta-posés de manière à intercepter complètement la cavité de l'artère. Peut-être que les nœuds ou boutons qui se trouvent alors au sommet de chacun des triangles sont destinés à fermer plus exactement l'artère dans son centre (1).

Adossement des valvules sygmoïdes.

Pour bien voir cet adossement des trois valvules, il faut pousser doucement de la cire ou du suif fondu dans l'artère pulmonaire, en dirigeant l'injection du côté du ventricule ; celle-ci, une fois arrivée aux valvules, les remplit et les applique l'une contre l'autre, et l'orifice du vaisseau se trouve fermée avec assez d'exactitude pour qu'il ne pénètre pas une goutte d'injection dans le ventricule. Quand la cire ou le suif sont solidifiés par le refroidissement, on peut examiner comment les valvules ferment l'ouverture de l'artère.

Ne pouvant refluer dans le ventricule, le sang passera dans les radicules des veines pulmonaires,

(1) Senac, *Traité de la structure du cœur*, etc.

Usage des valvules sygmoïdes.

avec lesquelles les petites artérioles qui terminent l'artère pulmonaire se continuent; et ce passage durera tant que les parois de l'artère presseront avec assez de force le sang qu'elles contiennent, effet qui, à l'exception du tronc et des principales branches, a lieu jusqu'à ce que la totalité du sang soit expulsée.

Action de l'artère pulmonaire.

On pourrait croire que la finesse des petits vaisseaux qui terminent l'artère pulmonaire est un obstacle à l'écoulement : cela pourrait être s'ils étaient en petit nombre, et si leur capacité totale était moindre ou même égale à celle du tronc; mais comme ils sont innombrables, et que leur capacité est beaucoup plus considérable que celle du tronc, l'écoulement s'y fait avec facilité. Il est cependant vrai de dire que l'état de distension ou d'affaissement du poumon rend plus ou moins facile ce passage, comme cela est exposé plus loin.

Pour que cet écoulement puisse s'effectuer avec facilité, il faut que la force de contraction des différentes divisions de l'artère soit partout en rapport avec leur grosseur. Si celle des petites, au contraire, était supérieure à celle des plus grosses, dès que les premières auraient expulsé le sang qui les remplissait, elles ne seraient que peu distendues par le sang provenant des secondes, et l'écoulement du liquide serait très-ralenti : or l'expérience est directement contraire à cette supposition. Si l'artère pulmonaire d'un animal vivant est liée immédiatement au-dessus du cœur, presque tout le sang contenu dans l'artère au moment où la ligature sera faite, passera assez promptement dans les veines pulmonaires et arrivera au cœur.

Action de l'artère pulmonaire.

Voilà ce qui arrive quand le sang contenu dans l'artère pulmonaire est exposé à la seule action de ce vaisseau ; mais dans l'état ordinaire, à chaque contraction du ventricule droit, une certaine quantité de sang est poussée avec force dans l'artère ; les valvules sont instantanément soulevées ; l'artère et presque toutes ses divisions sont distendues, d'autant plus que le cœur s'est contracté avec plus de force, et qu'il a poussé une plus grande quantité de sang dans l'artère. Immédiatement après sa contraction, le ventricule se dilate, et dès cet instant les parois de l'artère reviennent sur elles-mêmes, les valvules sygmoïdes s'abaissent et ferment l'artère pulmonaire, jusqu'à ce qu'une nouvelle contraction du ventricule les soulève.

Telle est la seconde cause du mouvement du sang dans l'artère qui va au poumon ; elle est, comme on voit, intermittente : cherchons à en apprécier les effets; pour cela, voyons les phénomènes les plus apparents du cours du sang dans l'artère pulmonaire.

Je viens de dire que, dans l'instant où le ventricule pousse du sang dans l'artère, le tronc et toutes les divisions d'un certain calibre éprouvent une dilatation évidente. On nomme ce phénomène la *pulsation* de l'artère. La pulsation est très-sensible près du cœur ; elle va en s'affaiblissant, à mesure qu'on s'en éloigne ; elle cesse quand l'artère, par suite de sa division, est devenue très-petite.

Phénomènes du cours du sang dans l'artère pulmonaire.

Un autre phénomène, qui n'est qu'une suite du précédent, s'observe quand on ouvre l'artère. Si c'est près du cœur et dans un lieu où les battements soient sensibles, le sang sort par un jet saccadé ; si l'ouverture est faite loin du cœur, et dans une petite division, le jet est continu et uniforme ; enfin, si on ouvre un des vaisseaux infiniment petits qui terminent l'artère, le sang sort, mais sans former de jet : il se répand uniformément en nappe.

Nous voyons d'abord dans ces phénomènes une nouvelle application du principe d'hydrodynamique déjà cité, relatif à l'influence de la largeur du tuyau sur le liquide qui le parcourt : plus le tuyau s'élargit, plus la vitesse se ralentit. La capacité du vaisseau allant croissant à mesure qu'il avance vers le poumon, il est nécessaire que la vitesse du sang diminue.

Cours du sang dans l'artère pulmonaire.

Quant à la pulsation de l'artère et à la saccade du sang qui s'en échappe quand elle est ouverte, on voit évidemment que les deux effets tiennent à la contraction du ventricule droit et à l'introduction d'une certaine quantité de sang dans l'artère, qui a lieu par cette cause? Pourquoi ces deux effets vont-ils en s'affaiblissant à mesure qu'ils se propagent, et pourquoi cessent-ils tout-à-fait dans les dernières divisions de l'artère? Il n'est pas impossible, je pense, d'en donner une raison mécanique satisfaisante.

Explication de la cessation des pulsations dans les petites artères.

En effet, concevons un canal cylindrique d'une longueur quelconque, à parois élastiques, et plein de liquide : si l'on y introduit tout à coup une certaine quantité de nouveau liquide, la pression sera répartie également sur tous les points des parois qui seront également distendues. Supposons maintenant que le canal se divise en deux parties, dont les sections réunies forment une surface égale à celle de la section du canal : la distension produite par l'introduction brusque d'une certaine quantité de liquide se fera moins sentir dans les deux divisions que dans le canal; car la circonférence totale des deux canaux étant plus considérable que celle du canal unique, elle résistera davantage; et si l'on suppose enfin que ces deux premières divisions se divisent et se subdivisent à l'infini, comme la somme des circonférences des petits canaux sera de beaucoup supérieure à celle du canal unique, la même cause qui produira une distension sensible dans le canal et ses principales divisions n'en produira plus d'appréciable dans les dernières divisions, à raison de la résistance plus considérable des parois (1). Le phénomène sera encore plus marqué si la capacité des divisions, au lieu d'être égale, est supérieure à celle du canal.

Explication de la cessation des pulsations dans les petites artères.

Cette dernière supposition est réalisée dans l'artère pulmonaire, dont la capacité augmente à mesure qu'elle se divise et se subdivise; par conséquent il est évident que les effets de l'introduction de la quantité de sang à chaque contraction du ventricule droit doivent diminuer en se propageant, et cesser tout-à-fait dans les dernières divisions du vaisseau.

Ce qu'il ne faut pas omettre, c'est que la contraction du ventricule droit est la cause qui met continuellement en jeu l'élasticité des parois de l'artère, c'est-à-dire qui les maintient distendues au point qu'en vertu de leur élasticité elles font toujours effort pour revenir sur elles-mêmes et expulser le sang. D'après cela, on voit que des

---

(1) Pour bien concevoir ceci, il faut se rappeler que les surfaces des cercles sont proportionnelles aux carrés de leurs circonférences. Ainsi, dans la division du canal en deux autres, que nous avons supposée, si chaque circonférence devenait seulement moitié de la circonférence primitive, les surfaces de chacun des canaux secondaires ne seraient que le quart de la surface du canal primitif; et ses surfaces réunies ne formeraient que la moitié de celle du canal. Pour que l'égalité ait lieu, il faut donc que les circonférences réunies des deux divisions excèdent la circonférence du canal principal.

deux causes qui font mouvoir le sang dans l'artère pulmonaire, il n'en existe réellement qu'une seule; c'est la contraction du ventricule, celle de l'artère n'étant que l'effet de la distension qu'elle a éprouvée dans l'instant où une certaine quantité de sang a pénétré dans sa cavité, pressée par le ventricule.

Des auteurs ont cru voir dans le resserrement de l'artère pulmonaire quelque chose d'analogue à la contraction des muscles; mais, soit qu'on l'irrite avec la pointe d'un instrument ou des caustiques, soit qu'on la soumette à un courant galvanique, jamais aucun mouvement analogue à celui des fibres musculaires ne s'y fait apercevoir. Ce resserrement doit donc être considéré comme un simple effet de l'élasticité.

Utilité de l'élasticité des parois artérielles.

Pour faire bien sentir l'importance de l'élasticité des parois de l'artère, supposons un instant qu'avec ses dimensions et sa forme ordinaires elle devienne un canal inflexible : aussitôt le cours du sang est complètement changé; au lieu de traverser le poumon d'une manière continue, il ne passera plus dans les veines pulmonaires que dans l'instant où il sera poussé par le ventricule; encore faut-il supposer que celui-ci enverra toujours assez de sang pour tenir l'artère parfaitement pleine; s'il en était autrement, le ventricule pourrait se contracter plusieurs fois avant que le sang traversât le poumon. Au lieu de cela, voyons ce qui se passe réellement : que le ventricule cesse, pour quelques instants, d'envoyer du sang dans l'artère, le cours du sang dans le poumon n'en continuera pas moins, car l'artère se rétrécit à mesure que l'écoulement s'effectue, et il faudrait qu'elle eût le temps de se vider complètement pour que le cours du sang s'arrêtât tout-à-fait : cette suspension ne peut arriver pendant la vie. Le passage du sang à travers le poumon est nécessairement continu, mais inégalement rapide, suivant la quantité de sang que le ventricule envoie dans l'artère pulmonaire à chaque contraction.

Quantité de sang qui sort du ventricule à chaque contraction.

A diverses reprises, on a cherché à déterminer la quantité de sang qui entre dans l'artère pulmonaire à chacune des contractions du ventricule; en général, on a pris pour mesure la capacité de celui-ci, croyant que tout le sang qui s'y trouve passe dans l'artère au moment de la contraction; mais ce qui a été dit plus haut fait assez voir combien cette appréciation est inexacte, et puisqu'il n'y a qu'une partie du sang qui entre dans l'artère, et qu'il est impossible de savoir combien passe et combien reste, il est évident que tous les calculs ne conduisent pas à la connaissance de la vérité.

Au reste, c'est bien plutôt le mécanisme par lequel le sang passe du ventricule dans l'artère, et celui de son cours dans ce vaisseau, qu'il importe de saisir; connaîtrait-on avec précision la quantité de sang qui passe dans un temps donné, aucune conséquence importante ne s'en déduirait.

En parcourant les petits vaisseaux qui terminent l'artère et qui commencent les veines pulmonaires, le sang veineux change de nature par l'effet du contact de l'air; il acquiert les qualités de sang artériel : c'est ce changement dans les propriétés du sang, qui constitue essentiellement la respiration.

DE LA RESPIRATION,

OU

TRANSFORMATION DU SANG VEINEUX EN SANG ARTÉRIEL.

Nécessité du contact de l'air et du sang.

L'une des conditions indispensables à notre existence, c'est que le sang soit sans cesse en contact avec l'air par une surface équivalente, pour l'étendue, à la superficie du corps. Dans ce contact l'air enlève au sang quelques uns des élémens qui le composent, et réciproquement le sang s'empare des élémens de l'air. L'échange chimique qui s'établit ainsi entre le sang et l'air, constitue la *respiration* ou la *transformation du sang veineux en sang artériel.*

Des auteurs estimés en ont une autre idée; plusieurs la définissent l'entrée et la sortie de l'air du poumon; mais ce double mouvement peut s'effectuer sans qu'il y ait pour cela respiration. D'autres croient qu'elle consiste dans le passage du sang à travers le poumon; mais il arrive souvent que ce passage se fait quoiqu'il n'y ait pas respiration.

Pour étudier avec fruit cette fonction, il faut avoir une connaissance exacte de la structure du poumon, des notions précises sur les propriétés physiques et chimiques de l'air atmosphérique; il faut savoir par quel mécanisme cet air peut pénétrer dans la poitrine ou en sortir. Quand nous aurons fait connaître chacun de ces points, nous décrirons le phénomène de la transformation du sang veineux en sang artériel.

Des poumons.

Idée générale du poumon.

Dans la structure des poumons, la nature a résolu un problème mécanique d'une extrême difficulté : il s'agissait d'établir une immense surface de contact entre le sang et l'air, dans l'espace peu considérable qu'occupent les poumons. L'artifice admirable employé consiste en ce que chacun des petits vaisseaux qui terminent l'artère pulmonaire et commencent les veines du même nom est environné de tous côtés par l'air. Or, en additionnant les parois de tous les capillaires du poumon, on aura une surface extrêmement étendue, où le sang n'est séparé de l'air que par la paroi mince des vaisseaux qui le contiennent. Si cette paroi était imperméable, comme le serait, par exemple,

Disposition physique du poumon.

une lame métallique, ce serait en vain que l'air se trouverait si près du sang, il n'y aurait aucune réaction chimique des deux corps l'un sur l'autre; mais toutes les membranes de l'économie, particulièrement celles qui sont minces, sont facilement perméables aux gaz, et même aux liquides peu visqueux, en sorte que les parois des capillaires pulmonaires, suffisamment épaisses pour retenir toute la partie visqueuse du sang, ne mettent que fort peu d'obstacle au passage des gaz et à celui de la sérosité du sang; elles se laissent également traverser par les liquides ou vapeurs qui sont accidentellement introduits dans les poumons.

Tous les petits vaisseaux sont aptes à la respiration.

Il ne faudrait pas cependant supposer que le poumon a, relativement à la respiration, des propriétés tout-à-fait spéciales à l'exclusion des autres organes; car tous les petits vaisseaux qui contiennent du sang veineux, et qui se trouvent accidentellement en contact avec l'air, deviennent le siége du phénomène de la respiration. Le poumon est seulement beaucoup mieux disposé qu'aucun autre organe pour la production du phénomène.

Sous le rapport anatomique, les poumons sont deux organes vasculaires, d'un volume considérable, situés dans les parties latérales de la poitrine. Leur parenchyme est divisé et subdivisé en lobes et en lobules, dont le nombre, la forme et les dimensions sont difficiles à déterminer.

Structure des lobules pulmonaires.

L'examen attentif d'un lobule pulmonaire apprend qu'il est formé par un tissu spongieux, dont les aréoles sont si petites, qu'il faut une forte loupe pour les voir distinctement; ces aréoles communiquent toutes entre elles, et sont ensemble enveloppées par une couche mince de tissu cellulaire, qui les sépare des lobules voisins.

Dans chaque lobule viennent se rendre une des divisions des bronches et une de l'artère pulmonaire; cette dernière se distribue dans l'épaisseur du lobule; elle s'y transforme en un nombre infini de radicules des veines pulmonaires. Ce sont ces nombreux petits vaisseaux par lesquels se termine l'artère et commencent les veines pulmonaires, qui, en s'entre-croisant et s'anastomosant de diverses manières, forment les aréoles du tissu des lobules (1); la petite division bronchique qui aboutit au lobe ne pénètre pas dans son intérieur, et finit brusquement aussitôt qu'elle est arrivée au parenchyme.

Cette dernière circonstance me paraît remarquable; car, puisque la bronche ne pénètre pas dans le tissu spongieux du poumon, il est peu probable que la surface des cellules avec lesquelles l'air se trouve en contact soit revêtue par la membrane muqueuse. L'anatomie la plus exacte ne

(1) Cette disposition existe d'une manière on ne peut plus évidente dans les poumons des reptiles.

pourrait du moins en démontrer l'existence dans cet endroit.

Une partie du nerf de la huitième paire et des filets du sympathique se répandent dans le poumon, mais sans qu'on sache comment ils s'y comportent. La surface de l'organe est recouverte par la plèvre, membrane séreuse analogue au péritoine pour la structure et les fonctions.

Glandes des poumons.

Autour des bronches, et près du lieu où elles s'enfoncent dans le tissu du poumon, existent un certain nombre de glandes lymphatiques dont la couleur est à peu près noire, et auxquelles viennent se rendre les vaisseaux lymphatiques peu nombreux qui naissent de la surface et de la profondeur du tissu pulmonaire.

L'art des injections fines nous fournit, relativement au poumon, quelques renseignements qu'il ne faut pas laisser échapper.

Expériences sur le poumon.

Si l'on pousse une injection d'eau colorée dans l'artère pulmonaire, la matière injectée passe aussitôt dans les veines pulmonaires; mais en même temps une petite partie pénètre dans les bronches. Si l'injection est faite par une veine pulmonaire, le liquide passe de même en partie dans l'artère, et en partie dans les bronches. Enfin, si l'on introduit l'injection par la trachée, on la voit quelquefois pénétrer dans l'artère et dans les veines pulmonaires, et même dans l'artère et la veine bronchique.

Les poumons remplissent en grande partie la

cavité de la poitrine, s'agrandissent et se resserrent avec elle; formés presque en totalité par des vaisseaux sanguins ou aériens très-élastiques, ils sont eux-mêmes doués d'une très-grande élasticité; et comme ils communiquent avec l'air extérieur par la trachée-artère et le larynx, chaque fois que la poitrine s'agrandit, ils sont distendus par l'air, qui est expulsé quand la poitrine reprend ses dimensions premières. Il est donc nécessaire que nous nous arrêtions un instant à l'examen de cette cavité.

Du thorax.

La *poitrine*, ou le *thorax*, a la forme d'un conoïde, dont le sommet est en haut, la base en bas; en arrière, la poitrine est formée par les vertèbres dorsales, en avant par le sternum, et latéralement par les côtes; ces derniers os sont au nombre de douze de chaque côté : on distingue

Des côtes.

les côtes en *vertébro-sternales*, et en *vertébrales*. Il y en a sept des premières et cinq des secondes. Les vertébro-sternales, ou les *vraies* côtes, sont les plus supérieures; elles s'articulent en arrière avec les vertèbres, comme les vertébrales; en avant, elles s'articulent avec le sternum, au moyen d'un prolongement appelé *cartilage des côtes*.

C'est la longueur, la disposition, et les mouvements des côtes sur les vertèbres, qui déterminent la forme et les dimensions apparentes de la poitrine.

Le même muscle que nous avons vu former la

paroi supérieure de l'abdomen, forme aussi la paroi inférieure du thorax; il s'attache, par sa circonférence, au contour de la base de la poitrine; mais son centre s'élève dans la cavité pectorale, et forme, lorsqu'il est relâché, une voûte dont la partie moyenne est de niveau avec l'extrémité inférieure du sternum : en sorte que la cavité du thorax se trouve partagée en deux portions, l'une supérieure *pectorale*, et l'autre inférieure ou *abdominale*. En effet, c'est dans la première seulement que sont logés les organes pectoraux, tels que les poumons, le cœur, etc. La seconde contient le foie, la rate, l'estomac, etc.

Des muscles nombreux s'attachent aux os qui forment la charpente du thorax; de ces muscles, les uns sont destinés à rendre les côtes moins obliques sur la colonne vertébrale ou à agrandir la capacité de la poitrine; les autres abaissent les côtes, les rendent plus obliques sur les vertèbres, et diminuent ainsi la capacité du thorax.

Il importe que nous prenions connaissance du mécanisme par lequel la poitrine s'agrandit ou se resserre, plusieurs phénomènes de la respiration étant liés intimement avec ses variations de capacité.

La poitrine peut se dilater verticalement, transversalement et d'avant en arrière, c'est-à-dire suivant ses principaux diamètres.

Le principal, et pour ainsi dire le seul agent de

Agrandissement du thorax par la contraction du diaphragme.

la dilatation verticale, c'est le diaphragme qui, en se contractant, tend à perdre sa forme voûtée et à devenir plane, mouvement qui ne peut s'effectuer sans que la portion pectorale du thorax s'accroisse, et sans que la portion abdominale diminue. Les côtés de ce muscle, qui sont charnus et correspondent aux poumons, descendent davantage que le centre qui, étant aponévrotique, ne peut faire aucun effort par lui-même, et qui d'ailleurs est retenu par ses attaches au sternum et son union avec le péricarde. Dans la plupart des cas, cet abaissement du diaphragme suffit pour la dilatation de la poitrine ; mais il arrive souvent que le sternum et les côtes, en changeant de rapports entre eux et la colonne vertébrale, produisent une augmentation sensible de la cavité pectorale.

Mécanisme du mouvement des côtes.

Rien n'est plus simple à concevoir que le mécanisme de ce mouvement, dès que la disposition physique des parties est bien connue; et cependant il a été l'objet de discussions très-vives entre des auteurs estimables qui ont donné à cette question une importance que peut-être elle ne méritait pas.

Si de semblables disputes conduisaient à la vérité, on regretterait moins le temps que les savants y consacrent ; mais il est fort rare qu'elles aient ce résultat : c'est du moins ce qui n'est point arrivé relativement au mécanisme de la dilatation du thorax. Après un grand nombre de raisonnements, d'expériences en apparence exactes, Haller est parvenu à faire prévaloir ses idées qui ne me paraissent rien moins que satisfaisantes.

Je vais m'expliquer sur ce point avec toute la franchise que commande une autorité aussi respectable.

Idées de Haller sur le mouvement des côtes.

Son explication de la dilatation du thorax, généralement adoptée en ce moment, repose sur des bases que je crois fausses. Il pose en fait que la première côte est presque immobile (1), et que le thorax ne peut faire aucun mouvement de totalité, soit en bas, soit en haut (2). Il est difficile de concevoir comment un observateur aussi habile que Haller a pu avancer et soutenir une pareille idée; car il suffit d'examiner sur soi-même les mouvemens de la respiration, pour avoir aussitôt la preuve que le sternum et la première côte s'élèvent dans l'inspiration, et s'abaissent dans l'expiration. L'examen du thorax sur le cadavre donne le même résultat : on n'a qu'à tirer en haut le sternum, il cède, et toutes les côtes sternales, y compris la première, se redressent sur

(1) Primum par (costarum) firmissimum est, indè ut quæque inferiori loco ponitur, ità faciliùs emovetur, donec infima mobilissima fluctuet. HALLER, *Elementa Physiologiæ*, tom. III, pag. 39, lib. VIII.

(2) Totum tamen pectus, ut nunquam elevari vidi, ità nunquam deprimi. HALLER, *loc. cit.*

la colonne vertébrale, et le thorax s'agrandit sensiblement.

Après avoir établi que la première côte est presque immobile, il dit que la seconde présente une mobilité cinq ou six fois plus considérable; que la troisième en offre une encore plus grande, et que la mobilité va croissant jusqu'aux côtes les plus inférieures.

En n'ayant égard qu'aux vraies côtes, les seules importantes à considérer ici, je crois que l'observation est directement opposée à ce qu'a avancé Haller, c'est-à-dire que la première côte est plus mobile que la seconde, celle-ci plus que la troisième, et ainsi de suite, jusqu'à la septième.

Degrés de mobilité des côtes.

Mais pour juger sainement du degré de mobilité des côtes, il ne faut pas se borner à observer le mouvement qu'elles exécutent à leur extrémité; car, comme elles sont d'une longueur très-inégale, un léger mouvement dans l'articulation, quand la côte est longue, paraîtra très-étendu à l'extrémité; de même un mouvement assez étendu dans l'articulation d'une côte courte pourra paraître peu de chose, examiné à son extrémité. Il faut, au contraire, considérer le mouvement des côtes en leur supposant à toutes une longueur égale, et alors il devient de toute évidence que la mobilité va décroissant depuis la première jusqu'à la septième; cette dernière est même presque immobile (1).

(1) *Mobilité des côtes* est une expression qui peut être

La disposition anatomique des articulations postérieures donne la raison de cette différence de mobilité.

Raisons anatomiques pour lesquelles la première côte est plus mobile que les autres vraies côtes.

La première côte n'a qu'une seule facette articulaire à sa tête, et ne s'articule qu'avec une seule vertèbre ; elle n'a point de ligament interne, ni de ligament costo-transversaire. Le ligament postérieur de l'articulation avec l'apophise transverse est horizontal, et ne peut empêcher ni l'élévation ni l'abaissement de la côte.

Aucune de ces dispositions favorables au mouvement n'existe dans les autres vraies côtes ; elles

---

entendue différemment, et qui par conséquent est obscure ; je l'applique seulement ici aux vraies côtes, en leur supposant une longueur égale à la première. Je mesure l'arc de cercle que peut décrire de bas en haut et de haut en bas l'extrémité libre des côtes ainsi coupées. J'examine ensuite le mouvement de rotation qu'elles peuvent exercer sur elles-mêmes, et je vois que la première côte est beaucoup plus mobile que la septième ; la première côte jouit même d'une espèce de mouvement qui ne se rencontre dans aucune autre ; elle peut être élevée en totalité en haut, dans une étendue de près d'un centimètre, à raison du défaut de ligament interne dans son articulation vertébrale. Maintenant, si l'on voulait appeler mobilité des côtes le léger mouvement qui peut avoir lieu dans leur articulation sternale, ou bien celui que permet l'élasticité de leur cartilage, il est évident que la première côte serait moins mobile que les autres.

ont deux facettes articulaires à leur tête, et s'articulent avec deux vertèbres. Il y a un ligament interne dans l'articulation, qui ne permet qu'un glissement très-limité; un ligament costo-transversaire, fixé à l'apophyse transverse supérieure, empêche la côte de descendre; un ligament postérieur, dirigé de bas en haut, se voit derrière l'articulation de la tubérosité, et empêche la côte de monter. Cependant des nuances particulières dans la disposition de ces divers ligaments permettent les divers degrés de mobilité dont nous avons parlé.

Rapport de la mobilité des côtes avec leur longueur.

Du reste, il est évident que la mobilité moindre se trouvant dans les côtes les plus longues, il y a compensation, et, par cette raison, elles peuvent exécuter des mouvements aussi étendus que la première, quoique moins mobiles; par la même cause, il serait possible qu'elles offrissent un mouvement plus étendu.

Cette compensation présente des avantages; car les vraies côtes, leurs cartilages, le sternum, ne se meuvent guère qu'ensemble, et le mouvement de l'une de ces pièces entraîne presque toujours celui de toutes les autres; il s'ensuit donc que, si les côtes inférieures étaient plus mobiles, elles ne pourraient faire un mouvement plus étendu que celui dont elles sont susceptibles, et la solidité du thorax se trouverait diminuée sans que sa mobilité y gagnât.

Jeu des deux pièces du sternum.

Dans la plupart des sujets, et souvent jusqu'à l'âge le plus avancé, le sternum est composé de deux pièces (1) articulées par symphise mobile au niveau du cartilage de la deuxième côte. Cette disposition, permettant à l'extrémité supérieure de la pièce inférieure de se porter un peu en avant, concourt à l'agrandissement de la poitrine d'une manière qui, je crois, n'avait pas encore été remarquée.

Muscles qui élèvent les côtes et le sternum.

Mais quels sont les muscles qui élèvent le sternum et les côtes, et qui par conséquent dilatent la poitrine? Si l'on en croit Haller, les inter-costaux sont les principaux agents de cette élévation. Les premiers inter-costaux, dit-il, trouvent un point fixe sur la première côte, qui est immobile, et élèvent la seconde côte; et successivement tous les autres inter-costaux prennent leur point fixe sur la côte supérieure et élèvent l'inférieure.

Nous venons de voir tout à l'heure que la première côte est loin d'être immobile; l'explication de Haller tombe donc par cela même, et je ne pense pas que les inter-costaux internes ou externes puissent seuls, quoi qu'on en ait dit, produire l'élévation des côtes. Les muscles qui me paraissent destinés à cet usage sont ceux qui, ayant une extrémité fixée médiatement ou immédiatement

(1) Ce fait anatomique est indiqué dans l'anatomie de M. H. Cloquet.

sur la colonne vertébrale, la tête ou les membres supérieurs, peuvent agir par l'autre directement ou indirectement sur le thorax, de manière à l'élever. Parmi ces muscles, je citerai les scalènes antérieurs et les postérieurs, les sur-costaux, les muscles du cou qui s'attachent au sternum, etc. J'y ajouterai un muscle auquel on n'a point jusqu'ici attribué cet usage; je veux dire le diaphragme. En effet, ce muscle s'attache par sa circonférence à l'extrémité inférieure du sternum, à la septième vraie côte et à toutes les fausses; quand il se contracte, il refoule en bas les viscères; mais, pour cela, le sternum et les côtes doivent présenter une résistance suffisante à l'effort qu'il fait pour les tirer en haut. Or, la résistance ne peut être qu'imparfaite, puisque toutes ses parties sont mobiles; c'est pourquoi chaque fois que le diaphragme se contracte, il doit toujours élever plus ou moins le thorax. En général, l'étendue de l'élévation sera en raison directe de la résistance des viscères abdominaux et de la mobilité des côtes.

Usage du diaphragme pour l'élévation du thorax.

Il est une autre cause de la dilatation du thorax à laquelle on a donné jusqu'ici peu d'attention, et qui me paraît cependant très-importante : je veux parler de la pression atmosphérique qui s'exerce dans toute la surface intérieure de la cavité par l'intermédiaire des poumons. Cette pression a une telle influence, que, si par une cause quelconque elle cesse d'avoir lieu, la poitrine ne se dilate plus :

Influence de la pression atmosphérique sur la dilatation du thorax.

en vain les muscles élévateurs des côtes agissent sur ces os, en vain le diaphragme se contracte; la partie du thorax qui n'est pas pressée intérieurement par l'air atmosphérique ne se dilate pas. Ce phénomène est très-marqué dans les affections de la poitrine, les pneumonies, les œdèmes, les emphysèmes des poumons, et les divers épanchements; tantôt il se voit dans tout un côté du thorax et dans une partie du côté opposé, d'autres fois il ne s'observe que dans une étendue de trois ou quatre côtes d'un seul côté, les autres côtes du même côté continuant à se mouvoir. Il est si vrai que la pression atmosphérique est pour beaucoup dans la dilatation du thorax, que si elle cesse d'agir pendant un certain temps, le côté qui en est privé se resserre, et finit par s'oblitérer, non sans qu'il en résulte un grand changement dans la taille et dans la conformation générale du thorax. Une autre preuve que l'on peut ajouter se voit dans la facilité avec laquelle on dilate la poitrine d'un cadavre en soufflant par la trachée, et dans la difficulté qu'on éprouve en cherchant à la dilater en soulevant les côtes et le sternum.

Dilatation partielle du thorax.

Il n'est pas indispensable que cette pression s'exerce par l'intermédiaire des poumons, comme le prouve l'expérience suivante : fermez par une ligature la trachée-artère à un animal, aussitôt il se consumera en efforts impuissants pour dilater la cavité de la poitrine; faites une ouverture dans un espace inter-costal, aussitôt l'air se précipitera dans le côté de la poitrine ouvert, et ce côté s'agrandira facilement à chaque inspiration; faites une ouverture du côté opposé, et vous observerez le même effet. On peut même remarquer que l'élévation des côtes est plus complète et plus facile que dans la respiration ordinaire; on en conçoit aisément la raison: la pression de l'air agit alors non plus par l'intermédiaire du poumon, mais directement sur les parties qu'elle concourt à mouvoir.

Changements de forme du thorax lors de son élévation.

Dans l'élévation générale du thorax, la forme de cette cavité change nécessairement, ainsi que les rapports des os qui la composent; c'est particulièrement pour se prêter à ces changements que paraissent destinés les cartilages des côtes : dès qu'ils sont ossifiés, et qu'ils perdent par conséquent leur souplesse, la poitrine devient presque immobile.

Pendant que le sternum est porté en haut, son extrémité inférieure est dirigée un peu en avant; il éprouve ainsi un léger mouvement de bascule; les côtes deviennent moins obliques sur la colonne vertébrale; elles s'écartent tant soit peu l'une de l'autre, et leur bord inférieur est dirigé en dehors, en raison d'une petite torsion qu'éprouve le cartilage. Tous ces phénomènes ne sont bien apparents que dans les côtes supérieures, ils le sont à peine dans les inférieures.

Pour bien juger du mécanisme de l'inspiration, il faut l'étudier sur un individu maigre, et âgé de moins de trente ans ; tous les phénomènes que je viens de décrire seront visibles, mais ils deviendront bien plus apparents si l'individu est atteint d'une difficulté de respirer. C'est alors que paraîtra dans tout son jour le jeu des puissances qui élèvent le thorax, que les scalènes se gonfleront à chaque inspiration (1), et se relâcheront à chaque expiration ; quant aux muscles intercostaux, dans les respirations laborieuses, tantôt ils se contractent dans l'instant de l'inspiration, et tantôt, au contraire, ils se relâchent, et alors il se produit un enfoncement remarquable dans chaque espace intercostal.

Pouls respiratoire.

Il résulte de l'élévation du thorax un agrandissement général de cette cavité, soit d'avant en arrière, soit transversalement, soit même de haut en bas.

Cet agrandissement est nommé *inspiration ;* il offre trois degrés bien marqués : 1° l'inspiration *ordinaire* qui se fait par l'abaissement du diaphragme et une élévation presque insensible du thorax ; 2° l'inspiration *grande*, dans laquelle il y a élévation évidente du thorax, en même temps qu'il y a abaissement du diaphragme ; 3° enfin,

Trois degrés de l'inspiration.

(1) J'appelle cette contraction de scalènes *le pouls respiratoire ;* et en effet, le doigt appliqué sur l'un des scalènes donne une idée de l'effort que fait le malade pour respirer.

l'inspiration *forcée*, dans laquelle les dimensions du thorax sont augmentées dans tous les sens, autant que le permet la disposition physique de cette cavité.

Dans le premier degré de l'inspiration, l'air ne pénètre que dans quelques parties du poumon ; dans le deuxième il s'avance davantage ; mais ce n'est que dans le troisième qu'il s'introduit dans toute l'étendue du poumon, aussi est-ce ce dernier mode d'inspirer qu'il faut faire exécuter au malade quand il s'agit d'étudier l'état des organes respiratoires.

Puissances expiratrices.

A la dilatation du thorax succède l'*expiration*, c'est-à-dire le retour du thorax en sa position et à ses dimensions ordinaires. Le mécanisme de ce mouvement est justement l'inverse de celui que nous venons de décrire. Il est produit par l'élasticité des cartilages et des ligaments des côtes, qui tendent à revenir sur eux-mêmes, par le relâchement des muscles qui avaient élevé le thorax, et enfin par la contraction d'un grand nombre de muscles disposés de façon qu'ils abaissent le thorax et le rétrécissent. Parmi ces muscles, qui sont très-nombreux et très-forts, il faut distinguer les muscles larges de l'abdomen, le dentelé postérieur et inférieur, le grand dorsal, le sacro-lombaire, etc.

Le resserrement du thorax ou l'expiration présente aussi trois degrés : 1° l'*expiration ordinaire*, 2° l'*expiration grande*, 3° et l'*expiration forcée*.

Trois degrés de l'expiration.

Dans l'expiration ordinaire, le relâchement du diaphragme, refoulé par les viscères abdominaux, pressés eux-mêmes par les muscles antérieurs de cette cavité, produit la diminution du diamètre vertical. Le relâchement des muscles inspirateurs et une contraction légère des expirateurs, permettant aux côtes et au sternum de reprendre leurs rapports ordinaires avec la colonne vertébrale, produisent l'expiration grande.

Mais le rétrécissement de la poitrine peut aller au delà. Si les muscles abdominaux et les autres muscles expirateurs se contractent avec force, il en résulte un refoulement plus marqué du diaphragme, un abaissement plus grand des côtes et un rétrécissement de la base de la poitrine, et par conséquent une diminution plus considérable de la capacité thoracique. C'est ce qu'on nomme expiration forcée.

Comment le poumon se dilate ou se resserre avec le thorax.

Pour faire comprendre comment le poumon se dilate et se resserre avec le thorax, Mayow comparait le poumon à une vessie placée à l'intérieur d'un soufflet, et qui communiquerait avec l'air extérieur par le tuyau de l'instrument. Cette comparaison, juste sous plusieurs rapports, est inexacte sous un point de vue très-important : la vessie est une membrane inerte qui se laisse distendre par la pression de l'air, et qui ne revient sur elle-même que par la compression des parois du soufflet. Le poumon est dans une condition bien différente : il tend continuellement à revenir sur lui-même, à occuper un espace moindre que la capacité de la cavité qu'il remplit; il exerce donc une traction sur tous les points des parois thoraciques. Cette traction a peu d'effet sur les côtes qui ne peuvent céder, mais elle a une grande influence sur le diaphragme : par elle ce muscle est toujours tendu et tiré en haut de manière à prendre la forme de voûte; quand le muscle s'abaisse en se contractant, il est obligé d'entraîner les poumons vers la base de la poitrine; ces organes se trouvent aussi de plus en plus distendus, et, en vertu de leur élasticité, ils tendent avec d'autant plus d'énergie à revenir sur eux-mêmes et à ramener le diaphragme en haut. Le diaphragme serait en effet brusquement rétabli dans la forme voûtée dès qu'il cesse de se contracter, n'était un mouvement particulier de la glotte, dont nous parlerons plus bas, et qui oppose quelques difficultés à la sortie de l'air de la poitrine. L'ascension du diaphragme, dans l'expiration, est en outre favorisée par l'élasticité, ou même la contraction des muscles de l'abdomen, qui ont été distendus par le refoulement des viscères au moment de la contraction du diaphragme.

Traction que le poumon exerce sur les parois thoraciques.

Pour juger de cette action réciproque du diaphragme et du poumon, il faut, sur un jeune animal, mettre à découvert les muscles inter-cos-

Expériences sur le jeu du diaphragme.

taux d'un des côtés de la poitrine, et alors on voit à travers ces muscles le poumon et le diaphragme monter et descendre de concert, et sans qu'il existe aucun intervalle entre ces deux organes; on voit aussi que le poumon est toujours appliqué contre les parois du thorax, et qu'il glisse sur ces parois dans ses divers mouvements. Il est encore facile de remarquer que, durant l'expiration, une assez grande étendue de la face supérieure du diaphragme s'applique contre les parois du thorax, et occupe l'espace que le poumon remplissait pendant l'inspiration.

Expérience sur le jeu du diaphragme.

Ici se présente une question importante : nous voyons bien que le diaphragme, en s'abaissant, tire en bas le poumon, mais il le tire encore après l'expiration; car si, à cet instant, les parois du thorax sont ouvertes, et que l'air extérieur ait accès direct sur le poumon, celui-ci s'affaisse beaucoup. Le diaphragme s'opposait donc à cet affaissement avant l'ouverture; en effet, le relâchement du diaphragme n'est jamais complet durant la vie, et je le prouve par l'expérience que voici : rendez visibles les mouvements du poumon sur un jeune lapin; remarquez le point où s'arrête l'ascension du diaphragme dans les expirations les plus complètes; dans l'instant d'une expiration de ce genre, coupez la moelle épinière au cou; au moment de la section, vous verrez le diaphragme remonter d'un ou même de deux intervalles inter-costaux. Il y a donc durant la vie, dans le moment où le diaphragme semble relâché autant que possible, une certaine force qui ne lui permet pas de céder à la tendance qu'ont les poumons de revenir sur eux-mêmes, et cette force paraît soumise à l'influence nerveuse.

Antagonisme du poumon et du diaphragme après la mort.

Mais la question n'est qu'en partie résolue : après la mort même, l'antagonisme du diaphragme et du poumon est loin d'être détruit ; le diaphragme est voûté, le poumon est distendu, et la preuve est à la portée de chacun : une ouverture faite aux parois thoraciques a pour effet d'affaisser les poumons, et de les confiner (quand ils sont sains) sur les côtés de la colonne vertébrale, et de rendre le diaphragme flasque et flottant, dès qu'il n'est plus soutenu par les viscères abdominaux. Voilà ce qui existe chez l'individu qui a respiré, voilà ce qui n'existe pas chez le fœtus qui n'a point exécuté la respiration. Comment le double effort du diaphragme sur le poumon et du poumon sur le diaphragme s'est-il établi ? J'avoue que je l'ignore. Ce serait un sujet de recherches curieuses.

De l'air.

Propriétés physiques de l'air.

De toutes parts, et jusqu'à quinze ou vingt lieues de hauteur, la terre est environnée d'un fluide rare et transparent que l'on nomme *air*, et dont la masse totale forme l'*atmosphère*.

Propriétés physiques de l'air.

L'air est un *fluide élastique*, c'est-à-dire qui par lui-même a la propriété d'exercer une pression sur les corps qu'il entoure et sur les parois des vases qui le contiennent. Cette propriété suppose dans les particules dont l'air se compose une tendance continuelle à se repousser les unes les autres.

Une autre propriété de l'air est la *compressibilité*, c'est-à-dire que son volume change avec la pression qu'il supporte. L'expérience apprend qu'une même masse d'air, soumise successivement à des pressions différentes, occupe des espaces ou des volumes qui sont en raison inverse des pressions; en sorte que la pression devenant double, triple, quadruple, ce volume se réduit à la moitié, au tiers, au quart.

Dans l'atmosphère, la pression que supporte une masse quelconque d'air provient du poids des couches qui sont au dessus d'elle; le poids diminuant à mesure qu'on s'élève, l'air doit être de plus en plus dilaté, ou, en d'autres termes, sa densité doit diminuer à mesure que l'élévation augmente. A la surface de la terre, la pression de l'air est le résultat du poids total de l'atmosphère. Cette pression est capable de soutenir une colonne de mercure de 28 pouces ou 76 centimètres de hauteur : l'instrument employé pour fournir cette mesure se nomme *baromètre*.

Différentes circonstances physiques font légèrement varier la pression atmosphérique; elle est,

Propriétés physiques de l'air.

par exemple, moins forte sur le sommet des montagnes que dans les vallées; plus forte quand l'air est sec que quand il est chargé d'humidité. Ces variations sont exactement appréciées au moyen du baromètre.

Comme tous les autres corps, l'air se dilate par la chaleur, son volume augmente de 1/266 pour un échauffement d'un degré de thermomètre centigrade.

L'air est pesant; c'est ce dont on s'est assuré en pesant d'abord un ballon plein d'air, et en pesant ensuite le même ballon dans lequel on a fait le vide au moyen de la machine pneumatique. On a trouvé ainsi qu'à la température o, et lorsque le baromètre est élevé de 76 centimètres, un litre d'air, c'est-à-dire un décimètre cube d'air, pèse 1 gramme et 3/10; un même volume d'eau pèserait un kilogramme. L'eau est donc 770 fois plus pesante que l'air.

L'air est plus ou moins chargé d'humidité. Cette humidité provient de l'évaporation continuelle des eaux qui recouvrent la surface de la terre. En effet, l'expérience nous prouve qu'à toutes les températures l'eau forme des vapeurs d'autant plus abondantes que la température est plus élevée. De plus, pour chaque température, l'air ne peut contenir qu'une certaine quantité de vapeur. Lorsqu'il en est *saturé*, l'humidité est extrême; plus il approche de l'être, plus l'humidité est grande.

C'est là ce qu'indiquent les hygromètres. Enfin, quand, par l'effet d'un refroidissement ou de toute autre cause, l'air se trouve contenir plus de vapeur qu'il n'en peut renfermer à la température où il se trouve, l'excédant de cette vapeur se rassemble d'abord sous la forme de brouillards et de nuages, et se précipite ensuite à l'état de pluie, de neige, etc.

Propriétés physiques de l'air.

La vapeur d'eau étant plus légère que l'air, et l'obligeant d'ailleurs à se dilater quand elle se mêle à lui, il en résulte que l'air humide est plus léger que l'air sec.

Malgré sa rareté et sa transparence, l'air réfracte, intercepte et réfléchit la lumière. En petite masse, il nous renvoie trop peu de rayons pour que sa couleur produise sur nos yeux une impression sensible; en grande masse, cette couleur est d'un bleu très-visible. Aussi l'interposition de l'air colore-t-elle d'une teinte bleuâtre les objets éloignés.

L'air joue un grand rôle dans les phénomènes chimiques; regardé long-temps comme un élément, sa composition, soupçonnée par Jean Rey dans le dix-septième siècle, fut clairement établie par Lavoisier.

L'air est composé de deux gaz très-différents par leurs propriétés.

omposition chimique de l'air.

1° L'oxigène : gaz un peu plus pesant que l'air dans le rapport de 11 à 10, se combinant avec tous les corps simples; élément de l'eau, des matières végétales et animales, et du plus grand nombre des corps connus, nécessaire à la combustion et à la respiration.

2° L'azote : gaz un peu plus léger que l'air, élément de l'ammoniaque et des substances animales ; éteignant les corps en combustion.

Les proportions d'oxigène et d'azote qui entrent dans la composition de l'air se déterminent à l'aide d'instruments, qu'on nomme *eudiomètres*. Dans ces instruments, on produit la combinaison de l'oxigène avec quelque corps combustible, tel que l'hydrogène ou le phosphore, et le résultat de cette combinaison fait connaître la quantité d'oxigène que l'air renfermait. On a trouvé ainsi, que 100 parties d'air, en poids, contenaient 21 parties d'oxigène et 79 d'azote. Ces proportions sont les mêmes dans tous les lieux et à toutes les hauteurs, et n'ont point changé sensiblement depuis environ quinze ans, que la chimie est parvenue à les établir d'une manière positive.

L'air contient, outre l'oxigène et l'azote, de la vapeur d'eau en quantité variable, comme nous l'avons déjà dit, et une *très-petite* quantité d'acide carbonique, dont la proportion varie suivant diverses circonstances.

Presque tous les corps combustibles décomposent l'air à une température particulière pour chacun d'eux. Dans cette décomposition ils se combinent avec l'oxigène, et laissent l'azote libre.

Inspiration et expiration.

Entrée de l'air dans les poumons.

Les poumons sont toujours remplis par l'air, mais ce fluide s'y altère promptement par l'acte même de la respiration ; il est donc nécessaire qu'il s'y renouvelle à des époques assez rapprochées. Ce renouvellement s'effectue par les deux phénomènes de l'inspiration et de l'expiration : dans le premier l'air arrive dans les poumons, les distend, et pénètre jusqu'aux cellules aériennes ; durant le second, une partie de l'air contenu dans le poumon est chassé au dehors.

Dans ces deux actes physiques la pression atmosphérique et la contraction musculaire jouent les principaux rôles.

Si nous examinons la poitrine après une expiration ordinaire, nous voyons que l'air qui presse sur la face extérieure de cette cavité fait exactement équilibre à celui qui presse sur la surface intérieure du poumon. La pression de ce dernier s'exerce par l'intermédiaire de la colonne qui se trouve dans la cavité de la bouche ou du nez, du pharynx, du larynx, de la trachée et des bronches. Le moindre effort des puissances qui dilatent le thorax, ou de celles qui le resserrent, suffit pour faire pénétrer l'air dans le poumon ou pour l'en faire sortir. Il est donc bien facile de comprendre le mécanisme de l'inspiration : dès que les muscles dilateurs du thorax agissent, aussitôt l'air extérieur se précipite dans la glotte, la trachée et les poumons, va remplir les vésicules pulmonaires, où le vide tendait à se produire par le fait de l'agrandissement du thorax.

Avantages de l'élasticité des parois des conduits aériens.

Nous pouvons ici nous rendre raison de la dureté et de l'élasticité des parois du canal que l'air parcourt pour arriver jusqu'au poumon : supposons pour un moment que la trachée ou le larynx eussent eu des parois membraneuses au lieu des cartilages qui les forment, alors dans le moment de la dilatation du thorax, l'air, qui presse également sur tous les points à la surface du corps, aurait affaissé les conduits aériens au cou, et l'air n'aurait pu pénétrer dans la poitrine. Rien de cela ne peut arriver dans la réalité; les anneaux de la trachée, les parois du larynx, celles du nez et de la bouche, résistent à la pression de l'air, qui n'agit que sur la face intérieure de ces canaux.

Il existe un tel rapport entre la pression de l'atmosphère et les cartilages des conduits aériens, que là où la pression ne peut s'exercer, les cartilages ne se rencontrent plus, comme on le voit à la face postérieure de la trachée, et dans les petites divisions bronchiques.

Si l'on se rappelle la disposition des lobules pulmonaires, l'extensibilité de leur tissu, leur communication avec l'air extérieur par le moyen des bronches, de la trachée-artère et du larynx, on concevra aisément que, chaque fois que la poitrine se dilate, l'air se précipite aussitôt dans le tissu pulmonaire, en quantité proportionnée au degré de dilatation. Quand la poitrine se resserre, une partie de l'air qu'elle contient est expulsée et ressort par la glotte.

Position du voile du palais dans l'inspiration et l'expiration.

Pour arriver à la glotte dans l'inspiration ou pour se porter au dehors dans l'expiration, l'air traverse tantôt les fosses nasales, et tantôt la bouche : la position que prend le voile du palais dans ces deux cas mérite d'être connue. Quand l'air traverse les fosses nasales et le pharynx pour entrer dans le larynx ou pour en sortir, le voile du palais est vertical et appliqué par sa face antérieure sur la partie postérieure de la base de la langue, de manière que la bouche n'a aucune communication avec le pharynx. Lorsque l'air traverse la bouche dans l'inspiration ou l'expiration, le voile du palais est horizontal, son bord postérieur est embrassé par la face concave du pharynx, et toute communication est interdite entre la partie inférieure du pharynx et la partie supérieure de ce canal, ainsi qu'avec les fosses nasales. De là la nécessité de faire respirer les malades par la bouche, si l'on veut faire l'inspection des tonsilles et du pharynx.

Ces deux voies, par lesquelles l'air peut arriver à la glotte, ont l'avantage de pouvoir se suppléer mutuellement : quand la bouche est remplie d'aliments, la respiration se fait par le nez; elle se fait par la bouche quand les fosses nasales sont obstruées par du mucus, un léger gonflement de la pituitaire ou toute autre cause.

Mouvements de la glotte dans la respiration.

La glotte est loin d'être inactive dans les mouvements d'expiration et d'inspiration, elle s'ouvre et se ferme alternativement. Sa dilatation, qui coïncide avec l'inspiration, favorise l'entrée de l'air dans les organes respiratoires; le mouvement par lequel elle se ferme arrive dès que l'expiration commence, de sorte qu'elle met toujours un certain obstacle à la sortie de l'air des poumons, et que ses bords sont toujours plus ou moins agités par la colonne expirée. Nous pouvons même, en la fermant complètement, empêcher toute issue de l'air, quels que soient les efforts des puissances expiratrices. Dans ce cas les petits muscles constricteurs de la glotte luttent seuls avec avantage contre les immenses puissances qui servent à l'expiration (1).

---

(1) Il y a des maladies qui semblent principalement consister dans le défaut de dilatation de la glotte durant l'inspiration; il en résulte une gêne extrême dans la respiration, et des efforts inouis pour attirer l'air dans les poumons. J'en ai eu la preuve dans un enfant sur lequel j'ai fait l'opération de la laryngotomie. Je croyais que la suffocation qu'il éprouvait tenait à une fausse membrane qui bouchait la glotte: l'opération faite, l'air arriva au poumon par la plaie, et la suffocation cessa aussitôt; ce qui prouve que l'obstacle était

Il paraît que le nombre d'inspirations faites dans un temps donné diffère beaucoup d'un homme à un autre. Hales les croit de 20 dans l'espace d'une minute. Un homme sur lequel Menziès fit des expériences ne respirait que 14 fois dans une minute. M. H. Davy nous apprend que dans le même temps il respire 26 à 27 fois; M. Thomson dit qu'il respire ordinairement 19 fois; je ne respire que 15 fois. En prenant 20 fois pour moyenne dans une minute, on aurait 28,800 inspirations dans 24 heures. Mais il est probable que ce nombre varie beaucoup suivant une foule de circonstances, telles que l'état de sommeil, le mouvement, la distension de l'estomac par les aliments, la capacité de la poitrine, les affections morales, etc.

Nombre d'inspirations dans 24 heures.

Quelle quantité d'air entre dans la poitrine à chaque inspiration? quelle quantité en sort à chaque expiration? et combien y en séjourne-t-il habituellement?

D'après le docteur Menziès, la quantité moyenne d'air qui entre dans les poumons, à chaque inspiration, est de 655 centièmes cubes. Goodwin

Volume d'air inspiré.

bien à la glotte, cependant celle-ci était parfaitement libre. J'essayai de fermer la plaie et de faire respirer l'enfant par le larynx, la suffocation reprit aussitôt, et je fus obligé de faire tenir les bords de l'incision ouverts pendant vingt-quatre heures par un aide.

pense qu'après une expiration complète, le poumon contient encore 1786 centimètres cubes; Menziès assure que cette quantité est plus forte, et qu'elle s'élève à 2923 c. c.

Suivant Davy, après une expiration forcée, ses poumons retiennent encore 672 c. c., et,

Après une expiration naturelle. . . .	1933 c. c.
Après une inspiration naturelle. . . .	2212
Après une inspiration forcée.	6412
Après une expiration forcée après une inspiration forcée, il sortit des poumons.	3113
Après une inspiration naturelle. . . .	1286
Après une expiration naturelle. . . .	1106

Quantité d'air contenu habituellement dans le poumon.

M. Thomson croit qu'on ne s'éloignerait pas beaucoup de la vérité, en supposant que la quantité ordinaire d'air contenu dans les poumons est de 4588 centimètres c., et qu'il en entre et qu'il en sort à chaque inspiration ou expiration, 655 c. c. Ainsi, en supposant 20 inspirations par minute, on aura, pour la quantité d'air entré ou sorti des poumons dans cet intervalle de temps, 13100, c. c.; ce qui, pour une heure, fait 786 décimètres c., et pour les 24 heures environ 19 mètres c., ou à peu près 24 kilogrammes.

Quantité d'air qui sert à la respiration en 24 heures.

Les chimistes ont fait un grand nombre d'expériences pour déterminer si le volume de l'air diminue par son séjour dans le poumon. En tenant compte des expériences les plus récentes, par

MM. Dulong et Despretz, cette diminution est assez considérable; M. Despretz, ayant fait respirer six petits lapins dans quarante-neuf litres d'air pendant deux heures, trouva une diminution d'un litre.

Changements physiques de l'air inspiré.

En traversant successivement la bouche ou les cavités nasales, le pharynx, le larynx, la trachée-artère et les bronches, l'air inspiré prend une température analogue à celle du corps. Dans la plupart des cas, il s'échauffe, et par conséquent se raréfie, de sorte que la même quantité d'air en poids occupe dans le poumon un espace beaucoup plus considérable que celui qu'elle occupait avant d'être introduite dans ce viscère. Outre ce changement de volume, l'air inspiré se charge de vapeur qui s'élève continuellement de la membrane muqueuse des voies aériennes, et c'est ainsi que, chaud et humide, il arrive aux lobules pulmonaires; enfin la portion d'air dont nous parlons se mêle à celle que contenaient les poumons.

Mais l'expiration succède bientôt à l'inspiration : il ne s'écoule guère ordinairement entre elles plus de quelques secondes; l'air que contient le poumon, pressé par les puissances expiratrices, s'échappe en parcourant, en sens inverse de l'air inspiré, le canal respiratoire.

Renouvellement partiel de l'air que contient le poumon.

Il faut remarquer ici que la portion d'air expirée n'est pas précisément celle qui avait été inspirée précédemment, mais une partie de la masse que contenait le poumon après l'inspiration ; et si l'on compare le volume d'air que contiennent habituellement les poumons, avec celui qui est inspiré et expiré à chaque mouvement de respiration, on supposera avec raison que l'inspiration et l'expiration ont pour but de renouveler en partie la masse considérable d'air renfermé dans les poumons. Ce renouvellement sera d'autant plus considérable que la quantité d'air expiré sera plus forte, et que l'inspiration qui suivra sera plus complète.

Propriétés physiques et chimiques de l'air qui sort des poumons.

Propriétés physiques et chimiques de l'air des poumons.

A sa sortie du poumon, l'air a une température voisine de celle du corps; avec lui s'échappe de la poitrine une certaine quantité de vapeur nommée *transpiration pulmonaire;* en outre sa composition chimique est différente de celle de l'air inspiré.

Quantité d'oxigène absorbé.

Au lieu de 0,21 d'oxigène et d'une trace d'acide carbonique que présente l'air atmosphérique, l'air expiré offre 0,18 ou 0,19 d'oxigène; de 0,2 à 0,3 centièmes d'acide carbonique. En général, la quantité d'acide carbonique est inférieure à celle de l'oxigène disparu : d'après les dernières expériences de MM. Dulong et Despretz, cette différence pourrait aller jusqu'au tiers pour les animaux carnivores, et seulement au dixième, terme moyen, pour les animaux herbivores.

Pour évaluer la quantité d'oxigène consumé par un homme adulte en vingt-quatre heures, il ne faut que se rappeler la quantité d'air respiré pendant cet intervalle. D'après Lavoisier et H. Davy, 512 centimètres cubes sont consumés en une minute, ce qui, pour vingt-quatre heures, donne 745 décimètres cubes.

Quantité d'acide carbonique formé.

Il n'est pas plus difficile d'apprécier la quantité d'acide carbonique qui sort du poumon dans le même temps, puisqu'elle représente au moins les deux tiers de l'oxigène disparu. M. Thomson l'évalue à 655 c. c., quoiqu'elle soit, dit-il, probablement un peu moindre : or, cette quantité d'acide carbonique représente environ 340 grammes de carbone.

Exhalation de l'azote par le poumon.

Quelques chimistes disent qu'il y a disparition d'une petite quantité d'azote pendant la respiration; ce fait ne s'est pas vérifié dans les recherches récentes. D'autres pensent, au contraire, que la quantité de ce gaz est sensiblement augmentée; ce dernier résultat vient d'être mis hors de doute par les travaux de MM. Edwards, Dulong et Despretz, qui ont toujours trouvé un accroissement sensible de l'azote dans l'air où des animaux avaient respiré un certain temps.

Instinct qui nous porte à respirer.

Nous sommes avertis du degré d'altération que subit l'air dans nos poumons par un sentiment qui nous porte à le renouveler : à peine sensible dans la respiration ordinaire, parce que nous nous hâtons d'y obéir, il devient douloureux s'il n'est pas assez promptement satisfait ; à ce degré, il est accompagné d'anxiété et d'effroi, avertissement instinctif de l'importance de la respiration.

Tandis que l'air contenu dans les poumons est ainsi modifié dans ses propriétés physiques et chimiques, le sang veineux traverse les ramifications de l'artère pulmonaire, qui forment en partie le tissu des lobules du poumon ; il passe dans les radicules des veines pulmonaires, et bientôt parcourt ces veines elles-mêmes ; mais, en passant des unes dans les autres, il change de nature, et de veineux il devient artériel.

Examinons les phénomènes de cette transformation.

Changement du sang veineux en sang artériel.

Transformation du sang veineux en sang artériel.

Au moment où le sang veineux traverse dans les petits vaisseaux des lobules pulmonaires, il prend une couleur écarlate, son odeur devient plus forte, sa saveur plus prononcée ; sa température s'élève d'environ un degré ; une partie de son sérum s'échappe sous la forme de vapeur dans le tissu des lobules et se mêle à l'air. Sa tendance pour se coaguler augmente sensiblement, fait exprimé généralement en disant que sa *plasticité* devient plus forte ; sa pesanteur spécifique diminue, ainsi que sa capacité pour le calorique. Le sang veineux ayant acquis ces caractères est du sang artériel.

Afin de rendre plus évidentes les différences du sang veineux et du sang artériel, nous les opposons dans le tableau suivant :

Différences principales du sang veineux et du sang artériel.

	Sang veineux.	*Sang artériel.*
Couleur.	rouge brun. . .	rouge vermeil.
Odeur.	faible.	forte.
Température.	31° R.	près de 32° R.
Capacité pour le calorique.	852 (1)	839.
Pesanteur spécifique. . . .	1051 (2).	1049.
Coagulation..	moins prompte. .	plus prompte.
Sérum.	plus abondant. .	moins abondant.

L'analyse élémentaire des sangs artériel et veineux a donné à MM. Macaire et Marcel le moyen d'établir entre ces deux liquides une différence prononcée, et qui porte spécialement sur la quantité d'oxigène et de carbone qui entre dans leur composition.

Voici le résultat de leur analyse, faite par l'oxide de cuivre après avoir desséché le sang dans le vide par l'acide sulfurique et l'avoir réduit en poudre d'un beau rouge clair pour le sang artériel et d'un rouge brunâtre pour le sang veineux.

---

(1) L'eau étant 1000. J. Davy, *Trans. philos.* 1815.
(2) L'eau étant 1000. *Loc. cit.*

	Sang artériel.	*Sang veineux.*
Carbone	50,2.	55,7
Azote	16,3.	16,2
Hydrogène.	6,6.	6,4
Oxigène	26,3.	21,7 (1)

J'ai décrit plus haut les changemens que l'air éprouve dans les poumons ; je viens de dire ceux qui arrivent au sang veineux en traversant ces organes. Voyons maintenant quelle liaison peut être établie entre ces deux ordres de phénomènes.

Coloration du sang.

La coloration du sang dépend bien évidemment de son contact médiat avec l'oxigène ; car, si tout autre gaz se trouve dans le poumon, ou seulement si l'air atmosphérique n'est pas convenablement renouvelé, le changement de couleur n'a plus lieu. Il se manifeste de nouveau aussitôt qu'on permet l'introduction de l'oxigène dans les lobules pulmonaires.

Il est facile de voir le phénomène de la coloration du sang veineux, même sur le cadavre. Souvent, aux approches de la mort, le sang veineux s'accumule dans les vaisseaux du poumon ; les lobules bronchiques étant dépourvus d'air, il conserve les propriétés veineuses long-temps après la mort. De l'air atmosphérique poussé dans la tra-

(1) Voyez *Annales de chimie*, décembre 1832, t. 51.

chée, de manière à distendre le tissu du poumon, fait aussitôt changer la couleur rouge brun du sang accumulé en rouge vermeil.

Le même phénomène arrive toutes les fois que le sang veineux est en contact avec l'oxigène ou l'air atmosphérique. Du sang tiré d'une veine et exposé à l'air rougit d'abord à sa surface, et ensuite la couleur rouge gagne peu à peu toute la masse, le contact immédiat n'est pas même nécessaire; contenu dans une vessie, et plongé dans du gaz oxigène, le sang devient écarlate. Ainsi, la paroi vasculaire très-mince qui, dans le poumon, est placée entre l'air atmosphérique et le sang ne peut être considérée comme un obstacle à la coloration de celui-ci.

Respiration après la mort.

Mais comment le gaz oxigène produit-il le changement de couleur du sang veineux? Les chimistes ne sont pas d'accord sur ce point. Les uns pensent que le gaz se combine directement avec le sang; les autres croient que c'est en enlevant au sang une certaine quantité de carbone; et quelques uns ne sont pas éloignés de croire que ces deux effets ont lieu en même temps; mais aucune de ces explications ne rend raison du changement de couleur.

Plusieurs chimistes ont attribué la coloration du sang au fer. Cette opinion est rejetée maintenant, comme très-douteuse; cependant elle serait d'autant moins invraisemblable que, si l'on sépare ce métal de la partie colorante du sang, cette substance, dont la couleur est rouge, vineuse, perd la propriété de devenir écarlate par le gaz oxigène (1).

Transpiration pulmonaire.

On conçoit plus aisément la déperdition de sérum qu'éprouve le sang dans la respiration : cela tient très-probablement à ce qu'une certaine quantité de sérum s'échappe des dernières divisions de l'artère pulmonaire, et vient se vaporiser dans l'air que contiennent les lobules. Cette vapeur sort ensuite avec l'air expiré, sous le nom de *transpiration pulmonaire*.

Il ne faut pas croire cependant que toute la vapeur qui sort dans l'expiration provienne du sang de l'artère pulmonaire ; je ferai voir plus tard qu'une partie assez considérable de cette vapeur est formée aux dépens du sang artériel qui est distribué à la membrane muqueuse des voies aériennes.

Expériences sur la transpiration pulmonaire.

Dans ses premières recherches sur la respiration, Lavoisier avait cru qu'il pouvait y avoir combustion d'hydrogène dans les poumons, et formation d'une certaine quantité d'eau. Cette eau aurait formé une partie de la transpiration pulmonaire.

---

(1) Il ne faut pas confondre la matière colorante du sang, décrite par MM. Brande et Vauquelin, avec l'*hématine*, qui est la matière colorante du bois de campêche, et qui a été découverte par M. de Chevreul.

Mais cette idée n'est plus admise aujourd'hui, et la transpiration du poumon est considérée, ainsi qu'il vient d'être dit, comme le résultat du passage dans les vésicules bronchiques d'une partie du liquide qui parcourt l'artère pulmonaire.

L'anatomie met sur la voie de ce phénomène. Une injection d'eau poussée dans l'artère pulmonaire passe sous la forme d'une innombrable quantité de gouttelettes presque imperceptibles dans les cellules aériennes, et se mêle à l'air qu'elles contiennent.

Sur les animaux vivants, on augmente à volonté la quantité de la transpiration pulmonaire, en injectant de l'eau distillée, à une température voisine de celle du corps, dans le système veineux, comme le prouve l'expérience suivante : Prenez un chien de petite taille, injectez à diverses reprises un volume considérable d'eau : l'animal sera d'abord dans un état de véritable pléthore, ses vaisseaux seront même tellement distendus, qu'il aura peine à se mouvoir ; mais, au bout de quelques instants, les mouvements respiratoires s'accélèreront sensiblement, et de tous les points de la gueule s'écoulera en abondance un liquide dont la source est évidemment la transpiration du poumon considérablement augmentée.

Expériences sur la transpiration pulmonaire.

Ce n'est pas seulement la partie aqueuse du sang qui s'échappe par la transpiration pulmonaire : j'ai montré, par des expériences particulières, que plusieurs substances, introduites dans les veines par l'absorption ou par une injection directe, ne tardent pas à sortir par le poumon. De l'alcool faible, une dissolution de camphre, de l'éther, ou autres substances odorantes, introduites dans la cavité du péritoine ou ailleurs, sont bientôt absorbées par les veines, transportées au poumon; elles passent dans les vésicules bronchiques, et se font connaître par leur odeur dans l'air expiré.

Le phosphore se comporte de même; non seulement son odeur est sensible dans l'air expiré, mais sa présence est facile à constater d'une manière encore plus positive.

Injectez dans la veine crurale d'un chien une demi-once d'huile dans laquelle du phosphore aura été dissous : à peine aurez-vous fait l'injection, que l'animal rendra par les narines des flots d'une vapeur épaisse et blanche, qui n'est autre chose que de l'acide phosphoreux. Si vous faites l'expérience dans l'obscurité, ce sont des flots de lumière qui s'échappent avec l'air expiré (1).

Il résulte d'expériences intéressantes faites par Nysten, que les gaz se comportent à peu près de

---

(1) L'idée de faire cette expérience dans l'obscurité appartient à M. Armand de Montgarny, jeune médecin de beaucoup de mérite, que la mort a frappé au milieu de ses premiers travaux.

la même manière; c'est-à-dire qu'après avoir été injectés dans les veines, ils sortent avec l'air expiré.

Quantité de la transpiration pulmonaire.

Quelques tentatives ont été faites pour déterminer la quantité de vapeur qui s'échappe du poumon d'un homme adulte en vingt-quatre heures. Les dernières, qui sont dues à M. Thomson, la mettent à environ 590 grammes; Lavoisier et Séguin l'avaient estimée autrefois à 560 grammes : il est probable qu'elle doit être très-variable, suivant une multitude de circonstances.

Formation de l'acide carbonique.

On n'est pas d'accord sur la manière dont se forme l'acide carbonique que contient l'air expiré. Ceux-ci croient qu'il existait tout formé dans le sang veineux, et qu'il est exhalé au moment du passage à travers le poumon; ceux-là pensent qu'il résulte de la combustion directe du carbone du sang veineux par l'oxigène : ni l'une ni l'autre de ces deux opinions n'est suffisamment démontrée; peut-être les deux effets ont-ils lieu en même temps. Par la même raison qu'on n'est pas instruit sur le mode de formation de l'acide carbonique, on manque de données sur le rôle que joue l'oxigène dans la respiration. Les uns disent qu'il est employé à brûler le carbone du sang veineux; les autres veulent qu'il passe dans les veines pulmonaires, et d'autres enfin pensent qu'il remplit à la fois les deux offices.

Action de l'oxigène.

Toute cette partie de la chimie animale demande de nouvelles recherches.

Élévation de température du sang dans les poumons.

Tant qu'on n'aura pas des notions plus positives sur la formation de l'acide carbonique et sur la disparition de l'oxigène, il sera difficile de se rendre raison de l'élévation de la température qu'éprouve le sang en traversant ces organes. Cependant, comme il est très-probable que l'oxigène se combine avec le carbone du sang, et comme toute combinaison de ce genre est accompagnée d'un dégagement considérable de calorique, il devient probable aussi que c'est là la source de la chaleur plus grande du sang artériel. En supposant même que l'oxigène soit absorbé et passe dans les veines pulmonaires, et qu'il se combine ensuite directement avec le sang, on pourrait encore concevoir l'élévation de température du sang; car toute combinaison de l'oxigène avec un corps combustible est accompagnée d'un dégagement de chaleur (1).

La diminution légère dans la pesanteur spécifique et la capacité pour le calorique tiennent probablement à la perte d'eau qui s'est effectuée à la surface des vésicules pulmonaires.

Quant aux autres propriétés qu'acquiert le sang veineux en traversant le poumon, telles que la plasticité, l'odeur, et la saveur plus forte, pour arriver à des notions satisfaisantes sur ce point, il faudrait qu'une analyse exacte et comparative du

(1) *Voyez* l'article *Chaleur animale.*

sang veineux et du sang artériel en eût fait connaître très-exactement les différences : or la physiologie attend encore ce service de la chimie.

Respiration des gaz autres que l'air atmosphérique.

On ne s'est point contenté d'étudier les effets de la respiration de l'air atmosphérique, on a voulu savoir quels seraient les résultats de la respiration des autres gaz. Des animaux y ont été plongés, des hommes en ont volontairement ou involontairement respiré, et il a été bientôt reconnu que l'air atmosphérique seul peut servir à la respiration; tous les autres gaz font périr plus ou moins promptement les animaux; l'oxigène lui-même, quand il est pur, devient mortel; et son mélange avec l'azote, mais dans des proportions différentes de celles de l'air, finit tôt ou tard par produire la mort des animaux qui le respirent.

En faisant ces diverses expériences, on est arrivé à distinguer les gaz, sous le rapport de la respiration, en deux classes : 1° les gaz *non respirables*, 2° les gaz *délétères*.

Action des gaz non respirables.

Les premiers, auxquels il faut rapporter l'azote, le protoxide d'azote, l'hydrogène, etc., font périr les animaux seulement parce que leur action ne peut remplacer celle de l'oxigène; parmi ces gaz, il en est un, le protoxide d'azote, qui produit des effets singuliers, qui peut-être devraient le faire rapporter à la seconde classe.

Gaz non délétères.

M. Davy est le premier qui ait osé en étudier les effets sur lui-même : après avoir expiré l'air de ses poumons il respira environ quatre litres de gaz protoxide d'azote. Les premiers sentimens qu'il éprouva, furent ceux du vertige et du tournoiement; mais, au bout d'une demi-minute, continuant toujours de respirer, ces effets diminuèrent par degrés, et furent remplacés par une sensation analogue à une douce pression sur tous les muscles accompagnée de frémissements très-agréables, particulièrement dans la poitrine et les extrémités. Les objets environnants lui parurent éblouissants, et son ouïe devint plus fine; vers les dernières respirations l'agitation augmenta, sa force musculaire devint plus grande, et il acquit une propension irrésistible au mouvement. Ces effets cessèrent dès que M. Davy eut discontinué de respirer le gaz, et dans dix minutes il se trouva dans son état naturel.

Ces effets ne sont cependant pas constamment les mêmes. MM. Vauquelin et Thenard, qui ont aussi respiré ce gaz, n'ont pas ressenti tous les phénomènes décrits par M. Davy, mais d'autres phénomènes analogues.

Gaz délétères.

Les gaz délétères sont ceux qui non seulement ne peuvent entretenir la respiration, mais tuent avec plus ou moins de promptitude l'homme ou les animaux qui les respirent purs, ou même mêlés en certaines proportions à l'air atmosphérique. De ce nombre sont tous les gaz acides, le gaz ammoniac, l'hydrogène sulfuré, l'hydrogène arséniqué, le gaz deutoxide d'azote, etc.

Influence des nerfs de la huitième paire sur la respiration.

Les nerfs de la huitième paire étant les seuls nerfs cérébraux qui envoient des filets dans le tissu des poumons, il a dû se présenter à l'esprit des physiologistes d'en faire la section, afin d'examiner les effets qui en résulteraient. Cette expérience facile a été faite plusieurs fois par les anciens, et il est peu de physiologistes modernes qui ne l'aient répétée.

Tout animal auquel on coupe simultanément les deux nerfs dont il est question périt plus ou moins promptement, quelquefois même immédiatement après la section. Jamais il ne survit au-delà de trois ou quatre jours. La mort avait été attribuée tour à tour à la cessation des mouvements du cœur, au défaut de digestion, à l'inflammation des poumons, etc. On doit aux travaux de plusieurs physiologistes, et en dernier lieu à ceux de MM. Wilson Philipp et Breschet, etc., des éclaircissements précieux sur ce sujet. Je vais donner un résumé général de leurs recherches et des miennes.

La section des nerfs de la huitième paire au cou, à la hauteur de la glande thyroïde ou même plus bas, influe, 1° sur le larynx, 2° sur les poumons. Ces deux genres d'effets doivent être distingués.

Influence de la section des nerfs de la huitième paire sur le larynx.

En traitant de la voix, nous avons dit que la section des nerfs récurrents produit subitement l'aphonie : le même phénomène a lieu par la section de la huitième paire, ce qui est aisé à concevoir, puisque les récurrents ne sont que des divisions de ces nerfs. Mais, outre l'abolition de la voix, il n'est pas rare que la section des nerfs de la huitième paire détermine un rapprochement tel des bords de la glotte, que l'air ne puisse plus pénétrer dans le larynx, et que la mort arrive aussitôt, comme cela a lieu toutes les fois qu'un animal ne peut renouveler l'air de son poumon.

Dans les cas ordinaires, le rapprochement est assez inexact pour que l'air s'introduise dans le larynx pour entretenir la respiration; mais comme la glotte a perdu ses mouvements propres, l'entrée et la sortie de l'air de la poitrine sont toujours plus ou moins gênées.

A l'époque où ces observations ont été faites, il n'était guère possible de se rendre rigoureusement raison de ces divers phénomènes; mais, depuis que j'ai fait connaître la manière dont les nerfs récurrents et laryngés se distribuent aux muscles du larynx, cela ne présente plus de difficulté. Par la section de la huitième paire à la partie inférieure du cou, les muscles dilateurs de la glotte sont paralysés ; cette ouverture ne s'élargit plus dans l'instant de l'inspiration, tandis que les constricteurs, qui reçoivent leurs nerfs des laryngés supérieurs, conservent toute leur action, et ferment plus ou moins complètement la glotte.

Influence de la section des nerfs de la huitième paire sur les poumons.

Quand la section de la huitième paire ne détermine point un resserrement tel de la glotte que la mort arrive immédiatement, d'autres phénomènes se développent, et la mort ne vient le plus souvent qu'au bout de trois ou quatre jours.

La respiration est d'abord gênée, les mouvements d'inspiration sont plus étendus, plus rapprochés, et l'animal paraît y donner une attention particulière ; les mouvements de locomotion sont peu fréquents, ils fatiguent évidemment ; souvent même les animaux gardent un repos parfait : toutefois la formation du sang artériel n'est point empêchée dans les premiers moments ; mais bientôt, le second jour, par exemple, la gêne de la respiration augmente, les efforts d'inspiration deviennent de plus en plus considérables. Alors le sang artériel n'a plus tout-à-fait la teinte vermeille qui lui est propre : il est un peu plus foncé, sa température baisse ; enfin, tous les symptômes s'accroissent, la respiration ne se fait qu'avec le secours de toutes les

Phénomènes qui suivent la section des nerfs de la huitième paire.

Influence de la section des nerfs de la huitième paire sur la respiration.

puissances inspiratoires : le sang artériel est d'un rouge sombre, et presque semblable au sang veineux, les artères en contiennent peu ; le refroidissement est manifeste, et l'animal ne tarde pas à périr. A l'ouverture de la poitrine, on trouve les cellules bronchiques, les bronches, et souvent la trachée elle-même, remplies par un liquide écumeux, quelquefois sanguinolent ; le tissu du poumon est engorgé, volumineux ; les divisions et même le tronc de l'artère pulmonaire sont fortement distendus par un sang très-foncé et presque noir : il s'est fait des épanchements considérables de sérosité ou même de sang dans le parenchyme du poumon. D'un autre côté, les expériences ont appris qu'à mesure que cette série d'accidents se montre, les animaux consomment de moins en moins d'oxigène, et qu'ils forment de moins en moins d'acide carbonique.

On a conclu avec raison que, dans ce cas, les animaux périssent parce que la respiration ne peut plus s'effectuer, le poumon étant tellement altéré que l'air inspiré ne peut arriver jusqu'aux lobules bronchiques. Je crois que l'on doit ajouter à cette cause la difficulté du passage du sang de l'artère dans les veines pulmonaires, difficulté qui me paraît être la cause de la distension du système veineux après la mort, et de la petite quantité de sang que contient le système artériel quelque temps avant qu'elle ait lieu.

Effet de la section d'un seul nerf de la huitième paire.

La section d'un seul nerf de la huitième paire ne produisant ces divers effets que sur un poumon, et la vie pouvant continuer par l'action d'un seul de ces organes, ne fait point périr les animaux.

Plusieurs auteurs dignes de confiance ont avancé, sur la section de ces nerfs, des faits que je n'ai jamais pu vérifier. Laisse-t-on, disent-ils, un mois ou deux d'intervalle entre la section d'un nerf et la section du second, les animaux survivent; il s'est formé une réunion entre les bouts divisés, et cette cicatrice transmet, comme le nerf lui-même l'influence nerveuse. Coupez cette cicatrice, divisez une seconde fois le nerf, et, au même instant, les effets de la section simultanée des deux nerfs se manifesteront. Je ne prétends pas nier ces résultats, mais j'ai cherché à les voir par moi-même, sans pouvoir y réussir. J'ai coupé à des chiens la huitième paire d'un côté; trois mois après j'ai coupé celle du côté opposé : les animaux sont morts trois ou quatre jours après cette dernière section. A l'ouverture j'ai trouvé le poumon auquel appartenait le premier nerf coupé dans un état d'altération tel qu'il ne pouvait servir à la respiration. Comment la section du second nerf n'aurait-elle pas produit la mort?

Selon quelques physiologistes, la simple section de la huitième paire diffère beaucoup, quant à ses résultats, d'une section où une certaine longueur du nerf est retranchée, et un intervalle plus ou moins considérable laissé entre tous les bouts divisés. En général, disent-ils, les effets sont beaucoup plus prononcés, et les animaux meurent plus vite. Il en est de même si, sans retrancher une portion du bout inférieur du nerf, on se contente de la renverser, afin de l'éloigner du bout supérieur. Enfin, ici, comme pour la digestion, on assure qu'un courant galvanique remplace l'influence nerveuse. Mes expériences ne s'accordent point avec ces divers résultats.

Je n'ai jamais vu aucune différence, pour les résultats, entre couper simplement un nerf ou en retrancher une certaine étendue. Je n'ai jamais rien obtenu dans ces circonstances de l'action galvanique.

De la respiration artificielle.

Respiration artificielle.

Les mouvements du thorax ont pour principal objet d'attirer l'air dans les poumons et de l'expulser ensuite de ces organes. Toutes les fois que ces mouvements s'arrêtent, l'air du poumon n'étant pas renouvelé, la respiration ne se fait plus, et la mort ne tarde point à arriver. Mais on peut suppléer pour un certain temps à l'action du thorax, en introduisant artificiellement de l'air dans les poumons. Plusieurs fois les anatomistes anciens et modernes ont mis ce moyen en pratique. L'air a été tour à tour introduit avec un soufflet, une vessie, etc. Maintenant on se sert d'une seringue percée d'un petit trou sur les côtés de son canon. L'extrémité de celui-ci est d'abord introduite dans la trachée-artère et fixée par une ligature; ensuite on tire le piston, afin de remplir d'air la seringue, puis on applique un doigt sur le petit trou, pour empêcher l'air de sortir : le piston est alors poussé, et l'air de la seringue passe dans le poumon; on retire bientôt le piston, et l'air du poumon vient remplir la seringue. On lève le doigt placé sur le trou, et on pousse le piston pour chasser en dehors l'air qui a servi à la respiration; on le retire immédiatement afin de remplir l'instrument d'air pur, et on bouche le trou, etc.

En répétant convenablement ces mouvements, on parvient à entretenir vivant un animal dont le thorax est devenu immobile, soit parce qu'on a coupé la moelle épinière derrière l'occipital, soit parce qu'on a tout-à-fait retranché la tête; mais il ne remplace cependant qu'imparfaitement la respiration naturelle et ne peut être prolongé au-delà de quelques heures. Le plus souvent les poumons s'engorgent par le sang, ou bien ils sont déchirés par l'air; ce fluide s'introduit dans les veines pulmonaires et s'épanche dans le tissu cellulaire de manière à empêcher la dilatation des lobules.

Il faut avoir grand soin, dans ces insufflations d'air, de ne pas pousser ce fluide avec trop de force, car le tissu pulmonaire se déchire, l'air passe dans la cavité des plèvres et l'animal périt subitement, ainsi qu'il résulte d'expériences curieuses de M. Leroy d'Étiole (1).

COURS DU SANG ARTÉRIEL.

Cette fonction a pour but de transporter le sang artériel du poumon à toutes les parties du corps.

Du sang artériel.

Le sang artériel est le liquide le plus essentiel à l'entretien des fonctions. Un physiologiste célèbre y attachait une telle importance, qu'il avait défini la vie, *le contact du sang artériel avec les organes*, et particulièrement avec le cerveau.

Nous n'avons rien à ajouter ici à ce que nous avons dit du sang artériel à l'article *Respiration*. Je citerai seulement plusieurs faits importants relatifs au sang en général, et qui compléteront l'histoire de ce liquide.

Notre savant professeur Vauquelin a trouvé dans ce fluide une assez grande quantité d'une matière grasse d'une consistance molle, et qui d'abord a été regardée comme de la graisse; mais M. Chevreul, par une suite d'expériences

(1) *Voyez* mon *Journal de Physiologie*.

très-ingénieuses, a fait l'importante découverte que cette matière est celle du cerveau et des nerfs. Sa composition chimique est très-remarquable : c'est un corps *gras azoté*, opposé en cela à tous les autres corps de cette espèce, qui ne renferment point d'azote.

MM. Prevost et Dumas ont démontré l'urée dans le sang des animaux privés de reins. M. Boudet fils vient de trouver la cholestérine et quelques autres éléments de la bile dans le sérum.

Ainsi, à mesure que les analyses du sang se multiplient, à mesure que les procédés d'examen se perfectionnent, on arrive à trouver dans le sang tous les éléments des organes; aujourd'hui on y peut signaler avec confiance la fibrine comme la même matière que la fibre musculaire; l'albumine, qui forme un si grand nombre de membranes et de tissus; la matière grasse dont je viens de parler, et qui, réunie à l'osmazôme et à l'albumine, forme le système nerveux; les phosphates de chaux et de magnésie, qui constituent une grande partie des os; l'urée, l'un des éléments excrémentitiels de l'urine les plus remarquables; la matière jaune de la bile et de l'urine, la même qui s'étend par imbibition dans le tissu cellulaire, autour des contusions, etc.

Globules du sang.

Quand, à l'aide d'une forte loupe et d'un microscope, on observe les parties transparentes des animaux à sang froid, on voit dans les vaisseaux sanguins une multitude innombrable de petites molécules arrondies qui nagent dans le sérum, et roulent les unes sur les autres, en parcourant les artères et les veines. Ce sont les *globules du sang*.

Découverte des globules du sang.

La découverte inattendue de ces globules doit être rapportée à Malpighi qui le premier en a signalé l'existence. Leewenhoeck, vint peu de temps après, à s'en occuper de son côté, et très-probablement il les reconnut sans avoir fait grande attention à la notion vague que Malpighi en avait publiée. Il en décrivit un grand nombre, et laissa des travaux très-précis sur ce sujet. Depuis lors une foule d'auteurs ont entrepris leur examen; mais il n'existe que trois écrits détaillés et comparables par le soin avec lequel ils ont été exécutés, et l'habitude connue de leurs auteurs relativement à l'emploi du microscope. Ce sont d'abord les observations de Leewenhoeck lui-même, celles de Hewson, et celles que viennent de publier MM. Prevost et Dumas. Comme elles s'accordent dans les faits principaux, et que les derniers ont pu faire usage des faits indiqués par les autres, nous nous bornerons à offrir leurs résultats.

Les globules existent dans tous les animaux.

Ils ont trouvé des globules dans le sang de tous les animaux. Pour s'en assurer, il suffit de placer une petite gouttelette de sang sur une lame de verre, en ayant soin de l'étendre légèrement sans l'écraser. Sur les bords on trouvera toujours des globules isolés, faciles à voir et à mesurer.

Avec les lentilles faibles on n'aperçoit d'abord que des points noirs; ceux-ci prennent ensuite l'apparence d'un cercle blanc, au milieu duquel on voit une tache noire, lorsqu'on augmente encore le pouvoir amplifiant; enfin, cette dernière prend d'elle-même l'aspect d'une tache lumineuse, lorsqu'on atteint trois à quatre cents fois le diamètre. Quand l'œil s'est familiarisé avec cette image, il en conserve la perception avec des grossissements plus faibles. Ainsi le sang humain, vu de prime-abord avec le n° 175, offre l'apparence (*voyez* la planche 1), tandis qu'en l'examinant avec des verres supérieurs, et descendant graduellement à celui-ci, on conserve sans difficulté la possibilité de saisir la tache lumineuse centrale n° 2; ce fait donne la clef de la plupart des opinions émises à ce sujet, et sert à les concilier.

Etat des globules dans la circulation du sang.

Lorsque le sang circule dans les vaisseaux, les particules qu'il renferme n'ont d'autre mouvement que celui qui leur est imprimé par le liquide; mais dès qu'on vient à en ouvrir un, elles s'agitent vivement, et la gouttelette présente alors un frémissement particulier qui cesse au bout de quelques secondes. M. E. Home a émis sur ce point une opinion particulière : il suppose que le sang contient des globules qui sont renfermées à l'état sain dans une couche de matière colorante dont ils seraient comme le noyau; au bout de trente secondes à dater de sa sortie du vaisseau, cette matière extérieure se rassemble et forme une espèce de collerette autour du globe central. MM. Prevost et Dumas diffèrent essentiellement de lui sur ce point, en ce qu'ils considèrent comme l'état habituel ce qu'il a envisagé comme un effet de la mort. Leurs preuves semblent irréfragables, puisqu'elles reposent sur l'observation de la circulation dans l'aile de la chauve-souris, la patte de la grenouille, le mésentère de quelques poissons, la queue du têtard, et le poumon de la salamandre.

Apparence des globules dans l'état de mouvement et de repos du sang.

Ils ont pu s'assurer, par de nombreuses observations, que l'apparence et le diamètre des globules étaient les mêmes au dedans et au dehors des vaisseaux. Ils ont vu qu'ils n'étaient pas doués d'un mouvement de rotation sur leur centre, comme l'avaient pensé quelques auteurs, mais qu'ils suivaient tout simplement la direction du sang. On aperçoit, avec une grande facilité, dans la patte de la grenouille et la queue du têtard, les diverses phases des globules, et il est facile de s'assurer ainsi de leur aplatissement. Tantôt on les voit de champ, tantôt d'une manière plus ou moins oblique, tantôt enfin c'est leur tranchant qui se présente à l'observateur ; ils se balancent dans le liquide qui les charrie, et quelquefois on peut les voir tourner lentement sur eux-mêmes, ce qui permet d'apprécier leur forme avec exactitude.

Bien plus, on peut voir le passage des artères

aux veines s'effectuer sans aucun intermédiaire quelconque ; et le sang arrive d'un côté et retourne de l'autre, après avoir parcouru quelques anses vasculaires. C'est ce que MM. Prevost et Dumas ont exprimé dans la figure (Planche I) qui représente la circulation dans la queue du têtard. On voit dans cette figure en même temps toutes ces variétés de positions qui rendent si claire la véritable forme des globules du sang. Cette disposition des vaisseaux permet de concevoir cette alternative qu'on remarque quelquefois dans le cours du sang, et ce mouvement rétrograde de la circulation mourante sur lequel Spallanzani et Haller ont tant insisté.

Passage du sang des artères dans les veines.

Ces diverses observations suffisent pour démontrer que les globules du sang sont les mêmes pendant la vie et quelques instants après la sortie du vaisseau ; elles établissent aussi qu'ils sont aplatis dans l'un et l'autre cas ; mais elles laissent encore en doute s'ils sont doués d'élasticité, s'ils consistent, comme le croyait Hewson, et comme l'avaient établi MM. Prevost et Dumas, en un globule renfermé dans un sac membraneux.

Mouvement du sang dans le poumon de la salamandre vu au microscope.

Depuis la publication de leur mémoire, ces derniers ont examiné le poumon de la salamandre avec un grossissement de trois cents diamètres, et le spectacle qui s'est offert à leurs yeux peut difficilement être compris du lecteur, même avec le secours du dessin dans lequel ils ont essayé d'en donner une idée (Planche I). Les globules sanguins se meuvent avec une vélocité telle, lorsqu'on commence l'expérience, que l'observateur en éprouve d'abord une espèce de vertige : mais bientôt la circulation se ralentit, les vaisseaux capillaires n'offrent plus qu'un cours tranquille, et l'on voit les globules se traîner avec effort dans le liquide qui les charrie; ils rampent dans les petites ramifications vasculaires, s'alongent si l'espace est trop étroit pour eux, et restent souvent engagés dans ces couloirs, jusqu'au moment où les efforts successifs de ceux qui les suivent soient parvenus à leur faire franchir l'obstacle. Quelquefois il leur arrive de rencontrer une arête vive de l'espace compacte qui sépare deux vaisseaux; on croirait voir alors une outre flottante très-flexible, qui vient heurter par son centre de gravité un obstacle quelconque qui s'oppose à son cours. Comme elle, le globule s'arrête et se moule sur le corps qui lui ferme le passage; le courant du liquide continue à le pousser dans le même sens, mais il oscille pendant long-temps, incertain s'il se dirigera dans le vaisseau qui est à sa droite ou dans celui qui se trouve à sa gauche. On le voit souvent rester dans cette situation pendant plusieurs minutes; et il est probable que son séjour se prolongerait davantage encore si de nouveaux globules, qui suivent le même chemin, ne faisaient pencher la balance en faveur de l'une ou de l'autre des issues. Ces mouve-

Mouvement du sang dans le poumon de la salamandre, vu au microscope.

ments variés ne peuvent laisser aucun doute sur la vraie conformation des globules du sang : ce sont des sacs, comme ils l'avaient avancé; et, quoiqu'à l'époque où ils avaient écrit leur mémoire sur ce sujet, ils fussent bien éloignés d'avoir à cet égard des preuves aussi décisives que celles-ci, nous voyons avec plaisir qu'il n'y a rien à changer dans les conclusions auxquelles ils avaient été conduits.

Nous sommes donc persuadé maintenant qu'en prenant du sang extrait fraîchement d'un animal quelconque, et l'étendant par couches minces, on peut procéder à des déterminations applicables à l'état de ce même sang pendant la vie. C'est précisément la méthode employée par MM. Prevost et Dumas; ils ont décrit dans leur mémoire la manière dont ils ont procédé à la mesure des globules : elle offre quelques difficultés, sans doute; cependant il est permis d'espérer qu'un long usage du microscope les a mis en mesure de l'exécuter avec une certaine précision. On peut voir dans Haller ses propres tentatives et celles des auteurs qui l'avaient précédé (1). Voici quelques unes de celles que nous connaissons relativement au sang humain.

---

(1) *Élém. de Physiologie.*, t. II, p. 55.

Diamètre des globules du sang humain.

Jurin.	$\frac{1}{3240}$ de pouce anglais	$= \frac{1}{119}$ de millimètre.
Id. d'après de nouvelles expériences qui furent revues et approuvées par Leewenhoeck.	$\frac{1}{1940}$ *id.*	$= \frac{1}{71}$ *id.* . . . . . .
Young.	$\frac{1}{6060}$ *id.*	$= \frac{1}{221}$ *id.* . . . . . .
Wollaston.	$\frac{1}{5000}$ *id.*	$= \frac{1}{184}$ *id.* . . . . . .
Bawer.	$\frac{1}{1700}$ *id.*	$= \frac{1}{62}$ *id.* . . . . . .
Kater.	$\frac{1}{6000}$ *id.*	$= \frac{1}{221}$ *id.* . . . . . .
Id.	$\frac{1}{4000}$ *id.*	$= \frac{1}{147}$ *id.* . . . . . .

Diamètre des globules du sang humain dans l'état de maladie.

MM. Prevost et Dumas ont constamment trouvé un cent cinquantième de millimètre. Ils ont examiné une vingtaine de sangs sains et une quantité bien plus considérable de sangs malades. Jusqu'à présent il leur a été impossible de percevoir quelque différence due à l'âge, au sexe, ou à l'état morbide ; il est probable qu'il en existe, et les dernières recherches de M. Bawer peuvent mettre sur la voie pour la découvrir. Toutes les personnes qui ont eu la curiosité de s'assurer de leurs principaux résultats n'ont pas hésité à donner deux millimètres de diamètre aux globules du sang humain, dans les circonstances où ils les avaient mesurés. L'erreur ne pourrait donc provenir que de la valeur adoptée pour exprimer le pouvoir amplifiant de leur microscope. Quant à l'inégalité des particules dans le même sang, ils ne peuvent pas croire qu'elle soit réelle, au moins dans celui qu'on tire des parties du corps très-excentriques.

Rien n'est plus régulier que le sang humain sous ce point de vue : il faut chercher avec beaucoup de soin pour rencontrer les molécules qui s'écartent du diamètre ordinaire ; et ils ont presque toujours trouvé en définitive qu'une illusion d'optique, une différence dans le foyer, ou une altération mécanique du globule, causaient cette variation.

On voit donc que la méthode adoptée par MM. Prevost et Dumas nous offre des résultats au moins très-comparables, si l'on veut se refuser à les envisager comme absolus. C'est là tout ce que réclament pour le moment les besoins de la science, et, sous ce rapport, il est utile de présenter ici le tableau qu'ils ont tracé d'après leurs expériences.

Animaux à globules circulaires.

NOM DE L'ANIMAL.	DIAMÈTRE appar. avec un gross. de 300 fois le diamèt.	DIAMÈTRE réel en fractions vulgaires.	DIAMÈTRE réel en fractions décimales.	
	mm.	mm.	mm.	
Callitriche d'Afrique.	2,5	$\frac{1}{120}$	0,00833.	Animaux qui ont les globules du sang circulaires.
Homme, chien, lapin, cochon, hérisson, cabiais, muscardin. . .	2	$\frac{1}{150}$	0,00666.	
Ane.	1,85	$\frac{1}{167}$	0,00617.	
Chat, souris grise et blanche, surmulot.	1,75	$\frac{1}{171}$	0,00583.	
Mouton, oreillard, cheval, mulet, bœuf.	1,50	$\frac{1}{200}$	0,00500.	
Chamois, cerf. . . .	1,37	$\frac{1}{218}$	0,00456.	
Chèvre.	1	$\frac{1}{255}$	0,00386.	

Animaux à globules alongés.

	NOM DE L'ANIMAL.	DIAMÈTRES appar avec un gross. de 300 fois le diamèt.		DIAMÈTRES réels en fractions vulgaires.		DIAMÈTRES réels en fractions décimales.	
		grand. mm.	petit. mm.	grand. mm.	petit. mm.	grand mm.	petit. mm.
Animaux qui ont les globules du sang alongés.	Orfraie, pigeon. . .	4,00	2,00	$\frac{1}{757}$	$\frac{1}{150}$	0,01333	0,00666
	Dinde, canard. . .	3,84	*id.*	$\frac{1}{79}$	—	0,01266	—
	Poulet.	3,67	—	$\frac{1}{81}$	—	0,01223	—
	Paon.	3,52	—	$\frac{1}{85}$	—	0,01173	—
	Oie, chardonneret, corbeau, moineau.	3,47	—	$\frac{1}{86}$	—	0,01156	—
	Mésange.	3,00	—	$\frac{1}{100}$	—	0,01000	—
	Tortue terrestre . .	6,15	3,85	$\frac{1}{48}$	$\frac{1}{77}$	0,0205	0,0128
	Vipère.	4,97	3,00	$\frac{1}{60}$	$\frac{1}{100}$	0,0165	0,0100
	Orvet.	4,50	2,60	$\frac{1}{66}$	$\frac{1}{115}$	0,0150	0,0866
	Couleuvre de Razomousky	5,80	3,00	$\frac{1}{51}$	$\frac{1}{100}$	0,0193	0,0100
	Lézard gris. . . .	4,55	2,71	$\frac{1}{66}$	$\frac{1}{111}$	0,0151	0,0090
	Salamandre ceinturée. . . . . . . *Id.* à crête. . . .	8,50	5,28	$\frac{1}{35}$	$\frac{1}{56}$	0,0283	0,0176
	Crapaud commun, Grenouille commune, *Id.* à tempes rousses.	6,80	4, »	$\frac{1}{45}$	$\frac{1}{75}$	0,0228	0,0133
	Lotte, véron, dormille. . . . . . . Anguille.	4, »	2,44	$\frac{1}{75}$	$\frac{1}{128}$	0,0133	0,0813

Il est à remarquer que MM. Prevost et Dumas sont parvenus à déterminer avec assez de précision la nature de la courbe dans ces derniers, et qu'ils ont pu s'assurer qu'elle devait être rapportée à l'élipse.

Leurs observations comprennent aussi quelques mollusques et quelques insectes. Ils se proposent de les publier, et ils ont toujours rencontré dans ces classes des globules circulaires, mais quelquefois très-irréguliers.

D'ailleurs les résultats que nous venons de parcourir parlent d'eux-mêmes, et montrent que les globules du sang sont très-nettement dessinés et circulaires dans les mammifères, elliptiques au contraire dans les oiseaux et les animaux à sang froid. On voit aussi qu'ils sont aplatis dans tous les animaux, et composés d'un noyau central renfermé dans un sac membraneux.

Appareil du cours du sang artériel.

Il se compose, 1° des veines pulmonaires, 2° des cavités gauches du cœur, 3° des artères.

Veines pulmonaires.

Veines pulmonaires.

Elles naissent, à la manière des veines proprement dites, dans le tissu du poumon, c'est-à-dire qu'elles forment d'abord un nombre infini de radicules qui sont la continuation immédiate de l'artère pulmonaire. Ces radicules se réunissent pour former des racines plus grosses, puis plus grosses encore; enfin, elles se terminent toutes en quatre vaisseaux, lesquels viennent, après un trajet très-court, s'ouvrir dans l'oreillette gauche. Les veines pulmonaires diffèrent des autres veines en ce qu'elles ne s'anastomosent plus entre elles dès qu'elles ont acquis une certaine grosseur : on a vu une disposition analogue dans les divisions de l'artère qui se distribue au poumon. Les veines pulmonaires n'ont point de valvules, et leur structure est semblable à celle des autres veines;

leur membrane moyenne est cependant un peu plus épaisse, et paraît jouir d'une élasticité plus marquée.

Cavités gauches du cœur.

Oreillette et ventricule gauches.

La forme, la grandeur de l'oreillette gauche diffère peu de la droite; seulement sa surface est lisse et ne présente aucune colonne charnue, si ce n'est dans l'appendice nommé *oricule*. Elle communique par une ouverture ovalaire avec le ventricule gauche que l'épaisseur plus grande de ses parois, le nombre, le volume et la disposition de ses colonnes charnues, distinguent du droit : l'ouverture par laquelle l'oreillette et le ventricule communiquent est garnie d'une valvule nommée *Mitrale*, très-analogue à la tricuspide. Le ventricule donne naissance à l'artère *aorte*, dont l'orifice présente trois valvules semblables aux sygmoïdes de l'artère pulmonaire.

Des artères.

De l'aorte et de ses divisions.

L'aorte est au ventricule gauche ce que l'artère pulmonaire est au ventricule droit, mais elle en diffère sous plusieurs rapports importans : sa capacité et son étendue sont de beaucoup plus considérables; presque toutes ses divisions sont considérées comme des artères, et ont reçu des noms particuliers; ses branches s'anastomosent entre elles de diverses manières : plusieurs présentent des flexuosités nombreuses et très-prononcées; elle se distribue à toutes les parties du corps, et affecte dans chacune une disposition particulière; enfin, elle se termine en communiquant avec les veines et les vaisseaux lymphatiques. Du reste, la structure de l'aorte est fort analogue à celle de l'artère pulmonaire, seulement sa membrane moyenne est beaucoup plus épaisse et élastique. Dans presque toute son étendue, l'aorte est accompagnée par des filaments provenant des ganglions du grand sympathique : ces filaments paraissent se répandre dans ses parois.

Cours du sang artériel dans les veines pulmonaires.

Passage du sang à travers les capillaires du poumon.

Nous avons fait voir, en traitant du cours du sang dans l'artère pulmonaire, comment ce liquide arrive jusqu'aux dernières divisions de ce vaisseau; le sang ne s'arrête pas là : il passe dans les radicules des veines pulmonaires, et bientôt parvient jusqu'au tronc de ces veines elles-mêmes; dans ce trajet, il présente un mouvement graduellement accéléré, à mesure qu'il passe des petites veines dans les plus grosses; du reste son cours n'est point saccadé, et paraît à peu près également rapide dans les quatre veines pulmonaires.

Mais quelle cause détermine la progression du sang dans ces veines? Celle qui se présente naturellement à l'esprit est la contraction du ventricule droit et le resserrement des parois de l'artère pulmonaire; en effet, après avoir poussé le sang jusqu'aux dernières divisions de l'artère du poumon, on ne voit pas pourquoi ces deux causes ne continueraient pas à le faire mouvoir jusque dans les veines pulmonaires.

Telle était l'opinion d'Harvey qui, le premier, démontra le véritable cours du sang; mais les physiologistes plus modernes l'ont, à ce qu'il paraît, trouvée trop simple; et il est généralement admis aujourd'hui qu'une fois arrivé dans les dernières divisions de l'artère pulmonaire et dans les premières radicules des veines, ou, selon le langage adopté, dans les *capillaires* du poumon, le sang ne se meut plus sous l'influence du cœur, mais bien par l'action propre aux petits vaisseaux qu'il traverse.

Cette idée de l'action des vaisseaux capillaires sur le sang est capitale dans la physiologie actuelle; elle fascine assez l'esprit pour qu'à son aide les phénomènes les plus obscurs et les plus inexplicables paraissent s'expliquer facilement.

Examinons-la donc avec attention; et d'abord, cette action des capillaires a-t-elle été vue par quelques observateurs? tombe-t-elle sous les sens? Non, personne ne l'a jamais vue; on la suppose (1).

(1) Cette action des vaisseaux est même directement contraire à l'observation. Dans le poumon des reptiles, à l'aide d'une simple loupe, on voit le sang passer des artères dans

Passage du sang à travers les capillaires du poumon.

Mais admettons pour un instant cette action des capillaires : en quoi la fait-on consister? Est-ce une contraction plus ou moins forte, par laquelle ils chassent le sang qui les remplit? En se resserrant, ils chasseront, je veux le croire, le sang; mais il n'y a aucune raison pour qu'ils le dirigent plutôt du côté des artères que du côté des veines. Ensuite, une fois le petit vaisseau vidé, comment se remplira-t-il de nouveau? Ce ne peut être qu'autant que le cœur y poussera de nouveau sang, ou bien qu'en se dilatant il attirera le liquide placé dans les vaisseaux voisins : dans cette supposition, il attirera tout aussi bien celui des veines que celui des artères. Ainsi, en admettant, ce qui assurément est une supposition bien gratuite, que les vaisseaux capillaires se contractent et se resserrent alternativement, on n'aurait pas encore une explication de la fonction qu'on leur attribue. Pour qu'ils pussent avoir cet usage, il faudrait que chaque capillaire fût disposé d'une manière analogue au cœur; qu'il fût composé de deux parties, dont l'une se dilaterait tandis que l'autre se contracterait, et qu'entre elles il y eût une valvule pareille ou analogue à la mitrale; encore, avec

---

les veines sans jamais apercevoir aucun mouvement des vaisseaux. Cependant le moindre changement de dimension serait très-apparent; il en est de même dans quelques animaux à sang chaud, où l'on peut voir le sang traverser les capillaires.

cette disposition, ne pourrait-on pas se rendre raison du cours uniforme qu'a le sang dans ces vaisseaux et dans les veines pulmonaires. Il en est de même d'un prétendu mouvement péristaltique que l'on s'est plu à supposer.

Passage du sang à travers les capillaires du poumon.

De quelque côté qu'on envisage cette action des capillaires, on n'y voit que vague et contradiction d'ailleurs, dans les reptiles, où, à l'aide du microscope, il est facile de voir le sang de l'artère pulmonaire passer dans les veines, on n'aperçoit aucun mouvement dans le lieu où l'artère se transforme en veine; et cependant le cours du sang y est très-manifeste et même assez rapide.

Concluons donc que l'action des capillaires pulmonaires sur le mouvement du sang dans les veines pulmonaires est une supposition gratuite, un jeu d'esprit insoutenable, et que la véritable cause du passage du sang de l'artère dans les veines pulmonaires est la contraction du ventricule droit.

Je suis loin de penser que les petits vaisseaux se prêtent toujours également bien au passage du sang; nous avons la preuve du contraire à chaque inspiration ou expiration. Quand le poumon est distendu par l'air, le passage est facile; la poitrine est-elle resserrée, le poumon contient-il peu d'air, il devient plus difficile. Il est en outre extrêmement probable qu'ils sont dilatés ou resserrés suivant la quantité de sang qui traverse le poumon, et probablement par plusieurs autres circonstances. J'admets très-volontiers que, suivant qu'ils sont distendus ou contractés, ils doivent influencer la marche du liquide qui les traverse; mais il y a loin de les croire susceptibles de modifier le cours du sang, à les considérer comme les seuls agents de son mouvement.

Influence de la huitième paire sur le cours du sang dans les poumons.

Toutefois la huitième paire paraît avoir une grande influence sur le passage du sang à travers les poumons. Il est très-probable qu'elle modifie la disposition des capillaires de ces organes.

État des capillaires pulmonaires dans le cadavre.

Sur les cadavres, lorsqu'on pousse une injection d'eau dans l'artère pulmonaire, elle passe aussitôt dans les veines; il s'en échappe cependant une partie qui passe dans les cellules bronchiques, où elle se mêle à l'air, et forme avec ce fluide une mousse peu considérable; et si l'injection est répétée un certain nombre de fois, une autre portion s'épanche et s'infiltre dans le tissu cellulaire du poumon.

Au bout d'un certain temps, quand cette infiltration est devenue un peu considérable, il devient impossible de faire passer l'injection dans les veines pulmonaires; des effets analogues arrivent quand, au lieu d'eau, c'est du sang qui est injecté dans l'artère pulmonaire. Ces phénomènes, comme on voit, ont beaucoup d'analogie avec ceux que produit la section de la huitième paire sur les animaux vivants (1).

(1) Dans les maladies où il y a altération du tissu pulmo-

La ténuité extrême des particules de sang est indispensable pour son passage à travers les capillaires du poumon.

C'est en ayant égard à l'extrême étroitesse du calibre des capillaires des poumons qu'il est possible de comprendre l'utilité des globules du sang et la ténuité de leur volume. Si la partie solide et non soluble du sang n'avait pas été partagée en masses aussi petites, elle n'aurait pas pu traverser les vaisseaux qui joignent les artères et les veines. L'expérience le prouve : j'ai injecté dans les veines d'un animal de la poudre impalpable de soufre et de charbon, suspendue dans un peu d'eau gommée; les animaux sont morts très-promptement, et à l'ouverture de leur corps j'ai trouvé les capillaires pulmonaires bouchés par la poudre injectée, et qui s'était trouvée trop grossière pour les traverser.

Expériences sur le passage du sang à travers le poumon.

Si même le sang est trop visqueux, et que ses particules se séparent avec une certaine difficulté, la circulation s'arrête, parce que le sang ne traverse plus le poumon; il s'y engorge et s'y épan-

---

naire, les pneumonies, les hépatisations grises, etc., je me suis assuré que le passage d'une injection aqueuse est impossible ou très-difficile de l'artère pulmonaire aux veines; dans certains cas où il existait, avant la mort, une expectoration abondante, l'injection passait dans les bronches. Enfin j'ai de fortes raisons pour soupçonner que la plupart des lésions organiques du poumon consistent dans un empêchement plus ou moins grand du passage du sang à travers les capillaires pulmonaires, et par suite dans un épanchement des divers éléments du sang dans le parenchyme des poumons.

che. Plusieurs maladies graves doivent peut-être leur origine à cette cause; on fait du moins périr presque immédiatement des animaux en introduisant des liquides plus visqueux que le sang dans la circulation; tels sont l'huile, le mucilage, et même le mercure métallique, comme l'a observé M. Gaspard. (Voyez mon *Journal de physiologie*, tome I.)

Absorption des veines pulmonaires.

Absorption des veines pulmonaires.

De même que les autres veines, les pulmonaires absorbent, et transportent au cœur les substances qui se sont trouvées en contact avec le tissu spongieux des lobules du poumon.

Il suffit d'inspirer une seule fois de l'air chargé de particules odorantes, pour que les effets s'en manifestent dans l'économie animale.

Les gaz délétères, les substances médicamenteuses répandues dans l'air, les miasmes putrides, certains poisons ou médicaments appliqués sur la langue, produisent de cette manière des effets qui nous étonnent par leur promptitude.

La manière dont s'exécute cette absorption, long-temps inconnue, et objet d'une multitude de suppositions et d'hypothèses, est extrêmement simple; tout dépend des propriétés physiques des parois vasculaires : si un gaz ou une vapeur pénètre dans le poumon, ces corps traversent les membranes qui forment les parois des petits vaisseaux, et se mêlent au sang; si c'est un liquide, il s'imbibe dans les mêmes parois, arrive jusque dans la cavité des vaisseaux; il y est bientôt entraîné par le sang qui s'y meut, et, comme ces parois sont très-minces, le passage, ou, ce qui est la même chose, l'absorption se fait très-rapidement.

Dans les cas d'épidémies, de fièvres dites contagieuses, il est d'une haute importance de rechercher les matières qui, sous forme de vapeur, gaz, miasme, etc., peuvent se répandre dans l'air et arriver dans le poumon. Le médecin qui visite des malades atteints de maladies graves où il y a des émanations fétides, fait toujours bien d'éviter de les respirer.

Passage du sang artériel à travers les cavités gauches du cœur.

Action de l'oreillette et du ventricule gauches.

Le mécanisme par lequel le sang traverse l'oreillette et le ventricule gauches est le même que celui par lequel le sang veineux traverse les cavités droites. Quand l'oreillette gauche se dilate, le sang des quatre veines pulmonaires s'y précipite et la remplit; quand elle vient ensuite à se contracter, une partie du sang passe dans le ventricule, une autre partie reflue dans les veines pulmonaires; quand le ventricule se dilate, il reçoit le sang qui vient de l'oreillette, et une petite quantité de celui de l'aorte ; quand il se con-tracte, la valvule mitrale est soulevée, elle ferme l'ouverture *oriculo-ventriculaire*, et le sang ne peut retourner dans l'oreillette ; il s'engage dans l'aorte en soulevant les trois valvules symoïdes, qui avaient été abaissées pendant la dilatation du ventricule.

Il faut remarquer cependant que les colonnes charnues, n'existant pas dans l'oreillette gauche, ne peuvent avoir sur le sang l'influence dont nous avons parlé pour la droite, et que le ventricule artériel, étant beaucoup plus épais que le veineux, comprime le sang avec une force bien plus grande que le droit ; ce qui était indispensable, à raison du trajet qu'il doit faire parcourir à ce liquide.

Cours du sang dans l'aorte et ses divisions.

Cours du sang dans l'aorte.

Malgré les différences qui existent entre cette artère et la pulmonaire, les phénomènes du cours du sang y sont à peu près les mêmes : ainsi une ligature étant appliquée sur ce vaisseau près du cœur, sur un animal vivant, il se resserre dans toute son étendue, et le sang, à l'exception d'une certaine quantité qui reste dans les principales artères, passe dans les veines en peu d'instants.

Expériences sur le resserrement des artères.

Quelques auteurs mettent en doute le fait du resserrement des artères ; pour les convaincre, faites l'expérience suivante : Mettez à découvert l'artère carotide d'un animal vivant, dans une étendue de plusieurs pouces; prenez avec un compas la dimension transversale du vaisseau, liez-le en même temps à deux points différents, vous aurez ainsi une longueur quelconque d'artère pleine de sang; faites aux parois de cette portion d'artère une petite ouverture, aussitôt vous verrez le sang sortir presqu'en totalité, et même être lancé à une certaine distance. Mesurez ensuite la largeur avec le compas, et vous ne douterez pas que l'artère ne se soit de beaucoup resserrée, si l'expulsion prompte du sang ne vous avait déjà convaincu. Cette expérience prouve aussi, contre l'opinion de Bichat, que la force avec laquelle les artères reviennent sur elles-mêmes est suffisante pour expulser le sang qu'elles contiennent ; j'en donnerai tout à l'heure d'autres preuves.

Cours du sang dans l'aorte.

Pendant la vie, cette expulsion presque totale ne peut arriver, parce que le ventricule gauche envoie à chaque instant de nouveau sang dans l'aorte, et que ce sang remplace celui qui passe continuellement dans les veines.

Chaque fois que le ventricule pousse du sang dans l'aorte, elle est distendue, ainsi que ses divisions d'un certain calibre; mais la dilatation va en s'affaiblissant à mesure que les artères deviennent plus petites; elle cesse tout-à-fait dans celles qui sont très-peu volumineuses. Ces phénomènes sont, comme on voit, les mêmes que nous avons décrits en parlant de l'artère pulmonaire; l'explication que nous en avons donnée doit être reproduite ici.

Le poli de la surface intérieure des artères doit être très-favorable au mouvement du sang: on sait du moins que s'il diminue, comme cela arrive dans certaines maladies, le cours du liquide est plus ou moins gêné, et peut même cesser entièrement. C'est probablement aussi la raison pour laquelle le sang ne coule pas long-temps à travers un tube où l'on a introduit l'extrémité d'une artère ouverte. Il est très probable que le frottement du sang contre les parois des artères, son adhésion à ces parois, sa viscosité, etc., doivent avoir aussi une grande influence sur son mouvement; mais il est impossible d'apprécier ces divers causes réunies ou séparées.

Effets des courbures des artères.

Indépendamment de ces phénomènes communs aux deux artères, il en est quelques uns de particuliers à l'aorte, et qui dépendent des anastomoses existantes entre ses branches, et des courbures multipliées qu'offrent la plupart d'entre elles.

Partout où une artère présente une courbure, il y a, chaque fois que le ventricule se contracte, une tendance au redressement ou même un redressement véritable du vaisseau, tendance qui se manifeste par un mouvement apparent, nommé par quelques auteurs *locomotion de l'artère*, et qui a été regardé comme la cause principale du pouls. Ce mouvement est d'autant plus marqué, qu'on l'observe plus près du cœur et dans une plus grosse artère. La crosse de l'aorte est le lieu où il est le plus apparent : il est facile de s'en rendre raison.

Une conséquence à déduire de ce fait, c'est qu'il est mécaniquement impossible que les courbures des artères, particulièrement quand elles sont anguleuses, ne ralentissent pas le cours du sang. Bichat s'est entièrement trompé à cet égard, quand il assure que les courbures artérielles ne peuvent en rien l'influencer. Cela ne pourrait arriver, dit-il, qu'autant que les artères seraient vides quand le cœur y envoie du sang; et, comme elles sont constamment pleines, cet effet ne peut avoir lieu. Mais, puisque chaque courbure entraîne une dépense de force employée à redresser le vaisseau, ou seulement à tendre à le redresser, il y a nécessairement moins de force pour le mouvement du liquide, et par conséquent ralentissement de son mouvement.

Effets des anastomoses.

Il est beaucoup plus difficile d'expliquer l'influence des divers anastomoses; on voit bien qu'elles sont utiles, et que, par leurs secours, les artères se suppléent mutuellement dans la distribution du sang aux organes ; mais on ne saurait dire avec exactitude quelles modifications elles impriment à la marche du sang.

Les organes reçoivent le sang avec une vitesse différente.

Si les dimensions, les courbures, et probablement les anastomoses des artères, ont une aussi grande influence sur le cours du sang, il est impossible que tous les organes, où chacune de ces choses présente une disposition différente, reçoivent du sang avec la même vitesse, et par conséquent avec la même force. Le cerveau, par exemple, a quatre artères volumineuses pour lui seul ; mais ces artères font de nombreux circuits, présentent même plusieurs courbures anguleuses avant de pénétrer dans le crâne, et, quand elles y sont parvenues, elles s'anastomosent très-fréquemment ; et enfin, elles n'entrent dans le tissu de l'organe que lorsqu'elles sont devenues d'une petitesse extrême : le sang ne doit donc s'y répandre que très-lentement. L'expérience le prouve : enlevez une tranche de substance cérébrale ; il n'y a presque point d'écoulement de sang.

Le rein, au contraire, a une seule artère courte et volumineuse qui s'enfonce dans son parenchyme alors que ses divisions sont encore très-grosses : le sang doit donc le traverser avec rapidité, aussi ce liquide coule-t-il en abondance de la plus légère blessure faite au rein.

Ainsi, par le concours des circonstances qui modifient le cours du sang artériel, se trouve résolu un problème d'hydraulique très-compliqué, savoir, *la distribution continue, et très-variée pour la quantité et la vitesse, d'un même fluide contenu dans un seul système de tuyaux dont les parties sont très-inégales pour la longueur et pour la capacité, et au moyen d'un seul agent alternatif d'impulsion.*

Au nombre des phénomènes du cours du sang artériel, nous avons placé la dilatation et le resserrement des artères.

Bichat n'admet pas l'existence de ces phénomènes. Cet auteur ne veut pas que les artères se dilatent dans l'instant où le ventricule se contracte, et il nie formellement qu'elles se resserrent pour pousser le sang dans toutes les parties; je crois cependant qu'avec un peu d'attention il est possible de voir distinctement sur une artère mise à nu ces deux phénomènes. Ils sont, par exemple, évidents dans les grosses artères, telles que l'aorte pectorale ou abdominale, surtout dans les grands animaux; mais, pour les rendre apparents sur des artères plus petites, il faut faire l'expérience suivante.

Expériences sur le cours du sang dans l'aorte.

Mettez à découvert sur un chien l'artère et la veine crurale dans une certaine étendue, passez ensuite derrière ces deux vaisseaux une ligature dont vous nouerez fortement les extrémités à la partie postérieure de la cuisse; de cette manière le sang n'arrivera au membre que par l'artère crurale, et ne retournera au cœur que par la veine; mesurez avec un compas le diamètre de l'artère, puis pressez-la entre les doigts, pour y intercepter le cours du sang, et vous la verrez peu à peu diminuer de volume au dessous de l'endroit comprimé, et se vider du sang qu'elle contenait. Laissez ensuite le sang y pénétrer de nouveau en cessant de la comprimer, vous la verrez bientôt se distendre à chaque contraction du ventricule, et reprendre les dimensions qu'elle avait précédemment (1).

Dilatation et resserrement des artères.

Mais, tout en considérant comme certaines la contraction et la dilatation des artères, je suis loin de penser, avec quelques auteurs du siècle dernier, qu'elles se dilatent d'elles-mêmes, et qu'elles se contractent à la manière des fibres musculaires; je suis certain, au contraire, qu'elles sont passives dans les deux cas, c'est-à-dire que leur dilatation et leur resserrement ne sont qu'un simple effet de l'élasticité de leurs parois, mise en jeu par le sang que le cœur pousse continuellement dans leur cavité.

Expériences sur les artères.

Il n'y a, sous ce rapport, aucune différence entre les grosses et les petites artères. J'ai constaté, par des expériences directes, que, dans aucun point,

(1) Nous devons à M. Poiseuille un instrument fort simple au moyen duquel il est facile de rendre évidente la dilatation et la contraction des artères. Voyez *Journal de Physiologie expérimentale*, année 1830.

les artères ne présentent d'indices d'irritabilité, c'est-à-dire qu'elles restent immobiles sous l'action des instruments piquants, des caustiques et du courant galvanique (1).

Opinion de Bichat sur le cours du sang artériel.

Ne reconnaissant point la contractilité des parois artérielles, Bichat a dû nécessairement rejeter le phénomène important qui en est l'effet. Il ne croyait donc pas que le sang *coulât* ou se mût d'une manière continue dans ces vaisseaux; il pensait que la masse entière du liquide était déplacée dans l'instant où le ventricule se contracte, et immobile dans l'instant de son relâchement, comme il arriverait si les parois des artères étaient inflexibles.

Cette opinion a été soutenue par un médecin anglais, M. le docteur Johnson, qui a même fait construire une machine pour rendre le phénomène évident : mais il suffit d'ouvrir une artère sur un animal vivant pour voir que le sang sort par un jet *continu-saccadé* si l'artère est grosse, et *continu-uniforme* si l'artère est petite. Or, l'action du cœur étant intermittente, elle ne peut

(1) Le docteur Hastings, d'Édimbourg, ne trouve pas moins de quatre espèces de contractions dans les grosses artères, 1° l'*annulaire*, 2° la *rampante*, 3° la *crispation*, et une quatrième, caractérisée par une *contraction* et une *dilatation alternative*. Enfin, selon le même auteur, le cœur n'aurait point ou peu d'influence sur la circulation. Il est difficile de s'abuser plus complètement.

produire un écoulement continu. Il est donc impossible que les artères n'agissent pas sur le sang.

L'élasticité des parois artérielles représente celle du réservoir d'air dans certaines pompes à jeu alternatif, et qui pourtant fournissent le liquide d'une manière continue ; et en général on sait, en mécanique, *que tout mouvement intermittent peut être transformé en mouvement continu, en employant la force qui le produit à comprimer un ressort qui réagit ensuite avec continuité.*

Passage du sang des artères dans les veines.

Passage du sang des artères dans les veines.

Quand une injection est poussée, sur le cadavre, dans une artère, elle revient promptement par la veine correspondante : la même chose a lieu, et encore plus facilement, si l'injection se fait dans l'artère d'un animal vivant. Sur les animaux à sang froid, et même sur des animaux à sang chaud, on voit à l'aide du microscope, le sang passer des artères dans les veines, la communication entre ces vaisseaux est donc directe et extrêmement facile ; il est naturel de penser que le cœur, après avoir poussé le sang aux dernières artérioles, continue de le faire mouvoir dans les radicules veineuses, et jusque dans les veines. Harvey et un grand nombre d'anatomistes célèbres le pensaient ainsi. Bichat, dans ces derniers temps, s'est élevé contre cette théorie ; il a donné des limites à l'influence du cœur ; il veut qu'elle cesse tout-à-fait à l'endroit où le sang artériel se transforme en sang veineux, c'est-à-dire dans les innombrables petits vaisseaux qui terminent les artères et commencent les veines. Selon lui, à cet endroit, *l'action seule des petits vaisseaux* est la cause du mouvement du sang.

Action des capillaires sur le sang.

Nous avons déjà combattu cette erreur en parlant du cours du sang dans le poumon : les mêmes raisonnemens s'appliquent parfaitement ici. Bichat dit que cette action des capillaires consiste dans une *espèce d'oscillation, de vibration insensible des parois vasculaires.* Or, je demande comment une oscillation, ou une vibration *insensible* des parois peut déterminer le mouvement d'un liquide contenu dans un canal. Ensuite, si cette vibration est insensible, qui en a révélé l'existence ? Ne compliquons donc pas une question simple, par des suppositions vagues et dénuées de preuves, et admettons l'explication qui se présente naturellement à l'esprit ; savoir, que la cause principale qui fait passer le sang des artères dans les veines est la contraction du cœur (1).

(1) Voici comment s'exprime sur ce sujet l'auteur de l'article le plus récent sur la circulation :

« Nous croyons donc que les artères agissent dans la cir-
» culation, non par une action d'irritabilité du genre de celle

Voici d'ailleurs quelques expériences qui me paraissent rendre le phénomène évident.

Expériences sur le passage du sang des artères dans les veines.

Après avoir passé une ligature autour de la cuisse d'un chien, comme je l'ai indiqué tout-à-l'heure, c'est-à-dire sans comprendre ni l'artère ni la veine crurales, appliquez une ligature séparément sur la veine près de l'aine, et faites ensuite une légère ouverture à ce vaisseau : aussitôt le sang s'échappera en formant un jet assez élevé. Pressez ensuite l'artère entre les doigts pour empcêher le sang artériel d'arriver au membre, le jet de sang veineux ne s'arrêtera pas pour cela, il continuera quelques instants : mais il ira en diminuant, et l'écoulement finira par s'arrêter, quoique la veine soit pleine dans toute sa longueur. Si pendant, la

---

» qu'on observe dans le cœur, non par une simple élasticité, mais par *une action de contraction qui est en quelque chose organique et vitale*. Cette action de contraction est » plus grande dans les petites artères que dans les grosses, » *qui semblent davantage ne développer qu'une pure élasticité*, » et elle fonde une seconde cause de la circulation artérielle. » Sans contredit le cœur est la principale, puisque c'est lui » qui imprime la première impulsion au liquide, et que de » plus, en dilatant l'artère, il met en jeu *sa force d'élasticité* » *et de contractibilité; mais enfin cette dernière doit aussi entrer en ligne de compte.* » (*Nouveau Dictionn. de Médecine*, tom. V, page 320).

Ce langage peut-il être celui de la vérité ?

production de ces phénomènes, on examine l'artère, on verra qu'elle se resserre peu à peu, et qu'elle finit par se vider complètement; c'est alors que le sang de la veine s'arrête : à cette époque de l'expérience, cessez de comprimer l'artère, le sang poussé par le cœur s'y précipitera, et aussitôt qu'il sera arrivé dans les dernières divisions, le sang recommencera à couler par l'ouverture de la veine, et petit à petit le jet se rétablira comme auparavant. Maintenant comprimez de nouveau l'artère jusqu'à ce qu'elle se soit vidée, ensuite n'y laissez pénétrer que lentement le sang artériel : dans ce cas, l'écoulement du sang par la veine se fera, mais il n'y aura pas de jet, tandis qu'il se développera dès que l'artère sera entièrement libre. On obtiendra des résultats analogues en poussant une injection d'eau tiède dans l'artère, au lieu d'y laisser le sang pénétrer, plus l'injection sera poussée avec force; plus le liquide sortira avec promptitude par la veine.

Communication entre les artères et les vaisseaux lymphatiques

J'ai dit, en parlant des vaisseaux lymphatiques, qu'ils communiquent avec les artères, et que les injections passent aisément des unes dans les autres; cette communication devient encore plus évidente quand on injecte quelques substances salines ou colorantes dans les veines d'un animal vivant. Je me suis assuré plusieurs fois que ces substances passent dans les lymphatiques en moins de deux ou trois minutes, car leur présence est facile à démontrer dans la lymphe extraite de ces vaisseaux.

Gonflement de quelques organes par l'accumulation du sang

Tant que les veines qui sortent des organes sont libres, le sang qui y arrive par les artères traverse leur parenchyme, et ne s'y accumule point; mais si les veines sont comprimées, ou ne peuvent se vider du sang qu'elles contiennent, le sang, arrivant toujours par les artères et ne trouvant plus à s'échapper dans les veines, s'accumule dans le tissu de l'organe, en distend les vaisseaux sanguins, et augmente plus ou moins son volume, surtout si ses propriétés physiques peuvent se prêter à ces changements. Ce phénomène peut être observé sur beaucoup d'organes; mais comme il est plus apparent au cerveau, il y a été plus souvent remarqué.

Ce gonflement du cerveau par la gêne de la circulation arrive chaque fois que le cours du sang est plus difficile dans le poumon, et, comme cela a lieu en général dans l'expiration, le cerveau se gonfle dans cet instant, d'autant plus que l'expiration est plus complète et plus prolongée. Dans les jeunes animaux, où le cerveau reçoit proportionnellement plus de sang artériel, le gonflement est plus marqué. (Voyez *De l'influence des muscles inspirateurs et des expirateurs sur le mouvement du sang.*)

Remarques sur les mouvements du cœur.

Mouvement du cœur.

A. L'oreillette et le ventricule droits, l'oreillette et le ventricule gauches, dont nous avons étudié séparément l'action, ne forment réellement qu'un même organe, qui est le *cœur*.

Les oreillettes se contractent et se dilatent ensemble ; il en est de même des ventricules, dont les mouvements sont simultanés. Quand on parle de la contraction du cœur, c'est celle des ventricules que l'on désigne ; leur resserrement est aussi nommé *systole ;* leur dilatation, *diastole*.

La contraction des oreillettes est généralement rapide et brusque, souvent elle a lieu deux fois pour une seule contraction des ventricules. Leur dilatation est plus lente, parce qu'elle dépend de l'abord du sang des veines caves ou pulmonaires ; mais si ces veines sont pleines, le sang s'y précipite et les distend avec promptitude. L'effort des colonnes sanguines qui cherchent à s'introduire dans les oreillettes est quelquefois si considérable, que toute contraction cesse dans les parois oriculaires, et qu'il n'y a plus que leur élasticité de mise en jeu. J'ai vu souvent ce phénomène chez des animaux, et je me suis plusieurs fois assuré qu'il arrive aussi chez l'homme. Ici, comme dans maintes autres circonstances, l'élasticité remplace avec avantage la contractilité.

B. Chaque fois que les ventricules se contractent, la totalité du cœur est brusquement portée en avant, et la pointe de cet organe vient frapper la paroi latérale gauche de la poitrine, vis-à-vis l'intervalle des sixième et septième vraies côtes.

Ce choc est accompagné d'un bruit particulier, sur lequel nous reviendrons dans un moment.

Le déplacement en avant du cœur dans la systole des ventricules a donné lieu à une longue et vive controverse : les uns prétendaient que le cœur se raccourcissait en se contractant; les autres soutenaient qu'il s'alongeait, et qu'il devait nécessairement le faire; car sans cela il n'aurait pas pu frapper la paroi du thorax, puisqu'il en est éloigné de plus d'un pouce dans la diastole. Un grand nombre d'animaux furent inutilement sacrifiés pour étudier le mouvement du cœur; dans le même instant ceux-ci voyaient le cœur se raccourcir, et ceux-là le voyaient s'alonger. Ce que les expériences ne purent faire, un raisonnement très-simple le fit. Bassuel intervint dans la dispute, et montra que, si le cœur s'alongeait dans la systole, les valvules mitrales et tricuspides, retenues abaissées par les colonnes charnues, ne pourraient fermer les ouvertures oriculo-ventriculaires. Les partisans de l'alongement ne persistèrent plus; mais il restait à démontrer comment, les ventricules se raccourcissant, le cœur se porte en avant.

Senac fit voir que cela dépendait de trois causes,

1° la dilatation des oreillettes, qui se fait pendant la contraction du ventricule ; 2° la dilatation de l'aorte et de l'artère pulmonaire, par suite de l'introduction du sang que les ventricules y ont poussé ; 3° le redressement de la crosse de l'aorte par l'effet de la contraction du ventricule gauche.

Bruits du cœur.

La contraction des ventricules et le mouvement de transport du cœur vers la paroi gauche du thorax sont accompagnés d'un bruit sourd, mais distinct pour une oreille appliquée sur la région cardiaque. Ce son précède d'un moment très-court un autre bruit plus clair, dont nous avons parlé à l'occasion du ventricule droit, et qui accompagne non la contraction, mais la dilatation de cette cavité. Ces deux sons, qui se succèdent rapidement, forment ce qu'on nomme aujourd'hui en physiologie pathologique *les bruits du cœur*, et sont d'un grand secours dans le diagnostic des affections organiques ou autres de cet organe. Tous deux résultent du choc du cœur sur les parois du thorax.

Son sourd.

Le premier, ou le bruit sourd, dépend, je l'ai déjà dit, du choc de la pointe du cœur sur l'intervalle qui sépare la sixième et la septième côte; mais il peut se produire partout ailleurs, si par une cause quelconque le cœur est déplacé ou la paroi thoracique déformée. Le caractère sourd de ce son paraît dépendre de la masse considérable du corps choquant et du peu d'élasticité du corps choqué.

Le second bruit correspond à la dilatation des ventricules, et par conséquent à l'entrée rapide du sang dans ces cavités. La formation du bruit a été d'abord attribuée à la contraction des oreillettes, puis au sang qui arrivait brusquement dans les ventricules en frappant leurs parois de manière à y exciter des vibrations sonores; mais ni l'une ni l'autre de ces explications ne sont fondées; je l'ai dit déjà, un cœur mis à nu dans le moment de sa plus grande énergie ne produit aucun bruit, à moins qu'il ne frappe çà et là sur les parties environnantes, et si, comme je l'ai fait, on place à travers les parois thoraciques d'un chien une petite tige mobile sur le ventricule droit et une autre sur la pointe du cœur, il est facile de vérifier que chacun des bruits est accompagné d'un choc qui se manifeste clairement au dehors par un mouvement étendu des petites tiges. Si le second bruit est plus clair, cela tient sans doute à ce que la masse du corps choquant est peu considérable et que le corps choqué est le sternum, qui est beaucoup plus sonore que la paroi latérale du thorax, en grande partie musculaire. Son clair.

C. Le nombre des battements du cœur est considérable; il est en général d'autant plus grand qu'on est plus jeune. Nombre des mouvements du cœur en une minute.

A la naissance, il est de. . .	130 à	140 par minute.
A 1 an.	120	130
A 2 ans	100	110
A 3 ans.	90	100
A 7 ans	85	90
A 14 ans.	80	85
A l'âge adulte.	75	80
A la première vieillesse. . .	65	75
A la vieillesse confirmée. . .	60	65

Mais ces nombres varient suivant une infinité de circonstances, le sexe, le tempérament, la disposition individuelle; il arrive même fréquemment que les vieillards présentent un nombre considérable de pulsations, supérieur même à celui de l'adulte, mais alors le cœur n'est plus dans ses conditions ordinaires, les parois sont hypertrophiées, et son activité accrue, etc.

Les affections de l'âme ont une grande influence sur la rapidité des contractions du cœur; chacun sait qu'une émotion, même légère, modifie aussitôt les contractions, et le plus souvent les accélère. Les maladies apportent aussi de grands changements à cet égard.

Force avec laquelle les ventricules se contractent.

D. Beaucoup de recherches ont été faites pour savoir quelle est la force avec laquelle les ventricules se contractent. Pour apprécier celle du ventricule gauche, on a fait une expérience qui consiste à croiser les jambes, en posant sur un genou le jarret de l'autre jambe, et à suspendre au bout du pied de cette dernière un poids de 25 kilogr. Ce poids considérable, quoique placé à l'extrémité d'un si long levier, est soulevé à chaque contraction du ventricule, à raison du resserrement qui tend à s'opérer dans la courbure accidentelle qu'éprouve l'artère poplitée quand les jambes sont croisées de cette manière.

Cette expérience montre que la force de contraction du cœur est assez grande; mais elle ne peut donner cependant aucune évaluation exacte. Des physiologistes mécaniciens ont fait de grands efforts pour l'exprimer en nombre : Borelli compare la force qui entretient la circulation à celle qui serait nécessaire pour soulever un poids de 180,000 liv.; Hales le croit de 51 liv. 5 onces; et Keil le réduit de 5 à 8 onces. Où trouver la vérité dans ces contradictions?

M. Poiseuille, l'un de nos collaborateurs, a imaginé un instrument ingénieux avec lequel il s'est proposé de mesurer la force du cœur en évitant les obstacles qui se rencontrent dans les moyens d'appréciation employés par ses devanciers. Cet instrument consiste en un tube recourbé, dont la partie verticale, graduée sur une échelle métrique, est remplie par du mercure, et dont une branche horizontale destinée à s'adapter aux artères et aux veines, est remplie par une solution de sous-carbonate de soude qui empêche le sang de se coaguler. Il nomme cet instrument HÉMO-DYNAMOMÈTRE.

Avec cet instrument M. Poiseuille est arrivé à des résultats qui, s'ils ne sont pas tels que l'on pourrait les désirer sous le rapport de la mesure de la force du cœur, sont du moins très-remarquables comme phénomènes mécaniques de la circulation. Je citerai d'abord le fait suivant, qu'il aurait été difficile de prévoir dans l'état actuel de la science.

L'instrument, adapté à une grosse comme à une petite artère, voisine ou éloignée du cœur, donne la même hauteur de la colonne de mercure. Par exemple, appliquée à la carotide d'un cheval, le point d'élévation du mercure est égal à celui qui se montre si l'expérience est faite sur un petit chien (1).

De l'identité de ces résultats l'auteur conclut qu'une molécule de sang *se meut avec la même force dans tout le trajet du système artériel*, conclusion qui va, selon nous, au-delà de ce que prouvent les expériences; car, pour généraliser comme l'auteur le fait, il aurait fallu avoir quelques données expérimentales prises, non dans les vaisseaux encore assez gros pour que l'instrument puisse s'y adapter, mais dans les vaisseaux beau-

(1) Voyez *Journal de Physiologie*, t. VIII, 1828.

coup plus petits, capillaires même, si la chose était possible.

Expériences de M. Poiseuille.

M. Poiseuille établit ensuite ce théorême général : *la force totale statique qui meut le sang dans une artère est exactement en raison directe de l'aire que présente le cercle de cette artère, ou en raison directe du carré de son diamètre, quel que soit le lieu qu'elle occupe.*

Maintenant, pour obtenir la force d'impulsion du sang qui correspond à une artère d'un calibre donné, il suffit de prendre son diamètre, et le poids d'un cylindre de mercure dont la base serait le cercle fourni par ce diamètre, et la hauteur de la colonne de mercure obtenue par l'hémodynamètre sera la force statique avec laquelle le sang se meut dans cette artère.

En appliquant ces principes à la force du cœur aortique de l'homme, M. Poiseuille a trouvé :

Diamètre de l'aorte à sa base 0^{m}, 034, sous la pression de 160 millimètres de mercure.

L'aire du cercle de l'aorte 908,2857 millimètres, qui, multipliés par 160 millimètres de hauteur, donnent : 145325,72 millimètres cubes de mercure, dont le poids égale 1 kilogramme 971779, ou 4 livres 3 gros 45 grains, évaluation de la force totale statique du sang au moment de la contraction du ventricule gauche.

Ce chiffre exprimerait donc aussi la force de ce ventricule, et si l'on avait une évaluation semblable pour le ventricule droit, on arriverait à quelque chose d'approximatif sur la force totale du cœur *ventriculaire*. Mais M. Poiseuille n'a point encore, que je sache, appliqué son instrument au système artériel pulmonaire.

Il paraît impossible de savoir au juste la force que le cœur développe en se contractant; car elle doit varier suivant une multitude de causes, telles que l'âge, la taille de l'individu, sa disposition particulière, la quantité de sang, l'état du système nerveux, l'action des organes, l'état de santé ou de maladie, etc.

Dilatation du cœur.

Tout ce qui a été dit sur la force du cœur n'a rapport qu'à sa contraction; sa dilatation a été regardée comme un phénomène actif, et j'ai moi-même professé cette opinion. Je ne la partage plus aujourd'hui; en étudiant de nouveau avec soin la dilatation du cœur, il m'a semblé que la contraction comprime les fibres de cet organe, que leur élasticité est mise en jeu sous cette influence, et qu'aussitôt qu'elle cesse, les fibres reprennent leur longueur naturelle avec d'autant plus d'énergie qu'elles ont été plus comprimées : il se développe, comme on a vu, un phénomème de ce genre immédiatement après la contraction d'un faisceau de fibres musculaires par l'effet du courant galvanique. A cette cause physique de la dilatation des cavités du cœur, il faut joindre, pour les oreillettes, l'effort de la colonne du sang qui tend à s'introduire dans leur cavité, et qui est sans contredit la raison la plus puissante de l'écartement de leurs parois. Pour les ventricules, il faut tenir compte de la contraction des oreillettes, qui poussent avec plus ou moins de force le sang dans leur cavité. La contraction du ventricule droit est donc, par l'intermédiaire de l'artère et des veines pulmonaires, l'une des causes de la dilatation de l'oreillette gauche. La contraction du ventricule gauche agit de même pour la dilatation de l'oreillette droite, par l'intermédiaire du sang qui remplit les artères et les veines. Enfin la contraction de chaque oreillette contribue à élargir le ventricule auquel elle aboutit.

Cause des mouvements du cœur.

B. Depuis les premiers jours de l'existence de l'embryon jusqu'à l'instant de la mort par décrépitude, le cœur se meut. Pourquoi se meut-il ?

Telle est la question que se sont faite les philosophes et les physiologistes anciens et modernes. Le pourquoi des phénomènes n'est pas facile à donner en physiologie ; presque toujours ce que l'on prend pour tel n'est que l'expression du fait en d'autres termes; remarquable faiblesse de notre esprit, que la facilité avec laquelle il se laisse abuser sous ce rapport : les diverses explications du mouvement du cœur en sont une des preuves les plus palpables.

Les anciens disaient qu'il y avait dans le cœur une *vertu pulsifique*, *un feu concentré*, qui donnait le mouvement à cet organe. Descartes imagina qu'il se faisait dans les ventricules une *explosion aussi subite que celle de la poudre à canon*. Le mouvement du cœur fut ensuite attribué *aux esprits animaux*, *au fluide nerveux*, *à l'âme*, *au* président *du système nerveux* (1), *à l'archée* : Haller le considéra comme un effet de l'irritabilité. Tout récemment Legallois a cherché à prouver, par des expériences, que le principe ou la cause du mouvement du cœur avait son siége dans la moelle épinière.

Expériences de Legallois sur les mouvements du cœur.

Ces expériences consistent à détruire successivement, sur des animaux vivants, la moelle épinière par l'introduction d'une tige métallique dans le canal vertébral. Le résultat est que la force avec laquelle le ventricule gauche se contracte diminue à mesure que la destruction de la moelle est plus considérable, et, quand elle est complète, le cœur n'a plus assez de force pour entretenir la circulation, et pousser le sang jusqu'aux extrémités des membres..

De ces expériences, qui ont été multipliées et variées d'une manière très-ingénieuse, Legallois conclut que la cause du mouvement du cœur est dans la moelle épinière; et, comme on lui faisait remarquer que cet organe se contracte

(1) Wepfer, *Præses systematis nervosi.*

encore long-temps après la destruction complète de la moelle, que même ses mouvements continuent régulièrement après qu'il a été tout-à-fait séparé du corps, Legallois répondait que ces mouvements n'étaient plus la contraction véritable du cœur, qu'ils n'étaient qu'un simple effet de l'irritabilité de l'organe.

Pour faire admettre cette explication, l'auteur aurait dû montrer, par des expériences, en quoi diffère l'irritabilité des fibres musculaires de leur contraction : cette distinction importante n'ayant pas été établie, on ne peut, selon moi, conclure du beau travail du physiologiste français autre chose, sinon que la moelle épinière influe sur la force avec laquelle le cœur se contracte; mais on ne peut en déduire quelle est et où siège la cause du mouvement du cœur.

Les organes qui transmettent au cœur l'influence de la moelle épinière et du cerveau sont des filaments nerveux, provenant de la huitième paire, et peut-être un grand nombre de filets des ganglions cervicaux du grand sympathique.

Expériences sur les ganglions du grand sympathique.

J'ai, à diverses reprises, cherché à déterminer par l'extraction des ganglions cervicaux, et même du premier thoracique, si réellement ces organes avaient une action sur le mouvement du cœur, mais je n'ai rien obtenu de satisfaisant; les animaux sont presque tous morts des suites de la plaie inévitable pour une opération aussi laborieuse. Je n'ai jamais remarqué aucune influence directe sur le cœur.

Remarques sur le mouvement circulaire du sang ou la circulation.

Nous connaissons maintenant tous les anneaux de la chaîne circulaire que le système sanguin représente, nous savons comment le sang est porté du poumon vers toutes les autres parties du corps et comment de ces parties il revient au poumon. Examinons ces phénomènes d'une manière générale, afin de faire ressortir les plus importants.

Quantité du sang.

A. La quantité de sang contenue dans le système sanguin est très-considérable. Plusieurs auteurs l'ont estimé de vingt-quatre à trente livres. Il ne peut y avoir rien d'exact dans cette évaluation, car la quantité de sang varie suivant un grand nombre de causes. La jeunesse et l'enfance doivent avoir plus dn sang que l'âge avancé; il est plus que probable que les individus replets, dont le corps est bien développé et la vie active, ont plus de sang que les personnes débiles, dont le corps est maigre; de même les personnes que l'on nomme pléthoriques, sujettes à des saignements de nez ou à des flux hémorrhoïdaux, doivent aussi, selon toutes ces apparences, avoir une dose de sang

Volume du corps en rapport avec la quantité du sang.

plus considérable que les personnes qui ne présentent pas les mêmes dispositions.

Des expériences que j'ai faites sur des animaux m'ont donné des résultats fort analogues à ces conjectures relatives à l'homme. Un chien de taille moyenne ne fournit, par une hémorrhagie rapide qui le fait périr, qu'environ une livre de sang, s'il est maigre et faible; s'il est vigoureux et en bon état, il peut en fournir plus du double.

On a quelques données sur le rapport de la masse du sang artériel à celle du veineux. Ce dernier, contenu dans des vaisseaux dont la capacité totale est supérieure à celle des artères, est nécessairement plus abondant sans qu'on puisse dire au juste de combien sa masse est plus considérable que celle du sang artériel.

Volume des organes en rapport avec celui du sang.

B. Le volume des organes et même celui de tout le corps est généralement en rapport avec la quantité du liquide qui circule. Les hommes, remarquables par les dimensions considérables du corps, offrent une énorme quantité de sang, comme il est facile de s'en assurer par les nombreuses saignées qu'ils supportent dans certaines maladies, et par l'examen de leurs vaisseaux sanguins après leur mort. Chez ce genre de personnes l'aorte et ses divisions, le système veineux, sont quelquefois deux ou trois fois plus spacieux que les mêmes organes dans une personne de même taille, mais d'une corpulence médiocre.

Sur les animaux vivants, les dimensions de plusieurs organes peuvent être augmentées à volonté. Prenez, par exemple, les trois dimensions de la rate d'un chien, puis l'abdomen étant ouvert, injectez une peinte de sang d'un autre chien dans ses veines, vous verrez la rate grandir graduellement, et avoir acquis, à la fin de l'injection, un tiers ou une moitié en sus de ses dimensions premières.

Volume de la rate en rapport avec celui du sang.

Faites l'expérience opposée : après avoir mesuré la grandeur de la rate d'un animal, saignez-le jusqu'à défaillance, et vous verrez la rate, diminuer sensiblement de volume à mesure que le sang s'écoulera. Des observations analogues peuvent être faites sur le foie, mais comme le tissu de cet organe est moins extensible que celui de la rate, les changements de volume sont moins marqués.

Rapport du canal digestif avec le volume du sang.

Il est facile de s'assurer que la longueur du canal intestinal et l'épaisseur de ses parois sont aussi en proportion du sang qui circule. Chez les individus forts et vigoureux, pléthoriques, où l'abdomen est très-développé, les intestins ont des parois fort épaisses, une cavité large, et une longueur qui peut dépasser douze mètres; chez les hommes maigres, dont le ventre est creux au lieu de faire saillie, et chez lesquels le sang est fort peu abondant, les parois du canal digestif sont minces, la cavité est très-étroite, et la longueur totale du canal n'excède quelquefois pas cinq mètres. On peut faire aisément des observations analogues sur la peau.

C. Ce qui vient d'être dit sur les dimensions de la rate, par rapport au volume du sang, est de nature à jeter quelque lumière sur les fonctions de ce singulier organe. D'après ce que nous avons dit, la rate est un véritable réservoir à parois élastiques, qui presse incessamment sur le sang qu'il contient, et qui tend à le faire passer dans le système de la veine porte. Le peu d'épaisseur et d'élasticité des parois de cette veine, l'absence des valvules à son intérieur, doivent permettre facilement au sang pressé par la rate d'y pénétrer. La rate doit d'autant plus facilement expulser le sang qu'elle contient, que non seulement elle est très-élastique, et tend ainsi physiquement à revenir sur elle-même, mais qu'en outre elle est douée d'une force contractile d'un genre particulier, et qui se met en évidence sous l'influence de certaines substances, la noix vomique, par exemple.

Influence de la rate sur la circulation.

D. Le cercle circulatoire du sang étant continu, et la capacité du canal étant très-variable, la vitesse de ce fluide doit être très-différente; car la même quantité doit passer par tous les points dans un temps donné : c'est ce que l'observation confirme. La vitesse est grande dans le tronc et les principales divisions des artères aortes et pulmonaires; elle diminue beaucoup dans les divisions secondaires; elle diminue encore au moment du

Vitesse du mouvement du sang.

passage des artères dans les veines; elle va ensuite en augmentant à mesure que, des racines des veines, le sang passe dans des racines plus grosses, et enfin dans les grosses veines; mais jamais la vitesse ne peut-être aussi grande dans les veines caves que dans l'aorte.

Différents modes du mouvement du sang.

Dans les troncs et les principales divisions artérielles, le cours du sang est, non seulement continu sous l'influence du resserrement des artères, mais il est en outre saccadé par l'effet de la contraction des ventricules. Cette saccade se manifeste dans les artères, par une dilatation simple dans celles qui sont droites, et par une dilatation et un mouvement de redressement dans celles qui sont flexueuses.

Du pouls.

Le premier phénomène, auquel se joint quelquefois le second, forme le *pouls*. Il n'est facile de l'étudier sur l'homme ou les animaux qu'aux endroits où les artères sont accolées à un os, parce qu'alors elles ne fuient point le doigt qui s'applique dessus comme le font celles qui flottent entre les parties molles.

Le plus souvent, le pouls fait connaître les modifications principales de la contraction du ventricule gauche, sa promptitude, son intensité, sa faiblesse, sa régularité ou son irrégularité. On connaît aussi, par le pouls, la quantité du sang. Si elle est grande, l'artère est ronde, grosse et résistante; si le sang est peu abondant, l'artère est petite et se laisse facilement déprimer. Certaines dispositions dans les artères influent aussi sur le pouls, et peuvent le rendre différent dans les principales artères.

Influence présumée du battement des artères sur l'action des organes.

Le battement des artères se fait nécessairement sentir aux organes qui les avoisinent, et d'autant plus que les artères sont plus volumineuses, et que les organes cèdent moins facilement. La secousse qu'ils en éprouvent est généralement considérée comme favorisant leur action, quoiqu'il n'en existe aucune preuve positive.

Sous ce rapport, aucun organe ne doit être influencé davantage que le cerveau. Les quatre artères cérébrales se réunissent en cercle à la base du crâne, et soulèvent le cerveau à chaque contraction du ventricule, comme il est facile de s'en convaincre en mettant à nu le cerveau d'un animal, ou en observant cet organe dans les plaies de tête. C'est probablement pour modérer cette secousse que sont utiles les nombreuses courbures anguleuses des artères carotides internes et des vertébrales, avant leur entrée dans le crâne; courbures qui doivent aussi nécessairement ralentir le cours du sang dans ces vaisseaux.

Quand les artères pénètrent encore volumineuses dans le parenchyme des organes, comme au foie, au rein, etc., l'organe doit aussi recevoir une secousse à chaque contraction du cœur. Les organes où les vaisseaux ne pénètrent qu'après s'être divisés et subdivisés ne doivent éprouver rien de semblable.

Nature du sang dans les différentes parties du cercle qu'il parcourt.

E. Depuis le poumon jusqu'à l'oreillette gauche, le sang est de même nature ; cependant il arrive quelquefois qu'il n'est pas semblable dans les quatre veines pulmonaires (1). Si, par exemple, un poumon est altéré au point que l'air ne puisse pénétrer dans ses lobules, le sang qui le traverse ne sera pas changé de veineux en artériel, il arrivera au cœur sans avoir subi cette transformation ; mais, par son passage à travers les cavités gauches, il se mélangera intimement avec celui du poumon opposé. Du ventricule gauche jusqu'aux dernières divisions de l'aorte, le sang est nécessairement homogène ; mais, arrivé à ces petits vaisseaux, ses éléments se partagent ; il existe du moins un grand nombre de parties, telles que les membranes séreuses, le tissu cellulaire, les tendons, les aponévroses, les membranes fibreuses, etc., où l'on ne voit jamais pénétrer la partie rouge du sang et où les capillaires ne contiennent que du sérum.

Séparation des éléments du sang des capillaires.

Ce partage des éléments du sang ne se fait cependant que dans l'état de santé ; quand les parties que je viens de nommer deviennent malades, il arrive souvent que leurs petits vaisseaux se remplissent de sang avec tous ses éléments.

(1) *Voyez* les expériences de Legallois.

On a cherché à expliquer cette analyse particulière du sang par les petits vaisseaux. Boerhaave, qui admettait dans le sang plusieurs espèces de globules de grosseur différente, disait que les globules d'une certaine grosseur ne pouvaient passer que dans des vaisseaux d'un calibre approprié : nous avons vu que les globules, tels que Boerhaave les admettait, n'existent point.

Bichat croyait qu'il existait dans les petits vaisseaux une *sensibilité particulière* par laquelle ils ne se laissaient pénétrer que par la partie du sang en rapport avec elle. Nous avons déjà combattu plusieurs fois des idées de ce genre; elles ne sont pas plus admissibles ici, car les liquides les plus irritants introduits dans les artères passent aussitôt dans les veines sans que les capillaires s'opposent à leur passage.

Effet de la pesanteur sur la circulation.

F. L'une des idées les plus singulières qu'ait enfantées l'imagination des physiologistes est que les corps vivants ne sont point soumis aux *lois physiques*, que *la vie est en opposition constante* avec ces lois; comme si une telle opposition était possible, comme si un phénomène pouvait être opposé à un phénomène.

Pour cette raison, que le simple bon sens repousse, l'influence de la pesanteur, et par conséquent celle des diverses positions du corps sur la circulation, a été peu étudiée; cependant nul doute que cette influence n'existe, et qu'elle ne soit très-puissante. L'empirisme médical ou chirurgical est forcé de la reconnaître. Dans une foule de cas il est de toute évidence que le sang se meut plus difficilement quand il marche contre sa propre pesanteur, tandis que ce liquide arrive et séjourne plus facilement dans les parties où il est porté par son propre poids.

Durant le sommeil et dans la position horizontale, le sang se dirige vers la tête en quantité plus considérable. M. le docteur Bourdon a remarqué sur lui-même, qu'étant couché sur un côté, le sang s'accumulait dans les parties les plus déclives de la tête, gonflait la pituitaire de ce côté, et interceptait le passage de l'air par la narine correspondante; qu'en se retournant sur le côté opposé, la narine précédemment obstruée redevenait libre, tandis que celle qui était devenue la plus déclive offrait les phénomènes énoncés.

Ainsi les puissances qui font circuler le sang ont souvent à surmonter les effets de la pesanteur de ce liquide, ainsi la gravitation universelle exerce une influence remarquable sur la circulation. Ce fait mérite toute l'attention des médecins, car, pour peu que les fonctions se dérangent, les effets des lois physiques s'y font plus manifestement sentir.

Éléments du sang qui s'échappe des petits vaisseaux.

G. En traversant les petits vaisseaux, le sang se dépouille de ses éléments; tantôt c'est le sérum qui s'échappe et se répand à la surface d'une membranc, tantôt c'est la matière grasse qui se dépose dans des cellules; ici c'est le mucus, là c'est la fibrine; ailleurs ce sont les substances étrangères qui avaient été accidentellement mêlées au sang artériel. En perdant ses divers éléments, le sang prend les qualités de sang veineux.

En même temps que le sang artériel fournit à ces pertes, les petites veines absorbent les substances avec lesquelles elles sont en contact. Par exemple, dans le canal intestinal, elles s'emparent des boissons; d'un autre côté, les troncs lymphatiques versent la lymphe et le chyle dans le système veineux; il est donc certain que le sang veineux ne peut être homogène, et que sa composition doit varier dans les différentes veines; mais arrivés au cœur, par les mouvements de l'oreillette et du ventricule droits, et la disposition des colonnes charnues, tous les éléments se mêlent, et lorsqu'ils, sont intimement mélangés, ils passent dans l'artère pulmonaire.

Influence du système nerveux sur le mouvement du sang.

H. C'est une loi générale de l'économie, qu'aucun organe ne peut continuer d'agir s'il ne reçoit du sang artériel; il en résulte que la circulation tient sous sa dépendance toutes les autres fonctions; mais, à son tour, la circulation ne peut continuer sans la respiration qui forme le sang artériel, et sans l'action du système nerveux qui a la plus grande influence sur la vitesse du cours du sang et sur sa répartition dans les organes. En effet, sous l'action du système nerveux, les mouvements du cœur se précipitent ou se ralentissent, et par conséquent la vitesse générale du cours du sang; ensuite, quand les organes agissent volontairement ou involontairement, l'observation apprend qu'ils reçoivent une plus grande quantité de sang, sans qu'il y ait pour cela accélération du mouvement de la circulation générale; et si leur action devient prédominante, les artères qui s'y portent prennent un accroissement considérable; si, au contraire, l'action diminue ou cesse entièrement, les artères se rétrécissent, et ne laissent plus parvenir à l'organe qu'une petite quantité de sang. Ces phénomènes sont manifestes pour les muscles : la circulation y devient plus rapide quand ils se contractent; s'ils sont souvent en contraction, leurs artères croissent en volume, s'ils sont paralysés, les artères deviennent très-petites, et le pouls s'y fait à peine sentir.

Influence du système nerveux sur le mouvement du sang.

Le système nerveux peut donc influencer la circulation de trois manières : 1° en modifiant les mouvements du cœur; 2° en modifiant les capillaires des organes, de manière à y accélérer ou ralentir le cours du sang; 3° enfin, en produisant les mêmes effets dans le poumon, c'est-à-dire en rendant plus ou moins facile le cours du sang à travers cet organe.

L'accélération des mouvements du cœur devient sensible pour nous par la manière dont la pointe de cet organe vient frapper les parois pectorales; la gène de la circulation capillaire se fait reconnaître par un sentiment d'engourdissement, de fourmillement particulier; et enfin, quand la circulation pulmonaire est difficile, nous en sommes avertis par une oppression, une suffocation plus ou moins forte.

Sentiments instinctifs qui avertissent des modifications de la circulation.

Il est probable que la distribution des filets du grand sympathique dans les parois des artères a quelque usage important; mais on ignore complètement cet usage : aucune expérience n'a encore éclairé sur ce point.

Influence de la composition du sang sur l'action des organes.

La composition du sang doit exercer une grande influence sur le mode d'action des organes, mais nous n'avons encore que des notions fort imparfaites sur les variations chimiques que ce liquide peut éprouver. Si l'on s'en rapportait même à quelques travaux sur le sang, ce fluide serait constamment le même. Probablement que les progrès de l'analyse animale nous sortiront bientôt de ces idées inexactes; quelques faits semblent du moins l'annoncer.

Expériences sur la composition du sang.

Introduisez dans la veine jugulaire d'un chien quelques gouttes d'eau qui aura séjourné sur des matières animales en putréfaction : une heure après cette introduction l'animal sera abattu, couché; une fièvre ardente l'agitera; il vomira des matières noires et fétides; ses évacuations alvines seront de même nature; son sang aura perdu la faculté de se coaguler, il s'extravasera dans les divers tissus ; enfin la mort ne se fera pas long-temps attendre.

Ces phénomènes, qui ont la plus grande analogie avec certaines maladies de l'homme, telles que le vomissement noir des contrées méridionales, la fièvre jaune, etc., paraissent avoir pour source commune une altération de la composition chimique du sang ; je crois même avoir remarqué que les dimensions des globules diminuent à mesure que les accidents se développent, ce qui serait en harmonie avec le passage du sang à travers les parois des petits vaisseaux et les diverses hémorrhagies qui en sont l'effet. (Voyez mon *Journal de Physiologie*, tom. I et II.)

Expériences sur la composition du sang.

Il est un mode d'altération que l'on peut facilement apprécier, je veux dire les proportions respectives du sérum et du caillot. J'ai voulu voir sur des animaux quels seraient les effets de la diminution graduelle de la partie solide et non soluble du sang. A cet effet j'ai pris un chien bien portant, et je lui ai fait une saignée de huit onces : le sang, examiné le lendemain, offrait fort peu de sérum, un huitième environ. J'ai remplacé le sang tiré par une injection d'une demi-livre d'eau à 30° R. dans la veine jugulaire : l'animal n'a rien offert de particulier. Le lendemain j'ai répété la saignée et l'injection ; le sang offrait un quart de sérum et trois quarts de caillot. Deux jours ensuite, j'ai fait encore et la même soustraction de sang et la même introduction d'eau, et j'ai continué de cette manière de deux jours l'un jusqu'au dixième jour; alors le sang de l'animal ne présentait plus qu'à peine un quart de caillot pour trois quarts de sérum ; mais aussi l'animal était faible, se remuait avec peine, semblait avoir perdu son instinct, ses habitudes caressantes; ses facultés cérébrales étaient diminuées et semblaient engourdies, enfin il n'était plus le même.

Nul doute donc qu'une certaine composition du sang ne soit une des conditions importantes de l'exercice des diverses fonctions.

Ce sont les diverses remarques que j'ai faites sur ce sujet qui m'ont conduit à essayer sur l'homme l'injection de l'eau dans les veines. L'individu sur lequel j'ai fait cet essai était hydrophobe, et sur le point de mourir ; l'introduction d'environ une pinte d'eau à 30° a calmé, comme par enchantement, l'état de fureur et de rage où il se trouvait. (Voyez mon *Journal de Physiologie*, t. III.)

De l'influence des muscles inspirateurs et des expirateurs sur le mouvement du sang.

Influence des mouvements de la respiration sur le cours du sang.

Le cœur, avons-nous démontré, est le principal agent de la circulation ; dans la plupart des cas, sa force contractile détermine la progression du sang; mais il existe d'autres puissances qui interviennent souvent avec énergie, et qui exercent une grande influence sur le cours du sang jusqu'au point de le suspendre complètement. Ces puissances sont les mêmes qui attirent l'air dans la poitrine, et qui l'en font sortir.

Dans la dilatation du thorax, le sang des veines caves supérieures et des veines caves inférieures, et de proche en proche celui des autres veines est attiré vers le cœur. Le mécanisme de cette aspiration est semblable à celui qui attire l'air dans les poumons; c'est, pour ainsi dire, *une inspiration du sang veineux;* au contraire, durant l'expiration, tous les organes pectoraux étant comprimés, le sang veineux est repoussé, il reflue dans les veines jusque vers les organes, et le sang artériel arrive à sa destination avec plus de promptitude, parce qu'à la pression du ventricule gauche s'ajoute celle des muscles expirateurs.

Ces divers phénomènes sont peu marqués dans la respiration calme, mais ils deviennent très-manifestes dans les respirations forcées ou dans les grands efforts musculaires qui s'accompagnent souvent de la contraction énergique des forces expiratrices et du resserrement de la glotte.

La connaissance de ces faits résulte des travaux de Haller (2), Lamure (2) et Lorry (3); elle donne

(1) *Elementa Physiol.* tom. II.

(2) Académie des Sciences, année 1749.

(3) *Savants étrangers*, tom. III.

le moyen d'expliquer plusieurs phénomènes qui ont beaucoup embarrassé les physiologistes. Je vais entrer dans quelques détails à raison de l'importance du sujet. Je les extrais d'un mémoire imprimé dans mon *Journal de Physiologie*.

Expériences sur l'influence de la respiration sur le cours du sang.

Si on observe pendant quelque temps la veine jugulaire externe d'un individu dont le cou est maigre, ou, mieux encore, si l'on met à découvert cette veine sur un chien, on a bientôt reconnu que le sang se meut dans sa cavité, sous diverses influences. En général, quand la poitrine se dilate pour inspirer, la veine se vide brusquement, s'aplatit, et ses parois s'appliquent quelquefois exactement l'une contre l'autre. La veine, au contraire, se gonfle et se remplit de sang quand la poitrine se resserre. Ces effets sont d'autant plus marqués que les mouvements respiratoires sont plus étendus. Ceux qui dépendent de l'expiration sont beaucoup plus prononcés si l'animal fait des efforts (1).

---

(1) Les mouvements respiratoires ne sont pas les seules causes du mouvement du sang dans les jugulaires; avec un peu d'attention on reconnaît que les contractions de l'oreillette droite y influent sensiblement, ce qui produit une espèce de palpitation irrégulière dans les vaisseaux.

Quand l'oreillette se contracte, le sang est repoussé vers la tête ; le sang est au contraire attiré vers le cœur par sa dilatation. Quand le hasard fait coïncider la dilatation de la poitrine et de l'oreillette ou le resserrement de ces parties,

Mécanisme de l'influence des mouvements de la respiration sur la circulation.

L'explication de ces phénomènes, telle qu'elle a été donnée par Haller et Lorry, est très-simple et satisfaisante au premier aperçu. Quand la poitrine se dilate, elle *aspire* le sang des veines caves, et de proche en proche celui des veines qui y aboutissent. Le mécanisme de cette aspiration est à peu près semblable à celui par lequel l'air est attiré dans la trachée-artère au moment de l'inspiration. Quand la poitrine se resserre, au contraire, le sang est refoulé dans les veines caves par la pression que supportent tous les organes pectoraux, vaisseaux, cœur, poumons et autres, de la part des puissances expiratrices, et de proche en proche aussi parvient aux veines qui s'y terminent. De là l'alternative de vacuité et de plein qu'offrent les jugulaires.

Pour montrer que ce phénomène est exactement en rapport avec un phénomène semblable qui se passe dans les veines caves, j'introduis une sonde de gomme élastique dans la veine jugulaire, et je

---

le mouvement du sang dans les jugulaires est régulier, c'est-à-dire que le vaisseau se vide ou se remplit brusquement. Mais comme les mouvements de l'oreillette sont bien plus fréquents que ceux du thorax, il arrive nécessairement défaut de coïncidence entre eux, et dès lors les battements des jugulaires deviennent très-irréguliers, phénomène qui est surtout apparent dans les maladies graves, et que Haller a nommé *pouls veineux*.

la fais pénétrer jusqu'à la veine cave, ou même jusque dans l'oreillette droite : on voit alors que le sang coule par l'extrémité de la sonde, seulement dans le moment de l'expiration. Dans l'inspiration, au contraire, l'air est brusquement attiré dans le cœur, et donne lieu à des accidents particuliers, dont il sera question plus tard. On obtient des résultats entièrement analogues si on introduit la sonde dans la veine crurale, en la dirigeant vers l'abdomen.

Mécanisme de l'influence des mouvements de la respiration sur la circulation.

Aucun doute donc touchant le genre de modifications que la respiration exerce sur le cours du sang dans les principaux troncs veineux.

On peut de même facilement reconnaître, en ouvrant une artère des membres, par exemple, que l'expiration accélère sensiblement le mouvement du sang artériel, particulièrement dans les grandes expirations et dans les efforts ; et, comme on ne peut pas faire faire à volonté de grandes expirations ou des efforts aux animaux soumis à l'expérience, on peut, suivant le procédé de Lamure, comprimer avec les mains les côtés du thorax, et l'on voit le jet du sang artériel grandir ou diminuer, en raison de la pression que l'on exerce.

Puisque la respiration produit cet effet sur le cours du sang dans les artères, il devenait probable qu'elle pouvait influencer la marche du sang veineux, non plus par l'intermédiaire des veines, comme nous venons de le voir tout à l'heure, mais par le moyen

Expériences sur l'influence des mouvements de la respiration sur la circulation du sang.

des artères. Une pareille conjecture méritait d'être soumise à l'expérience.

Je plaçai donc une ligature sur l'une des veines jugulaires d'un chien ; le vaisseau se vida au dessous de la ligature, et se gonfla beaucoup au dessus, comme cela arrive constamment. Je piquai légèrement avec une lancette la portion distendue, de manière à faire une très-petite ouverture : j'obtins de cette manière un jet de sang que les mouvements ordinaires de la respiration ne modifiaient pas sensiblement, mais qui triplait ou quadruplait de grandeur si l'animal faisait quelque effort un peu énergique.

On pouvait objecter que l'effet de la respiration ne s'était pas transmis par les artères à la veine ouverte, mais bien par les veines qui étaient restées libres, et qui auraient transporté le sang repoussé des veines caves vers la veine liée, au moyen des anastomoses; il était facile de lever cette difficulté.

Le chien n'a pas, comme l'homme, des veines jugulaires internes volumineuses, qui reçoivent le sang de l'intérieur du crâne ; chez cet animal, la veine jugulaire interne n'est, pour ainsi dire, qu'un vestige, et la circulation de la tête et du cou se fait presque entièrement par les veines jugulaires externes, qui sont en effet très-grosses, proportions gardées. En liant à la fois ces deux veines, j'étais bien sûr d'empêcher, en très-grande partie, le reflux dont il vient d'être question ; mais bien loin

Expériences sur l'influence des mouvements de la respiration sur la circulation du sang.

que cette double ligature diminuât le phénomène dont je viens de parler, le jet devint au contraire plus étroitement en rapport avec les mouvements de la respiration, car il était évidemment modifié même par la respiration ordinaire; ce qui, comme on a vu, n'avait pas lieu dans le cas d'une seule ligature. Pour rendre la chose plus évidente, je pouvais d'ailleurs agir sur la veine crurale : cette veine et toutes ses branches étant garnies de valvules qui s'opposent, pour ainsi dire, à tout reflux; si le phénomène de l'accroissement du jet se montrait durant l'expiration, on pouvait être bien sûr que l'impulsion serait venue du côté des artères.

C'est en effet ce que j'observai dans plusieurs expériences. La veine crurale étant liée et piquée au dessous de la ligature, le jet qui se forma s'accrut sensiblement dans les grandes expirations, dans les efforts et les compressions mécaniques des parois du thorax avec les mains.

L'instrument de M. Poiseuille permet de reconnaître ces phénomènes et d'en obtenir une sorte de mesure.

Ces expériences, ainsi que les précédentes, apportent nécessairement un changement notable dans l'explication du gonflement des veines durant l'expiration. D'après Haller, Lamure et Lorry, ce gonflement a lieu par le simple refoulement du sang des veines caves dans les branches

Expériences sur l'influence des mouvements de la respiration sur la circulation du sang.

qui s'y ouvrent médiatement ou immédiatement; mais il est clair qu'il faut y joindre l'arrivée dans la veine d'une plus grande quantité de sang provenant des artères.

La même modification devra être introduite dans l'explication des mouvements du cerveau, en rapport avec la respiration. Il ne faudra donc plus attribuer le gonflement de cet organe, dans le moment de l'expiration, au seul reflux du sang dans les veines, ni son affaissement, dans le moment de l'inspiration à la seule aspiration du même fluide vers la poitrine; mais il faudra faire entrer, comme élément important de cette explication, l'influence de la respiration sur la marche du sang artériel, et sur celle du sang veineux, par l'intermédiaire des artères.

On devra, ce me semble, comprendre le phénomène de cette manière : dans le moment d'une forte expiration ou d'un effort, tous les organes pectoraux ou abdominaux sont comprimés, le sang artériel est chassé plus particulièrement dans les branches de l'aorte ascendante (1). Ce sang arrive donc avec plus d'abondance dans la tête, et tend à passer plus promptement vers les veines qui doivent le ramener vers le cœur; ce qui arriverait aus-

(1) L'aorte abdominale est aussi comprimée, et admet le sang avec une difficulté relative au degré de pression qu'elle éprouve, comme l'a bien décrit Lorry. Mém. cité.

sitôt si les veines étaient libres. Mais, loin de là, la pression exercée sur les organes pectoraux a aussi fait refluer le sang veineux dans les vaisseaux qui le contiennent, bien que ce mouvement rétrograde ne s'étende pas très-loin, à raison des valvules qui s'y opposent.

Expériences sur l'influence des mouvements de la respiration sur la circulation du sang.

Cependant le sang qui reflue dans les veines a bientôt rencontré le sang qui arrive du côté des artères; le vaisseau se distend, et le cours du liquide est généralement suspendu dans les veines. Dès lors, il est tout simple que le cerveau se gonfle et se distende.

Mouvements du fluide céphalo-rachidien.

On doit rapporter à ces mouvements de flux et de reflux du sang l'entrée du liquide céphalo-rachidien dans les cavités du cerveau, par l'ouverture du quatrième ventricule, et sa sortie de ces mêmes cavités. Au moment où les sinus et veines rachidiennes sont distendus, le liquide comprimé passe dans l'aqueduc, traverse le troisième ventricule, et arrive bientôt dans les ventricules latéraux, puis il parcourt en sens inverse la même route à l'instant où l'inspiration aspire le sang du système veineux.

Mais ce qui se passe dans le cerveau doit aussi se passer dans les autres organes, avec les modifications en rapport avec la disposition de leurs vaisseaux sanguins : la moelle épinière tout entière grossit, la rate s'alonge, la face rougit et se gonfle dans les cris, la course prolongée, les efforts

Expériences sur l'influence des mouvements de la respiration sur la circulation du sang.

musculaires, les passions violentes; les veines des membres se gonflent dans les mêmes circonstances; et si vous engagez une personne que l'on saigne à souffler fortement, le jet du sang de la veine ouverte augmente sensiblement. Un individu affecté d'un phlegmon dans un membre, ou même d'un simple panaris, éprouve une douleur vive dans la partie malade, s'il veut soulever un fardeau, courir, crier, etc. Tous ces phénomènes, et beaucoup d'autres analogues, dépendent évidemment de l'accumulation du sang dans les organes, par l'expiration, qui y pousse le sang artériel, et qui s'oppose à ce que le sang veineux puisse en sortir.

Il résulte de ces faits que l'une des conséquences des grandes expirations et des violents efforts est la suspension plus ou moins prolongée de la circulation; suspension d'autant plus complète que l'expiration ou l'effort est plus violent. De là probablement l'impossibilité de soutenir de grands efforts au-delà de quelques secondes, et la nécessité des grandes inspirations qui les suivent immédiatement.

Plusieurs phénomènes circulatoires paraissent liés avec cette stagnation momentanée du sang dans les divers tissus : les hémorrhagies nasales ou autres qui suivent quelquefois un effort violent; les sueurs abondantes des bateleurs durant leurs exercices; les céphalalgies instantanées qui suivent, chez certains individus, l'expulsion des matières fécales; l'érection à peu près constante qui accompagne le supplice de la corde, etc.

Expériences sur l'influence des mouvements de la respiration sur la circulation du sang.

Il n'est pas nécessaire, pour que les effets de l'expiration se manifestent, que la glotte se ferme hermétiquement, ainsi que plusieurs auteurs l'ont pensé, car souvent des efforts considérables ont lieu concurremment avec des cris formés de sons graves qui permettent une issue facile à l'air expiré.

On en trouve encore une preuve palpable dans la pratique vétérinaire, où l'on introduit une canule métallique assez large entre les cartilages thyroïdes et cricoïdes des chevaux corneurs, afin de leur rendre la respiration plus facile. Malgré cette voie toujours libre pour l'entrée et la sortie de l'air des poumons, ces animaux n'en continuent pas moins leurs pénibles travaux. Une autre preuve pourrait se tirer des expériences dans lesquelles on comprime avec les mains les côtés du thorax, et où l'on accélère par ce moyen le cours du sang artériel ou veineux. Dans ce cas, rien n'annonce que la glotte se ferme dans l'instant où l'on rétrécit la poitrine. Je me suis d'ailleurs assuré de ce fait par une expérience que voici:

Je pratiquai une ouverture de plus d'un pouce de long et de quatre à cinq lignes de large, à la trachée-artère d'un chien; je liai ensuite une de ses veines jugulaires, et je fis au dessus de la liga-

Expériences sur l'influence des mouvements de la respiration sur la circulation du sang.

ture une petite ouverture par laquelle il s'établit aussitôt un jet continu assez considérable de sang veineux. Ce jet augmenta sensiblement chaque fois que l'animal faisait des efforts, ou que je comprimais le thorax (1).

(1) Mon confrère de Kergaradec a fait sur lui-même les expériences suivantes; elles s'accordent parfaitement avec les faits que je viens de rapporter.

« *A*. J'ai réuni 5 poids de 20 kilog. = 100 kilog. au moyen d'une corde, et je les ai soulevés de terre en respirant, et sans respirer. Dans l'un comme dans l'autre cas, j'ai eu besoin de m'aider de mes couches arc-boutés contre mes genoux. C'était le *maximum* de la force que je pouvais déployer sans inprudence.

» *B*. Dans une balance dont les plateaux sont soutenus par des chaînes de fer, j'ai placé successivement et j'ai enlevé de terre, en tirant sur l'autre extrémité du fléau, un poids de 69 kilog. 5 hectogrammes, pendant que je suspendais ma respiration; lorsque je respirais, je ne pouvais plus en enlever que 69 kilog. 3 hect.

» *C*. J'ai placé entre mon bras et ma poitrine cinq planches métalliques pesant ensemble 83 liv. 10 onces. A grand'peine je les ai enlevées de terre en respirant. J'éprouvais peut-être un peu moins de difficulté lorsque je retenais ma respiration; la différence n'était pourtant pas très-grande.

» *D*. Les pieds arc-boutés contre un corps solidement fixé, j'ai poussé avec force un meuble très-pesant que repoussait sur moi une personne dont les pieds étaient également arc-boutés. Je respirais, et pourtant j'ai pu vaincre une résistance assez grande.

» *E*. J'ai saisi avec les mains un corps fixé à une hauteur telle que j'avais peine à y atteindre en m'élevant sur la pointe

Je dois prévenir, en terminant cet article, que les divers phénomènes décrits sont d'autant plus apparents que la quantité du sang est plus considérable. Si vous cherchez à les étudier sur un animal qui a naturellement peu de sang ou qui en a perdu une certaine dose, à peine pouvez-vous les reconnaître, et vous pourriez douter même de leur réalité, comme cela est arrivé à plusieurs auteurs estimables. Mais injectez, en proportion convenable, de l'eau dans le système circulatoire, et vous verrez aussitôt tous les phénomènes devenir évidents. Ce fait, que j'ai plusieurs fois montré dans mes cours, est important à connaître sous le point de vue des phénomènes dont je viens de parler; il donne en outre une nouvelle preuve des soins qu'on doit apporter à noter toutes les circonstances physiques quand il s'agit d'étudier une fonction animale.

Expériences sur l'influence des mouvements de la respiration sur la circulation du sang.

---

des pieds. Je me suis ensuite enlevé de terre en fléchissant les bras sur les avant-bras, sans qu'il me fût nécessaire d'interrompre ma respiration. J'ai obtenu le même résultat, soit que je m'aidasse de mes genoux pour grimper contre le plan près duquel je m'exerçais, soit que je m'élevasse directement, sans autre moyen que la contraction des muscles du bras.

» *F*. Je me suis assuré que, sans recourir à l'occlusion de la glotte, il est très-possible, en sautant, de parvenir à une grande hauteur perpendiculaire ou de franchir un espace assez considérable. »

Voyez *Biblioth. médic.*, décemb. 1820.

De la transfusion du sang et de l'infusion des médicaments dans les veines.

Transfusion du sang sur des animaux.

Telle est l'opposition que les hommes de génie rencontrent souvent dans leurs contemporains, qu'il fallut trente années à Harvey avant qu'il pût faire admettre sa découverte dont les preuves les plus évidentes perçaient de toutes parts ; mais, dès que la circulation fut reconnue, une sorte de délire s'empara des esprits, on crut avoir trouvé le moyen de guérir toutes les maladies, et même de rendre l'homme immortel. La cause de tous nos maux fut attribuée au sang : pour les guérir, il ne s'agissait que d'ôter le mauvais sang, et de le remplacer par du sang pur, tiré d'un animal sain.

Les premières tentatives furent faites sur des animaux ; elles eurent un plein succès. Un chien ayant perdu une grande partie de son sang, reçut par la transfusion celui d'une brebis, et s'en trouva bien. Un autre chien, vieux et sourd, recouvra, par ce même moyen, l'usage de l'ouïe, et sembla rajeunir. Un cheval de vingt-six ans, ayant reçu dans ses veines le sang de quatre agneaux, reprit de nouvelles forces.

Transfusion du sang sur l'homme.

On ne tarda pas à tenter sur l'homme la transfusion. Denys et Emerez, l'un médecin, l'autre chirurgien de Paris, furent les premiers qui osèrent l'essayer. Ils introduisirent dans les veines d'un jeune homme imbécile le sang d'un veau, en quantité supérieure à celle qu'on avait tirée des veines du jeune homme qui parut recouvrer la raison. Une lèpre, une fièvre quarte, furent aussi guéries par ce moyen; et plusieurs autres transfusions furent faites sur l'homme sain sans qu'il en résultât aucune suite fâcheuse.

Cependant de tristes événements vinrent calmer l'enthousiasme général causé par ces succès répétés. Le jeune idiot cité tomba, peu de temps après l'expérience, dans un état de frénésie. Il fut soumis une seconde fois à la transfusion, et mourut aussitôt, atteint d'un pissement de sang, et dans un état d'assoupissement et de torpeur. Un jeune prince du sang royal en fut aussi la victime. Le parlement de Paris défendit la transfusion. Peu de temps après, G. Riva ayant fait en Italie la transfusion sur deux individus qui en moururent, le pape fit la même défense.

Depuis cette époque, la transfusion a été regardée comme inutile et même dangereuse; cependant, puisqu'elle paraît avoir réussi dans certains cas, il serait très-intéressant que quelqu'un d'habile en fît l'objet d'une série d'expériences. J'ai eu occasion d'en faire un certain nombre, et je n'ai jamais vu que l'introduction du sang d'un animal dans les veines d'un autre eût des inconvénients graves, quand on augmente beaucoup, par ce même moyen, la quantité de sang.

Conditions pour que la tranfusion réussisse.

Mais pour que les transfusions se fassent sans inconvénients, il faut que le sang passe immédiatement du vaisseau de l'animal qui donne dans celui de l'animal qui reçoit. Si le sang est reçu dans un vase ou dans une seringue, et injecté ensuite, il se coagule plus ou moins, et devient dès lors une cause de mort pour l'animal sur lequel la transfusion est faite, parce qu'il bouche les vaisseaux pulmonaires. Toutes les expériences où l'on n'a pas tenu un compte scrupuleux de cette circonstance ne peuvent avoir aucune valeur. J'ai vu la transfusion manquer, et causer la mort, parce que le sang avait à traverser un petit tube de deux pouces de long où il se coagulait en partie avant de passer dans la circulation nouvelle qui devait le recevoir.

Infusion des médicaments.

Peu de temps après la découverte de la circulation, on essaya de porter directement les médicaments dans les veines : il en résulta des avantages dans certains cas et des inconvénients dans d'autres. Ce moyen tomba bientôt dans l'oubli, mais il a été et est encore employé avec succès dans les expériences sur les animaux. C'est un excellent artifice pour juger promptement du mode d'action d'un médicament ou d'un poison. C'est par ce procédé qu'on administre les médicaments aux grands animaux à l'école vétérinaire de Copenhague ; on y trouve l'avantage d'une action très-prompte et d'une grande économie dans la quantité des médicaments employés.

Un médecin américain vient de donner au monde savant l'exemple d'un beau dévoûment pour les progrès des connaissances : il s'est injecté dans les veines une certaine quantité d'huile purgative; heureusement que le hasard a mis quelques difficultés dans l'introduction du liquide, car il aurait été infailliblement victime de son amour pour la science (1). La quantité d'huile introduite peut être évaluée, d'après le récit de l'auteur, à environ deux gros.

Injection d'huile de ricin dans les veines d'un homme.

Pendant les premiers moments qui suivirent l'injection, M. Hales n'éprouva rien de particulier.

« La première sensation extraordinaire que j'éprouvai, dit-il, était un sentiment particulier, un goût huileux à la bouche. Un peu après midi, pendant que je lavais le sang de mes bras et de mes mains, et que je parlais de très-bonne humeur, je sentis un peu de nausée, avec des éructations et de l'ébranlement dans les intestins, puis une sensation singulière impossible à décrire me sembla monter rapidement à la tête; au même instant je sentis une légère raideur des muscles de la face et de la mâchoire, qui me coupa la parole au

(1) Nous avons dit que les liquides visqueux, tels que l'huile, ne peuvent traverser les capillaires pulmonaires, qu'ils arrêtent ainsi la circulation, et causent immédiatement la mort. (Voyez *Journal de Physiologie*, t. I.)

milieu d'un mot, accompagnée d'un sentiment de frayeur et d'un léger évanouissement; je m'assis, et, au bout de quelques instants, je me trouvai un peu rétabli. A midi un quart j'avais toujours le goût d'huile, avec un peu de sécheresse dans la bouche; je pris l'air, ce qui me fit du bien; après m'être reposé quelques moments, mon pouls battait soixante-quinze pulsations par minute. A midi trente-cinq minutes le dérangement des intestins continue et augmente; légères douleurs, comme si j'avais pris un purgatif; forte nausée, étourdissement; mon bras est enraidi, ce que j'attribue au bandage. A midi et trois quarts dérangement plus grand encore des intestins; nausée plus forte, encore plus de goût d'huile; bouche moins sèche; cinq minutes plus tard, envie d'aller à la garde-robe, mais sans effet; légères douleurs de tête. A une heure vingt minutes, la douleur des intestins augmente, elle est aggravée par la pression; besoin urgent d'aller à la garde-robe, sans aucun effet, semblable à celui que procure une purgation; la nausée continue. A deux heures mieux, presque plus de nausée; besoins constants d'aller à la garde-robe, mais inutiles; ils se répétèrent encore deux fois très-forts dans le courant de la journée. Cet état se dissipa plus tard. »

M. Hales resta malade pendant près de trois semaines, et fut long-temps à recouvrer ses forces et sa santé.

L'injection des médicaments dans les veines peut être regardée aujourd'hui comme la seule ressource efficace pour quelques cas extrêmes où les secours ordinaires de la médecine sont insuffisants.

Sur l'introduction de l'air dans les veines.

Introduction de l'air dans les veines.

Je ne puis comprendre par quelle inadvertance Bichat répète, dans vingt endroits de ses ouvrages, qu'une bulle d'air entrée accidentellement dans les veines produit inopinément la mort. Rien n'est plus inexact que cette assertion ; chacun peut aisément s'en assurer en poussant avec une seringue de l'air dans une veine. J'ai annoncé ce fait dès l'année 1809, dans un mémoire lu à la première classe de l'Institut ; et, depuis cette époque, Nysten a publié un travail spécial sur cette question. Il a non seulement injecté de l'air atmosphérique dans le système veineux, mais encore la plupart des gaz connus ; il a constaté que plusieurs gaz, tels que l'oxigène, l'acide carbonique, qui se dissolvent dans le sang, peuvent être portés dans la circulation en assez grande quantité sans inconvénient grave ; qu'au contraire les gaz peu ou point solubles causent souvent des accidents, et même la mort.

J'ai montré fréquemment dans mes cours une différence importante qui résulte du mode d'introduction de l'air dans les veines. S'il est introduit lentement, rien de fâcheux n'en résulte ; s'il est poussé d'un seul coup, l'animal ne tarde pas à éprouver une accélération remarquable de la respiration; on entend un bruit particulier dans sa poitrine, effets des chocs que l'air éprouve dans les veines caves, l'oreillette droite, le ventricule et l'artère pulmonaire; bientôt l'animal pousse des cris aigus, et ne tarde pas à mourir. L'ouverture de son corps montre que le cœur, surtout à droite, l'artère pulmonaire, etc., sont distendus fortement par de l'air ou par une mousse sanguine légère, presque entièrement formée par le gaz. Celui-ci se retrouve dans le tissu cellulaire du poumon où il a produit l'emphysème de cet organe, et dans les artères de toutes les parties du corps, et particulièrement celles du cerveau (1).

---

(1) Certains animaux reçoivent des quantités énormes d'air introduit brusquement dans leurs veines sans périr. Je me rappelle en avoir poussé, avec toute la force et toute la promptitude dont je suis capable, jusqu'à vingt ou vingt-quatre litres dans les veines d'un très-vieux cheval sans qu'il en mourût de suite; mais il succomba enfin. En l'ouvrant nous trouvâmes tout le système circulatoire plein d'air mêlé au sang, et, ce qui nous frappa, le système lymphatique distendu par une énorme quantité de lymphe légèrement colorée en jaune, et mêlée à un peu d'air. J'ai répété plusieurs fois cette observation, qui est de nature à jeter quelque lumière sur l'utilité encore ignorée du système lymphatique. On pourrait croire d'après ces faits, qu'il sert de réservoir pour le trop plein du système circulatoire dans certaines cir-

Entrée accidentelle de l'air dans les veines pendant les opérations chirurgicales

Ces effets mortels de l'introduction brusque de l'air dans les veines se sont vus plusieurs fois sur l'homme : dans certaines opérations chirurgicales, une veine du cou est ouverte : au moment de l'inspiration l'air extérieur est attiré dans la veine ouverte en quantité plus ou moins considérable, le bruit de l'air agité et choqué dans le cœur se fait entendre, et le malade meurt. L'ouverture montre les phénomènes décrits ci-dessus. Pareil accident se voit quelquefois dans les saignées qui sont faites à la jugulaire du cheval, au moment où le vétérinaire soulève la veine pour la piquer avec une épingle, et fermer l'ouverture précédemment faite. (Voyez *Journal de Physiologie*, tom. I.)

DES SÉCRÉTIONS.

Sécrétions.

En parcourant les innombrables petits vaisseaux par lesquels les artères et les veines communiquent entre elles, une partie des éléments du sang se répand à toutes les surfaces extérieures et intérieures du corps, une autre est déposée dans de petits organes creux situés dans l'épaisseur de la peau et des membranes muqueuses; une troisième enfin s'en-

constances. Cependant, dans les pléthores artificielles, que j'ai souvent produites avec l'eau, je n'ai jamais observé la distension du système lymphatique.

gage dans le parenchyme d'organes nommés *glandes*, y subit une élaboration particulière, et vient se répandre ensuite, dans certaines circonstances, à la surface des membranes muqueuses ou de la peau.

Partage des éléments du sang dans les capillaires.

On donne le nom générique de *sécrétions* à ce phénomène par lequel une partie du sang s'échappe des organes de la circulation, pour se répandre au dehors ou au dedans, soit en conservant ses propriétés chimiques, soit après que ses éléments ont éprouvé un autre ordre de combinaisons.

Divisions des sécrétions.

On distingue ordinairement les sécrétions en trois espèces : les *exhalations*, les *sécrétions folliculaires*, et les *sécrétions glandulaires ;* mais cette division, sous le rapport des organes sécréteurs et des fluides sécrétés, laisse beaucoup à désirer. Plusieurs organes qui sécrètent ne peuvent être rapportés ni aux follicules ni aux glandes, et ce qu'on appelle généralement *glandes* ou *follicules* sont des organes si différents les uns des autres, par leur forme, leur structure et les fluides qu'ils séparent du sang, qu'il eût peut-être été avantageux de ne pas les confondre sous la même dénomination. Toutefois, pour ne pas trop nous éloigner des idées reçues, nous allons parler des sécrétions d'après cette classification. Nous serons courts sur cet article ; car si nous lui donnions toute l'extension dont il est susceptible, nous dépasserions de beaucoup les bornes auxquelles nous nous sommes astreints dans cet ouvrage.

DES EXHALATIONS.

Les exhalations ont lieu, soit au dedans du corps, soit à la peau et aux membranes muqueuses; de là leur distinction en *intérieures* et en *extérieures*. Exhalations.

Exhalations intérieures.

Partout où des surfaces, grandes ou petites, sont en contact, il se fait une exhalation; partout où des fluides sont accumulés dans une cavité sans ouverture apparente, c'est par exhalation qu'ils y ont été déposés : aussi le phénomène de l'exhalation se manifeste-t-il dans presque toutes les parties de l'économie animale. Il existe dans les membranes séreuses, les synoviales, les muqueuses, le tissu cellulaire, l'intérieur des vaisseaux, les cellules graisseuses, l'intérieur de l'œil, de l'oreille, le parenchyme de beaucoup d'organes, tels que le thymus, la thyroïde, les capsules surrénales, etc., etc. C'est par l'exhalation que l'humeur aqueuse, l'humeur vitrée, le liquide labyrinthique, se forment et se renouvellent. Exhalations intérieures.

Les fluides exhalés dans ces diverses parties n'ont pas tous été analysés; parmi ceux qui l'ont été, plusieurs se rapprochent plus ou moins des éléments du sang, et particulièrement du sérum : tels sont les fluides des membranes séreuses, du tissu cellulaire, des chambres de l'œil ; d'autres en diffèrent davantage : tels sont la synovie, la graisse, etc.

Exhalation séreuse.

Exhalations séreuses.

Tous les viscères de la tête, de la poitrine et de l'abdomen sont recouverts d'une membrane séreuse qui revêt aussi les parois de ces cavités, de manière que les viscères n'ont de contact avec les parois ou avec les viscères voisins que par l'intermédiaire de cette même membrane ; et comme la surface en est très-lisse, les viscères peuvent facilement changer de rapport entre eux et avec les parois.

La principale circonstance qui entretient le poli de leur surface, c'est l'exhalation dont elles sont le siége ; il sort continuellement de chacun des points de la membrane un fluide très-ténu, qui se mêle à celui des points voisins, et forme avec lui une couche humide qui favorise le glissement que les organes exécutent.

Il paraît que cette facilité de glisser les uns sur les autres est très-favorable à l'action des organes, car aussitôt qu'ils en sont privés par une maladie de la membrane séreuse, leurs fonctions sont troublées, et cessent même quelquefois entièrement.

Dans l'état de santé, le fluide sécrété par les membranes séreuses paraît être le sérum du sang, moins une certaine quantité d'albumine.

Exhalation séreuse du tissu cellulaire.

Exhalation séreuse du tissu cellulaire.

Le tissu qu'on nomme *cellulaire* est généralement répandu dans l'économie animale; il y sert à la fois à isoler et à réunir les divers organes, et les parties des mêmes organes. Partout ce tissu est formé d'un très-grand nombre de petites lames très-minces qui, s'entre-croisant de mille manières, forment une sorte de feutre. La grandeur et l'arrangement des lames varient suivant les diverses parties du corps. Là, elles sont plus larges, plus épaisses, et forment de grandes cellules; ici, elles. sont très-étroite, très-minces, et forment des cellules extrêmement petites; dans quelques points le tissu est extensibles; dans d'autres il prête peu, et offre une résistance considérable. Mais quelle que soit la disposition du tissu cellulaire, ses lames exhalent par leurs deux surfaces un fluide qui a la plus grande analogie avec celui des membranes séreuses, et qui paraît avoir les mêmes usages, c'est-à-dire de rendre faciles les glissements des lamelles les unes sur les autres, et par suite de favoriser les mouvements réciproques des organes, et même les changements de rapport des diverses parties qui les composent.

Exhalation graisseuse du tissu cellulaire.

Exhalation du tissu cellulaire.

Indépendamment de la sérosité, on trouve, dans un grand nombre d'endroits du tissu cellulaire, un fluide d'une nature très-différente, qui est la graisse.

Sous le rapport de la présence de la graisse, le tissu cellulaire peut être divisé en trois espèces : celui qui en contient constamment, celui qui en contient quelquefois, et enfin celui qui n'en contient jamais. L'orbite, la plante du pied, la pulpe des doigts, celle des orteils, présentent toujours de la graisse; le tissu cellulaire sous-cutané, et celui qui revêt le cœur, les reins, etc., en présentent souvent; enfin, celui des paupières, du scrotum, de l'intérieur du crâne, n'en contient jamais.

Cellules graisseuses.

La graisse est contenue dans des cellules distinctes qui ne communiquent point avec les cellules voisines; cette circonstance a fait penser que le tissu qui contient et qui forme la graisse était différent du cellulaire qui produit la sérosité; mais comme on n'a jamais pu montrer ces cellules graisseuses, à moins qu'elles ne fussent pleines de graisse, cette distinction anatomique me paraît encore douteuse.

La grandeur, la forme, la disposition de ces cellules ne sont pas moins variables que la quantité totale de graisse qu'elles contiennent. Chez quelques individus à peine en existe-t-il quelques onces, tandis que chez d'autres, on en trouve quelquefois plusieurs centaines de livres.

D'après les recherches de M. Chevreul, la graisse humaine est presque toujours colorée en jaune. Elle est inodore; elle se fige à des températures variables. Elle est composée de deux parties, l'une fluide et l'autre concrète, qui sont composées elles-mêmes, mais en proportions différentes, de deux nouveaux principes immédiats, découverts par M. Chevreul, l'*élaïne* et la *stéarine*.

Usages de la graisse.

C'est principalement par les propriétés physiques que la graisse paraît être utile dans l'économie animale; dans l'orbite, elle forme une sorte de coussin élastique sur lequel l'œil se meut avec facilité; à la plante du pied, aux fesses, elle forme une couche qui rend moins défavorable à la peau et aux autres parties molles la pression qu'exerce le corps sur le sol ou les siéges, etc.; sa présence au dessous de la peau concourt à arrondir les contours, à diminuer les saillies osseuses et musculaires, et à embellir les formes; et comme tous les corps gras sont de mauvais conducteurs du calorique, elle contribue à conserver celui du corps. En général les personnes replètes souffrent peu en hiver par le froid.

L'âge, le genre de vie, ont beaucoup d'influence sur le développement de la graisse; les enfants très-jeunes sont ordinairement gras. Il est rare que la graisse soit abondante chez le jeune homme ; mais vers l'âge de trente ans, surtout si la nourriture est succulente et la vie sédentaire, la quantité de graisse augmente beaucoup; l'abdomen devient saillant, les fesses grossissent, ainsi que les mamelles chez les femmes. La graisse est d'autant plus jaune qu'on est plus avancé en âge.

Exhalation synoviale.

Exhalations synoviales.

Autour des articulations mobiles, on trouve une membrane mince qui a beaucoup d'analogie avec les séreuses, mais qui en diffère cependant en ce qu'elle a de petits prolongements rougeâtres contenant des vaisseaux sanguins nombreux ; on les nomme *franges synoviales;* elles sont très-visibles dans les grandes articulations des membres. On a cru long-temps, et bien des anatomistes croient encore que les capsules articulaires se replient sur les cartilages diarthrodiaux, et revêtent les surfaces par lesquelles ils se correspondent ; mais je me suis plusieurs fois assuré que les membranes ne vont point au-delà de la circonférence des cartilages.

Nous avons fait connaître les usages de la synovie en traitant des mouvements.

Exhalation intérieure de l'œil.

Exhalations de l'œil.

C'est aussi par exhalation que se forment les diverses humeurs de l'œil ; elles sont, chacune en particulier, enveloppées par une membrane qui paraît être destinée à les exhaler et à les absorber.

Les humeurs de l'œil sont l'humeur aqueuse, dont la formation est en ce moment attribuée aux procès ciliaires; l'humeur vitrée, sécrétée par l'hyaloïde; le cristallin; la matière noire de la choroïde, et celle de la face postérieure de l'iris.

La composition chimique de l'humeur aqueuse du cristallin et de l'humeur vitrée a été exposée à l'article *Vision*; la matière noire de l'iris et de la choroïde a été analysée par M. Berzélius : elle est insoluble dans l'eau et les acides; les alcalis caustiques la dissolvent, et les acides la précipitent de cette dissolution. Elle brûle comme une matière végétale, et laisse une cendre ferrugineuse. L'expérience a appris que les humeurs aqueuse et vitrée se renouvellent avec rapidité; quand du pus, du sang a été épanché dans l'œil, on le voit disparaître en quelques jours, et les humeurs reprendre peu à peu leur transparence. Il ne paraît pas que la matière de la choroïde puisse ainsi reproduire; rien du moins ne semble l'annoncer.

D'après les expériences de MM. Leroy d'Étioles et Coiteau, il paraît que le cristallin extrait de l'œil se reproduit par la voie de l'exhalation. (Voyez *Journal de Physiologie.*)

Exhalation du fluide céphalo-rachidien.

Parmi les exhalations, l'une des plus importantes, les plus abondantes, et cependant les moins connues, est sans doute celle du fluide qui remplit la grande cavité *sous-arachnoïdienne*, revêt de toutes parts le cerveau, remplit les creux que présente sa surface, et forme ainsi une couche continue, d'épaisseur variable, qui s'étend du crâne jusqu'à la pointe du sacrum. Nous avons déjà dit que le même fluide s'introduit dans les ventricules cérébraux et cérébelleux en traversant une ouverture constante, et qui se voit à l'extrémité inférieure du quatrième ventricule, à cet endroit que les anciens anatomistes ont nommé le *bec de la plume*.

La quantité du fluide céphalo-spinal varie suivant plusieurs circonstances; en général elle est, et cela est mécaniquement nécessaire, en raison inverse du volume du cerveau. Quand celui-ci vient à s'atrophier, le liquide céphalo-rachidien occupe à lui seul une grande partie de la cavité craniospinale. Un lobe vient-il à manquer, comme il arrive chez les individus qui ont un bras et une jambe contracturés et paralysés, c'est le liquide qui remplit l'espace qui aurait dû loger la partie du cerveau absente.

J'ai vu pareil remplacement chez une jeune fille

de quinze ans, chez qui le cervelet et le pont manquaient complètement. (Voyez *Journal de Physiologie.*)

Exhalation cérébro-spinale.

Ayant extrait moi-même d'un cheval qui venait d'être mis à mort le liquide céphalo-spinal, je le remis à M. Lassaigne qui voulut bien en faire l'analyse, et qui l'a trouvé composé ainsi qu'il suit :

Fluide céphalo-rachidien d'un cheval.

Pesanteur spécifique à la température de + 9°,5 = 10,065.

Composition pour 100 parties.

Eau	98,180
Osmazôme	1,104
Albumine	0,035
Chlorure de sodium	0,610
Sous-carbonate de soude	0,060
Phosphate de chaux, et traces de carbonate, *id.*	0,009

On a cherché inutilement dans ce liquide le phosphore et les phosphates solubles.

L'agent principal de la sécrétion du liquide céphalo-spinal est le lacis vasculaire qui revêt le cerveau et la moelle épinière (pie-mère).

Exhalations sanguines.

Exhalations sanguines.

Dans toutes les exhalations dont il vient d'être question, c'est seulement une partie des principes du sang qui sort des vaisseaux ; le sang lui-même se répand dans plusieurs organes, y remplit l'espèce de tissu celluleux qui en forme le parenchyme ; tels sont les corps caverneux de la verge et du clitoris, l'urètre et le gland, la rate, le mamelon, la substance spongieuse de plusieurs os, et particulièrement le corps des vertèbres, etc. L'examen anatomique de ces divers tissus apprend qu'ils sont habituellement remplis de sang veineux, dont la quantité varie suivant diverses circonstances, particulièrement suivant l'état d'action ou d'inaction des organes.

Il existe encore beaucoup d'autres exhalations intérieures, parmi lesquelles je citerai celle des cavités de l'oreille interne, celle du parenchyme, du thymus, de la thyroïde, celle de la cavité des capsules surrénales, etc. ; mais on connaît à peine les fluides qui sont formés dans ces diverses parties ; ils n'ont jamais été analysés et les usages en sont inconnus.

Explication des exhalations.

Plus d'une fois les physiologistes ont cherché à se rendre raison du phénomène de l'exhalation ; chacun a donné son explication : ceux-ci ont admis des *bouches exhalantes* ; ceux-là des *pores latéraux*. Bichat a créé des vaisseaux particuliers qu'il nomme les *exhalants*. Je dis créé, car il convient lui-même que ces vaisseaux ne peuvent point être vus. L'existence de ces pores, de ces bouches ou de ces exhalants, ne suffisant point pour expliquer la diversité des exhalations, on leur suppose une *sensibilité* et des *mouvements particuliers*, en vertu desquels ils ne laissent passer que certaines parties du sang et se refusent au passage des autres. Nous savons à quoi nous en tenir sur les explications de ce genre.

Ce qui paraît beaucoup plus certain, c'est que la disposition physique des petits vaisseaux influe sur l'exhalation, comme les faits suivants paraissent l'établir.

Expériences sur l'exhalation.

Quand on injecte, sur le cadavre, avec de l'eau tiède, une artère qui se rend à une membrane séreuse, dès que le courant est établi de l'artère à la veine, il sort de la membrane une multitude de petites gouttelettes qui se vaporisent promptement. Ce phénomène n'a-t-il pas beaucoup d'analogie avec l'exhalation?

Si l'on se sert d'une dissolution de gélatine colorée avec du vermillon pour injecter un cadavre entier, il arrive fréquemment que la gélatine est déposée autour des circonvolutions et dans les anfractuosités cérébrales, sans que la matière colorante se soit échappée des vaisseaux; l'injection entière se répand, au contraire, à la surface externe et interne de la choroïde. Se sert-on d'huile de lin colorée aussi par le vermillon, souvent l'huile, dépouillée de matière colorante, se dépose dans les articulations à grandes capsules synoviales, tandis qu'il n'y a aucune transsudation à la surface du cerveau ni à l'intérieur de l'œil.

Ne sont-ce pas là de véritables sécrétions *post mortem*, qui dépendent évidemment de la disposition physique des petits vaisseaux, et n'est-il pas très-probable que cette même disposition doit, du moins en partie, présider à l'exhalation durant la vie ?

Expériences sur l'exhalation.

La théorie de l'exhalation a dû nécessairement changer de face depuis que la propriété de s'imbiber est reconnue pour appartenir aux divers tissus ; avant de chercher dans ce phénomène l'influence spéciale de la vie, ou, comme le veut le langage reçu, l'effet des propriétés vitales, il faut commencer par y étudier les influences physiques.

L'imbibition est une cause de l'exhalation.

Or, nous savons, par l'expérience, que les vaisseaux sanguins ou autres se laissent traverser de dedans en dehors, aussi bien que de dehors en dedans. M. Fodéra a fait plusieurs expériences qui ne laissent aucun doute à cet égard ; une substance vénéneuse a été mise à l'intérieur d'une artère liée à deux points différents ; peu de temps après, le poison s'était imbibé dans les parois du vaisseau, s'était répandu en dehors, et l'animal en a été promptement victime. S'il était possible de faire cette expérience sur de très-petits vaisseaux, nul doute qu'on aurait un résultat encore plus rapide. (Voyez *Journal de Physiologie*, tom. III, pag. 35, un travail de M. Fodéra, ayant pour titre :

Recherches expérimentales sur l'absorption et l'exhalation.)

Une première cause physique de l'exhalation est donc justement la même que celle de l'absorption.

La pression que supporte le sang dans les vaisseaux influe sur l'exhalation.

Une autre cause tout aussi physique que la première se trouve dans la pression que le sang éprouve dans le système circulatoire; cette pression doit contribuer puissamment à faire passer la partie la plus aqueuse du liquide à travers les parois des vaisseaux. Ce phénomène se voit aisément après la mort, et même durant la vie. Quand, avec une seringue, on pousse avec force une injection d'eau dans une artère, alors toutes les surfaces où le vaisseau se distribue, ses branches et le tronc lui-même laissent de toutes parts sourdre le liquide injecté avec d'autant plus d'abondance que l'injection est poussée avec plus de force.

Expériences sur l'exhalation.

Il est une autre manière de mettre ce curieux phénomène dans tout son jour : injectez dans les veines d'un animal assez d'eau pour doubler ou tripler le volume naturel de son sang, vous produirez une distension considérable des organes circulatoires, et par suite vous augmenterez beaucoup la pression que le fluide qui circule éprouve. Alors, examinez une membrane séreuse, le péritoine, par exemple, et vous verrez s'écouler rapidement de sa surface de la sérosité qui s'accumulera dans la cavité, et y produira sous vos yeux une véritable hydropisie. J'ai vu quelquefois même la partie colorante du sang s'échapper de la surface de certains organes, tels que le foie, la rate, etc.

Les efforts influent sur l'exhalation.

Ce qui arrive quand les veines sont comprimées ou obstruées, c'est-à-dire les œdèmes et les épanchements séreux, dépend, sans aucun doute, de la cause physique qui vient d'être indiquée. Enfin, toute cause qui rend plus forte la pression que supporte le sang accroît l'exhalation. J'ai observé plusieurs fois cet accroissement d'exhalation dans le canal vertébral, sur la pie-mère de la moelle épinière, et voici dans quelles circonstances; j'ai dit ailleurs que la cavité sous-arachnoïdienne est toujours, sur l'animal vivant, remplie par le fluide céphalo-rachidien. J'ai remarqué plusieurs fois que dans certains moments où les animaux font des efforts violents, cette sérosité augmente sensiblement; on la voit sourdre des ramifications vasculaires qui font l'enveloppe propre du prolongement rachidien; la même chose peut être vue à la surface du cerveau, où il existe aussi habituellement une couche plus ou moins épaisse du même liquide.

Exhalations extérieures.

Elles se composent seulement de l'exhalation des *membranes muqueuses*, et de celles de la peau, ou *transpiration cutanée.*

Exhalation des membranes muqueuses.

Il y a deux membranes muqueuses : l'une revêt la surface de l'œil, les voies lacrymales, les cavités nasales, les sinus, l'oreille moyenne, la bouche, tout le canal intestinal, les canaux excréteurs qui s'y terminent, enfin le larynx, la trachée et les bronches.

Exhalation des membranes muqueuses.

L'autre membrane muqueuse recouvre la surface des organes de la génération et de l'appareil urinaire.

Du mucus.

Ces deux membranes sont continuellement lubrifiées par un fluide qu'elles sécrètent, et qu'on nomme le *mucus*. Ce fluide est transparent, visqueux, filant, d'une saveur salée; il rougit le papier de tournesol, contient beaucoup d'eau, du muriate de potasse et de soude, du latacte de chaux, de soude, et du phosphate de chaux. Selon MM. Fourcroy et Vauquelin, le mucus est le même dans toutes les membranes muqueuses. M. Berzélius le croit au contraire variable, suivant les points d'où il est extrait. Beaucoup de personnes pensent que le mucus est formé exclusivement par les follicules que contiennent les membranes muqueuses; mais je me suis assuré, par des expériences récentes, qu'il se forme même dans les lieux où il n'existe point de follicules. J'ai remarqué aussi qu'il se produit long-temps encore après la

Le mucus se forme encore après la mort.

mort. Ce fait mérite une attention particulière de la part des chimistes.

Exhalation muqueuse.

Le mucus forme une couche plus ou moins épaisse à la surface des membranes muqueuses; il s'y renouvelle avec plus ou moins de promptitude; l'eau qu'il contient s'évapore sous le nom d'exhalation muqueuse; il protége aussi ces membranes contre l'action de l'air, des aliments, des différents fluides glandulaires, etc.; en un mot, il est véritablement pour ces membranes ce que l'épiderme est pour la peau. Indépendamment de cet usage général, il en a encore d'autres particuliers, qui varient suivant les parties des membranes muqueuses : ainsi le mucus nasal favorise l'odorat, celui de la bouche facilite le goût, celui de l'estomac et des intestins concourt à la digestion, celui des voies génitales et urinaires sert dans la génération et la sécrétion de l'urine, etc.

Il est probable qu'une partie du mucus est résorbée par les membranes mêmes; qui la sécrètent; qu'une autre est portée au dehors soit seule, soit mêlée avec la transpiration pulmonaire, soit enfin mêlée avec les matières fécales, l'urine, etc.

Transpiration cutanée.

Transpiration insensible.

Un liquide transparent, d'une odeur plus ou moins forte, salé, acide, sort habituellement à travers l'épiderme. Le plus souvent ce liquide est vaporisé dès qu'il est en contact avec l'air, et d'autres fois il coule à la surface de la peau. Dans le premier cas il est imperceptible à la vue, et porte le nom de *transpiration insensible;* dans le second, on le nomme *sueur.*

Composition chimique de la sueur.

Quelle que soit la forme qu'il affecte, le liquide qui s'échappe de la peau est composé, d'après M. Thénard, de beaucoup d'eau, d'une petite quantité d'acide acétique, de muriate de soude et de potasse, de très-peu de phosphate terreux, d'un atome d'oxide de fer et d'une trace de matière animale. M. Berzélius regarde l'acide de la sueur non comme l'acide acétique, mais comme l'acide lactique de Schéele. La peau exhale en outre une matière huileuse odorante et de l'acide carbonique.

Expériences sur la transpiration cutanée.

Un grand nombre d'expériences ont été faites pour déterminer la quantité de transpiration qui se forme dans un temps donné, et les variations que cette quantité peut subir suivant les circonstances. Les premières tentatives sont dues à Sanctorius qui, pendant trente ans, pesa chaque jour, avec un soin extrême, ses aliments, ses boissons, ses excrétions solides ou liquides, et qui enfin se pesa lui-même avec autant de précautions. Malgré son zèle et sa persévérance, Sanctorius n'arriva qu'à des résultats peu précis. Depuis cet auteur, plusieurs médecins et physiciens s'occupèrent du même sujet avec plus de succès; mais le travail le

Expériences sur la transpiration cutanée.

plus remarquable en ce genre est celui de Lavoisier et Séguin. Ces savants sont les premiers qui aient distingué la perte qui se fait par la transpiration pulmonaire, de celle qui a lieu par la peau. M. Séguin se renfermait dans un sac de taffetas gommé, lié au dessus de la tête, et présentant une ouverture dont les bords étaient collés autour de la bouche avec un mélange de térébenthine et de poix. De cette manière l'humeur seule de la transpiration pulmonaire était rejetée dans l'air. Pour en connaître la quantité, il lui suffisait de se peser avec le sac, au commencement et à la fin de l'expérience, dans une balance très-sensible. En répétant l'expérience hors du sac, il déterminait la quantité totale de l'humeur transpirée ; de sorte qu'en retranchant de celle-ci la quantité qu'il savait être sortie par le poumon, il avait la quantité de l'humeur exhalée par la peau ; il tenait d'ailleurs compte des aliments dont il faisait usage, de ses excrétions solides et liquides, et en général de toutes les causes qui pouvaient avoir de l'influence sur la transpiration. Voici quels sont les résultats auxquels sont arrivés MM. Lavoisier et Séguin en suivant ce procédé (1).

1° La quantité la plus considérable de transpiration insensible (y compris la pulmonaire) est

(1) *Annales de Chimie*, tom. XC.

de 32 grains par minute, et par conséquent 3 onces 2 gros 48 grains par heure, et de 5 livres en 24 heures.

2° La perte la moins considérable est de 11 grains par minute, conséquemment 1 livre 11 onces 4 gros en 24 heures.

3° C'est pendant la digestion que la perte de poids occasionée par la transpiration insensible est à son minimum.

4° C'est immédiatement après le dîner que la transpiration est à son maximum.

5° Le terme moyen de la transpiration insensible est de 18 grains par minute; sur les 18 grains, terme moyen, 11 dépendent de la transpiration cutanée, et 7 de la pulmonaire.

6°. La transpiration cutanée est la seule qui varie pendant et après les repas.

7° Quelque qualité d'aliment que l'on prenne, quelles que soient les variations de l'atmosphère, le même individu, après avoir augmenté en poids de toute la nourriture qu'il a prise, revient tous les jours après 24 heures au même poids à peu près qu'il avait la veille, pourvu toutefois qu'il ne soit pas dans un état de croissance et qu'il n'ait pas fait d'excès.

Il aurait été bien à désirer que ce beau travail fût continué, et que les auteurs ne se fussent pas bornés à étudier la transpiration insensible, mais étendissent leurs observations sur la sueur.

De la sueur.

Toutes les fois que l'humeur de la transpiration n'est point réduite en vapeur aussitôt qu'elle est en contact avec l'air, elle paraît à la surface de la peau sous la forme d'une couche liquide, plus ou moins épaisse. Or cet effet peut arriver, soit parce que la transpiration est trop abondante, soit parce que la force dissolvante de l'air a diminué : nous suons facilement dans un air chaud et humide, par l'influence des deux causes réunies; nous suerions bien plus difficilement dans un air aussi chaud, mais sec. Certaines parties du corps transpirent plus abondamment et suent plus facilement que d'autres : telles sont les mains et les pieds, les aisselles, les aines, le front, etc. En général la peau de ces parties reçoit proportionnellement une plus grande quantité de sang, et, dans quelques unes, l'aisselle, la plante du pied et les intervalles des orteils, le contact avec l'air n'est point facile.

La sueur ne paraît point avoir partout la même composition; chacun sait que son odeur varie suivant les diverses parties du corps; il en est de même de son acidité, qui paraît beaucoup plus forte aux aisselles et aux pieds qu'ailleurs.

Nous avons vu quelle influence le volume du sang, sa composition et même la pression qu'il éprouve dans les vaisseaux, exercent sur les exhalations intérieures; les mêmes circonstances agissent d'une manière analogue sur la transpiration cutanée; les personnes replètes et celles qui ont beaucoup de sang transpirent abondamment. Après l'usage d'une boisson chaude qui, facile à absorber, devra également être exhalée facilement, la transpiration augmente. Enfin les efforts soutenus, la marche rapide, la course, sont bientôt suivis de la sueur si la saison est chaude. Je connais une personne qui se fait suer à volonté dans son lit, en contractant avec force et pendant quelques instants son système musculaire.

Usages de la transpiration cutanée.

La transpiration cutanée a des usages multipliés dans l'économie animale; elle entretient la souplesse de l'épiderme et favorise ainsi l'exercice du tact et du toucher. En se vaporisant, elle est, avec la transpiration pulmonaire, le moyen de refroidissement principal par lequel le corps se maintient dans de certaines limites de température; il paraît en outre que son expulsion de l'économie est très-importante; car, chaque fois qu'elle est diminuée ou suspendue, des dérangements plus ou moins graves en sont la suite, et beaucoup de maladies ne cessent qu'au moment où une grande quantité de sueur a été expulsée.

SÉCRÉTIONS FOLLICULAIRES.

Sécrétions folliculaires.

On appelle *follicules* de petits organes creux logés dans l'épaisseur de la peau ou des membranes muqueuses, et que, pour cela, on distingue en *muqueux* et en *cutanés*.

Les follicules sont en outre distingués en simples et en composés.

Sécrétions folliculaires muqueuses.

Sécrétion folliculaire muqueuse.

Les follicules muqueux simples se voient sur presque toute l'étendue des membranes muqueuses, où ils sont plus ou moins abondants; il existe cependant des points assez étendus de ces membranes où on n'en aperçoit point.

Les corps qui portent le nom de papilles fongueuses de la langue, les amygdales, les glandes du cardia, les prostates, etc., sont considérés par les anatomistes comme des amas de follicules simples : peut-être cette opinion n'est-elle pas suffisamment fondée.

On connaît peu le fluide qu'ils sécrètent; il paraît être analogue au mucus et avoir les mêmes usages.

Sécrétions folliculaires cutanées.

Sécrétion folliculaire cutanée.

Dans presque tous les points de la peau il existe de petites ouvertures qui sont les orifices de petits organes creux, à parois membraneuses, habituellement remplis d'une matière albumineuse et grasse, dont la consistance, la couleur, l'odeur, et même la saveur, varient suivant les diverses parties du corps, et qui se répandent continuellement à la surface de la peau.

Ces petits organes sont appelés les *follicules de la peau;* il en existe au moins un à la base de chaque poil, et, le plus souvent, les poils traversent la cavité d'un follicule pour se porter au dehors.

Ce sont les follicules qui forment cette matière micacée et grasse qui se voit à la peau du crâne et à celle du pavillon de l'oreille; ce sont aussi des follicules qui sécrètent le cérumen dans le conduit auditif; c'est dans des follicules qu'est contenue la matière blanchâtre assez consistante que l'on fait sortir, sous la forme de petits vers, de la peau du visage en la comprimant; c'est la même matière qui, par sa surface en contact avec l'air, noircit et produit les taches nombreuses qui se voient à la figure de quelques personnes, particulièrement aux ailes du nez et aux joues, et qui rend une odeur variable suivant les individus.

Sécrétion folliculaire cutanée.

Il paraît aussi que ce sont des follicules qui sécrètent la matière blanchâtre odorante qui se renouvelle continuellement à la surface des parties génitales externes.

En se répandant à la surface de l'épiderme, des cheveux, des poils, etc., la matière des follicules entretient la souplesse et l'élasticité de ces parties, rend leur surface lisse et polie, favorise les glissements qu'elles exercent les unes sur les autres : à raison de sa nature onctueuse, elle les rend moins perméables à l'humidité, etc.

Sécrétions glandulaires.

Sécrétions glandulaires.

On nomme *glande* un organe sécréteur qui verse le fluide qu'il forme à la surface d'une membrane muqueuse, ou de la peau, par un ou plusieurs canaux excréteurs.

Le nombre des glandes est assez considérable; l'action de chacune porte le nom de sécrétion glandulaire. Il y a sept sécrétions de ce genre : celle des larmes, celle de la salive, celle de la bile, celle du fluide pancréatique, celle de l'urine, celle du sperme, et enfin celle du lait; on peut y joindre l'action des glandes muqueuses et celle des glandes de Cowper.

Sécrétion des larmes.

Sécrétion des larmes.

La glande qui forme les larmes est fort petite, elle est située dans l'orbite au dessus et un peu en dehors de l'œil ; elle est composée de petits grains réunis par du tissu cellulеux; ses canaux excréteurs, petits et très-multiples, s'ouvrent derrière le côté externe de la paupière supérieure ; elle reçoit une petite artère, branche de l'ophthalmique, et un nerf, division de la cinquième paire.

Nature des larmes.

Dans l'état de santé, les larmes sont peu abondantes ; le liquide qui les forme est limpide, sans odeur, d'une saveur salée. MM. Fourcroy et Vauquelin, qui l'ont analysé, l'ont trouvé composé de beaucoup d'eau, de quelques centièmes de mucus, de muriate et de phosphate de soude, d'un peu de soude et de chaux pures. Ce qu'on appelle *larmes* n'est point cependant le fluide sécrété en entier par la glande lacrymale; c'est un mélange de ce fluide avec la matière sécrétée par la conjonctive, et probablement avec celle des glandes de Meibomius.

Usages des larmes.

Les larmes forment une couche au devant de la conjonctive oculaire, et la défendent du contact de l'air; elles facilitent les frottements des paupières sur l'œil, favorisent l'expulsion des corps étrangers, et s'opposent à l'action des corps irritants sur la conjonctive; dans ce cas, leur quantité augmente promptement. Elle sont aussi un moyen d'expression des passions : le chagrin, la douleur, la joie et le plaisir font couler les larmes : leur sécrétion est donc influencée d'une manière particulière par le système nerveux. Cette influence a lieu par l'intermédiaire du nerf qu'envoie à la glande lacrymale la cinquième paire des nerfs cérébraux (1).

Sécrétion de la salive.

Les glandes salivaires sont, 1° les deux *paro-*

(1) *Voyez*, pour les autres usages des larmes, tome Ier, article *Vision*.

tides, situées au devant de l'oreille et derrière le col et la branche de la mâchoire; 2° les *sous-maxillaries*, situées au-dessous et à la face du corps de cet os; 3° enfin les *sublinguales*, placées immédiatement au dessous de la langue : les parotides et les sous-maxillaires n'ont chacune qu'un canal excréteur; les sublinguales en ont plusieurs. Toutes ces glandes sont formées par la réunion de granulations de forme et de volume différents; elles reçoivent des artères considérables relativement à leur masse; plusieurs nerfs provenant du cerveau ou de la moelle épinière s'y distribuent.

Usages de la salive.

La salive que sécrètent ces glandes coule continuellement dans la bouche et va en occuper la partie inférieure; elle se place d'abord entre la partie antérieure et latérale de la langue et la mâchoire, et, lorsque l'espace est rempli, elle se loge entre la lève inférieure, la joue et le côté externe de la mâchoire; en se déposant aussi dans la bouche; elle se mêle avec les fluides sécrétés par la membrane et les follicules muqueux.

C'est ce fluide d'origine multiple, mais qui, à la vérité, est fourni presque entièrement par les glandes salivaires, qui a été plusieurs fois analysé sous le nom de salive. Il a été trouvé limpide, visqueux, sans couleur ni odeur, d'une saveur douce, un peu plus pesant que l'eau. M. Berzé-

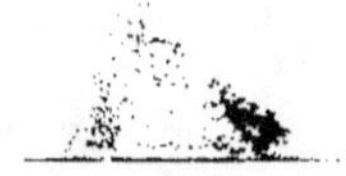

lius le dit formé de : eau, 992,9; matière animale particulière, 2,9; mucus, 1,4; muriate de potasse et de soude, 0,7; tartrate de soude et matière animale, 0,9; soude, 0,2. Il est probable que cette composition de la salive varie, car dans certaines circonstances elle est sensiblement acide.

Nous devons à M. Mitscherlich, savant médecin et chimiste habile, une analyse curieuse de la salive prise à une ouverture accidentelle de la glande parotide. Le même auteur a fait aussi plusieurs remarques intéressantes sur la sécrétion de la salive elle-même. Voici quelques unes de ces remarques :

La quantité de salive sécrétée pendant le boire et le manger est très-considérable, et d'autant plus que les aliments sont plus durs et plus excitants.

La quantité de salive est d'autant moindre que l'on introduit à la fois plus d'aliment dans la bouche. Les mouvements de la mâchoire augmentent l'afflux de ce liquide.

Pendant le sommeil calme, la parotide sécrète si peu qu'il est impossible de rien recueillir.

Pendant la parole, M. Mitscherlich recueillit sur son malade, dans l'espace de quelques minutes, plusieurs gouttes d'une salive très-limpide.

En vingt-quatre heures, la fistule fournissait de 65 à 95 grammes de salive, plus ou moins selon la nature des aliments.

En comparant la quantité de salive sécrétée par la parotide avec celle que le malade produit expectorée, dans le même temps, on a trouvé pour 15 minutes le rapport de 0,92 à 6,27.

La dureté des aliments peut apporter une variation de 3 à 9.

Quant à la composition chimique, M. Mitscherlich a trouvé le plus souvent la salive faiblement acide, quelquefois neutre, et d'autres fois fortement alcaline.

Hors le temps des repas, elle est acide.

Pendant la mastication elle est alcaline : l'acidité disparaît quelquefois dès la première bouchée d'aliment.

D'après MM. Tiedmann et Gmelin, la pesanteur spécifique de la salive fournie par un fumeur serait de 1,0043.

D'après M. Mitscherlich, la salive limpide provenant de la fistule varierait de 1,0061, à 1,0088.

La salive contient les acides hydrochlorique, phosphorique et sulfurique, mais la quantité de ces acides ne suffit pas pour neutraliser l'alcali ; il reste encore, après la saturation de ces acides, de 0,094 pour 100 de l'alcali le plus puissant et 0,024 pour 100 de natron, qui sont combinés à un acide organique, qui est l'acide lactique, dont M. Mitscherlich n'a pu déterminer exactement la proportion.

Une goutte de solution de chlorure de fer produit, dans une certaine quantité de salive crachée, une teinte rouge prononcée; le même effet s'est fait remarquer sur la salive de la fistule. La propriété de rougir par le chlorure de fer est donc une propriété réelle de la salive.

La salive est un des fluides digestifs les plus utiles; elle favorise le broiement et la division des aliments, elle aide leur déglutition et leur transformation en chyme, elle rend aussi plus faciles les mouvements de la langue dans la parole et le chant. La plus grande partie du fluide est portée dans l'estomac par les mouvements de déglutition, un autre partie doit se vaporiser et sortir avec l'air expiré quand celui-ci traverse la bouche.

Sécrétion du suc pancréatique.

Sécrétion du suc pancréatique.

Le pancréas est situé transversalement dans l'abdomen, derrière l'estomac; il a un canal excréteur qui s'ouvre dans le duodénum à côté de celui du foie : sa structure granuleuse l'a fait considérer comme une glande salivaire; mais il en diffère par la petitesse de ses artères, et en ce qu'il ne paraît recevoir aucun nerf cérébral.

Moyen d'obtenir le suc pancréatique.

De Graaf, anatomiste hollandais, a donné autrefois un procédé pour recueillir du suc pancréatique; il consiste à introduire dans le canal excréteur du pancréas, par son extrémité intestinale, un petit tuyau de plume qui irait se rendre dans une petite bouteille attachée sous le ventre de l'animal. J'ai essayé plusieurs fois ce procédé, je le crois impraticable. Le tuyau de plume ou tout autre tube déchire la membrane muqueuse interne du canal, le sang coule et le tube est bientôt bouché. Je me sers d'un moyen beaucoup plus simple : je mets l'orifice du canal à nu sur un chien, j'essuie avec un linge fin la membrane muqueuse circonvoisine, et j'attends qu'il sorte une goutte de liquide ; sitôt qu'elle paraît, je l'aspire avec une *pipette*, instrument employé en chimie. De cette manière, je suis parvenu à recueillir quelques gouttes de suc pancréatique, mais jamais assez pour pouvoir en faire une analyse en règle. J'y ai reconnu une couleur légèrement jaunâtre, une saveur salée, point d'odeur ; j'ai vu qu'il était alcalin, et qu'il était en partie coagulable par la chaleur (1). Ce qui m'a le plus frappé, en cherchant à me procurer du suc pancréatique, c'est la petite quantité qui s'en forme ; le plus souvent à peine en sort-il une goutte en une demi-heure, et quelquefois j'ai attendu plus long-temps avant d'en voir paraître. L'écoulement n'en paraît pas

Propriétés du suc pancréatique.

(1) Dans les oiseaux, où il y a deux pancréas, j'ai remarqué que les canaux excréteurs sont doués d'un mouvement péristaltique presque continu ; le suc pancréatique est aussi beaucoup plus abondant : il est presque entièrement albumineux ; du moins il durcit comme l'albumine par la chaleur.

plus rapide pendant la digestion ; au contraire, peut-être est-il en cet instant plus lent. En général, je le crois plus abondant dans les animaux très-jeunes.

Expériences sur le pancréas.

MM. Leuret, Lassaigne et Watrin ont fait sur la sécrétion du suc pancréatique du cheval et sur sa nature chimique des recherches curieuses.

Ayant couché un cheval sur le côté gauche, ils ont incisé la paroi abdominale et mis le duodénum à découvert; ayant coupé cet intestin selon sa longueur, et pénétré dans sa cavité, ils ont aperçu deux bourrelets qui, étant incisés, ont laissé couler deux sortes de liquides : l'un jaune-verdâtre, et l'autre, moins abondant, incolore; le premier, on s'en doute bien, était la bile, le second le fluide du pancréas. Ils ont alors introduit une sonde de gomme élastique dans le canal du fluide incolore, et l'y ont fixée par une ligature. A l'autre bout de la sonde était une bouteille de gomme élastique fortement comprimée par un lien afin d'en expulser l'air. Quand la sonde fut bien fixée dans le canal pancréatique, le lien de la bouteille fut enlevé, et alors, en vertu de son élasticité, la bouteille exerçait sur le fluide du pancréas une aspiration utile au succès de l'expérience. Ayant été détachée au bout d'une demi-heure, la bouteille s'est trouvée contenir environ trois onces d'un fluide limpide et légèrement salé et alcalin.

Sa pesanteur spécifique était de 1,0026.

Analysé avec soin, ce liquide contenait :

Eau	99,1
Matière animale soluble dans l'alcool. . .	0,9
Id. dans l'eau.	
Traces d'albumine.	
Mucus, soude libre.	
Chlorure de sodium, de potassium. . . .	
Phosphate de chaux.	
Total.	100,0

Les mêmes auteurs ont essayé sur des chiens l'emploi du procédé de Graaf et de Schuyl, mais ils n'ont pas été plus heureux que moi. Ils assurent qu'en appliquant des excitants, et particulièrement des acides faibles, sur l'orifice duodénal du canal pancréatique, on produit promptement une abondance considérable dans l'excrétion du fluide du pancréas.

MM. Tiédemann et Gmelin sont parvenus à se procurer le suc pancréatique du chien et de la brebis par un procédé fort analogue à celui de Graaf ; le résultat le plus important auquel ils sont arrivés est que ce suc diffère beaucoup sous le rapport chimique de la salive, avec laquelle plusieurs physiologistes l'avaient confondu (1).

(1) Voyez *Recherches sur la Digestion*, etc., t. I, p. 40 et suiv.

Malgré l'importance des recherches qui viennent d'être citées, et les lumières qu'elles ont répandues sur le sujet, je dirai, comme dans l'édition précédente de cet ouvrage : Il est impossible de décider aujourd'hui à quoi sert le liquide du pancréas.

Sécrétion de la bile.

Sécrétion de la bile.

La plus grosse de toutes les glandes est le *foie;* elle se distingue encore par la circonstance, unique parmi les organes sécréteurs, qu'elle est habituellement traversée par une très-grande quantité de sang veineux, indépendamment du sang artériel, qui y arrive comme partout ailleurs. Son parenchyme ne ressemble en rien à celui des autres glandes, et le fluide qu'elle forme ne diffère pas moins des autres fluides glandulaires.

Le canal excréteur du foie se rend au duodénum; près de s'y engager, il communique avec une poche membraneuse qui se nomme *vésicule du fiel;* la communication est établie au moyen d'un petit canal nommé *cystique*, qui est garni à l'intérieur par une petite valvule spiroïde découverte par M. Amussat. La vésicule du fiel est presque toujours remplie par la bile.

Propriétés physiques et chimiques de la bile.

Peu de fluides sont aussi composés et aussi différents du sang que la bile. La couleur en est verdâtre, la saveur très-amère; elle est visqueuse, filante, tantôt limpide et tantôt trouble. Elle contient de l'eau, de l'albumine, une matière que quelques chimistes nomment résineuse, un principe colorant jaune (1), de la soude, des sels; savoir du muriate, du sulfate, du phosphate de soude, du phosphate de chaux, et de l'oxide de fer. Ces propriétés appartiennent à la bile contenue dans la vésicule du fiel; celle qui sort directement du foie, et qu'on nomme bile *hépatique*, n'a jamais été analysée chez l'homme; elle est en général moins foncée en couleur, moins visqueuse, et, dit-on, moins amère que la bile *cystique*.

M. Lassaigne, qui l'a examinée extraite d'un chien vivant, ne l'a pas trouvée différente de celle de la vésicule.

D'après M. Thénard, la bile est composée, sur 800 parties :

Eau.	700
Matière résineuse verte.	15
Picromel	69
Matière jaune quart. vert.	
Soude.	4
Phosphate de soude.	2
Hydrochlorate de potasse et de soude. .	3,5
Sulfate de soude.	0,8
Phosphate de soude et magnésie. . . .	1,2
Oxide de fer. — Traces.	

(1) Il est probable que la matière jaune de la bile est aussi celle qui colore le sérum du sang, l'urine, etc.

M. Chevreul a trouvé dans le même fluide la cholestérine.

Le résultat d'un grand nombre d'expériences de MM. Tiédemann et Gmelin est que la bile de l'homme contient :

De la cholestérine,
De la résine,
Du picromel,
De l'acide oléique;
Une grande quantité d'une matière soluble dans l'eau,
De matière colorante,
Du mucus,

et sans contredit, disent ces auteurs, plusieurs autres substances (ouv. cité).

La formation de la bile paraît continue. Quelles que soient les circonstances dans lesquelles se trouve un animal, si l'orifice du canal cholédoque est mis à découvert, on voit ce liquide couler goutte à goutte à la surface de l'intestin. Il paraît que la vésicule se remplit plus particulièrement quand l'estomac est vide et que la pression abdominale est moindre. Il m'a toujours semblé qu'elle était plus distendue à cet instant; mais elle ne se vide pas entièrement dans la distension de l'estomac. La cause qui contribue le plus à en expulser la bile est le vomissement. Je l'ai souvent trouvée liquide et flasque sur des animaux morts par l'effet d'un poison vomitif; mais dans aucun cas je n'ai aperçu de traces de contractilité, soit dans la vésicule, soit dans les conduits hépatiques ou cystiques : cependant j'ai essayé sur ces parties tous les excitants qui mettent en jeu les contractions intestinales, vésicales, etc. (1).

Quant à la raison pour laquelle la bile qui sort du foie chemine vers la vésicule et finit par la distendre en s'y accumulant, il paraît que cela tient à la disposition du canal cholédoque, qui se rétrécit beaucoup au moment qu'il perce les parois intestinales ; la bile, éprouvant ainsi quelque difficulté à couler dans le duodénum, reflue vers le canal cystique qui offre moins de résistance. Cet effet se produit encore sur le cadavre quand on pousse doucement une injection par le canal hépathique, c'est-à-dire que le liquide passe en partie dans l'intestin et en partie dans la vésicule. Probablement que la valvule spiroïde dont nous avons parlé joue un rôle de quelque importance, soit pour l'entrée de la bile dans la vésicule, soit pour sa sortie de ce réservoir.

Excrétion de la bile.

Le foie recevant en même temps du sang veineux par la veine porte, et du sang artériel par l'artère hépathique, les physiologistes se sont fort inquiétés pour savoir quel est celui de ces deux

(1) Dans les oiseaux la vésicule et les conduits biliaires sont contractiles.

Opinions sur la sécrétion de la bile.

sangs, qui sert à la formation de la bile. Plusieurs ont dit que le sang de la veine porte, plus *carboné* et plus *hydrogéné* que celui de l'artère hépatique, était *plus propre* à fournir les éléments de la bile. Bichat a combattu avec avantage cette opinion ; il a démontré que la quantité du sang artériel qui arrive au foie était plus en rapport avec la quantité de bile formée, que celle du sang veineux; que le volume du canal hépatique n'était point en proportion avec la veine porte; que la graisse, fluide très-hydrogéné, était sécrétée aux dépens du sang artériel, etc.; il aurait pu ajouter que rien ne prouve que le sang de la veine porte ait plus d'analogie avec la bile que le sang artériel. Nous ne prendrons point parti dans cette discussion : les deux opinions sont également dénuées de preuve. D'ailleurs, rien n'éloigne l'idée que les deux sangs servent à la sécrétion ; l'anatomie semble même l'indiquer ; car les injections montrent que tous les vaisseaux du foie, artériels, veineux, lymphatiques et excréteurs, communiquent ensemble.

La bile concourt à la digestion d'une manière très-utile, mais dont le mode est inconnu. Dans l'ignorance où nous sommes relativement aux causes des maladies, nous attribuons à la bile des propriétés malfaisantes que probablement elle est loin d'avoir.

Sécrétion de l'urine.

Sécrétion de l'urine.

La sécrétion dont nous allons nous occuper diffère à plus d'un égard des précédentes : le liquide qui en est le résultat est beaucoup plus abondant que celui d'aucune autre glande; au lieu de servir à quelques usages intérieurs, il doit être expulsé; sa rétention aurait les suites les plus fâcheuses. Nous sommes avertis de la nécessité de son expulsion par un sentiment particulier qui, semblable aux phénomènes instinctifs de ce genre, devient très-vif et douloureux s'il n'est point assez promptement satisfait.

Organes qui sécrètent l'urine.

Peu d'appareils de sécrétion sont aussi compliqués que celui de l'urine : il est composé des deux reins, des calices, des bassinets, des uretères, de la vessie et de l'urètre; en outre, les muscles abdominaux concourent à l'action de ces diverses parties, parmi lesquelles les reins seuls forment l'urine; les autres servent à son transport et à son expulsion.

Des reins.

Situés dans l'abdomen, sur les côtés de la colonne vertébrale, au devant des dernières fausses côtes et du muscle carré des lombes, les reins sont peu volumineux relativement à la quantité de fluide qu'ils sécrètent. Ils sont ordinairement entourés de beaucoup de graisse; leur parenchyme est composé de deux substances, l'une extérieure, vasculaire ou *corticale*; l'autre, nommée *tubuleuse*, disposée en un certain nombre de cônes dont la base correspond à la surface de l'organe, et dont les sommets se réunissent dans la cavité membraneuse appelée *bassinet*. Ces cônes paraissent formés par une grande quantité de petites fibres creuses, qui sont des canaux excréteurs d'un genre particulier, et qui sont habituellement remplies d'urine.

Quantité de sang qui va au rein.

Aucun organe ne reçoit, en ayant égard à son volume, autant de sang que le rein. L'artère qui s'y porte est grosse, courte, et naît immédiatement de l'aorte; elle a des communications très-faciles avec les veines et avec la substance tubuleuse, comme on peut s'en assurer au moyen des injections les plus grossières qui, poussées dans l'artère rénale, passent dans les veines et dans le bassinet, après avoir rempli la substance corticale.

Les filets du grand sympathique sont les seuls qui se distribuent au rein.

Canal excréteur du rein.

Les calices, le bassinet, l'uretère, forment ensemble un canal qui part du rein, où il embrasse le sommet des mammelons, et va se rendre, placé sur les côtés de la colonne vertébrale, dans le fond du bassin, à la *vessie*, où il se termine. Ce dernier organe est une poche extensible et contractile, destinée à être remplie par le fluide que sécrète le rein, et qui communique avec l'extérieur par un canal assez long chez l'homme, très-court chez la femme, nommé l'*urètre*.

De la vessie et de l'urètre.

Prostate et glandes de Cowper.

L'extrémité postérieure de l'urètre est, chez l'homme seulement, entouré par la glande *prostate*, que certains anatomistes considèrent comme un amas de follicules muqueux. Deux petites glandes, placées au devant de l'anus, versent un fluide particulier dans ce canal. Deux muscles, qui descendent du pubis vers le rectum, passent sur les côtés de la partie de la vessie qui s'abouche à l'urètre, se rapprochent l'un de l'autre en arrière, et forment ainsi une arcade qui embrasse le col de la vessie, et le porte plus ou moins en haut.

Expériences sur la sortie de l'urine des reins.

Si l'on incise le bassinet sur un animal vivant, on voit l'urine suinter lentement par le sommet des cônes excréteurs. Ce liquide se dépose dans la cavité des calices, puis dans celle du bassinet et peu à peu s'engage dans l'urètre, qu'il parcourt dans toute sa longueur. Il arrive ainsi jusque dans la vessie où il pénètre par un suintement continuel, comme il est facile de l'observer chez les personnes affectées du vice de conformation nommé *rétroversion de la vessie*, où la face interne de cet organe est accessible à la vue.

Une légère compression sur les cônes urinifères en fait sortir l'urine en quantité assez considérable : mais, au lieu d'être limpide comme lorsqu'elle sort naturellement, elle est trouble et épaisse. Elle paraît donc être *filtrée* par les fibres creuses de la substance tubuleuse.

Le passage de l'urine de l'uretère dans la vessie n'est pas continu ; à des intervalles réguliers et courts, l'uretère, dilaté par l'urine, s'entr'ouvre à son orifice vésical, et donne passage à l'urine. La dilatation de l'uretère se fait de haut en bas d'arrière en avant, et s'annonce à la surface muqueuse de la vessie par une saillie qui indique le trajet oblique de ces conduits entre les membranes de l'organe. Quelquefois l'urine coule par un petit jet en commençant, mais ensuite elle se répand en nappe. Vient après l'affaissement de l'uretère et de son orifice, et l'écoulement de l'urine cesse pour quelques secondes, pour recommencer de la même manière. En général l'écoulement de l'urine dans la vessie coïncide avec l'inspiration (1).

Causes qui produisent l'accumulation de l'urine dans la vessie.

Le bassinet et l'uretère n'étant pas contractiles, il est probable que la force qui y détermine la marche de l'urine est, d'une part, celle par laquelle elle est versée dans le bassinet (2), et, de l'autre, la pression des muscles abdominaux, à quoi peut se joindre, quand on est debout, la pesanteur du liquide. Sous l'influence de ces causes, l'urine s'introduit

(1) Blandin, *Journal hebdomadaire*, t. VII, p. 271.

(2) Puisqu'il est prouvé que le cœur et le resserrement des artères ont une influence marquée sur le cours du sang dans les capillaires et dans les veines, pourquoi ces mêmes causes n'agiraient-elles pas sur le mouvement des fluides dans les canaux excréteurs?

dans la vessie, et peu à peu distend cet organe, quelquefois à un degré considérable, l'extensibilité des diverses membranes permettant cette accumulation (1).

Pourquoi l'urine ne remonte pas dans l'uretère.

Comment l'urine s'accumule-t-elle dans la vessie? pourquoi ne coule-t-elle pas immédiatement par l'urètre? et pourquoi ne reflue-t-elle point

---

(1) Depuis long-temps les physiologistes comparent l'introduction de l'urine dans la vessie à celle d'un liquide dans une cavité à parois résistantes, par un canal étroit, vertical et inflexible; mais la comparaison n'est point exacte. Dans le canal supposé, le liquide coule, et presse continuellement le liquide contenu dans le vase qui le reçoit. L'urine ne coule point dans l'uretère; elle y suinte, et, sous ce rapport, son influence sur la distension de la vessie ne peut-être comparée à celle que produirait le poids d'un liquide. La pression abdominale doit avoir une grande part dans la dilatation de la vessie par l'urine. Si la vessie et les uretères sont également pressés, cette cause suffit pour que l'urine s'introduise dans la vessie. En supposant la pression égale dans tous les points de l'abdomen, si la surface du bassinet et des uretères est supérieure à celle de la vessie, l'urine doit entrer encore plus facilement dans cette dernière; mais la pression abdominale paraît être beaucoup plus faible dans le bassin que dans l'abdomen proprement dit; en sorte qu'il est facile de concevoir comment l'urine passe des uretères dans la vessie.

Cependant la distension de la vessie par l'abord de l'urine a des bornes. Quand elle est portée au point que l'organe contient un litre et plus d'urine, la distension s'arrête, et les uretères se dilatent à leur tour de la partie inférieure vers la supérieure.

Pourquoi l'urine ne coule pas par l'uretère.

dans les uretères? La réponse est facile pour les uretères : ces conduits font un trajet assez long dans l'épaisseur des parois de la vessie. A mesure que l'urine distend cet organe, elle aplatit les uretères, et les ferme d'autant plus exactement qu'elle est plus abondante. Cet effet a lieu sur le cadavre comme sur le vivant; aussi un liquide, ou même de l'air, poussé avec force dans la vessie par l'urètre, ne peut jamais s'introduire dans les uretères. C'est donc par un mécanisme analogue à celui de certaines soupapes que l'urine ne remonte pas vers les reins.

Il n'est pas aussi facile d'expliquer pourquoi l'urine ne coule pas par l'urètre; plusieurs causes paraissent y concourir : les parois de ce canal, surtout vers la vessie, tendent continuellement à revenir sur elles-mêmes et à effacer sa cavité; M. Amussat a démontré, par des recherches anatomiques et physiologiques fort curieuses, que la partie de l'urètre que l'on nomme membraneuse est formée à l'extérieur par des fibres musculaires, et que ces fibres sont douées d'une contractilité très-énergique. Je me suis assuré de l'exactitude de ces faits.

Mais la cause qui doit être la plus efficace pour retenir l'urine dans la vessie, c'est la contraction des muscles releveurs de l'anus (1), qui, soit

(1) Je comprends dans le releveur de l'anus le faisceau

par la disposition des fibres musculeuses à se raccourcir, soit par leur contraction sous l'influence cérébrale, pressent de bas en haut l'urètre, appliquent avec plus ou moins de force contre elles-mêmes ses parois, et ferment ainsi son orifice postérieur.

Excrétion de l'urine.

Expulsion de l'urine.

Dès que l'urine est accumulée en certaine quantité dans la vessie, nous éprouvons le besoin de nous en débarrasser. Le mécanisme de cette expulsion mérite une attention particulière, et n'a pas été toujours bien compris.

Si l'urine n'est pas plus fréquemment expulsée, il ne faut pas l'attribuer à la vessie, car cet organe tend toujours, plus ou moins, à se rétrécir; mais, par l'influence des causes qui viennent d'être indiquées, l'orifice interne de l'urètre résiste avec une force que la contraction habituelle de la vessie ne saurait surmonter : la volonté amène ce résultat, 1° en ajoutant à la contraction de la vessie celle des muscles abdominaux; 2° en relâchant les releveurs de l'anus qui fermaient l'urètre. Une fois la résistance de ce canal vaincue, la contraction de la vessie suffit pour l'expulsion complète de l'urine qu'elle contenait; mais l'ac-

---

musculaire qui embrasse directement l'urètre, et qui, dans ces derniers temps, a été nommé muscle de Wilson.

tion des muscles abdominaux peut s'y ajouter, et alors le jet de l'urine devient beaucoup plus considérable. Nous pouvons aussi arrêter tout à coup l'écoulement de l'urine, en faisant contracter les releveurs de l'anus.

Contraction de la vessie.

La contraction de la vessie n'est point volontaire, quoique nous puissions, en agissant sur les muscles abdominaux et les releveurs de l'anus, la produire quand nous voulons.

Cette contraction suffit pour expulser l'urine. J'ai vu souvent des chiens uriner l'abdomen ouvert et la vessie hors de la portée d'action des muscles abdominaux. Si même on détache sur un chien mâle la vessie avec la prostate et une petite portion de la partie de l'urètre dite membraneuse, après quelques instants, la vessie se contracte et lance l'urine avec un jet prononcé jusqu'à ce que le liquide soit entièrement expulsé.

Ce qui reste d'urine dans l'urètre quand la vessie cesse d'y en pousser est expulsé par la contraction des muscles du périnée, et particulièrement par celle des *bulbo-caverneux*.

Action des reins.

Quoique la quantité d'urine soit très-abondante, et que ce fluide contienne plusieurs principes immédiats qui ne se trouvent pas dans le sang, et que par conséquent il se passe une action chimique dans le rein, la sécrétion de l'urine est cependant très-rapide.

Dans l'état de santé, l'urine a une couleur jaune

Propriétés physiques de l'urine.

plus ou moins foncée ; sa saveur est salée et un peu âcre, son odeur lui est particulière. Elle est composée d'eau, de mucus provenant probablement de la membrane muqueuse des voies urinaires, d'une autre matière animale, d'acide urique, d'acide phosphorique, d'acide lactique, de muriate de soude et d'ammoniaque, de phosphate de soude, d'ammoniaque, de chaux, de magnésie, de sulfate de potasse, de lactate d'ammoniaque et de silice. Ses principales propriétés sont dues à l'urée, matière très-azotée et putréfiable à un très-haut degré.

Les propriétés physiques de l'urine sont sujettes à de grandes variations. Si l'on a fait usage de rhubarbe ou de garance, elle devient jaune très-foncé ou rouge sanguin ; si l'on a respiré un air chargé de vapeurs d'essence de térébenthine, ou si l'on a avalé un peu de résine, elle prend une odeur de violette : chacun connaît l'odeur désagréable qu'elle acquiert par l'usage des asperges.

Modifications des propriétés physiques ou chimiques de l'urine.

Sa composition chimique n'est pas moins variable. Plus on fait usage de boissons aqueuses, et plus la quantité totale et la portion d'eau deviennent considérables ; le contraire arrive si l'on boit peu. L'acide urique devient plus abondant quand le régime est très-substantiel et l'exercice peu considérable ; cet acide diminue et peut même disparaître totalement par l'usage soutenu et exclusif d'aliments non azotés, tels que le sucre, la gomme, le beurre, l'huile, etc. Certains sels portés dans l'estomac, même en petite quantité, sont retrouvés au bout de très-peu de temps dans l'urine.

La promptitude extrême avec laquelle se fait ce transport a donné lieu de croire qu'il existait une voie directe de communication de l'estomac à la vessie; aujourd'hui même cette opinion compte un assez grand nombre de partisans.

Passage des boissons de l'estomac à la vessie.

Il n'y a pas long-temps encore qu'on supposait l'existence d'un canal qui irait de l'estomac à la vessie, mais ce canal n'existe point; d'autres ont pensé, mais sans en donner aucune preuve, que le passage s'effectuait par le tissu cellulaire, par les anastomoses des vaisseaux lymphatiques, etc.

Darwin, ayant fait prendre à un de ses amis quelques grains de nitrate de potasse, recueillit son urine au bout d'une demi-heure, et le fit saigner : le sel fut reconnu dans l'urine et ne put l'être dans le sang. M. Brande a fait des observations analogues avec du prussiate de potasse; il en conclut que la circulation n'est pas la seule voie de communication entre l'estomac et les organes urinaires, sans s'expliquer sur le moyen qui pourrait exister. Éverard Home était aussi de ce sentiment.

Expériences sur la sécrétion de l'urine.

J'ai fait des expériences dans la vue d'éclaircir cette importante question, et j'ai reconnu, 1° que toutes les fois que l'on injecte du prussiate de potasse dans les veines, ou qu'on le fait absorber dans le canal intestinal ou dans une membrane séreuse, il passe bientôt dans la vessie où il est facile de le reconnaître mêlé à l'urine; 2° que si la quantité de prussiate injectée est très-considérable, les réactifs peuvent le démontrer dans le sang; mais que si la quantité est petite, il est impossible d'y reconnaître sa présence par les moyens usités; 3° que la même chose a lieu en mélangeant dans un vase du prussiate et du sang; 4° que l'on reconnaît le sel en toute proportion dans l'urine. Il n'y a donc rien d'extraordinaire que Darwin et M. Brande n'aient point retrouvé dans le sang la substance qu'ils apercevaient distinctement dans l'urine.

Transport rapide des boissons de l'estomac à la vessie.

Quant aux organes qui transportent les liquides de l'estomac et des intestins dans le système circulatoire, d'après ce que nous avons dit en parlant des vaisseaux chylifères et de l'absorption des veines, il est évident que ce sont les veines qui absorbent directement les liquides, et qui les transportent aussitôt au foie et au cœur; en sorte que la route que suivent ces liquides pour arriver aux reins est beaucoup plus courte et plus directe qu'on ne le pensait, c'est-à-dire les vaisseaux lymphatiques, les glandes mésentériques et le canal thoracique.

L'expérience a donné relativement à la sécrétion de l'urine plusieurs résultats que je ne dois pas passer sous silence.

Effet de la soustraction des reins.

La soustraction d'un rein sur un chien n'altère pas la santé de l'animal ; il semble seulement que la sécrétion de l'urine est augmentée et qu'elle se fait avec plus de promptitude.

La soustraction des deux reins fait périr immanquablement les animaux dans l'espace de 2, 3, 4 ou 5 jours ; j'ai remarqué, il y a fort long-temps, que dans ce cas la sécrétion de la bile augmente dans une proportion vraiment extraordinaire : l'estomac et les intestins en sont remplis.

Un fait de la plus haute importance qui a été découvert par MM. Prevost et Dumas, c'est qu'après l'extraction des deux reins on trouve une quantité notable d'urée dans le sang, de sorte que les reins ne sont pas les organes créateurs de cette substance, comme on le croyait généralement, mais qu'ils la séparent simplement du sang où elle se forme. Ce fait a été vérifié par MM. Vauquelin et Ségalas ; ce dernier a de plus observé que l'introduction de l'urée dans le sang excite la sécrétion de l'urine, au point qu'il regarde l'urée comme un excellent diurétique (1).

(1) Les personnes qui voudront connaître de très-curieuses expériences sur la sécrétion de l'urine, et particulièrement sur les variations des rapports respectifs de la partie aqueuse et de la partie solide de ce fluide, liront avec intérêt un travail de M. le docteur Chaussat, médecin à Pise, inséré dans le tom. V de mon *Journal de Physiologie*. Ces recherches con-

Remarque générale sur les sécrétions glandulaires.

Explications des sécrétions glandulaires.

C'est pour expliquer les sécrétions glandulaires, que les physiologistes ont donné toute liberté à leur imagination. Les glandes ont été successivement envisagées comme des cribles, des filtres, des foyers de fomentation. Bordeu et Bichat ont attribué à leurs molécules une *sensibilité* et un *mouvement particulier*, par lesquels elles *choisissent* dans le sang qui les traverse les particules propres à entrer dans les fluides qu'elles sécrètent (1). On leur a donné des *atmosphères*, des *départements*; on les a crues susceptibles d'*érection*, de *sommeil*, etc.

Suppositions relatives aux sécrétions glandulaires.

Malgré les efforts d'un grand nombre d'hommes de mérite, la vérité est que nous ignorons tout-à-fait ce qui se passe dans une glande quand elle agit. Il s'y développe nécessairement des phénomènes chimiques. Plusieurs fluides sécrétés sont acides, tandis que le sang est alcalin; quelques uns contiennent des principes immédiats qui n'existent pas dans le sang, et qui semblent formés dans les glandes : mais le mode particulier de ces combinaisons est inconnu.

---

tinuées plusieurs années avec une persévérance digne de Sanctorius, et faites avec le soin et les précautions que comporte aujourd'hui l'état de la chimie et de la physiologie, ont été couronnées par l'Académie des Sciences de Paris.

(1) Bordeu convient que ces idées ne sont que des métaphores. — Voyez *Recherches sur les Glandes.*

Ne confondons pas cependant parmi ces hypothèses sur l'action des glandes une conjecture ingénieuse de Wolaston. Cet illustre savant soupçonne que l'électricité, même très-faible, peut avoir une influence marquée sur les sécrétions; il s'appuie sur une expérience curieuse que nous allons rapporter :

Expériences sur les sécrétions glandulaires.

Ayant pris un tube de verre, haut de deux pouces, et de trois quarts de pouce de diamètre, il en ferma une extrémité avec un morceau de vessie. Il versa dans le tube un peu d'eau, avec 1/240e de son poids de muriate de soude; il mouilla la vessie en dehors, et la posa sur une pièce d'argent; il courba ensuite un fil de zinc, de manière qu'une de ses extrémités touchait la pièce de métal et l'autre pénétrait dans le liquide à la profondeur d'un pouce. Au même instant, la face externe de la vessie indiqua la présence de la soude pure; en sorte que, sous cette influence électrique très-faible, il y eut décomposition du sel marin et passage de la soude, séparée de l'acide, à travers la vessie. Wolaston pense qu'il n'est pas impossible que quelque chose d'analogue arrive dans les sécrétions; on sent que, pour admettre cette idée, il faudrait beaucoup d'autres preuves (1).

(1) Pour la sécrétion du sperme et pour celle du lait, voyez *Génération*.

La découverte de M. Dutrochet sur l'*endosmose* et l'*exosmose* pourra sans doute jeter de la clarté sur la théorie des sécrétions ; mais jusqu'à présent elle n'a point encore produit cet heureux résultat ; elle ne nous fournit tout au plus que quelques conjectures plus ou moins probables.

Plusieurs organes, tels que la thyroïde, le thymus, la rate, les capsules surrénales, ont été nommés *glandes* par beaucoup d'anatomistes. Chaussier a substitué à cette dénomination celle de *glanglions glandiformes*. On ignore entièrement les usages de ces parties. Comme elles sont en général plus volumineuses chez le fœtus, on pense qu'elles y ont quelques fonctions importantes, mais il n'en existe aucune preuve. Les ouvrages de physiologie contiennent un grand nombre d'hypothèses faites dans la vue d'expliquer leurs fonctions; mais cette abondance même dans les suppositions confirme notre ignorance complète sur ce point important de la physiologie.

DE LA NUTRITION.

Remarques sur la nutrition.

Nous savons que le sang fournit à toutes les sécrétions intérieures et extérieures; que lui-même se répare par l'absorption générale, et par celle du chyle et des boissons : il nous reste maintenant à étudier ce qui se passe dans le parenchyme des organes et des tissus pendant toute la durée de la vie, c'est-à-dire la *nutrition* proprement dite.

Depuis l'état d'embryon jusqu'à la vieillesse la plus avancée, le corps change presque continuellement de poids, de volume, etc.; les parenchymes et les tissus présentent des variations infinies dans leur consistance, leur couleur, leur élasticité, et quelquefois leur composition chimique. Le volume des organes augmente quand ils sont fréquemment en action; leurs dimensions diminuent beaucoup, au contraire, quand ils restent longtemps en repos. Par l'influence de l'une ou de l'autre de ces causes, leurs propriétés physiques et chimiques offrent des variations remarquables. Un grand nombre de maladies produisent souvent, dans un temps très-court, des changements marqués dans la conformation extérieure et dans la structure d'un grand nombre de parties.

Si l'on mêle de la garance à la nourriture d'un animal, au bout de quinze ou vingt jours les os présentent un teinte rouge qui disparaît bientôt si l'on en cesse l'usage.

Il existe donc dans la profondeur des organes un mouvement insensible qui produit toutes ces modifications. C'est ce mouvement intestin, inconnu dans sa nature, que l'on a nommé *nutrition*, ou *mouvement nutritif*.

Remarques sur la nutrition.

Ce phénomène, que l'esprit observateur des anciens n'avait pas laissé échapper, a été pour eux

Remarques sur la nutrition.

l'objet de plusieurs suppositions ingénieuses qui sont encore répandues aujourd'hui. On dit, par exemple, qu'au moyen du mouvement nutritif, le corps entier se renouvelle, de sorte qu'à une certaine époque il n'est plus formé d'une seule des molécules qui le composaient auparavant. On a même assigné des limites à cette rénovation totale : les uns l'ont établie après trois ans; d'autres veulent qu'elle ne soit complète qu'au bout de sept; mais rien ne justifie ces conjectures; au contraire, quelques faits bien constatés semblent devoir en éloigner l'idée.

Tout le monde sait que les soldats, les matelots et plusieurs peuplades sauvages se colorent la peau avec certaines substances qu'ils introduisent dans le tissu même de cette membrane : les figures tracées ainsi conservent leur forme et leur couleur toute la vie, à moins de circonstances particulières. Comment allier ce phénomène avec le renouvellement qui, d'après les auteurs, arriverait à la peau (1).

---

(1) L'emploi récent du nitrate d'argent à l'intérieur, pour le traitement de l'épilepsie, a fourni un nouveau phénomène de ce genre. Après quelques mois de l'usage de cette substance, la peau de plusieurs malades s'est colorée en bleu grisâtre, probablement parce que le sel a été déposé dans le tissu de cette membrane, où il se trouve médiatement en contact avec l'air. Quelques individus sont dans cet état de-

Remarques sur la nutrition.

En s'appuyant sur les suppositions dont nous venons de parler, il est reçu, dans le langage métaphorique employé dans quelques ouvrages de physiologie, que les molécules des organes *ne peuvent servir* qu'un certain temps à les composer, qu'elles *s'usent* à la longue, et *finissent* par devenir impropres à entrer dans leur composition, et qu'alors elles sont *absorbées* et *remplacées* par des molécules *neuves* provenant des aliments.

On ajoute que les matières animales qui composent nos excrétions sont le détritus des organes, et qu'elles sont principalement composées des molécules qui ne peuvent plus servir à la composition de ceux-ci, etc., etc.

Au lieu de discuter ces hypothèses ou plutôt ces rêveries, disons le peu de faits qui donnent quelques notions sur le mouvement nutritif.

A. En ayant égard à la promptitude avec laquelle les organes changent de propriétés physiques et chimiques dans les maladies et par l'âge, il paraît que la nutrition est plus ou moins rapide suivant les tissus. Les glandes, les muscles, la peau, etc., changent de volume, de couleur, de consistance, avec une très-grande promptitude; les tendons, les membranes fibreuses, les os, les

---

puis plusieurs années, sans que la teinte se soit affaiblie, chez d'autres, elle a diminué peu à peu, et a fini par disparaître au bout de deux ou trois ans.

Remarques sur la nutrition.

ligaments, paraissent avoir une nutrition beaucoup moins active, car leurs propriétés physiques ne changent que lentement par l'effet de l'âge et des maladies.

B. Si l'on tient compte de la quantité d'aliments consommée, proportionnellement au poids du corps, il semble que le mouvement nutritif est plus rapide dans l'enfance et la jeunesse que dans l'âge adulte et la vieillesse; qu'il s'accélère par l'action répétée des organes, et se ralentit par le repos. En effet, les enfants et les jeunes gens consomment davantage d'aliments que les adultes et les vieillards : ces derniers peuvent conserver toutes leurs facultés en n'usant que d'une très-petite quantité d'aliments. Tous les exercices du corps, les travaux de peine, nécessitent des aliments plus abondants ou plus nutritifs; un repos parfait, au contraire, permet un abstinence prolongée.

C. Le sang paraît contenir la plupart des principes nécessaires à la nutrition des organes, la fibrine, l'albumine, la graisse, l'osmazôme, la matière nerveuse, les sels, etc., qui entrent dans la composition des tissus des organes, se trouvent dans le sang. Ils paraissent être déposés dans les parenchymes au moment où le sang les traverse : la manière dont se fait ce dépôt est entièrement ignorée. Il existe un rapport évident entre l'activité de la nutrition d'un organe et la quantité de sang qu'il reçoit : les tissus à nutrition rapide ont de grosses artères; quand l'action d'un organe a déterminé une accélération de nutrition, les artères et les veines grossissent. **Remarques sur la nutrition.**

Quelques principes immédiats qui entrent dans la composition des organes ou des fluides ne se trouvent point dans le sang : tels sont la gélatine, l'acide urique, etc. Ils se forment donc aux dépens des autres principes, dans le parenchyme des organes, par une action chimique dont le mode est inconnu, mais qui n'en est pas moins réelle, et qui doit nécessairement avoir pour effet un développement de chaleur et d'électricité.

D. Depuis que l'analyse chimique a fait connaître la nature des divers tissus de l'économie animale, on a reconnu qu'ils contiennent tous une assez grande proportion d'azote. Nos aliments étant aussi composés en partie de ce corps simple, il est probable que c'est d'eux que vient l'azote des organes; mais plusieurs auteurs estimés pensent qu'il a sa source dans la respiration, et d'autres croient qu'il est formé de toutes pièces par l'influence de la vie. Les uns et les autres s'appuient sur l'exemple des herbivores qui se nourrissent exclusivement de matières non azotées; sur l'histoire de certains peuples qui vivent seulement de riz et de maïs; sur celle des nègres, qui peuvent vivre long-temps en ne mangeant que du sucre, enfin sur ce qu'on raconte des caravanes qui, en traversant les déserts, n'ont, pendant plusieurs se-

Expériences sur la nutrition.

maines que de la gomme pour toute nourriture. Si ces faits prouvaient en effet que des hommes peuvent vivre sans aliments azotés, il faudrait bien reconnaître que l'azote des organes a une autre origine que celui des aliments; mais il s'en faut de beaucoup que les faits cités conduisent à cette conséquence. En effet, presque tous les végétaux dont se nourrissent l'homme et les animaux contiennent plus ou moins d'azote; par exemple, le sucre impur que mangent les nègres en présente une assez grande proportion; et, quant aux peuples qui se nourrissent, dit-on, avec du riz ou du maïs, des pommes de terre, il est connu qu'ils y ajoutent du lait ou du fromage : or le caséum est, de tous les principes immédiats animaux, le plus azoté.

J'ai pensé qu'on pourrait acquérir quelques notions exactes sur ce sujet en soumettant des animaux, pendant le temps nécessaire, à une nourriture dont la composition chimique serait rigoureusement déterminée.

Les chiens étaient propres à ce genre d'expériences; ils se nourrissent, comme l'homme, également bien de substances végétales et animales.

Chacun sait qu'un chien peut vivre long-temps en ne mangeant que du pain; mais, en le nourrissant ainsi, on n'en peut rien conclure relativement à la production de l'azote dans l'économie animale, car le gluten que contient le pain est une substance très-abondante en azote. Pour obtenir un

Expériences sur la nutrition.

résultat satisfaisant, il fallait nourrir un de ces animaux avec une substance réputée nutritive, mais qui ne contient pas d'azote.

A cet effet, j'ai mis un petit chien âgé de trois ans, gras et bien portant, à l'usage du sucre blanc et pur pour tout aliment, et de l'eau distillée pour boisson : il avait de l'un et de l'autre à discrétion.

Les sept ou huit premiers jours il parut se bien trouver de ce genre de vie ; il était gai, dispos, mangeait avec avidité et buvait comme de coutume. Il commença à maigrir dans la seconde semaine, quoique son appétit fût toujours fort bon, et qu'il mangeât jusqu'à six ou huit onces de sucre en vingt-quatre heures. Ses excrétions alvines n'étaient ni fréquentes ni copieuses; en revanche, celle de l'urine était assez abondante.

La maigreur augmenta dans la troisième semaine; les forces diminuèrent, l'animal perdit la gaîté, l'appétit ne fut pas aussi vif. A cette même époque il se développa, d'abord sur un œil, et ensuite sur l'autre, une petite ulcération au centre de la cornée transparente; elle augmenta assez rapidement, et au bout de quelques jours elle avait plus d'une ligne de diamètre; sa profondeur s'accrut dans la même proportion; bientôt la cornée fut entièrement perforée, et les humeurs de l'œil s'écoulèrent au dehors. Ce singulier phénomène fut accompagné d'une sécrétion abondante des glandes propres aux paupières.

Expériences sur la nutrition.

Cependant l'amaigrissement allait toujours croissant, les forces se perdirent; et, quoique l'animal mangeât, par jour, de trois à quatre onces de sucre, la faiblesse devint telle, qu'il ne pouvait ni mâcher ni avaler; à plus forte raison tout autre mouvement était-il impossible. Il expira le trente-deuxième jour de l'expérience. Je l'ouvris avec toutes les précautions convenables; j'y reconnus une absence totale de graisse; les muscles étaient réduits de plus des cinq sixièmes de leur volume ordinaire; l'estomac et les intestins étaient aussi très-diminués de volume et fortement contractés.

La vésicule du fiel et la vessie urinaire étaient distendues par les fluides qui leur sont propres. Je priai M. Chevreul de vouloir bien les examiner; il leur trouva presque tous les caractères qui appartiennent à l'urine et à la bile des animaux herbivores, c'est-à-dire que l'urine, au lieu d'être acide comme elle l'est chez les carnivores, était sensiblement alcaline, n'offrait aucune trace d'acide urique ni de phosphates. La bile contenait une proportion considérable de picromel, caractère particulier de la bile de bœuf, et en général de celle des herbivores. Les excréments, qui furent aussi examinés par M. Chevreul, contenaient très-peu d'azote, tandis qu'ils en présentent ordinairement beaucoup.

Un semblable résultat méritait bien d'être vérifié par de nouvelles expériences : je soumis donc

Expériences sur la nutrition.

un second chien au même régime que le précédent, c'est-à-dire au sucre et à l'eau distillée. Les phénomènes que j'observai furent entièrement analogues à ceux que je viens de décrire; seulement les yeux ne commencèrent à s'ulcérer que vers le vingt-cinquième jour, et l'animal mourut avant qu'ils eussent eu le temps de se vider, comme cela était arrivé chez le chien sujet de la première expérience: du reste, même amaigrissement, même faiblesse, suivis de la mort le trente-quatrième jour de l'expérience; et, à l'ouverture du cadavre, même état des muscles et des viscères abdominaux, et surtout même caractère des excréments, de la bile et de l'urine.

Une troisième expérience me donna des résultats tout-à-fait semblables, et je considérai dès lors le sucre comme incapable, seul, de nourrir les chiens.

Ce défaut de qualité nutritive pouvait être particulier au sucre; il était important de s'assurer si d'autres substances non azotées, mais considérées généralement comme nourrissantes, produiraient des effets pareils.

Je pris deux chiens jeunes et vigoureux, quoique de petite taille; je leur donnai pour toute nourriture de très-bonne huile d'olive et de l'eau distillée; ils parurent s'en bien trouver pendant environ quinze jours; mais ensuite ils éprouvèrent la série d'accidents dont j'ai fait mention en parlant

Expériences sur la nutrition.

des animaux qui mangeaient du sucre. Ils n'éprouvèrent point cependant d'ulcération de la cornée ; ils moururent tous deux vers le trente-sixième jour de l'expérience ; ils présentèrent, sous le rapport de l'état des organes et sous celui de la composition de l'urine et de la bile, les mêmes phénomènes que les précédents.

La gomme est une autre substance qui ne contient pas d'azote, mais qui passe pour être aussi nourrissante. On pouvait présumer qu'elle agirait comme le sucre et l'huile, mais il fallait s'en assurer directement.

Dans cette vue, j'ai nourri plusieurs chiens avec de la gomme, et les phénomènes que j'ai observés n'ont pas différé sensiblement de ceux dont je viens de rendre compte.

J'ai répété l'expérience en nourrissant un chien avec du beurre, substance animale privée d'azote ; il a d'abord, comme les animaux précédents, très-bien supporté cette nourriture ; mais, au bout d'environ quinze jours, il a commencé à maigrir, et a perdu ses forces ; il est mort le trente-sixième jour, quoique, le trente-deuxième, je lui aie fait donner de la viande à discrétion, et quoiqu'il en ait mangé pendant deux jours une certaine quantité. L'œil droit de cet animal m'a offert l'ulcération de la cornée dont j'ai parlé à l'occasion de ceux qui ont été nourris avec du sucre. L'ouverture du cadavre m'a présenté les mêmes modifications de la bile et de l'urine.

Expériences sur la nutrition.

Quoique la nature des excréments rendus par les différents animaux dont je viens de parler annonçât bien qu'ils digéraient les substances dont ils faisaient usage, j'ai voulu m'en assurer plus positivement; c'est pourquoi, après avoir fait manger séparément à plusieurs chiens de l'huile, de la gomme ou du sucre, je les ai ouverts, et j'ai reconnu que ces substances étaient réduites chacune en un chyme particulier dans l'estomac, et qu'ensuite elles fournissaient un chyle abondant : celui qui provient de l'huile est d'un blanc laiteux prononcé; le chyle qui provient de la gomme ou du sucre est transparent, opalin et plus aqueux que celui de l'huile. Il est donc évident que si ces diverses substances ne nourrissent point, on ne doit point l'attribuer à ce qu'elles ne sont pas digérées.

Ces résultats paraissent importants sous plus d'un rapport; d'abord ils rendent très-probable que l'azote des organes a primitivement sa source dans les aliments; ils sont en outre propres à éclairer les causes et le traitement de la goutte, de la gravelle, etc. (1).

(1) Les personnes atteintes de ces maladies sont ordinairement de grands mangeurs de viande, de poisson, de fromage et autres substances abondantes en azote. La plupart

Expériences sur la nutrition.

Depuis la publication de ces faits dans la première édition de cet ouvrage, j'ai pu en constater quelques autres non moins importants, et qui montrent combien nos connaissances sont encore restreintes touchant le phénomène de la nutrition.

1. Un chien mangeant à discrétion du pain blanc de froment pur, et buvant à volonté de l'eau commune, ne vit pas au-delà de cinquante jours; il meurt à cet époque avec tous les signes de dépérissement notés plus haut.

2. Un chien mangeant exclusivement du pain bis militaire ou de *munition* vit très-bien, et sa santé ne s'altère en aucune façon.

3. Un lapin ou un cochon d'Inde nourris avec une seule substance, telle que froment, avoine, orge, choux, carottes, etc., meurent avec toutes les apparences de l'inanition, ordinairement dès la première quinzaine, et quelquefois beaucoup plus tôt. Nourris avec les mêmes substances données concurremment ou successivement, à de petits intervalles, ces animaux vivent et se portent bien.

des graviers, une partie des calculs urinaires, les tophus arthritiques sont formés par l'*acide urique*, principe qui contient beaucoup d'azote. En diminuant dans le régime la proportion des aliments azotés, on parvient à prévenir et même à guérir la goutte et la gravelle. *Voyez* mon *Traité de la Gravelle*, Paris, 2e édit.

Expériences sur la nutrition.

4. Un âne auquel j'ai fait donner du riz sec et ensuite cuit à l'eau, parce qu'il refusait le premier, n'a survécu que quinze jours : les derniers jours il a refusé constamment de manger le riz. Un coq s'est nourri de riz cuit pendant plusieurs mois en conservant sa santé.

5. Des chiens nourris exclusivement avec du fromage, et d'autres avec des œufs durs, ont vécu long-temps, mais ils étaient faibles, maigres ; ils perdaient leurs poils, et leur aspect annonçait une nutrition incomplète.

6. La substance qui, donnée seule, laisse vivre le plus long-temps les animaux rongeurs, est la chair musculaire.

7. L'un des faits les plus remarquables que j'aie constatés est celui-ci : Si un animal a vécu pendant un certain temps avec une substance qui, prise seule, ne peut le nourrir, de pain blanc, par exemple, pendant quarante jours, en vain à cette époque changera-t-on sa nourriture, et le rendra-t-on à un régime ordinaire : l'animal mangera avec avidité les nouveaux aliments qu'on lui présente ; mais il continuera à dépérir, et sa mort n'en arrivera pas moins à l'époque où elle serait arrivée s'il avait soutenu son régime exclusif.

8. La conséquence la plus générale et la plus importante à déduire de ces faits, qui mériteraient d'être suivis et examinés de nouveau, c'est que la diversité et la multiplicité des aliments est une règle

Expériences sur la nutrition.

d'hygiène très-importante, qui nous est d'ailleurs indiquée par notre instinct et par les variations que les saisons apportent dans la nature et l'espèce des substances alimentaires.

MM. Edwards et Balzac, par des recherches intéressantes entreprises pour décider la question difficile de savoir si la gélatine extraite des os doit être employée comme aliment des classes pauvres, sont arrivés à des résultats qui confirment ceux qui précèdent.

Le pain seul ne nourrit pas les chiens, nous l'avions déjà remarqué; mais est-ce parce qu'il ne contient pas suffisamment de principes azotés? Pour lever cette difficulté, les auteurs ont ajouté la gélatine pure de bonne qualité au pain. Ce régime ne s'est pas trouvé assez nutritif pour entretenir la vie; il a fallu ajouter au mélange une faible proportion de la substance sapide de la viande (l'osmazôme) pour que la nutrition s'effectuât convenablement.

E. Les expériences que j'ai faites sur la cinquième paire de nerfs m'ont conduit à des résultats singuliers relativement à la nutrition de l'œil.

Quand le tronc de ce nerf est coupé dans le crâne, un peu après son passage sur le rocher, vingt-quatre heures après la section, la cornée devient trouble à sa surface; il s'y forme une large taie. Après quarante-huit ou soixante heures, cette partie est complètement opaque, la conjonctive s'enflamme ainsi que l'iris. Il se dépose dans la chambre intérieure un liquide trouble et des fausses membranes provenant de la face intérieure de l'iris; le cristallin lui-même et l'humeur vitrée commencent à perdre leur transparence et finissent, au bout de quelques jours, par la perdre entièrement.

Huit jours après la section du nerf, la cornée se détache de la sclérotique, et les humeurs de l'œil qui sont restées liquides s'échappent par l'ouverture. L'organe diminue de volume et tend à s'atrophier, et finit en effet par devenir une sorte de tubercule rempli d'une matière analogue à du fromage pour l'aspect, etc.

La nutrition de l'œil est donc évidemment sous l'influence nerveuse.

Il en est de même de la glande lacrymale, qui reçoit une branche spéciale de la cinquième paire, sous le nom de nerf lacrymal. Cette glande s'atrophie et se détériore comme l'œil; ses fonctions, c'est-à-dire la sécrétion des larmes, sont abolies aussitôt après la section du nerf qui s'y distribue.

L'action des organes entretient et développe leur nutrition : cette remarque est connue; le repos la ralentit, l'inaction complète l'arrête pour quelques uns. On en verra sans doute la preuve dans l'expérience suivante :

Mettez l'œil d'un pigeon hors d'état d'agir, au bout de quinze jours tout l'appareil nerveux de l'œil inactif sera dans un état d'atrophie complet. Nous voyons des résultats analogues chez l'homme ; mais en général il faut très-long-temps avant que l'atrophie du nerf optique soit apparente, et le plus souvent elle se borne à la partie antérieure à la décussation des nerfs.

Remarques sur la nutrition.

F. Un assez grand nombre de tissus dans l'économie paraissent ne point éprouver de nutrition proprement dite : tels sont l'épiderme, les ongles, les poils, les dents, la matière colorante de la peau, et peut-être les cartilages. Ces diverses parties sont réellement sécrétées, soit par des organes particuliers, comme les dents et les poils, soit par des parties qui ont en même temps d'autres fonctions, comme les ongles et l'épiderme. La plupart des parties formées de cette matière s'usent par le frottement des corps extérieurs, et se renouvellent à mesure qu'elles se détruisent ; enlevées complètement, elles peuvent se reproduire en entier. Un fait assez singulier, c'est qu'elles continuent à croître plusieurs jours après la mort ; nous avons un phénomène semblable à l'occasion du mucus.

G. Certaines substances, mais particulièrement l'iode, paraissent avoir une influence marquée sur la nutrition. Leur usage l'accélère ou la diminue. Ces effets opposés sont manifestes pour l'iode, et mériteraient une attention spéciale.

Après ce peu de mots sur les principaux phénomènes nutritifs, il faut examiner un phénomène très-important, qui paraît intimement lié avec la nutrition, mais qui a aussi des rapports étroits avec la respiration : je veux parler de la production de la chaleur dans le corps de l'homme.

De la chaleur animale.

Un corps inerte, qui ne change point d'état, placé au milieu d'autres corps, prend bientôt la même température que ceux-ci, à raison de la tendance qu'a le calorique à se mettre en équilibre. Le corps de l'homme se comporte tout autrement : environné de corps plus chauds que lui, il conserve, tant que la vie dure, sa température intérieure ; entouré de corps dont la température est plus basse que la sienne, il maintient sa température plus élevée. Il y a donc dans l'économie animale deux propriétés distinctes et différentes, l'une de produire de la chaleur, et l'autre de produire du froid. Examinons ces deux propriétés ; voyons d'abord comment se produit la chaleur.

Principale source de la chaleur animale.

La principale, ou, si l'on veut, la plus évidente source de la chaleur animale, paraît être la respiration. L'expérience nous a démontré, en effet, que le sang s'échauffe d'environ un degré en traversant les poumons ; et comme du poumon il est réparti dans tout le corps, il porte partout de la chaleur, et la dépose dans les organes; car nous avons vu aussi que le sang des veines est un peu moins chaud que celui des artères.

Ce développement de la chaleur dans la respiration paraît être dû, comme nous l'avons déjà dit, à la formation de l'acide carbonique, soit qu'elle ait lieu directement dans le poumon, soit qu'elle n'arrive qu'ultérieurement dans les vaisseaux ou dans le parenchyme même des organes. De très-belles expériences de Lavoisier et de Laplace conduisent à cette conclusion; ils placèrent dans un calorimètre des animaux, et comparèrent la quantité d'acide formé par la respiration, avec la quantité de chaleur produite dans un temps donné. A une petite proportion près, la chaleur produite était celle qu'avait nécessairement entraînée la quantité d'acide carbonique formée.

Chaleur animale.

Des expériences de MM. Brodie, Thillay et Legallois ont aussi prouvé que si l'on gêne la respiration d'un animal, soit en le mettant dans une position fatigante, soit en le faisant respirer artificiellement, sa température baisse, et la quantité d'acide carbonique qu'il forme diminue. Dans les maladies, quand la respiration est accélérée, la chaleur augmente, à moins de circonstances particulières. La respiration est donc un foyer où il se développe du calorique.

La science vient d'acquérir, sur la question de la chaleur animale, une précision qui n'avait point encore été atteinte dans ce genre de recherche.

Expériences de M. Despretz sur la chaleur animale.

M. Despretz a fait une série nombreuse d'expériences sur la comparaison de la chaleur émise par les animaux et de la chaleur dégagée par la combustion opérée au sein des poumons.

Il paraît bien démontré aujourd'hui que la respiration produit en général les quatre cinquièmes de la chaleur chez les animaux herbivores; les trois quarts chez les animaux carnivores; les oiseaux présentent à peu près le même rapport.

C'est donc dans les poumons qu'est la principale source de la chaleur animale, ainsi que l'indiquaient les essais de Lavoisier et de Laplace; mais dans ces essais, la comparaison n'avait pas été établie sur le même animal : un cochon-d'Inde avait fourni l'acide carbonique, et un autre animal du même genre avait servi à la mesure de la chaleur; il restait donc à faire des expériences nombreuses et précises, pour ne plus laisser d'incertitude sur le rôle des poumons dans cet important phénomène : c'est ce qui a engagé l'Académie des Sciences à proposer en prix cette question. M. Despretz l'a remporté. L'Académie avait demandé en outre qu'on déterminât avec précision la chaleur dégagée dans la combustion du carbone; M. Despretz a résolu ces deux questions avec succès : nous ne rapporterons ici que la partie physiologique de son travail.

L'animal est placé dans une boîte en cuivre as-

Expériences de M. Despretz sur la chaleur animale.

sez grande pour qu'il n'y soit pas gêné ; cette boîte a un rebord dans lequel plonge le couvercle ; l'intervalle entre la boîte et le couvercle est rempli de mercure ; la petite boîte renfermant l'animal est fixée dans une caisse en cuivre ; on connaît exactement le poids de tout le cuivre employé, et de l'eau pure qui enveloppe la boîte dans laquelle est l'animal ; tout cet appareil est placé sur des supports en bois très-sec ; l'animal est d'ailleurs séparé du cuivre par des baguettes d'osier, afin qu'il ne lui cède pas de sa chaleur propre ; l'air est fourni par un gazomètre exactement gradué ; cet air passe d'abord dans la boîte assez de temps pour qu'il s'y trouve au moment, où l'on prend la température de l'eau, dans le même état qu'à la fin de l'expérience ; la température de l'eau est connue avec une grande précision. Pendant toute la durée de l'expérience, qui est ordinairement de deux heures, l'air arrive sur l'animal avec une vitesse constante. Le gaz qui a été respiré contient ordinairement six pour cent d'acide carbonique ; on en détermine la quantité en traitant l'air par la potasse ; l'air, dépouillé de son acide carbonique, est ensuite analysé par l'hydrogène. Le volume d'air fourni à l'animal pendant deux heures est de quarante-cinq à cinquante litres.

Ire EXPÉRIENCE.

Trois cochons-d'Inde, femelles adultes.
Durée de l'expérience, 1 h. 45 m.

Expériences de M. Despretz sur la chaleur animale.

Volume d'air fourni à. . . . 9°,44 — 48 lit. 026 { 10,085 oxigène. 37,941 azote.

Après l'expérience, ramené à la même température par le calcul. . . . . { 2,587 acide. 6,789 oxigène. 39,616 azote.

	litres.
Acide formé.	2,587
Oxigène disparu.	0,709
Azote dégagé	1,675

Ces trois animaux ont élevé la température de 23310 g., 5 d'eau, 0°,63; d'où l'on réduit:

Chaleur animale.	100	
Chaleur due à la formation de l'acide carbonique.	69,6	89,0
Chaleur due à la formation de l'eau. .	19,4	

L'oxigène disparu $= \frac{7}{26}$ de l'acide formé.

L'azote dégagé $= \frac{17}{7}$ de l'oxigène disparu. $= \frac{17}{26}$ de l'acide formé.

Les frugivores présentent souvent une exhalation d'azote supérieure à l'absorption de l'oxigène.

IIe EXPÉRIENCE.

Chienne de cinq ans environ.
Durée de l'expérience, 1 h. 31 m.

Volume d'air fourni à . . . 8°,60 — 47 lit. 657 { 10,008 oxigène. 37,649 azote.

Volume d'air, après l'expérience, ramené à la même température. . . . . 47,214 { 3,768 acide. 4,424 oxigène. 39,022 azote.

	litres.
Acide formé	3,768
Oxigène disparu.	1,806
Azote dégagé.	1,374

L'oxigène disparu $= \frac{9}{19}$ de l'acide formé.

L'azote dégagé $= \frac{7}{9}$ de l'oxigène disparu $= \frac{7}{19}$ de l'acide formé.

Élévation de la température de 25387 g. 5 d'eau, 1°,10.

Chaleur animale.	100	
Chaleur due à la formation de l'acide carbonique.	54,9	80,8
Chaleur due à la formation de l'eau.	25,9	

IIIe EXPÉRIENCE.

Chat mâle, âgé de deux ans.
Durée de l'expérience, 1 h. 30 m.

Volume d'air fourni à . . . 9°44 — 47 lit.,883 { 10,055 oxigène. 37,828 azote.

Expériences de M. Despretz sur la chaleur animale.

Volume après la respiration. . . . 48,022 { 2,059 acide. 7,122 oxigène. 38,841.

	litres.
Acide formé. . . .	2,059
Oxigène disparu. . .	0,874
Azote dégagé. . . .	1,013

L'oxigène disparu $= \frac{9}{21}$ de l'acide formé.

L'azote dégagé $= \frac{10}{9}$ de l'oxigène disparu, $= \frac{10}{21}$ de l'acide formé.

Élévation de la température de 25387 g., 5 d'eau, 0°, 57; d'où

Chaleur animale.	100	
Chaleur due à la formation de l'acide carbonique.	57,8	80,8
Chaleur due à la formation de l'eau .	23,0	

Les nombres qui représentent la partie de la chaleur animale due à la respiration sont un peu forts; en voici quelques uns qui le sont moins.

IVe EXPÉRIENCE.

Deux jeunes chiens de cinq à six semaines.

Chaleur animale.	100	
Chaleur due à la formation de l'acide carbonique.	48,5	70,7
Chaleur due à la formation de l'eau. .	22,2	

Ve EXPÉRIENCE.

Chienne de six mois.

Chaleur animale.	100	
Chaleur due à la formation de l'acide carbonique.	49,6	74,1
Chaleur due à la formation de l'eau.	24,5	

VIe EXPÉRIENCE.

Six petits lapins.

Chaleur animale.	100	
Chaleur due à la formation de l'acide carbonique	58,5	82,1
Chaleur due à la formation de l'eau. .	23,6	

VIIe EXPÉRIENCE.

Trois cochons-d'Inde, mâles, adultes.

Chaleur animale.	100	
Chaleur due à la formation de l'acide carbonique.	59,1	81,5
Chaleur due à la formation de l'eau. .	22,4	

Expériences de M. Despretz sur la chaleur animale.

Ces exemples suffisent pour faire voir que dans le développement de la chaleur animale la respiration produit chez les mammifères frugivores une portion plus considérable de la chaleur animale totale que chez les carnivores.

VIIIe EXPÉRIENCE.

Trois pigeons mâles, adultes.
Durée de l'expérience, 1 h. 32 m.

Volume d'air fourni à. . . . 9°,73 — 47 lit. 674 { 10,012 oxigène. 37,662 azote.

Volume d'air après la respiration ramené à 9°,73 = 47,650 . . . . { 2,451 acide. 6,826 oxigène. 38,372 azote.

litres.

Acide carbonique formé . . 2,451
Oxigène disparu. 0,735
Azote dégagé. 0,710

L'oxigène disparu $= \frac{7}{25}$ de l'acide formé.

L'azote dégagé $= \frac{71}{73}$ de l'oxigène disparu.

Élévation de la température de la masse d'eau, 25387g., 5, 0°,644 d'où

Chaleur animale.	100	
Chaleur due à la formation de l'acide carbonique.	60,5	78,8
Chaleur due à la formation de l'eau.	18,3	

IXe EXPÉRIENCE.

Grand-duc de Virginie adulte.
Durée de l'expérience, 1 h. 25 m.

Volume d'air fourni à. . . 7°,00, — 48 lit, 136 { 10,109 oxigène. 38,027 azote.

Volume après la respiration ramené à la température de. . . . . 7°,0 — 47 lit.,838 { 1,601 acide. 7,483 oxigène. 38,754 azote.

litres.

Acide formé. 1,601
Oxigène disparu. 1,025
Azote dégagé. 0,727

L'oxigène disparu $= \frac{10}{16}$ de l'acide formé.

L'azote dégagé $= \frac{7}{10}$ de l'oxigène disparu, $= \frac{7}{15}$ de l'acide formé.

Élévation de la température de la masse d'eau, 25187g., 5, 0°, 55, d'où

Chaleur animale.	100	
Chaleur due à la formation de l'acide carbonique.	47,4	77
Chaleur due à la formation de l'eau.	29,6	

On voit qu'il y a, relativement à l'exhalation d'azote, la même différence que pour les mammifères.

Expériences de M. Despretz sur la chaleur animale.

Dans les expériences envoyées à l'Académie, le gaz provenant de la respiration était reçu dans un gazomètre, où il était séparé de l'eau par un flotteur en fer-blanc ; cependant, comme l'intérieur du gazomètre était nécessairement humide, une certaine quantité d'acide aurait pu être dissoute. C'est afin d'avoir des résultats nets et à l'abri des objections que M. Despretz a fait construire un appareil dans lequel le gaz respiré est reçu sur le mercure.

On peut donc admettre maintenant comme vérités incontestables : 1° que la respiration est la principale cause du développement de la chaleur animale ;

2° Qu'outre l'oxigène employé à la formation de l'acide carbonique, une certaine quantité, quelquefois très-considérable relativement à la première, disparaît aussi : on pense généralement qu'il est employé à la combustion de l'hydrogène, mais cette explication n'a pas encore été prouvée directement ;

3° Qu'il y a exhalation d'azote dans la respiration des mammifères carnivores ou frugivores, et dans la respiration des oiseaux ; et qu'en général la quantité d'azote exhalée suit la quantité d'oxigène employée à la respiration.

En considérant pour un moment le poumon comme l'unique source de chaleur dans l'économie, nous voyons que le calorique doit se distri-

Chaleur animale.

buer aux différentes parties du corps d'une manière inégale; les plus éloignées du cœur, celles qui reçoivent moins de sang, ou qui se refroidissent le plus facilement, doivent être généralement plus froides que celles qui présentent les dispositions contraires.

C'est en partie ce qui existe. Les membres sont plus froids que le tronc; souvent ils n'offrent que 25 ou 26°, et quelquefois beaucoup moins, 4 ou 5° par exemple, tandis que la cavité du thorax approche de 32°; mais les membres ont une surface considérable, relativement à leur masse; ils sont plus éloignés du cœur, et reçoivent moins de sang que la plupart des organes du tronc. A raison de l'étendue considérable de leur surface et de leur éloignement du cœur, il est probable que les pieds et les mains auraient une température encore plus basse que celle qui leur est propre, si ces parties ne recevaient proportionnellement une quantité de sang plus grande. La même disposition existe pour tous les organes extérieurs dont la surface est très-grande, comme le nez, le pavillon de l'oreille, etc. : aussi leur température est-elle plus élevée que ne semble l'indiquer leur surface et leur éloignement du cœur.

Malgré cette prévoyance de la nature, les parties à larges surfaces perdent plus facilement leur calorique, et non seulement sont habituellement plus froides que les autres, mais éprouvent sou-

Chaleur animale.

vent des refroidissements considérables ; les mains et les pieds, en hiver, sont fréquemment à une température voisine de o. C'est la raison pour laquelle nous les exposons plus volontiers à la chaleur de nos foyers.

Parmi les moyens que nous employons instinctivement pour empêcher ou pour remédier au refroidissement, il faut remarquer les mouvements, la course, la marche, les sauts, qui accélèrent la circulation ; les pressions, les chocs sur la peau, qui attirent dans le tissu de cette membrane une plus grande quantité de sang. Un autre moyen, aussi efficace, consiste à diminuer la surface en contact avec les corps qui nous enlèvent du calorique. Ainsi nous fléchissons les différentes parties des membres les unes sur les autres, nous les appliquons fortement contre le tronc quand la température extérieure est très-froide. Les enfants et les personnes faibles adoptent souvent cette position lorsqu'ils sont couchés (1). Sous ce rapport, il serait avantageux de ne pas renfermer les très-jeunes enfants dans des maillots qui les empêchent de se fléchir ainsi sur eux-mêmes.

Nos vêtements conservent notre chaleur, car les tissus qui les forment étant mauvais conducteurs

(1) *Voyez*, sur ce sujet, un mémoire de M. Brès, dans le *Journal de Médecine*, année 1817.

du calorique ne laissent point échapper celui du corps.

Chaleur animale.

D'après ce qui vient d'être dit, la combinaison de l'oxigène de l'air avec le carbone du sang satisfait seule à la plupart des phénomènes que présente la production de la chaleur animale ; mais il en est quelques uns qui, s'ils sont réels, ne sauraient être expliqués par ce moyen. Des observateurs estimables ont avancé que, dans certaines maladies locales, la température du lieu malade s'élève de plusieurs degrés au dessus de celle du sang, prise à l'oreillette gauche. S'il en était ainsi, l'abord continuel du sang artériel ne pourrait suffire pour rendre raison de cet accroissement de chaleur ; mais je doute de l'incertitude du fait : j'ai moi-même fait des recherches suivies sur ce sujet, en me servant de thermomètres très-sensibles, et je n'ai jamais vu la partie enflammée avoir une chaleur au dessus de celle du sang. J'ai vu, par exemple, une main malade être de 8 ou 10° plus chaude que la main saine, mais cette température pathologique était cependant au dessous de celle du sang : elle n'était que de 29 à 30° R. Toutefois, d'après les expériences de M. Despretz, dans les circonstances les plus favorables, et seulement dans les animaux herbivores, la respiration ne fournit que 89° sur 100 de chaleur animale, et dans les carnassiers, elle ne donne que 80°. Il existe donc d'autres sources de chaleur dans l'économie;

Seconde source de la chaleur animale.

il est probable qu'elles existent dans les frottements des diverses parties, le mouvement du sang, le roulis de ses globules les uns sur les autres, et enfin dans les phénomènes nutritifs.

Il n'y a rien de forcé dans cette supposition, car la plupart des combinaisons chimiques donnent lieu à des élévations de température, et l'on ne peut douter que, soit dans les sécrétions, soit pour la nutrition, il ne se passe des combinaisons de ce genre dans la profondeur des organes.

Au moyen de ces deux sources de chaleur, la vie peut se maintenir quoique le corps soit exposé à une température très-basse, telle que celle de l'hiver dans les pays voisins du pôle, et qui descend quelquefois à 34° R. En général, nous supportons difficilement un froid aussi rigoureux, et il arrive souvent que les parties qui se refroidissent le plus aisément sont mortifiées et tombent en gangrène : un grand nombre de militaires ont éprouvé ces accidents dans les guerres de Russie.

Cependant, puisque nous résistons facilement à une température beaucoup plus basse que la nôtre, il est évident que la faculté de produire de la chaleur est très-développée en nous.

Moyen par lequel nous résistons à une forte chaleur.

Celle de produire du froid, ou, en termes plus exacts, de résister à une chaleur étrangère qui tend à s'introduire dans nos organes, est plus restreinte. Dans les pays équatoriaux, il est arrivé que des hommes sont morts subitement quand la température approchait de 40°.

Mais, pour être restreinte, cette propriété n'en est pas moins réelle. MM. Banks, Blagden et Fordyce, s'étant exposés eux-mêmes à une chaleur de près de 100° R., ont constaté que leur corps avait conservé, à peu de chose près, sa même température. Des expériences plus récentes, de MM. Berger et Delaroche, ont fait voir que la chaleur du corps pouvait, par cette cause, monter de plusieurs degrés: il n'est pas même nécessaire, pour que cet effet ait lieu, que la température ambiante soit très-élevée. S'étant placés l'un et l'autre dans une étuve sèche à 39°, leur température s'éleva de 3° environ. M. Delaroche, ayant séjourné seize minutes dans une étuve sèche à 64°, trouva augmentation de 4° dans la sienne.

Franklin, à qui les sciences physiques et morales sont redevables de plusieurs découvertes importantes, et d'un grand nombre d'aperçus ingénieux, est le premier qui ait trouvé la raison pour laquelle le corps résiste ainsi à une forte chaleur. Il a fait voir que cet effet était dû à l'évaporation de la transpiration cutanée et pulmonaire, et que, sous ce rapport, le corps des animaux ressemble aux vases poreux nommés *alcarrazas*. Ces vases, en usage dans les pays chauds, laissent suinter l'eau qu'ils renferment, ont une surface constamment humide, où se fait une évaporation rapide qui refroidit le liquide qu'ils renferment.

Pour vérifier cet important résultat, M. Delaroche a placé des animaux dans une atmosphère chaude et tellement saturée d'humidité, qu'aucune évaporation ne pouvait s'y produire. Ces animaux n'ont pu supporter, sans périr, qu'une chaleur un peu plus élevée que la leur, et se sont échauffés comme s'ils n'avaient plus aucun moyen de se refroidir. Ainsi, point de doute que l'évaporation cutanée et pulmonaire ne soit la cause pour laquelle l'homme et les animaux résistent à une forte chaleur. Cette explication est encore confirmée par la perte considérable de poids qu'éprouve le corps après avoir été exposé à une chaleur élevée.

D'après les faits qui viennent d'être exposés, il est évident que les auteurs qui ont représenté la chaleur animale comme fixe se sont fort éloignés de la vérité. Pour en juger sainement, il faudra tenir compte de la température et de l'humidité ambiante; il faudra prendre le degré de chaleur des diverses parties, et ne point juger de la température de l'une par celle de l'autre.

Chaleur animale.

Nous avons peu d'observations bien faites sur la température propre au corps de l'homme; les plus récentes sont dues à MM. Ewards et Gentil. Ces auteurs ont observé que le lieu le plus propice pour juger de la chaleur du corps est l'aisselle. Ils ont remarqué une différence de près d'un degré entre la chaleur d'un jeune homme et celle d'une jeune fille : celle-ci ne présentait à la main qu'un peu moins de 29°; la main du jeune homme marquait 29° 1/2. Les mêmes ont observé des différences remarquables pour la chaleur dans les différents tempéraments. Il existe aussi des variations diurnes; la température peut varier de deux ou trois degrés du matin au soir. En général, ce sujet aurait besoin de nouvelles observations.

DE LA GÉNÉRATION.

Les fonctions de la relation et les fonctions nutritives établissent l'existence individuelle de l'homme; mais, comme tous les animaux, il est encore appelé à en exercer une autre très-importante, qui est la création d'êtres semblables à lui, et à concourir ainsi à l'existence de l'espèce.

Par son but, la génération est très-différente des fonctions de relation et nutritives; mais elle en diffère encore en ce que les organes qui coopèrent n'existent pas sur le même individu, et établissent la principale différence des sexes.

Appareil de la génération.

Il se compose des organes propres à l'homme et de ceux qui sont particuliers à la femme.

Organes génitaux de l'homme.

Organes génitaux de l'homme.

Ces organes sont les *testicules*, les *vésicules spermatiques*, la *prostate*, les *glandes* de Cowper et le *penis*.

Testicules.

Il y a deux *testicules*. Les cas rapportés dans les auteurs, où l'on dit en avoir vu trois et même quatre, sont fort incertains. Leur forme est ovoïde et leur volume peu considérable; leur parenchyme consiste en un nombre infini de petits vaisseaux repliés et contournés sur eux-mêmes, nommés *spermifères*, et se dirigeant tous vers un point de la surface, nommé la *tête de l'épididyme;* là ils se rapprochent, s'anastomosent, diminuent de nombre, et finissent par ne plus former qu'un canal contourné qui règne au dessus de l'organe, et y prend le nom d'*épididyme:* si par la dissection ou autrement on détruit le tissu cellulaire qui maintient plissés les vaisseaux spermifères, on peut s'assurer qu'ils ont une longueur très-considérable, qu'ils forment, en s'anastomosant, des mailles de plus d'un pied de diamètre.

Le canal qui leur succède, ou qui résulte de leur réunion, se détache de l'organe sous le nom de *conduit déférent*, remonte vers les anneaux inguinaux, se plonge dans le bassin, et arrive enfin à la partie inférieure et antérieure de la vessie; là il communique d'une part avec les vésicules spermatiques, et de l'autre avec la portion prostatique de l'urètre.

Le parenchyme du testicule est enveloppé par une membrane fibreuse et résistante ; il est en outre recouvert, 1° par une membrane séreuse, nommée *tunique vaginale*, qui dans le fœtus a fait partie du péritoine ; 2° par une membrane musculaire qui peut élever le testicule et l'appliquer contre l'anneau inguinal ; 3° par le *dartos*, couche de tissu cellulaire fort lâche qui paraît être contractile ; 4° enfin, par la peau rugueuse et de couleur foncée qui forme le *scrotum* ou les bourses. Cette portion de peau a la propriété remarquable de se contracter à la manière des tissus musculaires non soumis à la volonté.

Le sang artériel arrive au testicule par une petite artère qui naît de l'aorte à la hauteur des rénales. Les veines de cet organe sont grosses, flexueuses et multipliées ; elles ont des anastomoses fréquentes, et portent ensemble le nom de *corps pampiniforme*. Quoique la sensibilité des testicules soit des plus vives, il ne paraît pas qu'on ait pu y suivre aucun nerf, soit du cerveau, soit des ganglions.

On donne le nom de *vésicules spermatiques* à deux petits organes celluleux situés au dessous du bas-fond de la vessie, et qui paraissent destinés à contenir le fluide sécrété par le testicule. Les parois en sont minces, recouvertes en dedans par une

Vésicules spermatiques.

membrane muqueuse, et en dehors par une lame fibreuse : on ignore si la membrane intermédiaire est ou n'est pas contractile. L'extrémité antérieure de ces petites vessies communique avec les canaux déférents de l'urètre par l'intermédiaire d'un canal très-court et très-étroit appelé *éjaculateur*.

M. Amussat vient de s'assurer, par une dissection attentive et délicate, que les vésicules sont formées par un canal étroit, d'une longueur assez considérable, et replié plusieurs fois sur lui-même en divers sens. Ses contours sont rendus fixes par des brides cellulaires, à la manière des vaisseaux spermifères.

Pénis.

Enfin, la *verge* ou *pénis* est au nombre des organes génitaux mâles. Elle est principalement formée par les *corps caverneux*, la *portion spongieuse de l'urètre*, et le *gland*.

Corps caverneux.

Les *corps caverneux* déterminent en grande partie la forme et les dimensions de la verge; ils commencent sur la partie interne des branches de l'ischion, se rapprochent bientôt, et finissent par s'adosser pour former le corps de la verge. Ils sont séparés l'un de l'autre par une cloison fibreuse percée de beaucoup d'ouvertures. Ils ont une membrane extérieure fibreuse, dure, épaisse, et très-résistante. A leur intérieur, il existe un très-grand nombre de filaments, de lames entre-croisées en divers sens, et qui, par leur réunion, produisent une sorte d'éponge, au milieu de laquelle le sang

Corps caverneux.

est épanché. Ce tissu communique librement avec les veines, ainsi que j'en ai plusieurs fois acquis la preuve directe (1). L'urètre et le gland, qui font aussi partie essentielle de la verge, ont un parenchyme analogue, mais ils ne sont pas entourés d'une membrane fibreuse.

Six artères se rendent à la verge. Cette partie reçoit aussi plusieurs nerfs qui naissent des paires sacrées.

Sécrétion du sperme

Les organes génitaux de l'homme ne constituent réellement qu'un appareil de sécrétion glandulaire, dont le testicule est la glande, les vésicules le réservoir, le conduit déférent et l'urètre le canal excréteur. Cette sécrétion est indispensable pour la génération.

On nomme *sperme* le fluide sécrété par les testicules. Le petit volume de ces glandes, le nombre et la tenuité des conduits spermifères, la petite quantité de sang qu'y apportent les artères spermatiques, la longueur et l'étroitesse extrême des canaux déférents, rendent probable que sa quantité est très-peu considérable, et qu'il ne se dirige

(1) Pour bien voir cette communication du tissu caverneux de la verge avec les veines, j'insuffle et je fais sécher le pénis; alors, au moyen de quelques coupes fort simples, on voit les veines faire suite immédiatement aux cellules caverneuses. Dans le cheval, la communication se fait par des ouvertures assez grandes pour contenir le doigt.

vers les vésicules qu'avec une extrême lenteur. Il est probable aussi que la sécrétion du sperme se fait d'une manière continue, mais plus rapide, si l'on éprouve des excitations voluptueuses, si l'on a fait usage de certains aliments, et si l'on répète souvent l'acte vénérien.

Sécrétion du sperme.

On conçoit assez difficilement comment la liqueur sécrétée par le testicule chemine à travers les canaux spermifères et l'épididyme, et comment elle parcourt de bas en haut le canal déférent. Peut-être y a-t-il dans ce canal un effet de capillarité que rend probable son étroitesse, ainsi que l'épaisseur et la résistance de ses parois. Il est un peu plus facile de comprendre comment le sperme, arrivé à l'extrémité du canal déférent, peut pénétrer dans les vésicules : les canaux éjaculateurs, embrassés avec le col de la vessie par les releveurs de l'anus, doivent résister à l'abord du liquide qui trouve un plus libre accès dans le col de la vésicule spermatique.

Jamais le sperme n'a été analysé tel qu'il sort du testicule; le fluide qui a été étudié sous ce nom est formé par le sperme, le liquide sécrété par la membrane muqueuse des vésicules, celui de la glande prostate, et peut-être celui des glandes de Cowper.

Propriétés physiques et chimiques du sperme.

Au moment où il sort de l'urètre, ce fluide mixte est composé de deux substances, l'une liquide, légèrement opaline, l'autre épaisse, presque opaque.

Abandonnées à elles-mêmes, ces deux matières se mêlent et se liquéfient en quelques minutes. L'odeur du sperme est forte, et *sui generis;* sa saveur est salée, et même un peu âcre. Vauquelin, qui l'a analysé, l'a trouvé composé de : eau, 900; mucilage animal, 60; soude, 10; phosphate de chaux, 30. Examiné au microscope, on y aperçoit une multitude innombrable d'animalcules qui paraissent avoir une tête arrondie et une queue très-longue : ces êtres singuliers se meuvent avec une certaine rapidité; ils semblent fuir la lumière et se plaire davantage à l'ombre. Pour les voir, il suffit de faire une légère piqûre au testicule d'un animal en âge de féconder, de recueillir sur un porte-objet une parcelle du liquide qui s'écoule de la piqûre, de délayer avec de l'eau tiède, et de placer ensuite sous le microscope avec un faible grossissement. Ces animalcules n'existent que chez les individus aptes à la fécondation; les affections tristes (1), les maladies, les excès les font disparaître : chez les animaux, on ne les trouve que durant le temps du rut. Les mulets, qui le plus souvent sont inféconds, n'en offrent point, bien qu'ils aient du sperme.

Animalcules spermatiques

(1) M. Bory-Saint-Vincent a en vain cherché ces animalcules sur deux individus jeunes et vigoureux qui avaient subi la peine capitale; il les a trouvés, au contraire, sur des militaires tués par le boulet.

L'époque à laquelle commence la sécrétion du sperme est celle de la puberté ; avant ce temps, les testicules forment un fluide visqueux transparent qui n'a jamais été analysé, mais qui, à en juger par l'apparence, diffère beaucoup du sperme. D'après des observations récentes, ce fluide ne contiendrait pas d'animalcules spermatiques.

Influence de la sécrétion du sperme sur l'économie.

Les modifications de l'économie qui arrivent à la même époque, telles que la mue de la voix, le développement des poils, l'accroissement des muscles et des os, etc., sont liés avec l'existence des testicules et au fluide qu'ils sécrètent. En effet, la soustraction de ces organes avant la puberté s'oppose à leur développement. Les eunuques conservent d'abord les formes de l'enfance ; leur larynx ne s'accroît pas, leur menton ne se couvre point de poils, leur caractère reste timoré ; plus tard ils se rapprochent beaucoup par leur physique et leur moral de la femme : cependant la plupart se plaisent dans le commerce de celles-ci, et se livrent même avec ardeur à un acte qui ne peut jamais tourner au profit de l'entretien de l'espèce.

De l'érection.

Dans l'état de santé, pour que l'émission du sperme puisse avoir lieu, le tissu spongieux de la verge doit être distendu en tous sens, durci, plus chaud, en un mot, être en *érection*. Dans cet état, tout annonce que le sang arrive en grande abondance à la verge, ses artères grossies battent avec plus de force ; tout annonce aussi qu'il en sort avec plus de difficulté, ses veines sont gonflées, et la température est sensiblement augmentée. Ces divers phénomènes sont évidemment sous l'influence du système nerveux.

Diverses explications ont été proposées pour l'érection. Elle a été rapportée tantôt à la compression des veines honteuses ou des corps caverneux par les muscles intrinsèques de la verge, tantôt à la constriction des veines par l'influence nerveuse, etc.; de ces explications, celle qui attribue l'érection à la compression des veines du pénis paraît la plus probable. Les principales veines sont disposées de manière à être comprimées au moment où elles rentrent dans le bas-ventre, tandis que rien ne peut produire un semblable effet sur les artères. Pour m'assurer de l'influence de la compression des veines sur le gonflement du pénis, j'ai lié, sur un chien, les deux grosses veines qui marchent sur la partie supérieure du corps caverneux, et sur-le-champ le pénis s'est gonflé, et est entré dans une sorte d'érection; mais comme les deux vaisseaux liés ne sont pas les seules veines du pénis du chien, on ne peut rien affirmer de cette expérience qui montre cependant l'influence de la compression des veines sur l'état du pénis.

Expériences sur l'érection.

Quoi qu'il en soit, l'érection est amenée par plusieurs causes très-différentes, telles que des excitations mécaniques, les désirs vénériens, la plénitude des vésicules, l'usage de certains aliments, de quelques médicaments, et même de quelques poisons : elle est encore excitée par plusieurs maladies, la flagellation, etc. De toutes ces causes, l'imagination est celle dont l'effet est le plus rapide. Parmi les phénomènes de l'érection, l'un des plus remarquables est sans doute la promptitude avec laquelle elle se reproduit ou cesse dans certains cas.

Ordinairement l'érection est accompagnée de l'écoulement d'un liquide visqueux, qu'on dit venir de la prostate.

Excrétion du sperme.

Les circonstances qui amènent l'excrétion du sperme ainsi que la sensation voluptueuse qui l'accompagne, sont connues; le mécanisme même de son évacuation l'est beaucoup moins. Les vésicules se vident-elles en tout ou en partie dans le moment de l'éjaculation? Est-ce leur tunique moyenne qui se contracte, ou bien sont-elles comprimées par quelques autres causes? Les faisceaux musculaires (1) qui, de l'orifice des uretères, se portent à la crête urétrale, y concourent-ils? Le muscle releveur de l'anus doit-il être relâché à cet instant? Est-ce le contact du sperme sur la partie membraneuse ou spongieuse qui excite la sensation qui accompagne son expulsion? etc. Nous ne savons rien de positif sur ces diverses questions.

(1) Décrits par M. Charles Bell.

Organes génitaux de la femme.

Les *ovaires*, les *trompes*, l'*utérus* ou la *matrice*, et le *vagin*, tels sont les organes qui servent essentiellement à la génération chez la femme.

Organes génitaux de la femme.

Des ovaires.

Depuis Stenon, on donne le nom d'*ovaires* à deux petits corps situés dans l'excavation du bassin, sur les côtés de l'utérus. Chaque ovaire est formé par une membrane extérieure fibreuse, et à l'intérieur par un tissu cellulaire particulier, au milieu duquel se trouvent quinze ou vingt vésicules, dont ordinairement plusieurs sont plus volumineuses que les autres, et correspondent par un de leurs côtés à la membrane extérieure qui est plus mince à cet endroit. Ces vésicules contiennent les rudiments du germe, et sont ainsi pour la femme ce que les œufs sont pour les oiseaux, les reptiles et les poissons. Elles sont formées par deux enveloppes membraneuses, et par un fluide qui se prend en masse et durcit comme l'albumine; mais chaque vésicule est-elle un œuf, ou bien n'est-elle, comme le pense M. de Baer de Kœnigsberg, que la loge temporaire du véritable œuf? Voilà ce qui n'est point encore éclairci.

Des œufs de la femme.

Le défaut de développement des ovaires, qui arrive quelquefois chez la femme, exerce sur l'ensemble de l'économie une influence non semblable, mais analogue à celle de la soustraction des testicules. La femme stérile par cette cause a ordinairement les formes masculines : son menton et le pourtour de sa bouche sont garnis de poils; ses goûts et son caractère se rapprochent de celui de l'homme; sa voix est grave et sonore; son clitoris a souvent une étendue considérable. Dans cette espèce de femme incomplète, nommée souvent *virago*, se rencontre un penchant qui ne devrait se trouver que chez l'homme, et que les mœurs réprouvent, mais qui n'en est pas moins remarquable sous le point de vue physiologique.

Des trompes utérines.

Les *trompes de Falloppe* ou *utérines* sont deux canaux étroits qui, l'un à droite, l'autre à gauche, établissent une communication entre l'ovaire et la matrice. Elle sont évasées et frangées par leur extrémité externe, étroites et arrondies dans le reste de leur étendue. Leur tissu, surtout du côté de l'utérus, a de l'analogie avec celui du canal déférent.

De l'utérus.

Dans l'excavation du bassin, devant le rectum et derrière la vessie, se trouve la *matrice*, organe pyriforme peu volumineux dans l'état ordinaire, mais destiné à éprouver une extension considérable pendant la grossesse. On distingue dans la matrice le *corps*, qui est supérieur; le *col*, qui est inférieur, et embrassé par le vagin; enfin une cavité, laquelle a trois orifices, deux supérieurs, qui correspondent aux trompes, et un inférieur, qui communique dans le vagin.

Structure de l'utérus.

Le tissu propre de l'utérus est seul de son genre dans l'économie animale; il a cependant quelque analogie avec celui du cœur : sa structure est inextricable dans l'état ordinaire ; elle est plus facile à étudier dans la grossesse avancée : deux prolongements de ce tissu se rendent, sous le nom de *ligaments ronds*, aux anneaux inguinaux, et se répandent dans le côté externe des grandes lèvres ; une grande partie de la surface externe de l'utérus est recouverte par le péritoine, qui forme autour de cet organe plusieurs replis remarquables. La face interne n'est recouverte par aucune membrane. En regardant cette surface avec une forte loupe, on y aperçoit une multitude de petites ouvertures, dont les unes, moins nombreuses, et plus grosses appartiennent aux veines, et les autres, bien plus multipliées mais presque imperceptibles, paraissent propres aux artères.

Les artères de l'utérus sont flexueuses et très-considérables, relativement à son volume : les veines sont aussi multipliées et volumineuses ; elles forment dans l'épaisseur de son tissu ce que les anatomistes ont improprement nommé *sinus utérins* : les nerfs sont moins nombreux et viennent du plexus hypogastrique.

Du vagin.

La cavité de l'utérus communique au dehors par le *vagin*, canal membraneux placé à peu près verticalement dans le petit bassin. Sa longueur est de six à sept pouces ; sa largeur est variable, suivant que la femme a fait ou non des enfants. Sa face interne présente, surtout inférieurement, un grand nombre de plis transversaux qui permettent dans la grossesse au vagin de s'alonger. Dans la femme vierge, son extrémité inférieure est garnie par l'*hymen*, membrane mince, en forme de croissant, qui en ferme en grande partie l'entrée.

Des fibres grisâtres, entre-croisées en tous sens, assez analogues à celles de la matrice, composent le tissu du vagin. En bas, il est entouré par de nombreuses veines qui ont l'aspect du tissu des corps caverneux, et qui forment le *plexus rétiforme*. On croit cette partie du vagin susceptible d'érection. Toute la surface interne de cet organe est revêtue par une membrane muqueuse, qui contient beaucoup de follicules muqueux et sébacés.

Parties génitales externes de la femme. Les parties génitales de la femme comprennent les *grandes* et les *petites lèvres*, replis destinés à s'effacer pendant l'accouchement, et le *clitoris*, espèce de petit pénis imperforé, composé de deux corps caverneux, et d'une sorte de gland recouvert d'un prépuce. Cette partie jouit d'une grande sensibilité et d'une érection semblable à celle de la verge.

De la menstruation.

Menstruation. Dans le plus grand nombre des femmes, l'aptitude à la génération ou la fécondité est marquée par un écoulement sanguin, périodique, qui a lieu par la face interne de la matrice, et qui est une véritable exhalation sanguine; il porte les noms de *règles*, de *menstrues*, de *menstruation*, etc., parce qu'il revient assez régulièrement tous les mois. Cependant bien des femmes ont leurs règles tous les quinze jours, d'autres tous les deux mois, d'autres à des époques qui n'ont rien de fixe, d'autres enfin ne sont jamais réglées. Menstruation

Quelques signes particuliers, tels qu'un sentiment de pesanteur dans les lombes, de lassitude dans les membres, de picotement, de douleur dans les mamelles, annoncent l'approche des règles. Cette apparition est quelquefois marquée par des accidents beaucoup plus graves; d'autres fois l'écoulement s'établit brusquement sans aucun indice précurseur.

La durée totale de l'écoulement, son mode, la quantité de sang exhalée, la couleur, la consistance de ce sang, ne sont pas moins variables. Chez quelques femmes, la quantité du sang menstruel est considérable, s'élève à plusieurs livres; les règles durent huit ou dix jours sans discontinuer; le sang a toutes les qualités artérielles : chez d'autres, à peine sort-il quelques gouttes d'un sang tantôt aqueux et dépourvu de fibrine, et qui, d'autres fois, a toutes les apparences de sang veineux; l'écoulement dure à peine un jour, ou se suspend à diverses reprises.

Tant que dure la menstruation, les femmes sont d'une susceptibilité extrême; le moindre bruit les effraie, la moindre contrariété les affecte, elles sont plus irascibles.

Menstruation

La régularité ou l'irrégularité du retour des règles, la nature et la quantité du sang évacué, la durée de l'évacuation, sont étroitement liées avec l'état de santé ou de maladie de la femme, et méritent toute l'attention du médecin.

On s'est assuré, par l'ouverture de cadavres de femmes mortes pendant l'époque de leurs règles, que le sang s'échappe de la face interne de la matrice, dont les vaisseaux ont été trouvés rouges et remplis de sang, qu'il était facile de faire couler dans la cavité de l'organe par une légère pression.

Quoique presque toujours l'écoulement menstruel se fasse par l'utérus, cet organe n'est cependant pas exclusivement destiné à le produire : souvent des femmes ont été réglées par la membrane muqueuse du gros intestin, de l'estomac, du poumon, de l'œil, etc. Les divers points de la peau donnent aussi quelquefois issue au sang des règles : ainsi on a vu le sang sortir tous les mois par un ou plusieurs doigts, par la joue, la peau de l'abdomen, etc.

Croirait-on que des auteurs estimés se sont occupés de trouver la cause immédiate des règles, et qu'elles aient été attribuées à l'influence de la lune, à la position verticale de la femme, à sa nourriture trop abondante, etc.

L'époque à laquelle se fait la première menstruation arrive, dans nos climats, vers treize à quatorze ans ; elle est plus tardive dans le Nord et plus précoce dans les pays chauds. Dans les régions équatoriales, les filles sont souvent nubiles à sept ou huit ans. Vers cinquante ans, plus tard dans le Nord, plus tôt dans les pays chauds, les règles cessent, et avec elles finit l'aptitude à la génération. Cette époque, nommée *âge de retour*, *temps critique*, est quelquefois marquée par le développement de maladies graves. Mais il a été récemment reconnu, par des relevés de mortalité faits avec beaucoup de soin par M. Benoiston de Château-Neuf, que cette époque de la vie, loin de leur être fatale, comme on l'a cru long-temps, est au contraire un temps où la mort semble les ménager, pour porter ses rigueurs sur les hommes. Menstruation

Ce que nous venons de dire sur la menstruation souffre de nombreuses exceptions. Des jeunes filles ont quelquefois conçu avant d'être réglées; des femmes, chez qui les règles avaient cessé à l'époque ordinaire, les ont vues reparaître, et sont devenues mères; enfin, des femmes chez qui la menstruation ne s'est jamais montrée n'en ont pas été moins fécondes.

Copulation et fécondation.

Nous avons dit quels sentiments instinctifs protègent notre existence individuelle; un sentiment de la même nature, mais plus vif et plus impérieux parce que sa fin est plus importante, assure la conservation de l'espèce en portant les sexes à se rap- Copulation.

procher et à se livrer à la copulation. Le rôle de l'homme, dans l'acte reproducteur, consiste à déposer le sperme dans la cavité du vagin plus ou moins près de l'orifice de l'utér[illegible] La part qu'y prend la femme est beaucoup plus obscure ; un grand nombre ressentent à cet instant des sensations voluptueuses très-vives ; d'autres y paraissent tout-à-fait insensibles, et quelques unes, enfin, n'éprouvent qu'un sentiment pénible et douloureux. Il en est qui répandent une mucosité abondante au moment où le plaisir est le plus vif, tandis que la plupart n'offrent rien de semblable. Sous tous ces rapports, il n'y a peut-être pas deux femmes qui se ressemblent entièrement.

Ces divers phénomènes sont communs aux copulations les plus fréquentes, c'est-à-dire qui ne sont point fécondantes, et à celles qui sont suivies de la fécondation. Que se passe-t-il de plus dans ces dernières ?

S'il faut en croire les ouvrages de physiologie les plus récents (1), la matrice s'entr'ouvre, aspire le sperme et le dirige jusqu'à l'ovaire au moyen des trompes, dont l'extrémité frangée embrasse étroitement cet organe. Le contact du sperme déter-

---

(1) Je passe sous silence les systèmes des anciens et des modernes sur la génération ; à quoi bon surcharger l'esprit de ces brillantes rêveries qui nuisent plus qu'on ne pense aux progrès de la science.

mine la rupture d'une des vésicules, et le fluide qui en sort, ou la vésicule elle-même, passe dans l'utérus où se développera le nouvel individu.

Quelque satisfaisante que paraisse cette explication, il faut pourtant se garder de l'admettre; car elle est purement hypothétique et même contraire aux expériences des observateurs les plus exacts.

Fécondation.

Dans les nombreuses tentatives faites sur les animaux par Harvey, de Graaf, Valisnieri, etc., jamais le sperme n'a été aperçu, même dans la cavité de l'utérus, encore moins a-t-il été vu dans la trompe, à la surface de l'ovaire. Il en est de même du mouvement par lequel la trompe embrasserait la circonférence de l'ovaire; jamais il n'a été reconnu par l'expérience. Quand même on supposerait que le sperme pénètre dans l'utérus au moment du coït, ce qui n'est pas impossible, quoiqu'on ne l'ait point observé, il serait encore très-difficile de comprendre comment le fluide passerait dans les trompes et arriverait à l'ovaire. La matrice, à l'état de vacuité, n'est point contractile, l'orifice utérin des trompes est d'une étroitesse extrême, et ces conduits n'ont aucun mouvement sensible connu.

C'est à cause de la difficulté de concevoir le transport du sperme à l'ovaire que quelques auteurs ont imaginé que ce n'était pas cette matière qui y était portée, mais seulement la vapeur qui

Fécondation. s'en exhale, ou l'*aura seminalis*. D'autres pensent que le sperme est absorbé dans le vagin, passe dans le système veineux, et arrive aux ovaires par les artères (1). Les phénomènes qui accompagnent la fécondation de la femme sont donc à peu près inconnus. Une obscurité pareille règne sur la fécondation des autres femelles mammifères. Cependant, chez celles-ci, il serait plus facile de concevoir le passage du sperme aux ovaires, puisque l'utérus et les trompes sont doués d'un mouvement péristaltique semblable à celui des intestins.

Toutefois la fécondation chez les poissons et les reptiles, se faisant par le contact du sperme avec les œufs, il n'est guère présumable que la nature emploie un autre mode pour les mammifères et les oiseaux; il faut donc considérer comme très-probable que le sperme parvient, soit à l'instant même du coït, soit plus ou moins long-temps après, jusqu'à l'ovaire où il porte plus spécialement son action sur une ou plusieurs vésicules.

Mais quand il serait hors de doute que le sperme arrive jusqu'aux vésicules de l'ovaire, il resterait encore à savoir comment son contact anime le germe qu'elle contient. Or, nos sens, notre es-

(1) Si cette idée a quelque fondement, une femelle pourrait être fécondée par l'injection du sperme dans les veines. Cette expérience serait curieuse à tenter.

prit même, n'ont aucune prise sur un tel phénomène : c'est un de ces mystères impénétrables dont nous sommes et dont nous serons peut-être toujours environnés (1).

Expériences sur la fécondation.

Nous avons pourtant sur ce sujet des expériences très-ingénieuses de Spallanzani, qui ont reculé la difficulté aussi loin qu'elle semble pouvoir l'être. Ce savant a constaté, par un grand nombre d'essais, 1° que trois grains de sperme, dissous dans deux livres d'eau, suffisent pour donner à celle-ci la vertu fécondante ; 2° que les animalcules spermatiques ne sont point nécessaires à la fécondation, comme beaucoup d'auteurs, et en dernier lieu Buffon, l'avaient pensé ; 3° que la vapeur du sperme n'a aucune propriété fécondante ; 4° que l'on peut féconder une chienne en injectant du sperme dans son vagin avec une seringue, etc. (2).

(1) La même obscurité environne ce qui regarde la ressemblance physique et morale du père ou de la mère avec les enfants, la transmission des maladies héréditaires, le sexe du nouvel individu, etc.

(2) D'après des expériences de MM. Prévôt et Dumas, les animalcules seraient indispensables pour la fécondation ; ils parviendraient jusqu'à la partie supérieure de l'utérus, mais n'entreraient point dans les trompes ; un très-petit grain contenu dans la vésicule de l'ovaire en sortirait au moment où celle-ci se déchire, c'est-à-dire quelque jours après le coït ; ce grain, déjà signalé par de Graaf, descendrait dans la

Signes généraux de la fécondation.

Il faut aussi considérer comme conjectural ce que disent les aûteurs sur des signes généraux de la fécondation. Au moment même de la conception la femme éprouve, dit-on, un tressaillement universel, accompagné d'une sensation voluptueuse qui se prolonge quelque temps; les traits se décomposent, les yeux perdent leur brillant, les pupilles se dilatent, le visage est pâle, etc. Sans doute la fécondation est quelquefois acccmpagnée de ces signes; mais combien de mères ne les ont jamais éprouvés, et parviennent jusqu'au troisième mois de leur grossesse sans soupçonner leur état.

On a des notions plus exactes sur les changements qui se passent dans l'ovaire après la fécondation. Tous les bons observateurs ont décrit un corps de couleur jaunâtre qui se développe dans le tissu de l'ovaire chez les femelles fécondées, et qui, d'abord assez volumineux, va en diminuant de dimension à mesure que la grossesse avance; mais ces phénomènes appartiennent à l'histoire de la gestation, dont nous allons nous occuper.

---

trompe, et viendrait rencontrer les animalcules, qui le féconderaient plusieurs jours après le rapprochement des sexes. Ce corpuscule, dont l'existence n'est rien moins que démontrée, a été l'objet des recherches curieuses de M. le docteur Ch. E. de Baer. Voyez *Lettre sur la formation de l'œuf dans l'espèce humaine et les mammifères.* Paris, 1829.

Grossesse ou gestation.

Le temps qui s'écoule depuis le moment de la fécondation jusqu'à l'accouchement est appelé *grossesse* ou *gestation* ; il est ordinairement de neuf mois, ou deux cent soixante-dix jours : tout ce temps est employé au développement des organes du nouvel individu.

Pour prendre des notions exactes sur la grossesse, il faut étudier successivement les phénomènes qui se passent dans l'ovaire après la fécondation, ceux qui ont lieu dans la trompe, ceux qui appartiennent à l'utérus et à ses annexes, ceux qui se voient dans l'économie entière, et enfin ceux qui sont particuliers au fœtus.

Phénomènes qui suivent la fécondation dans l'ovaire.

Malgré les nombreux travaux des anatomistes et des physiologistes sur les changements qui ont lieu dans l'ovaire après la fécondation, on est encore loin d'être suffisamment instruit à cet égard.

Action de l'ovaire.

La difficulté consiste à savoir ce qui se détache de l'ovaire pour passer dans l'utérus : les uns disent avoir vu une des petites vésicules se détacher de l'ovaire et passer dans la trompe, et les autres soutiennent n'avoir jamais rien observé de semblable, mais que peu après la fécondation l'une des vésicules de l'ovaire se rompt, et qu'il s'en échappe avec le liquide contenu un très-petit corps globuleux visible seulement au microscope; cette molécule serait le véritable œuf. La vésicule elle-même serait l'*œuf de l'œuf*, ou, dans le langage figuré de vogue en Allemagne, l'*œuf élevé à la seconde puissance*. Je vais dire ce que mes observations sur des animaux (chiens, brebis, lapins) m'ont appris relativement à cette question délicate (1).

Expériences sur la génération dans l'ovaire.

Vingt-quatre ou trente heures après un coït fécondant, les vésicules de l'ovaire qui étaient déjà les plus développées augmentent encore sensible-

---

(1) Le point difficile de ce genre de recherches est de savoir si la femelle soumise à l'expérience est ou non fécondée. Or rien n'est, en général, plus incertain; on saura peut-être que tel jour, à telle heure, elle a souffert les approches du mâle; mais les avait-elle déjà souffertes, les a-t-elle reçues depuis? Il ne faut s'en rapporter à personne, et surveiller tout soi-même.

Les animaux qui pourraient fournir des renseignements précieux seraient sans doute ceux qui, comme la jument et la vache, ont des vésicules presque aussi volumineuses que des œufs de poule. Mais le moyen de faire des essais sur ces animaux! Il faudrait, pour de telles expériences, le dévouement d'un riche agriculteur; encore toutes les grandes difficultés ne seraient-elles pas levées; il faudrait surtout une persévérance et un désintéressement bien rares dans les travaux scientifiques de nos jours.

ment de volume; le tissu de l'ovaire qui les environne devient plus consistant; il change de couleur et devient gris jaunâtre.

Corps jaune.

Ainsi modifié, le tissu de l'ovaire prend le nom de corps jaune, *corpus luteum*. La vésicule continue de grossir les deuxième, troisième et quatrième jours. Le corps jaune croît dans la même proportion à cette époque; il contient dans ses aréoles *un liquide blanc opaque*, analogue au lait pour l'apparence. Au-delà de ce terme, la vésicule rompt la tunique externe de l'ovaire qui la revêtait et se porte à sa surface où elle adhère cependant par un de ses côtés. J'ai vu sur des chiennes des vésicules ainsi sorties de l'ovaire, et qui avaient le volume d'une noisette ordinaire. A cet état, elles ne présentent rien à leur intérieur, du moins à l'œil nu, qui puisse être considéré comme un germe; leur surface est lisse; le liquide qu'elles contiennent ne se prend plus en masse, comme cela arrive avant la fécondation.

Liquide du corps jaune.

Corps jaune après la sortie de l'œuf.

Après la sortie de l'œuf, le corps jaune reste dans l'ovaire; il offre dans son centre une cavité d'autant plus grande qu'on est plus près de l'époque de la conception. Cette cavité n'est point tapissée par une membrane; ce qui arriverait si la vésicule qui y logeait s'était simplement rompue pour laisser écouler son contenu; elle diminue ainsi que le corps jaune lui-même à mesure que l'époque de la fécondation s'éloigne; mais la diminution de celui-ci est très-lente, et souvent l'ovaire contient ceux des fécondations précédentes, ce qui en a imposé plusieurs fois aux observateurs.

Ainsi, d'après mes observations, les premiers effets de la fécondation se passent dans l'ovaire et consistent dans le développement d'une ou plusieurs vésicules, et d'autant de corps jaunes. Quelquefois on trouve après le coït des vésicules qui sont remplies de sang : dirons-nous qu'elles semblent avoir été trop fortement ébranlées par le sperme ; mais c'est là une simple supposition, que rien ne justifie. Il paraît aussi que dans certains cas la vésicule d'un ou plusieurs corps jaunes disparaît au lieu de se développer ; car il n'est pas rare de trouver plus de corps jaunes dans l'ovaire que de vésicules à sa surface.

Action de la trompe.

Parmi les vésicules ou œufs attachés à la surface de l'ovaire, il y en a ordinairement un qui adhère à l'orifice évasé et muqueux de celle-ci, dont le tissu est d'ailleurs ramolli et gorgé de sang, et présente un mouvement péristaltique évident. Je ne me rappelle pas si j'ai aperçu la vésicule dans la trompe ; mais j'ai vu plusieurs fois sur des chiennes une vésicule descendue jusqu'à la partie la plus inférieure de la corne de l'utérus, tandis qu'une autre avait déjà contracté des adhérences avec l'extrémité de la trompe. A cet instant, le corps de celle-ci était élargi au point d'avoir près d'un demi-pouce de diamètre : il avait par conséquent bien assez de largeur pour laisser passer des vésicules du volume de celle qui était descendue dans l'utérus.

Action de la trompe utérine.

Le moment où les vésicules passent à travers la trompe parait variable suivant les espèces. Dans les lapines, il paraît se faire du troisième au quatrième jour; dans les chiennes, du sixième au huitième. Il est probable qu'il est encore plus tardif dans les femmes, et qu'il ne se fait guère avant le huitième ou dixième. Il existe plusieurs exemples où le produit de la fécondation a été rendu par un avortement le douzième jour de la grossesse : ce sont en général de petites vésicules de la grosseur d'un pois, légèrement tomenteuses à la surface, et pleines d'un fluide transparent.

Usage des dentelures vasculaires de la trompe.

Les appendices vasculaires par lesquels la trompe se termine dans l'espèce humaine ont probablement pour usage de contracter des adhérences avec la vésicule qui se détache de l'ovaire, et de verser sur elles un fluide qui favorise son développement. Après le passage de celles-ci, la trompe se resserre et reprend son étroitesse ordinaire.

Arrivé dans la cavité de l'utérus, l'œuf s'unit intimement avec la surface intérieure de cet organe; il y puise les matériaux nécessaires à son accroissement, et y acquiert un volume considérable.

L'utérus se prête à cet accroissement, change de forme, de position, etc.

Changements de l'utérus dans la grossesse.

Changements de l'utérus dans la grossesse.

Durant les trois premiers mois de la grossesse, le développement de l'utérus est peu considérable, et se fait dans l'excavation du bassin, mais dans le quatrième l'organe croît plus rapidement, et bientôt il ne peut plus être contenu dans cette cavité, il s'élève et vient se loger dans l'hypogastre. L'organe continue de croître en tous sens pendant les cinq, six, sept et huitième mois; il occupe un espace de plus en plus considérable dans l'abdomen, comprime et déplace les organes circonvoisins, refoule les intestins dans les flancs et les régions iliaques. A la fin du huitième mois il remplit presqu'à lui seul les régions hypogastrique et ombilicale, son fond approche de la région épigastrique; passé cette époque, le fond baisse et se rapproche de l'ombilic.

État du col de l'utérus durant la grossesse.

Le col de l'utérus éprouve peu de changements dans les sept premiers mois de la gestation, et l'organe conserve durant ce temps une figure conoïde, mais alors le col diminue de longueur, s'entr'ouvre, et finit par s'effacer presque entièrement: alors la matrice a une forme ovoïde prononcée, et son volume est selon Haller, près de douze fois plus considérable que dans l'état de vacuité.

Rapports de l'utérus durant la grossesse.

Il est impossible que l'utérus change ainsi de forme, de volume et de situation, sans que ses rapports avec ses annexes ne soient modifiés; en effet, les lames péritonéales qui forment les ligaments larges s'écartent, le vagin est alongé dans le sens de sa longueur. Les ovaires, retenus par leurs artères et leurs veines, ne peuvent point s'élever avec le fond de l'utérus; ils sont appliqués, ainsi que les trompes, sur ses parties latérales. Les ligaments ronds se prêtent à son élévation, autant que le permet leur longueur; ensuite ils y mettent plus ou moins d'obstacle, et tendent à porter le fond de l'utérus en avant, ce qui doit avoir un effet avantageux pour la circulation abdominale, en diminuant la compression des gros vaisseaux. Les parois abdominales éprouvent une extension considérable; de là les vergetures qui se voient sur l'abdomen des femmes qui ont eu plusieurs enfants.

Changements dans la structure de l'utérus pendant la grossesse.

A mesure que l'utérus se développe, son tissu perd de sa consistance; il prend une couleur rouge assez foncée et une disposition spongieuse; sa structure fibreuse devient plus évidente. On y voit à l'extérieur des fibres longitudinales qui, du fond, se rendent au col où elles sont coupées à angle droit par des fibres circulaires. Au dessous de cette couche, le tissu de l'utérus présente un entrelacement inextricable de fibres où l'on ne peut distinguer aucun arrangement régulier; dans cet état l'organe paraît doué d'une contractilité spéciale qui semble n'avoir aucun analogue dans l'organisme. Chez les animaux, l'utérus, avant et pendant la gestation, offre une contractilité semblable au mouvement péristaltique des intestins.

Phénomènes que présente la cavité de l'utérus.

Mais l'un des phénomènes les plus curieux que présente l'utérus, après la fécondation, se passe dans sa cavité.

Dès que le sperme a produit sur l'ovaire l'importante transformation de la vésicule non fécondée en vésicule fécondée, la face interne de l'utérus devient le siége d'une sécrétion propre à l'organe, et qui paraît indispensable au développement de l'œuf à l'état normal.

Membrane caduque.

Une matière coagulable, sans doute analogue à l'albumine, se dépose dans la cavité, et y forme bientôt une sorte de sac sans ouverture qui en tapisse les parois et s'introduit même plus ou moins haut dans l'intérieur des trompes utérines. Formant d'abord une masse visqueuse, elle se sépare, par une sorte d'organisation spontanée, analogue à celle de la lymphe qui se prend en masse; elle se sépare, dis-je, en deux parties, l'une solide, celluleuse, spongieuse, qui adhère à l'utérus, et l'autre liquide, qui occupe le centre de l'espèce de sac formé par la partie solide.

Cette couche, qui a été vue d'abord par W. Hunter, et qui a été nommée par lui *membrane caduque*, existe pendant toute la durée de la gestation; elle n'est donc point caduque, ainsi que le croyait Hunter. M. Breschet la nomme *périone*, M. Velpeau *anhiste;* le premier ayant égard à sa situation, le second à sa structure.

Périone; membrane anhiste.

Des deux faces de cette pseudo-membrane, l'une est, nous l'avons déjà dit, adhérente à la surface de la cavité utérine; l'autre qui est interne, et qui correspond au liquide, est lisse et comme tapissée, selon M. Velpeau, d'une pellicule extrêmement fine (1).

Pseudo-membrane intra-utérine.

Le liquide central n'a jamais été analysé; il est, selon M. Velpeau, parfois tout-à-fait limpide, le plus souvent rougeâtre, semblable à du blanc d'œuf. M. Breschet le nomme *hydro-périone;* selon ce savant il est limpide dans les premiers temps, incolore, muqueux ou légèrement albumineux; plus tard il est un peu lactiforme, et quelquefois il ressemble à une émulsion légère unie à du mucilage, et d'un blanc faiblement rose (2).

Ce liquide, d'abord peu abondant, augmente à mesure que l'utérus se développe; alors sa quantité, selon M. Breschet, peut s'élever à plusieurs onces; mais dès que l'œuf prend un certain accroissement dans la cavité utérine, sa quantité diminue graduellement, et il finit par disparaître entièrement, quand l'œuf a acquis quelque développe-

(1) *Ovologie humaine*. Paris, 1833.

(2) *Études sur l'OEuf dans l'espèce humaine*. Mémoires de l'Académie royale de Médecine, 1832.

ment. C'est donc à ce liquide que la qualification de caduc devrait appartenir, et non à son enveloppe membraniforme, qui persiste, avons-nous déjà dit, pendant toute la durée de la grossesse.

Il n'y a rien de certain encore sur le genre d'organisation de la *pseudo-membrane intra-utérine*. M. Breschet est tenté de la regarder comme douée de l'organisation et de la vie; mais il ne l'affirme cependant pas, et surtout il n'en donne aucune preuve satisfaisante. M. Velpeau pense qu'elle n'est qu'une simple exhalation non organisée : de là le nom d'anhiste qu'il lui a donné.

Nous examinerons plus loin le rôle curieux que remplit cette production utérine dans les premiers temps de la descente de l'œuf dans l'utérus. Mais avant cette époque, elle paraît avoir pour usage de fermer les orifices de la cavité utérine, et surtout, dit M. Breschet (ouvrage cité), d'empêcher l'écoulement du liquide qui se dépose peu à peu dans la cavité de cette nouvelle membrane.

Son liquide central paraît concourir à la dilatation lente, graduée et régulière de la cavité de l'utérus, de préparer à l'ovule un séjour convenable dans la cavité utérine, et probablement de lui fournir les premiers éléments nutritifs.

Circulation du sang dans l'utérus durant la grossesse.

Les changements qui arrivent dans le volume et la structure de l'utérus pendant la durée de la gestation nécessitent des modifications dans sa circulation. En effet, les artères subissent une dilatation très-considérable; les veines grossissent aussi beaucoup, elles forment dans le parenchyme de l'organe ce qu'on a improprement nommé les *sinus utérins;* les vaisseaux lymphatiques deviennent aussi très-volumineux. Il est évident que la quantité de sang qui traverse l'utérus dans un temps donné est en rapport avec les changements qu'il a éprouvés et les nouvelles fonctions qu'il est appelé à remplir.

Phénomènes généraux de la grossesse.

Tandis que tous ces phénomènes se passent dans l'utérus, d'importantes modifications arrivent dans les fonctions de la mère, et commencent souvent à se manifester immédiatement après la fécondation.

Phénomènes généraux de la grossesse.

La femme qui a conçu ne voit plus d'écoulement menstruel reparaître; ses mamelles se gonflent; si elle allaite, son lait devient séreux et cesse d'être profitable à l'enfant; ses paupières sont gonflées et bleuâtres; le visage est décoloré; la transpiration prend une odeur particulière; une pâleur générale se montre, et avec elle des dégoûts pour la plupart des aliments, qui coïncident quelquefois avec des appétits bizarres; des nausées continuelles, de violents maux de tête, se font sentir et sont suivis de vomissements très-fatigants; l'abdomen devient d'une sensibilité extrême, s'aplatit d'abord pour se gonfler ensuite; quelques femmes perdent le sommeil, et cependant ne peuvent quitter le lit sans une extrême fatigue; en revanche, des femmes délicates, valétudinaires, voient leur santé devenir prospère : souvent des maladies graves sont arrêtées dans leur cours, et ne reprennent leur marche qu'après l'accouchement, etc.

État du moral chez la femme grosse.

En général, chez les femmes enceintes, les facultés intellectuelles sont affaiblies; elles s'affectent sans raison; les événements les plus ordinaires leur causent des impressions profondes et presque toujours tristes; de là la nécessité des soins de tous genres dont la femme doit être l'objet, et la tendre sollicitude qu'elle inspire à chacun.

A ces différents accidents, qu'il est impossible d'expliquer, se joignent des phénomènes qui tiennent évidemment à l'augmentation du volume de l'utérus : tels que des crampes dans les membres inférieurs, le gonflement des veines superficielles des cuisses et des jambes, un sentiment d'engourdissement, de fourmillement né de la gène qu'éprouve la circulation. Dans les derniers temps de la grossesse, la vessie et le rectum étant fortement comprimés, les envies d'uriner et d'aller à la garde-robe sont fréquentes.

Ne joignons pas à ces phénomènes, dont l'existence est certaine, des suppositions dénuées de fondement : telles, par exemple, que les fractures des femmes enceintes guérissent plus difficilement que celles des autres femmes : l'expérience prouve directement le contraire.

Arrivée de l'œuf dans l'utérus.

Arrivée de l'œuf dans l'utérus.

Nous avons dit à l'article de l'action de la trompe utérine, que l'on ne sait rien de positif sur le moment où la vésicule de l'ovaire traverse ce canal, ni sur le mode de son transport; est-ce par la contraction péristaltique du tissu de la trompe? est-ce un résultat de la pression abdominale? est-ce par des adhésions successives? Nous l'ignorons.

Toutefois le petit corps ovoïde arrive à l'extrémité de la trompe, où il rencontre la membrane caduque; mais, au lieu de s'engager dans sa cavité, ainsi que le croyait W. Hunter, et depuis lui beaucoup de physiologistes, l'œuf glisse entre la caduque et l'utérus, en déprimant légèrement celle-ci, ou même en se logeant dans son épaisseur, selon M. Breschet.

Le point où il s'arrête est variable, mais la raison en est ignorée; quelquefois il stationne au voisinage de l'orifice tubaire, et d'autres fois il se fixe à la partie la plus déclive de la cavité utérine, et jusque sur les bords de l'ouverture du col.

Il est facile de comprendre, durant cette période de la grossesse, de quelle utilité est la membrane

Usage de la membrane caduque.

périone ou caduque; elle soutient mollement l'ovule et le maintient appliqué contre les parois de la matrice, où il doit bientôt contracter des adhérences intimes.

Développement de l'œuf dans l'utérus.

Développement de l'œuf dans l'utérus.

Dans les premiers moments du séjour de l'œuf dans l'utérus, son volume est à peu près celui qu'il avait en abandonnnant l'ovaire; bientôt ses dimensions augmentent, il se couvre de filaments longs d'environ une ligne, qui se ramifient à la manière des vaisseaux sanguins, et qui s'implantent dans la membrane caduque. Dans le troisième mois on ne les aperçoit plus que d'un seul côté de l'œuf, les autres ont à peu près disparu; mais ceux qui restent ont acquis plus d'étendue, de grosseur et de consistance, et se sont implantés profondément dans la paroi utérine. Dans le reste de sa surface, l'œuf ne présente qu'une couche molle tomenteuse, nommée *caduque réfléchie*, et dont nous allons expliquer la formation.

Formation de la caduque réfléchie.

L'ovule qui descend de l'ovaire ne déplace la caduque que dans un espace très-limité; mais à mesure que son volume s'accroît, il repousse et détache de la paroi utérine une plus grande étendue de la membrane qui revêt alors une de ses faces. La partie ainsi détachée et repoussée fait saillie dans la cavité centrale occupée par le liquide périone, et cette proéminence est d'autant plus grande et la cavité d'autant plus rétrécie, que les dimensions de l'œuf deviennent plus considérables. Il arrive même un moment vers le troisième mois de la gestation où la saillie de l'œuf, revêtue de la caduque, vient rencontrer la concavité de la membrane restée attachée aux parois utérines. Il est inutile d'ajouter qu'à dater de ce moment le liquide central a disparu, puisque l'espace qu'il occupait est rempli par l'œuf lui-même.

Caduque réfléchie.

C'est à cette partie du corps membraniforme intra-utérin que les anatomistes, et particulièrement Hunter, ont donné le nom de caduque réfléchie; mais ils ignoraient le véritable mécanisme de sa formation.

Recouvrant ainsi l'œuf sans le contenir, la caduque a été comparée à une membrane séreuse, mais seulement quant à sa disposition anatomique.

Il ne paraît pas que jamais les deux feuillets de la caduque se confondent en un seul, ainsi qu'on l'a cru long-temps; au terme naturel de la grossesse, il est encore possible de les distinguer; ils restent accolés l'un à l'autre pendant toute la durée de la gestation.

L'œuf continue donc de croître et de se développer jusqu'à la fin de la grossesse, où son volume égale à peu près celui de l'utérus; mais sa structure éprouve des changements importants que nous allons examiner.

Surface de l'œuf.

Je ne sache pas que personne ait observé l'œuf humain au moment de son passage à travers la trompe utérine. Dans le chien, où j'ai vu l'œuf peu après cet instant, il était tel qu'à l'ovaire, c'est-à-dire lisse à sa surface; ce n'est qu'après quelque temps de séjour dans l'utérus qu'il se couvre d'aspérités.

Les plus petits œufs qui aient été étudiés chez la femme étaient âgés de huit ou dix jours, sans que cette date ait rien de bien positif. Ils étaient du volume d'un pois, et leur surface était de toutes parts recouverte de filaments nombreux qui leur donnaient un aspect villeux. Au dessous de ce tissu se voit l'œuf lui-même, formé d'une enveloppe membraneuse et d'un liquide intérieur; on n'y distingue encore aucune trace de germe, ni des diverses parties liquides, membraneuses ou vasculaires qui s'y montreront plus tard; il n'y a donc aucune ressemblance connue entre cet œuf et celui d'un oiseau, où l'on observe aisément presqu'au sortir de l'ovaire, indépendamment des membranes, une cicatricule ou premier rudiment du germe, et au moins deux liquides qui serviront à la nutrition de l'embryon, le vitellus et l'albumine, c'est-à-dire le jaune et le blanc de l'œuf.

Villosités du chorion.

Les villosités ou flocons qui revêtent l'ovule humain ont été l'objet de recherches spéciales de

MM. Breschet et Raspail. Chacun de ces filaments est simple et fusiforme à son point d'insertion sur l'ovule ; il se ramifie de manière que le tronc est quarante fois plus grêle que le sommet (1). Les sommités des ramifications forment de véritables spongioles dont les propriétés physiques sont très-propres à contracter des adhérences et à exercer l'imbibition ; du reste, ces filaments n'offrent aucune disposition anatomique qui puisse les faire soupçonner d'être ou de pouvoir plus tard devenir des vaisseaux sanguins ; car ils conservent leur forme et leur structure jusqu'au dernier terme de la gestation.

Nous venons d'étudier les changements que l'œuf éprouve à sa surface. Voyons maintenant ceux qui ont lieu dans sa structure.

Structure de l'œuf.

Aux environs du dixième au quinzième jour, à dater de l'instant de la fécondation, et du quatrième au septième, à compter de l'arrivée de l'ovule dans l'utérus, il se fait de nombreuses et importantes modifications de la structure de celui-ci.

Au lieu d'un seul et même liquide intérieur, on commence à y distinguer plusieurs parties importantes, organes nécessaires au développement du nouvel être. Ces parties sont 1° l'*amnios*,

---

(1) *Anatomie microscopique du chorion de l'œuf humain. Répertoire d'Anatomie*, etc., t. V.

Parties constituantes de l'œuf.

membrane mince et flexible; 2° les *premiers rudiments du germe* appliqués à un point superficiel de l'amnios, sous la forme d'une petite tache opaque; 3° la *vésicule ombilicale;* 4° l'*allantoïde;* 5° bientôt après apparaissent le *cordon ombilical*, qui établit une communication entre le germe et la face interne du chorion; 6° les *vaisseaux omphalo-mésentériques* qui font communiquer le germe avec la vésicule ombilicale; 7° enfin un prolongement de l'allantoïde, qui réunira plus tard l'embryon et cette membrane.

Liquides de l'œuf.

Quant aux liquides qui se montrent à la même époque, ce sont 1° le liquide *amniotique;* 2° celui de la *vésicule ombilicale;* 3° le liquide *allantoïdien;* et 4° enfin une masse *gélatiniforme*, qui se voit çà et là *autour du cordon.*

Il faut ajouter à tous ces appareils spéciaux du germe fécondé les nombreux vaisseaux sanguins, artériels et veineux, qui adhèrent à l'utérus, et qui, sous le nom de *placenta*, établissent l'indispensable communication, chez tous les mammifères, de la circulation de la mère avec celle du fœtus.

Des différents organes ou fluides de l'œuf, dont nous venons de faire l'énumération, les uns persistent jusqu'à la fin de la grossesse, et n'abandonnent le nouvel individu qu'à l'instant de la naissance; les autres disparaissent dans les premiers mois de la gestation, ainsi que nous l'avons déjà vu pour le liquide de la membrane caduque.

Les premiers ou les *persistants* sont : le chorion, l'amnios et son liquide, le cordon ombilical et le placenta.

Les seconds ou les *décidus* sont : la vésicule ombilicale et le fluide qu'elle contient, l'allantoïde et son fluide, les vaisseaux omphalo-mésentériques, etc.

De l'amnios.

C'est la membrane d'enveloppe propre au fœtus ; à trois semaines ou un mois, elle forme une petite poche de trois ou quatre lignes de diamètre, qui contient au milieu d'un liquide l'embryon et la tige qui doit former bientôt le cordon ombilical. (Velpeau.) Amnios.

Selon M. Breschet, le germe n'est pas contenu dans la cavité même de l'amnios, et par conséquent n'est pas plongé au milieu du liquide ; mais, par les progrès de la fécondation, le germe s'enfonce vers le centre de la vésicule-amnios, comme l'ovule dans la cavité de la caduque ; de sorte que, semblable aux membranes séreuses, elle revêtirait de toutes parts l'embryon, sans cependant le contenir dans la cavité.

En s'enfonçant dans l'amnios, ou plutôt le germe en poussant devant lui cette membrane, celle-ci forme une gaîne au milieu de laquelle se trouve la vésicule ombilicale, etc.

Surface externe de l'amnios.

L'amnios ne touche pas immédiatement à la surface concave ou interne du chorion ; il en est séparé par un liquide dont je parlerai dans un instant. Cette enveloppe fœtale croît avec le produit principal de la conception, et au moment de l'accouchement elle le recouvre immédiatement ; dès que le liquide amniotique est écoulé elle en forme la coiffe. Beaucoup d'anatomistes ont pensé, qu'arrivé à l'ombilic, l'amnios se continue avec l'épiderme ; mais rien n'est prouvé à cet égard, ou plutôt, le fait de cette continuation, qui semblerait supposer une similitude de structure, n'est rien moins que probable.

Jamais l'amnios ne présente de villosités à l'une ou l'autre de ses faces ; l'intervalle qui le sépare du chorion, et ses adhérences avec cette membrane, sont ordinairement effacés vers le quatrième mois ; les deux sacs membraneux ne sont plus alors séparés que par une couche visqueuse qui persiste jusqu'au terme de la grossesse.

Formé constamment d'un seul feuillet, l'amnios ne présente aucun vaisseau sanguin dans sa composition ; son mode d'apparition et d'accroissement est inconnu.

Fluide amniotique:

Le fluide amniotique a été analysé par les plus habiles chimistes, mais à une époque avancée de la gestation. Vauquelin l'a trouvé formé par l'eau, l'albumine, la soude et des sels de soude et de chaux, et par un acide particulier. M. Berzélius assure y avoir reconnu l'acide fluorique.

Mais sa composition doit varier aux diverses époques de la grossesse ; il serait curieux de s'en assurer par des analyses comparatives.

De la vésicule ombilicale.

Vésicule ombilicale.

Jusque vers la fin du deuxième mois de la gestation, on trouve dans la cavité du chorion une vésicule distincte de l'amnios ; elle est en général pyriforme ; sa petite extrémité est tournée vers l'embryon, et y tient au moyen d'un pédicule qui semble se confondre avec les organes encore informes du bas-ventre. Ce pédicule est creux ; dans les oiseaux, il permet le passage de la matière du jaune jusque dans l'intestin grêle. Dans l'homme il se passe quelque chose de semblable dans les premiers temps de la vie embryonaire, car la vésicule ombilicale contient alors un fluide visqueux jaunâtre qui peut-être a quelque analogie de propriété avec le vitellus des oiseaux, des reptiles et des poissons.

Liquide de la vésicule ombilicale.

Des vaisseaux sanguins qui partent de l'artère et de la veine mésentérique se portent jusqu'à la vésicule dans l'écartement des lames de l'amnios, au voisinage des vaisseaux ombilicaux, sous le nom de vaisseaux *omphalo-mésentériques* ; il n'est pas rare d'en voir encore des traces à la naissance.

Vaisseaux omphalo-mésentériques.

La vésicule ombilicale, d'abord presque aussi grosse que l'amnios, diminue de volume dans le cours du deuxième mois, et finit par disparaître dans le troisième; mais elle laisse des traces de son existence beaucoup plus tard. Elle représente dans l'œuf des mammifères le jaune de l'œuf des autres vertébrés, et contribue probablement, par la matière qu'elle renferme et qu'elle verse par son pédicule creux jusqu'à l'abdomen, à la nutrition de l'embryon dans le premier temps de son existence.

De l'allantoïde.

Allantoïde. Dans l'œuf des oiseaux et dans celui des reptiles, il existe autour de l'amnios et du vitellus une membrane à double feuillet qui contient un fluide particulier, et qui se continue, au moyen d'un pédicule, avec le cloaque où se terminent les canaux urinaires. Dans l'œuf des mammifères la même membrane existe; elle contient des fluides variables selon les espèces; elle communique avec la vessie urinaire

Ouraque. au moyen d'un pédicule nommé *ouraque*. Cette membrane existe aussi dans l'œuf humain, mais sa communication avec l'ouraque est fort douteuse: MM. Breschet et Velpeau l'ont vainement cherchée.

M. Velpeau ayant disséqué un œuf de trois semaines, parfaitement intact, trouva immédiatement en dessous du chorion une lame extrêmement fine, d'un blanc mat; elle se déchira par l'ef-

Liquide de l'allantoïde.

fet d'une légère pression exercée sur un autre point de l'œuf. Cette membrane était, par sa face externe, appliquée au chorion, auquel elle tenait par de nombreux filaments. Au dessous de cette première lame, on en voyait une seconde qui enveloppait l'amnios, la vésicule ombilicale et son pédicule. Entre les deux lames, se trouvait un tissu lamelleux, dans lequel était épanchée une *matière émulsiforme* qui s'échappait du tissu par *flocons lanugineux*. Cette matière n'est pas miscible à l'eau. Dans d'autres œufs, elle était transparente comme l'humeur vitrée.

Les deux feuillets de cette membrane, écartés l'un de l'autre de trois lignes dans un point, se rapprochaient en se portant vers la racine du cordon ombilical ; en se rapprochant du rachis ils semblaient se confondre.

C'est cette double membrane, ce tissu réticulé et le liquide que contiennent ses mailles, qui paraissent former l'allantoïde de l'œuf humain.

Il est probable que la matière qu'il renferme concourt à la nutrition du germe dans le premier temps de la vie utérine, mais on ne sait rien de positif à cet égard ; en tous cas, ce sac n'ayant aucune communication connue avec l'ouraque, et par son intermédiaire avec la vessie, ne peut être, comme chez les mammifères, le réservoir de l'urine excrétée.

M. Pokels de Brunswick croit avoir découvert

Vésicule érythroïde.

dans l'ovule humain une autre vésicule qu'il nomme *érythroïde*, mais rien n'est encore suffisamment démontré sur ce point. M. Velpeau, qui aurait disséqué plus de deux cents œufs, ne l'a jamais rencontrée (1).

Du germe.

Du germe.

Nous avons déjà dit qu'à l'époque où l'œuf arrive dans la cavité de la matrice, on n'y observe aucune trace du nouvel individu, et qu'il diffère sur ce point essentiel de l'œuf des autres vertébrés, où ces traces sont manifestes aussitôt que l'œuf est séparé de la femelle. Nous n'avons donc point, pour l'ovule humain, d'observations suivies heure par heure, jour par jour, comme pour le développement de l'œuf des oiseaux. Il faut ici non se contenter de rapprochements ni de suppositions plus ou moins probables, mais partir des faits observés avec le soin et les instruments convenables.

Or, les observations précises sur les premiers temps de l'existence de l'homme n'ont jamais été faites jusqu'ici avant le douzième ou quinzième jour de la fécondation : encore l'instant déterminé de cette dernière est-il presque toujours impossible à obtenir d'une manière rigoureuse.

---

(1) Voyez *Embryologie humaine*. 1833.

Du germe.

A cette époque le germe a la forme d'une petite masse alongée recourbée sur elle-même, et plus grosse par un bout que par l'autre. Sous cette apparence un germe de douze à quinze jours a environ deux ou trois lignes de longueur; il en aurait cinq, si la tige arrondie qui le forme était redressée. De ses deux extrémités, l'une est renflée et irrégulièrement sphérique; l'autre se termine en pointe, et a été prise pour la queue dont l'homme, selon certains physiologistes philosophes, serait pourvu à ce début de la vie.

La tige tout entière et demi-transparente paraît creuse et remplie par un liquide limpide, premier indice du liquide céphalo-rachidien, et au milieu duquel on voit, même à l'œil nu, un filet opaque blanc ou jaunâtre, qui représente le système nerveux cérébro-spinal, ou en d'autres termes le cerveau et son prolongement rachidien (1).

Premier développement du fœtus.

Des observations nombreuses ont prouvé 1° que le rachis paraît avant tous les autres organes, et existe seul pendant quelque temps; 2° que sa forme ne diffère pas essentiellement de celle qu'il présentera pendant toute la durée de la vie utérine; 3° que la tête et le cou forment au moins la moitié de sa longueur; 4° que sa courbure est d'autant plus voisine du cercle, qu'il est moins développé; 5° que sa surface convexe, correspondant

(1) Velpeau, *Embryologie*, etc.

à la partie postérieure du tronc, diffère peu de ce qu'elle sera par la suite, tandis que sa concavité, qui correspond au ventre et au thorax, éprouve des changements très-remarquables (1).

Premières apparences des organes de nutrition.

C'est sur cette face qu'apparaissent successivement tous les organes de la vie nutritive, thoraciques et abdominaux, en même temps que les mâchoires et les premiers indices des membres. Les supérieurs sortent de la partie antérieure de la tige rachidienne, à peu près à une égale distance du sommet de la tête et de la pointe du coccix; les inférieurs sont placés au niveau du bassin, par conséquent presqu'à l'extrémité caudale de l'embryon.

La tête forme d'abord la partie la plus volumineuse du germe; mais dès que le ventre et l'abdomen sont formés, elle perd relativement sa prépondérance de volume. A cinq semaines, la face est distincte du crâne.

Premières apparences des organes des sens.

Les yeux sont visibles sous l'aspect de points noirâtres, mais ils ne semblent avoir encore ni paupières ni appareil lacrymal; ils sont dirigés latéralement. Les oreilles se manifestent d'abord par une dépression, puis par la végétation des rudiments du pavillon.

La bouche forme au début une ouverture très-

(1) Velpeau, *loc. cit.*

large; la mâchoire supérieure est saillante, l'inférieure au contraire est très-courte.

Les premiers rudiments du nez sont deux petites taches noirâtres arrondies et placées au dessus de la bouche; mais il n'y a encore ni saillie nasale ni voûte palatine.

Cordon ombilical.

Quelque minimes que soient les dimensions de l'embryon, il est toujours attaché par un prolongement funiculaire à la surface intérieure du chorion, vis-à-vis de la partie de cette membrane qui adhère à l'utérus. Ce prolongement devient bientôt le canal par lequel le nouvel être recevra sa nourriture; il se termine dans un tissu vasculaire, dit *placenta*, organe de la vie embryonaire et fœtale, destiné à établir les relations indispensables de la mère et du nouvel être.

Il n'entre pas dans l'objet de cet ouvrage de suivre pas à pas les progrès du développement, organe par organe, tissu par tissu du produit de la conception. Nous devons nous borner à quelques considérations sur les principales fonctions du fœtus, et particulièrement sur la circulation du sang, qui, à cette phase de la vie, diffère beaucoup de ce qu'elle sera après sa naissance.

Du fœtus.

Vers le milieu du quatrième mois, se complète le développement de tous les principaux organes; alors cesse l'état d'*embryon* et commence celui de *fœtus*, qui se prolonge jusqu'au terme de la grossesse. Pendant ce temps, toutes les parties croissent avec plus ou moins de rapidité, et se rapprochent de la disposition qu'elles doivent présenter après la naissance.

Organes du fœtus. Cœur. Foie. Vésicule biliaire. Intestins. Testicules. Ovaires.

Avant le sixième mois les poumons sont très-petits; le cœur est volumineux, mais ses quatre cavités sont confondues, ou du moins difficiles à distinguer; le foie est considérable et occupe une grande partie de l'abdomen; la vésicule biliaire n'est point pleine de bile, mais d'un fluide incolore et non amer; dans sa partie inférieure, l'intestin grêle contient une matière jaunâtre, peu abondante, nommée *méconium;* les testicules sont placés sur les côtés des vertèbres lombaires supérieures; les ovaires occupent la même position. à la fin du septième mois, les poumons prennent une teinte rougeâtre qu'ils n'avaient pas auparavant; les cavités du cœur deviennent distinctes; le foie conserve ses dimensions considérables, mais il s'éloigne un peu de l'ombilic; la bile se montre dans la vésicule; le méconium est plus abondant, et descend plus bas dans le gros intestin; les ovaires se rapprochent du bassin; les testicules se dirigent vers les anneaux inguinaux. A cette époque le fœtus est *viable*, c'est-à-dire que, s'il vient à être expulsé de l'utérus, il pourra respirer et vivre. Tout va encore en se perfectionnant dans le huitième et neuvième mois.

Viabilité du fœtus.

Fonctions de l'embryon.

Nous savons peu de chose des fonctions de l'embryon où les organes ne sont encore qu'ébauchés; cependant on y reconnaît une sorte de circulation. Le cœur envoie du sang dans les gros vaisseaux et dans le placenta rudimentaire; probablement que du sang retourne au cœur par des veines, etc. Mais quand le nouvel être est parvenu à l'état de fœtus, que la plupart des organes sont bien apparents, alors il est possible d'étudier quelques unes des fonctions particulières à cet état.

Fonctions du fœtus.

Des fonctions du fœtus, la circulation est la mieux connue; elle est plus compliquée que celle de l'adulte, et se fait d'une manière tout-à-fait différente.

En premier lieu, il serait impossible de la partager en veineuse et en artérielle; car le sang du fœtus a sensiblement partout la même apparence, c'est-à-dire une teinte rouge brunâtre : du reste, il se comporte à peu près comme le sang de l'adulte : il se coagule, se sépare en caillot et en sérum, etc. Je ne sais pourquoi de savants chimistes ont cru qu'il ne contient pas de fibrine.

Du placenta

L'organe le plus singulier et l'un des plus importants de la circulation du fœtus est le placenta; il succède à ces filaments qui, durant le premier mois de la grossesse, recouvrent l'œuf du côté de l'utérus. D'abord fort petit, il acquiert promptement une étendue considérable. Par sa face extérieure, il adhère à l'utérus, présente des sillons irréguliers, qui indiquent sa division en plusieurs lobes ou *cotylédons*, dont le nombre et la forme n'ont rien de fixe. Sa face fœtale est recouverte par le chorion, excepté à son centre qui donne insertion au cordon ombilical. Des vaisseaux sanguins, divisés et subdivisés, forment son parenchyme. Ils appartiennent aux divisions des artères ombilicales et aux radicules de la veine du même nom. Les vaisseaux d'un lobe ne communiquent point avec ceux des lobes voisins; mais ceux du même cotylédon ont des anastomoses fréquentes, car rien n'est si facile que de faire passer des injections des uns dans les autres.

Cordon ombilical.

Le *cordon ombilical* s'étend depuis le centre du placenta jusqu'à l'ombilic de l'enfant; sa longueur est souvent de près de deux pieds; il est formé par les deux artères et la veine ombilicale réunies par un tissu cellulaire très-serré; il est recouvert par les deux principales membranes de l'œuf.

Veine ombilicale.

Née du placenta, et parvenue à l'ombilic, la veine ombilicale s'engage dans l'abdomen, et parvient jusqu'à la face inférieure du foie; là, elle se divise en deux grosses branches, dont l'une se distribue dans le foie de concert avec la veine porte, tandis que l'autre se termine brusquement à la veine cave, sous le nom de *canal veineux*. Cette veine a deux valvules, l'une à l'endroit de sa bifurcation, et l'autre à sa jonction avec la veine cave.

Canal veineux.

Cœur du fœtus.

Le cœur et les gros vaisseaux du fœtus viable sont bien différents de ce qu'ils seront après la naissance; la valvule de la veine cave est très-développée; la cloison des oreillettes présente une ouverture très-large, garnie d'une valvule en croissant, et nommée *trou Botal*. L'artère pulmonaire, après avoir envoyé deux petites branches aux poumons, se termine presque aussitôt dans l'aorte, à la partie concave de sa crosse : elle est nommée, dans cet endroit, *canal artériel*.

Trou Botal.

Canal artériel.

Un dernier caractère propre aux organes circulatoires du fœtus, c'est l'existence des *artères ombilicales* qui naissent des iliaques internes, se portent sur les côtés de la vessie, s'accollent à l'ouraque, sortent de l'abdomen par l'ombilic, et vont gagner le placenta, où elles se distribuent comme il a été dit plus haut.

Artères ombilicales.

D'après cette disposition de l'appareil circulatoire du fœtus, il est évident que le mouvement du sang doit y être tout autre que dans l'adulte. Si nous supposons que le sang part du placenta, il est clair qu'il parcourt la veine ombilicale jusqu'au foie; là, une partie passe dans le foie, et l'autre dans la veine cave; ces deux routes le conduisent au cœur par la veine cave inférieure; arrivé à cet organe, il pénètre dans l'oreillette droite et dans la gauche, en traversant le trou Botal au moment où elles se dilatent. A cet instant, le sang de la veine cave inférieure se mêle inévitablement avec celui de la supérieure. En effet, comment deux liquides de même nature, ou à peu près, pourraient-ils rester isolés dans une cavité où ils

Circulation du fœtus.

arrivent en même temps, et qui se contracte pour les expulser? Je n'ignore pas que Sabatier, dans son beau *Mémoire sur la circulation du fœtus*, a soutenu l'opinion contraire; mais j'avoue que ses raisons ne changent pas mon sentiment à cet égard.

Quoi qu'il en soit, la contraction des oreillettes succède à leur dilatation; le sang est poussé dans les deux ventricules au moment où ils se dilatent; ceux-ci, à leur tour, se resserrent et chassent le sang; le gauche dans l'aorte, et le droit dans la pulmonaire; mais comme cette artère se termine à l'aorte, tout le sang des deux ventricules passe dans l'aorte, à l'exception d'une très-petite partie qui va aux poumons. Sous l'influence de ces deux agents d'impulsion, le sang parcourt toutes les divisions de l'aorte et revient au cœur par les veines caves; mais en outre il est porté au placenta par les artères ombilicales, et il revient au fœtus par la veine du cordon.

Usage du trou Botal.

Il est facile de concevoir l'utilité du trou Botal et du canal artériel : l'oreillette gauche, ne recevant point ou ne recevant que très-peu de sang du poumon, ne pourrait point en fournir au ventricule gauche, si elle n'en recevait par l'ouverture de la cloison des oreillettes. D'un autre côté, le poumon n'ayant aucune fonction, si tout le sang de l'artère pulmonaire s'y était distribué, la force d'impulsion du ventricule droit aurait été inutilement consumée, tandis que par le moyen du canal artériel la force des deux ventricules est employée à faire mouvoir le sang dans l'aorte ; sans cette réunion de l'action des deux ventricules, il est probable que le sang n'aurait pu parvenir jusqu'au placenta et revenir ensuite au cœur.

Les mouvements du cœur sont très-rapides chez le fœtus ; ordinairement ils dépassent cent vingt par minute : la circulation a nécessairement une vitesse proportionnée.

Maintenant se présente à examiner une question délicate. Quels sont les rapports de la circulation de la mère avec celle du fœtus ? Pour arriver à quelque notion précise sur ce point, il faut examiner d'abord le mode de jonction du placenta et de l'utérus.

Rapports de la circulation de la mère avec celle du fœtus.

Les anatomistes ont varié à cet égard. On a cru long-temps que les artères utérines s'anastomosaient directement avec les radicules de la veine ombilicale, et que les dernières divisions des artères du placenta s'abouchaient avec les veines de la matrice ; mais l'impossibilité reconnue de faire passer dans la veine ombilicale des injections poussées dans les artères utérines, et réciproquement à faire parvenir des matières liquides, injectées dans les artères ombilicales, jusque dans les veines de l'utérus, a fait renoncer à cette idée. Il est assez généralement admis aujourd'hui qu'il n'existe point d'anastomose entre les vaisseaux du placenta et ceux de l'utérus. J'ai fait quelques recherches sur cette question; en voici les principaux résultats:

Expériences sur la circulation du fœtus.

J'ai d'abord répété les tentatives d'injections du placenta par les vaisseaux de l'utérus, mais sans aucun succès; je les ai même faites sur des animaux vivants sans mieux réussir; je me suis servi des matières vénéneuses dont les effets m'étaient connus, de matières odorantes, et rien ne m'a fait soupçonner une communication directe.

Dans les chiennes, vers le milieu de leur gestation, il existe un grand nombre d'artérioles qui, sortant du tissu de l'utérus, s'enfoncent dans le placenta, et s'y ramifient. A cette époque, il est impossible de séparer ces deux organes sans déchirer ces artérioles et produire une hémorrhagie considérable; mais à la fin de la gestation, en tirant tant soit peu sur l'utérus, ces petits vaisseaux se séparent du placenta avec leurs ramifications, et il n'y a aucun écoulement de sang.

Quand on injecte dans les veines d'un chien une certaine quantité de camphre, le sang prend aussitôt une odeur camphrée très-forte. Après avoir fait cette injection sur une chienne pleine, j'ai extrait un fœtus de l'utérus, au bout de trois ou quatre minutes; son sang n'avait aucune odeur de camphre; mais celui d'un second fœtus, extrait après un quart d'heure, avait une odeur de camphre prononcée. Il en fut de même des autres fœtus.

Expériences sur la circulation du fœtus.

Ainsi, malgré le défaut d'anastomose directe entre les vaisseaux de l'utérus et ceux du placenta, il est impossible de douter que le sang de la mère, ou quelques uns de ses éléments, ne passe au fœtus avec une certaine promptitude ; il est probablement déposé par les vaisseaux utérins à la surface ou dans le tissu du placenta, et absorbé par les radicules de la veine ombilicale.

Il est beaucoup plus difficile de savoir si le sang du fœtus revient à la mère. Sur les animaux, parmi les petits vaisseaux qui vont de l'utérus au placenta, on n'en voit aucun qui ait l'apparence de veine. Chez la femme, de larges ouvertures qui communiquent avec les veines utérines se voient sur la partie de l'utérus où est adhérent le placenta : mais on ignore si ces orifices veineux sont destinés à absorber le sang du fœtus ou à laisser échapper le sang de la mère à la surface du placenta : j'admettrais plus volontiers cette seconde idée, mais il n'en existe cependant aucune preuve.

J'ai souvent poussé dans les vaisseaux du cordon ombilical, en les dirigeant vers le placenta, des poisons très-actifs; je n'ai jamais vu la mère en éprouver les effets, et si celle-ci meurt d'hémorrhagie, les vaisseaux du fœtus restent pleins de sang.

Puisque l'anastomose des vaisseaux de l'utérus n'existent point, il n'est guère présumable que la circulation de la mère influe sur celle du fœtus

Expériences sur la circulation du fœtus.

autrement qu'en versant du sang dans les aréoles du placenta : le cœur du fœtus serait alors le principal mobile du sang chez celui-ci. On cite cependant des fœtus bien développés venus au monde sans cœur; mais ces observations sont-elles bien exactes? Il existe des cas authentiques de placentas entièrement séparés de fœtus morts, et qui ont continué seuls à se développer. M. Ribes a observé un cas de ce genre où le cordon ombilical était rompu et parfaitement cicatrisé. Comment s'était faite alors la circulation dans cet organe?

Concluons que les rapports de la circulation de la mère avec celle du fœtus demandent de nouvelles expériences.

Quelques auteurs ont avancé que le placenta était au fœtus ce qu'est le poumon à l'enfant qui respire; d'autres ont cherché à expliquer le volume considérable du foie en lui attribuant la formation du sang. Ces assertions n'ont aucun fondement. Une épaisse obscurité environne ce qui regarde les fonctions des capsules surrénales, du thymus, de la thyroïde, dont les dimensions sont considérables dans le fœtus; ce sujet a souvent exercé l'imagination des physiologistes sans aucun profit réel pour la science.

Digestion du fœtus.

Malgré l'autorité imposante de Boerhaave, il est impossible d'admettre que le fœtus avale continuellement l'eau de l'amnios, qu'il la digère et s'en nourrit.

Digestion du fœtus.

Son estomac contient, il est vrai, une matière visqueuse en quantité assez considérable; mais elle ne ressemble en rien au liquide amniotique; elle est très-acide, gélatiniforme; du côté du pylore elle est grisâtre et opaque; il paraît qu'elle est chymifiée dans l'estomac, qu'elle passe dans l'intestin grêle, où, après avoir subi l'action de la bile et peut-être du suc pancréatique, elle fournit un chyle particulier. Le résidu descend ensuite vers le gros intestin où il forme le méconium qui est évidemment le résultat de la digestion qui s'est opérée pendant la grossesse. D'où vient la matière digérée? il paraît probable qu'elle est sécrétée par l'estomac lui-même, ou qu'elle descend de l'œsophage; rien ne s'oppose cependant à ce que, dans certains cas, le fœtus n'avale quelques gorgées d'eau de l'amnios : les poils analogues à ceux de la peau, qui se trouvent dans le méconium, sembleraient l'indiquer. Il est important de remarquer que le méconium est une substance très-peu azotée.

Chyme et chyle du fœtus.

Méconium.

Poils du méconium.

Rien n'est encore connu touchant l'usage de cette digestion dans le fœtus; il n'est pas probable qu'elle soit essentielle à son développement, puisqu'il est né des enfants qui ne présentaient point d'estomac ni rien qui le remplaçât.

Quelques personnes disent avoir vu du chyle blanc

Lymphe du fœtus.

dans le canal thoracique du fœtus; je n'ai jamais rien aperçu de semblable : sur les animaux vivants, ce canal et les lymphatiques contiennent un fluide qui paraît être analogue à la lymphe, et qui se coagule spontanément comme elle.

Absorption veineuse du fœtus.

J'ai fait quelques tentatives pour m'assurer directement si l'absorption veineuse existe chez le fœtus encore contenu dans l'utérus. J'ai injecté dans la plèvre, dans le péritoine, et dans le tissu cellulaire, des substances vénéneuses très-actives ; mais je n'ai obtenu aucun résultat satisfaisant; car le système nerveux des fœtus qui n'ont pas respiré ne paraît pas sensible à l'action des poisons.

Exhalations du fœtus.

Il paraît certain que les exhalations ont lieu chez le fœtus, car toutes les surfaces sont lubrifiées à peu près comme elles le seront par la suite ; la graisse est abondante, les humeurs de l'œil existent. Il est aussi très-probable que la transpiration cutanée s'effectue, et qu'elle se mêle continuellement à la liqueur de l'amnios. Quant à cette dernière liqueur, il est difficile de dire d'où elle tire son origine ; aucuns vaisseaux sanguins apparents ne se portent à l'amnios, et cependant il est probable que c'est cette membrane qui en est l'organe sécréteur.

Sécrétions folliculaires chez le fœtus.

Les follicules cutanés et muqueux sont développés, et paraissent avoir une action très-énergique, surtout à dater du septième mois; alors la peau est recouverte d'une couche assez épaisse de matière grasse sécrétée par les follicules : plusieurs auteurs l'ont considérée, mais à tort comme un dépôt de la liqueur de l'amnios. Le mucus est aussi très-abondant dans les deux derniers mois de la gestation.

Sécrétions glandulaires du fœtus.

Toutes les glandes qui servent à la digestion ont un volume considérable, et paraissent avoir une certaine activité ; on sait peu de chose de l'action des autres. On ignore, par exemple, si les reins forment de l'urine, et si ce fluide est rejeté par l'urètre dans la cavité de l'amnios. Les testicules et les mamelles paraissent former un fluide qui ne ressemble ni au lait, ni au sperme, et qui se trouve dans les vésicules séminales et dans les canaux lactifères.

Que dire sur la nutrition du fœtus? Les ouvrages de physiologie ne contiennent que des conjectures plus ou moins vagues sur ce point; il paraît certain que le placenta puise chez la mère les matériaux nécessaires au développement des organes, mais nous ignorons quels sont ces matériaux, et comment ils se comportent.

Chaleur animale chez le fœtus.

La respiration n'ayant pas lieu avant la naissance, la chaleur animale du fœtus ne peut en dépendre. L'expérience a démontré qu'elle ne s'élève pas au dessus de 27 ou 28 degrés; elle est plus élevée, dit-on, quand le fœtus est mort dans l'utérus. Si ce fait est exact, le fœtus aurait un moyen de refroidissement qui n'existe plus après la naissance.

Rapport des fonctions de la mère avec celle du fœtus.

Voilà le peu qu'on sait touchant les fonctions nutritives du fœtus ; ce qui a rapport aux fonctions de relation a déjà été exposé.

Puisque la mère transmet au fœtus les matériaux nécessaires à sa nutrition, celle-ci est nécessairement liée avec la nature et la quantité des matériaux transmis : s'ils sont de bonne nature, et si la quantité en est suffisante, l'accroissement se fera d'une manière satisfaisante; mais si la proportion en est trop faible, ou si les qualités n'en sont pas convenables, le fœtus se nourrira mal, cessera de se développer, ou même périra. Or, l'état du moral de la mère pouvant modifier la proportion et la nature des éléments qui passent au placenta, il est vrai de dire que son imagination influe sur le fœtus. C'est ainsi qu'une terreur subite, un chagrin violent, une joie immodérée, peuvent causer la mort du fœtus ou ralentir son accroissement. Des causes physiques, telles que des coups, des chutes, l'action de certains médicaments, la mauvaise qualité des aliments, peuvent avoir le même résultat, parce qu'ils nuisent de même à la transmission des matériaux nutritifs du fœtus. Si la mère est affectée d'une maladie contagieuse, le fœtus en présente bientôt les symptômes ; ainsi la vie du fœtus est dans une dépendance évidente de celle de la mère.

Indépendamment des lésions qui lui viennent de cette source, le fœtus est quelquefois atteint de maladies spontanées, telles que des hydropisies, des fractures, des ulcères, des gangrènes, des éruptions cutanées, la séparation d'un ou plusieurs membres, et beaucoup d'autres lésions graves, locales ou générales. Souvent ces maladies le font mourir avant de naître, ou, si elles permettent qu'il arrive vivant jusqu'à la naissance, elles le mettent dans l'impossibilité de pouvoir vivre au delà. Les membranes de l'œuf, le placenta, la liqueur de l'amnios, ne sont pas toujours étrangers à ces désordres. Maladies du fœtus.

Par l'effet de causes inconnues, les diverses parties du fœtus se développent quelquefois d'une manière vicieuse; une ou plusieurs des ouvertures naturelles de son corps peuvent ne point exister, ou être closes par des membranes; les poumons, l'estomac, la vessie, les reins, le foie, le cerveau, manquent quelquefois entièrement ou présentent des dispositions inaccoutumées; en général, selon la remarque de Béclard, quand un nerf manque, la partie où il se distribue principalement n'existe point. Il en est de même pour l'artère, d'après M. Serres; mais nous n'avons pas là l'explication du phénomène, car il reste encore à savoir si l'organe manque par défaut du nerf ou du vaisseau artériel, ou si l'absence de l'artère et du nerf n'est pas une conséquence naturelle du défaut d'organe. Vices de conformation.

Monstruosités.

D'autres *malformations*, *déviations* ou *monstruosités*, qui arrivent aussi sans causes connues, paraissent dépendre de la réunion de deux germes : d'où résultent des enfants à deux têtes avec un seul tronc, ou à deux troncs avec une seule tête; quelques uns ont quatre bras et quatre jambes bien ou mal conformés. On a trouvé plusieurs fois un fœtus non développé dans l'abdomen d'individus déjà avancés en âge, etc. Il n'y a aucune raison de croire que l'imagination de la mère puisse influer sur la formation de ces monstres; d'ailleurs des productions de ce genre s'observent journellement dans les animaux et jusque dans les plantes (1).

Grossesses multiples.

Il n'est pas rare qu'au lieu d'un seul fœtus l'utérus en contienne deux. En France ce cas arrive une fois sur quatre-vingts; il paraît encore plus fréquent en Angleterre. La gestation de trois fœ-

---

(1) Ce qu'on appelle aujourd'hui *la philosophie anatomique* s'est emparée des monstruosités; elle s'y est trouvée d'autant plus à l'aise que le sujet est plus obscur et plus vague : aussi ne prétend-elle à rien moins qu'à la création d'une science nouvelle dont la théorie reposerait sur des lois particulières, telles que la loi de l'*arrêt*, celle du *retard*, celle de *position* similaire ou excentrique, enfin la loi par excellence, la grande loi de soi pour soi. (Voyez le *Traité de Tératologie* de M. J. Geoffroy-Saint-Hilaire. A part les idées théoriques, que je n'approuve point, cet ouvrage contient une collection considérable de faits, et à ce titre mérite d'être lu.)

tus est beaucoup plus rare : sur trente-six mille accouchements qui ont eu lieu à l'hospice de la Maternité de Paris, il n'a été observé que quatre fois. On a quelques exemples bien authentiques de femmes qui ont porté à la fois quatre et même cinq fœtus; mais au-delà de ce nombre les récits des auteurs deviennent fabuleux. Dans ces grossesses multiples, le volume et le poids des fœtus sont en rapport avec leur nombre : les jumeaux sont plus petits que les fœtus ordinaires; les trijumeaux et les quadrijumeaux le sont bien davantage; mais, quelleque soit leur dimension, ils sont chacun entourés par un amnios et un chorion particulier, et ont un placenta distinct. Aussi leur existence est-elle indépendante, au point que l'un peut mourir à une époque peu avancée de la grossesse, tandis que les autres continuent à se développer.

Rien ne porte à croire que dans les grossesses multiples la fécondation ait eu lieu en deux ou trois fois différentes, et qu'il existe réellement des *superfétations*. Les histoires que l'on raconte à cette occasion sont loin de présenter le degré de certitude nécessaire dans une science de faits.

De l'accouchement.

Accouchement.

Après sept mois révolus de grossesse le fœtus a toutes les conditions pour respirer et pour exercer sa digestion; il peut donc se séparer de sa mère et changer de mode d'existence (1); il est rare cependant que l'accouchement arrive à cette époque: le plus souvent le fœtus reste encore deux mois entiers dans l'utérus, et ce n'est qu'après neuf mois révolus qu'il sort de cet organe.

On cite des exemples d'enfants qui sont nés après dix mois entiers de gestation; mais ces cas sont fort douteux, car il est très-difficile de savoir au juste l'époque de la conception. Notre législation actuelle consacre cependant le principe qu'un accouchement peut avoir lieu le deux cent quatre-vingt-dix-neuvième jour de la grossesse.

Rien de plus curieux que le mécanisme par lequel le fœtus est expulsé; tout s'y passe avec une précision admirable, tout semble y avoir été calculé, prévu, pour favoriser son passage à travers le bassin et les parties génitales.

Les causes physiques qui déterminent la sortie du fœtus sont la contraction de l'utérus et celle des muscles abdominaux; sous leur puissance, le liquide de l'amnios s'écoule, la tête du fœtus s'engage dans le bassin, le parcourt de bas en haut, et sort bientôt par la vulve, dont les replis se sont effacés; ces divers phénomènes ne se passent que

(1) Il existe plusieurs exemples de fœtus qui, nés à cinq mois, ont cependant vécu et parcouru même une longue carrière.

successivement et durent un certain temps : ils sont accompagnés de douleurs plus ou moins vives, du gonflement et du ramollissement des parties molles du bassin et des parties génitales externes, et d'une sécrétion muqueuse abondante dans la cavité du vagin. Toutes ces circonstances, chacune à sa manière, favorisent le passage du fœtus.

Pour faciliter l'étude de cet acte compliqué, il faut le partager en plusieurs temps ou périodes.

Première période de l'accouchement.

Première période de l'accouchement. Elle se compose de signes précurseurs. Deux ou trois jours avant l'accouchement il se fait un écoulement muqueux par le vagin; les parties génitales externes se gonflent et deviennent plus molles; il en est de même des ligaments qui réunissent les os du bassin; le col de l'utérus s'aplatit, son ouverture s'agrandit, ses bords deviennent plus minces; de légères douleurs, connues sous le nom de *mouches*, se font sentir dans les lombes et dans l'abdomen.

Deuxième période de l'accouchement.

Deuxième période. Des douleurs d'un genre particulier se développent : elles commencent dans la région lombaire, et semblent se propager vers le col de l'utérus ou vers le fondement; elles ne se renouvellent qu'à des intervalles assez longs, tels qu'un quart d'heure ou une demi-heure. Chacune d'elles est accompagnée d'une contraction évidente du corps de l'utérus, et d'une tension manifeste de son col, avec dilatation de l'ouverture; le doigt, porté dans le vagin, fait reconnaître que les enveloppes du fœtus font une saillie qui devient de plus en plus considérable, et se nomme *poche des eaux :* bientôt les douleurs deviennent plus fortes et les contractions de l'utérus plus énergiques; cette poche se rompt et une partie du liquide s'écoule; l'utérus revient sur lui-même, et s'applique à la surface du fœtus.

Troisième période de l'accouchement.

Troisième période. Les douleurs et les contractions de l'utérus prennent un accroissement considérable : elles sont instinctivement accompagnées de la contraction des muscles abdominaux. D'ailleurs la femme, qui reconnaît leur efficacité, est portée à les favoriser en faisant tous les efforts musculaires dont elle est capable : son pouls devient alors plus élevé, plus fréquent; sa figure s'anime; ses yeux brillent; son corps tout entier est dans une agitation extrême; la sueur coule en abondance. La tête s'engage alors dans le bassin; l'occiput, placé d'abord au dessus de la cavité cotyloïde gauche, est porté en dedans et en bas, et vient se placer au dessous et derrière l'arcade du pubis.

Quatrième période de l'accouchement.

Quatrième période. Après quelques instants de repos, les douleurs et les contractions expulsives reprennent toute leur activité; la tête se présente à la vulve, fait effort pour passer, et y parvient quand il arrive une contraction assez forte pour amener cet effet. Un fois la tête dégagée, le reste du corps suit facilement, à raison de son volume moindre. On pratique alors la section du cordon ombilical, et on en fait la ligature à peu de distance de l'ombilic.

Cinquième période. Si l'accoucheur n'a pas procédé à l'extraction du placenta immédiatement après la sortie du fœtus, au bout de quelque temps de petites douleurs se font sentir, l'utérus se contracte faiblement, mais avec assez de force pour se débarrasser du placenta et des membranes de l'œuf : cette expulsion porte le nom de *délivrance*. Pendant les douze ou quinze jours qui suivent l'accouchement, l'utérus revient peu à peu sur lui-même; la femme éprouve des sueurs abondantes, ses mamelles sont distendues par le lait qu'elles sécrètent; un écoulement d'abord sanguinolent, puis blanchâtre, nommé *lochies*, qui se fait par le vagin, est l'indice que les organes de la femme reprennent peu à peu la disposition qu'ils avaient avant la conception.

Cinquième période de l'accouchement.

Aussitôt qu'il est séparé de sa mère, et quelquefois même auparavant, l'enfant dilate sa poitrine, attire l'air dans ses poumons qui se laissent graduellement distendre à mesure que les mouvements d'inspiration se répètent : dès ce moment la respiration est établie et durera toute la vie. La distension du poumon par l'air permet au sang de l'artère pulmonaire de s'y diriger, et il en passe d'autant moins par le canal artériel, qu'il se rétrécit peu à peu, ainsi que le trou Botal, et finit par s'oblitérer. Le même phénomène a lieu à la partie abdominale de la veine et des artères ombilicales, qui se transforment en une espèce de ligament fibreux.

L'enfant naissant a de dix-huit à vingt pouces de longueur, et pèse de cinq à six livres. En général, le nombre des naissances des garçons est supérieur à celui des filles, surtout dans les naissances légitimes. La quantité d'enfants qui peuvent naître de la même mère n'excède point le nombre des vésicules contenues dans l'ovaire, c'est-à-dire environ quarante.

De l'allaitement.

L'acte douloureux que nous venons d'étudier ne termine point le rôle que la nature a confié à la femme dans la génération; d'autres soins doivent être donnés par elle au nouveau-né : il faut qu'elle le garantisse contre les intempéries de l'air et des saisons; qu'elle veille à sa conservation et à son éducation physique et morale; enfin, elle doit lui fournir son premier aliment, le seul qui soit en rapport avec la faiblesse de ses organes.

Des mamelles.

Cet aliment est le *lait;* il est sécrété par les mamelles, dont le nombre, la forme et la situation sont des caractères distinctifs de l'espèce humaine. Leur parenchyme est tout-à-fait distinct de celui des autres organes sécréteurs. Chaque mamelle a douze ou quinze canaux excréteurs qui s'ouvrent au sommet et sur les côtés du *mamelon*. Les artères qui se rendent aux mamelles sont peu volumineuses, mais très-multipliées; les vaisseaux lymphatiques y abondent, ainsi que les nerfs : aussi jouissent-elles d'une vive sensibilité; le mamelon en particulier est très-sensible et susceptible d'un état analogue à l'érection.

Jusqu'à l'époque de la fécondation, les mamelles sont inactives, ou du moins n'exercent aucune sécrétion apparente; mais dès les premiers temps de la grossesse la femme y ressent des picotements, des élancements particuliers, ces organes se gonflent. Au bout d'un certain temps, surtout quand la fin de la gestation approche, le mamelon laisse écouler un fluide séreux, quelquefois très-abondant, et qui est appelé *colostrum*. La sécrétion a souvent les mêmes caractères pendant les deux ou trois jours qui suivent l'accouchement, mais le lait proprement dit ne tarde pas à paraître, et c'est le liquide que fournissent les mamelles jusqu'à la fin de l'allaitement.

Le lait est une des liqueurs glanduleuses les plus azotées; sa couleur, son odeur et sa saveur sont connues de tout le monde : d'après M. Berzélius, il est composé de crême et de lait proprement dit. Ce dernier contient : eau, 928,75; fromage avec une trace de sucre, 28,00; sucre de lait, 35,00; muriate de potasse, 1,70; phosphate, 0,25; acide lactique, acétate de potasse et lactate de fer, 6,00; phosphate de chaux, 0,30. La crême contient : beurre 4,5; fromage, 3,5; petit-lait, 92,0, où l'on trouve 4,4 de sucre de lait et de sels.

Depuis long-temps on a observé que la quantité et la nature du lait changent avec la quantité et la nature des aliments, et c'est ce qui a donné lieu à l'opinion bizarre que les lymphatiques étaient les vaisseaux destinés à apporter aux mamelles les matériaux de leur sécrétion; mais il en est du lait comme de l'urine qui varie de propriété suivant les substances solides ou liquides introduites dans l'estomac. Par exemple, le lait est plus abondant, plus épais, moins acide, si la femme est nourrie avec des matières animales; il est moins abondant, moins épais et plus acide, si elle a fait usage de végétaux. Le lait prend aussi des qualités particulières si la femme a pris des substances médicamenteuses; il devient purgatif, par exemple, si elle a fait usage de rhubarbe ou de jalap, etc.

Sécrétions du lait.

La sécrétion du lait se prolonge jusqu'à l'époque où les organes de la mastication de l'enfant auront acquis le développement nécessaire à la digestion des aliments ordinaires; elle ne cesse que dans le courant de la seconde année.

Quoique la sécrétion du lait semble propre à a

femme accouchée, elle a été vue quelquefois sur de jeunes vierges, et même chez l'homme (1).

DU SOMMEIL.

Du sommeil.

En terminant l'histoire des fonctions de relation, nous avons dit que ces fonctions étaient périodiquement suspendues; nous avons ajouté que, durant cette suspension, les fonctions nutritives et génératrices étaient modifiées : le moment est venu d'examiner ces phénomènes.

Lorsque l'état de veille s'est prolongé seize ou dix-huit heures, nous éprouvons un sentiment général de fatigue et de faiblesse; nos mouvements deviennent plus difficiles, nos sens perdent leur activité, l'intelligence elle-même se trouble, reçoit avec inexactitude les sensations, et commande avec difficulté à la contraction musculaire. A ces signes nous reconnaissons la nécessité de nous livrer au *sommeil;* nous choisissons une position telle, qu'il faille peu ou point d'efforts pour la

---

(1) Je n'ai pas cru convenable d'introduire dans cet ouvrage, simple abrégé de la science, une description spéciale des âges, des sexes, des tempéraments, des caractères zoologiques de l'homme, des variétés de l'espèce humaine, etc.; ces considérations sont du ressort de l'hygiène et de l'histoire naturelle. — Voyez les articles HYGIÈNE de l'*Encyclopédie méthodique*, et l'ouvrage de Cuvier sur le *Règne animal*.

conserver; nous recherchons l'obscurité et le silence, et nous nous abandonnons à l'*assoupissement*.

Assoupissement.

L'homme qui s'assoupit perd successivement l'usage de ses sens; c'est d'abord la vue qui cesse d'agir par le rapprochement des paupières, l'odorat ne s'endort qu'après le goût, l'ouïe qu'après l'odorat, et le tact qu'après l'ouïe; les muscles des membres se relâchent, et cessent d'agir avant ceux qui soutiennent la tête, et ceux-ci avant ceux de l'épine. A mesure que ces phénomènes se passent, la respiration devient plus lente et plus profonde, la circulation se ralentit, plus de sang se porte à la tête, la chaleur animale baisse, les diverses sécrétions deviennent moins abondantes. Cependant l'homme plongé dans cet état n'a point encore perdu le sentiment de son existence; il a la conscience de la plupart des changements qui se passent en lui, et qui ne sont pas sans charmes; des idées plus ou moins incohérentes se succèdent dans son esprit; enfin il cesse entièrement de sentir qu'il existe : il est *endormi*.

Pendant le sommeil la circulation et la respiration restent ralenties, ainsi que les diverses sécrétions; par suite, la digestion se fait avec moins de promptitude. J'ignore sur quel fondement plausible la plupart des auteurs disent que l'absorption seule acquiert plus d'énergie. Puisque les fonctions nutritives continuent dans le sommeil, il est évident que le cerveau n'a cessé d'agir que comme organe de l'intelligence et de la contraction musculaire, et qu'il continue d'influencer les muscles de la respiration, le cœur, les artères, les sécrétions et la nutrition.

Le sommeil est *profond* quand il faut employer des excitants un peu forts pour le faire cesser; il est *léger* quand il cesse facilement.

Sommeil complet.

Tel qu'il vient d'être décrit, le sommeil est complet, c'est-à-dire qu'il résulte de la suspension d'action des organes de la vie de relation, et de la diminution d'action des fonctions nutritives; mais il n'est pas rare que plusieurs organes de la vie de relation conservent leur activité pendant le sommeil, comme il arrive quand on dort debout; il est fréquent aussi qu'un ou plusieurs sens restent éveillés, et transmettent au cerveau des impressions que celui-ci perçoit; il est encore plus fréquent que le cerveau prenne connaissance des diverses sensations internes qui se développent pendant le sommeil, tels que besoins, désirs, douleur, gêne, etc.

Sommeil incomplet.

L'intelligence elle-même peut s'exercer chez l'homme endormi, soit d'une manière irrégulière et incohérente, comme dans la plupart des rêves; soit d'une manière conséquente et régulière, comme cela se rencontre chez quelques individus heureusement organisés.

Rêves.

La direction que prennent les idées dans le sommeil, ou la nature des rêves, dépend beaucoup de l'état des organes : l'estomac est-il surchargé d'aliments indigestes, la respiration est-elle difficile par la position ou d'autres causes, les rêves sont pénibles, fatigants; la faim se fait-elle sentir, on rêve qu'on se repaît d'aliments agréables ; est-ce l'appétit vénérien, les rêves sont érotiques, etc. Les occupations habituelles de l'esprit n'ont pas moins d'influence sur le caractère des songes ; l'ambitieux rêve ses succès ou ses disgraces, le poète fait des vers, l'amant voit sa maîtresse, etc. C'est parce que le jugement s'exerce quelquefois dans toute sa rectitude durant les rêves relativement aux événements futurs, que, dans des temps d'ignorance, on a accordé à ceux-ci le don de la divination.

Somnambules. Rien de plus curieux dans l'étude du sommeil que l'histoire des *somnambules*. Ces individus, d'abord profondément endormis, se lèvent tout à coup, s'habillent, entendent, voient, parlent, se servent de leurs mains avec adresse, se livrent à différents exercices, écrivent, composent, puis se remettent au lit, et ne conservent à leur réveil aucun souvenir de ce qui leur est arrivé. Quelle différence y a-t-il donc entre un somnambule de cette espèce et un homme éveillé? Une seule bien évidente : l'un a la conscience de son existence, l'autre en est privé.

Nous n'irons point, à l'exemple de certains auteurs, rechercher la cause prochaine du sommeil, et la trouver dans l'affaissement des lames du cervelet, l'afflux du sang au cerveau, etc. Le sommeil, effet immédiat des lois de l'organisation, ne peut dépendre d'aucune cause physique de ce genre. Son retour régulier est une des circonstances qui contribuent le plus souvent à la conservation de la santé; sa suppression, pour peu qu'elle se prolonge, a souvent des inconvénients graves, et dans tous les cas ne peut être portée au-delà de certaines limites.

Cause prochaine du sommeil.

La durée ordinaire du sommeil est variable; en général elle est de six à huit heures : les fatigues du système musculaire, les fortes contentions d'esprit, les sensations vives et mutipliées le prolongent, ainsi que l'habitude de la paresse, l'usage immodéré du vin et des aliments trop substantiels. L'enfance et la jeunesse, dont la vie de relation est très-active, ont besoin d'un repos plus long; l'âge mûr, plus avare du temps et plus tourmenté de soucis, s'y abandonne moins; les vieillards présentent deux modifications opposées : ou bien ils sont dans une somnolence presque continuelle, ou bien ils dorment peu et d'un sommeil très-léger, sans qu'il faille en trouver la raison dans la prévoyance qu'ils ont de leur fin prochaine.

Durée du sommeil.

Par un sommeil paisible, non interrompu, et restreint dans les limites convenables, les forces se réparent et les organes récupèrent l'aptitude à agir avec facilité ; mais si des songes pénibles, des impressions douloureuses troublent le sommeil, ou simplement s'il est prolongé outre mesure, bien loin d'être réparateur, il épuise les forces, fatigue les organes, et devient quelquefois l'occasion de maladies graves, telles que l'idiotisme et la folie.

DE LA MORT.

De la mort.

L'existence individuelle de tous les corps organisés est temporaire ; aucun n'échappe à la dure nécessité de cesser d'être ou de mourir ; l'homme subit le même sort. L'histoire particulière des fonctions nous a fait voir que dès les premiers temps de la vieillesse, et quelquefois auparavant, les organes se détériorent, que plusieurs cessent complètement d'agir, que d'autres sont absorbés et disparaissent ; qu'enfin, dans la décrépitude, la vie est réduite à quelques restes des trois fonctions vitales, et à quelques fonctions nutritives détériorées : dans cet état, la moindre cause extérieure, le plus petit coup, la chute la plus légère, suffisent pour arrêter l'une des trois fonctions indispensables à la vie, et la mort arrive immédiatement, comme le dernier degré de la destruction des organes et des fonctions.

Mais un très-petit nombre d'hommes arrivent à cette fin qu'amènent les seuls progrès de l'âge. Sur un million d'individus, à peine quelques uns y parviennent : le reste meurt, à toutes les époques de la vie, d'accidents ou de maladies, et cette grande destruction d'individus par des causes en apparence éventuelles paraît entrer aussi bien dans les vues de la nature que les précautions prises par elle pour assurer la reproduction de l'espèce. De la mort.

FIN.

TABLE DES MATIÈRES

DU SECOND VOLUME.

FIN DE LA TABLE DU SECOND ET DERNIER VOLUME.

www.ingramcontent.com/pod-product-compliance
Lightning Source LLC
LaVergne TN
LVHW011937220826
846092LV00001B/22

* 9 7 8 2 3 2 9 4 3 8 8 3 2 *